工程地质

孙红 编

内容提要

本书系统阐述了地质学的基础知识、地貌特征、岩土的工程特征、地下水特征、土木工程建设中的工程地质问题及工程地质勘察等。全书共9章，主要内容包括矿物与岩石、地质年代、第四纪地貌特征、地质构造、岩土工程地质特征，地下水及不良地质现象的工程地质问题和工程地质勘察。全书内容丰富，图文并茂，深入浅出，重点突出。

本书可作为高等院校土木工程、道路与桥梁工程、水利水电工程、地下工程等专业本科生教材及研究生的学习用书，也可供相关专业的设计和科研人员参考使用。

图书在版编目(CIP)数据

工程地质 / 孙红编. —上海：上海交通大学出版社，2023.12

ISBN 978-7-313-29338-1

Ⅰ.①工… Ⅱ.①孙… Ⅲ.①工程地质 Ⅳ.①P642

中国国家版本馆CIP数据核字(2023)第161617号

工程地质

GONGCHENG DIZHI

编　　者：孙　红

出版发行：上海交通大学出版社

地　　址：上海市番禺路951号

邮政编码：200030

电　　话：021-64071208

印　　制：浙江天地海印刷有限公司

经　　销：全国新华书店

开　　本：787 mm×1092 mm　1/16

印　　张：16.75

字　　数：394千字

版　　次：2023年12月第1版

印　　次：2023年12月第1次印刷

书　　号：ISBN 978-7-313-29338-1

电子书号：ISBN 978-7-89424-416-1

定　　价：49.00元

前　言

本书是为工程地质课程编写的教材，该课程是培养现代土木工程专业技术人才的专业基础课程。本书以解决工程地质问题为本，注重课程内容的先进性，编排循序渐进，符合学生认知发展的规律。全书共9章，其中第1至第4章为地质基础知识，第5、第6章为岩石、岩体和土的工程地质性质，第7、第8章为地下水和不良地质现象的工程地质问题，第9章为工程地质勘察。

本书结合土木工程建设的需要，以土木工程的地质环境为主题，内容与时俱进，紧紧围绕工程案例，力求理论联系实际。同时，将纸质教材与彩色图片和野外现场照片等数字化资源有机地融合起来，采用二维码扫描方式阅读大量数字资料，提高学生的感性认识，引导学生关注科学的发展动态、先进技术和方法以及重大工程中涌现的新问题。此外，编者在编写本书时也挖掘了课程所蕴含的思想政治教育元素，将思政元素全面有机地融入各章节的内容中。

华南理工大学土木与交通学院的宿文姬提供了丰富的资料，上海交通大学船舶海洋与建筑工程学院的研究生王兴渝、叶超、梁志鑫和王明帅参与本书的资料收集、整理与绘图工作，谨此致谢。同时，还要感谢上海交通大学教务处、船舶海洋与建筑工程学院领导、院教务办袁敏、田娜等老师以及本书责任编辑的大力支持和帮助。本书的编写参考大量的文献和资料，在此对相关作者表示衷心的感谢。

本书为上海交通大学2022年立项教材，可作为高等院校土木工程、道路与桥梁工程、水利水电工程、地下工程等专业本科生教材及研究生的学习用书，也可供相关专业的设计和科研人员参考使用。

由于编者水平有限和时间紧迫，本书若有不当之处，恳请读者批评指正。

编　者

目　录

1 绪 论

本章主要介绍工程地质学的内涵、研究对象和基本任务，阐述工程地质条件、工程地质问题、工程地质学的分析方法和发展。

1.1 工程地质学的定义

港珠澳大桥修建在软土地基上，青藏铁路修建在冻土地基上，三峡水利枢纽修建在岩石地基上……任何土木工程都是修建在地基上的，地基是承受构筑物全部重量的岩土体，因此建筑场地地质环境的优劣直接影响到工程的设计类型、施工工期和工程投资等。比如耸立在软土地基上的上海中心大厦、环球金融中心大厦和金茂大厦三幢超高层建筑，由于软土的高压缩性、高含水率及低强度等特点，建造时采用超长桩基础来控制软土地基的沉降和承担上部结构的载荷。人类的工程活动与地质环境的关系是相互联系、相互制约的。一方面表现为地质环境对人类工程活动的制约作用，比如地震烈度限制城市发展，滑坡、泥石流破坏公路与铁路等；另一方面工程施工会破坏地质环境，比如基坑开挖导致地基失稳，抽取地下水引起地面沉降和地面塌陷，水库蓄水诱发地震等。工程地质学是一门研究与工程建设有关的地质问题，为工程建设服务的地质学分支学科，属于应用地质学的范畴。现代的工程地质学研究人类工程活动与地质环境的相互关系，不仅研究工程地质条件的建筑适宜性问题，保证工程建筑安全施工和运行，还研究工程建设对地质环境的影响，防止工程建设引起的地质环境恶化，确保工程运行的可持续性。

工程地质学的研究对象是与工程建筑物建设相关的浅表层地质环境。工程建设时，若对地质环境了解不足，可能导致大的沉降、地基失稳等工程灾害。比如，我国在1939～1945年建设的宝(鸡)天(水)铁路，由于忽视前期的工程地质工作，施工中发生大量崩塌、滑坡、河岸冲刷和泥石流等地质灾害问题，称为铁路的“盲肠”，国家历年都拨出大量资金进行维修、整治。而后建设的成昆铁路，其地形和地质条件异常复杂，曾称为“世界地质博物馆”，由于高度重视工程地质工作，从而顺利建成通车。再比如，1952—1954年施工建造的法国马尔帕塞(Malpasset)坝是一座混凝土双曲拱坝，坝高为66.5 m，总库容为$5.2\times10^7\ m^3$，1958年投入运转，1959年12月发生溃坝，导致洪流下泄，洪水席卷数十千米，造成387人死亡，100余人失踪，淹没了两个村庄，造成经济损失6.8亿美元。该坝基岩体中片麻理构造发育走向斜交河岸，在距离坝下游20 m以外的覆盖层中有断层露头，但整条断层在前期勘测时未被发现，导致大坝运行至满库水位时突然垮塌，坝体左段连同坝基岩体沿断层滑出。这起事故正是由于工程勘察工作的不足，导致选址不当以及坝型选择不当。因此工程师的责任在于事先全面而细致地开展地质环境的勘察工作，找出不利的地质因素，提出工程地质问题的解决方法，保证土木工程的安全建设。

工程地质学的基本任务是通过工程地质勘察，阐明建筑场区的工程地质条件，指出并评价存在的问题，为建(构)筑物的设计、施工和使用提供所需的地质资料，以便合理开发和利用地质环境，其任务包括：查明工程建设场地的工程地质条件，指出建筑物的有利因素和不利因素；论证与工程建筑有关的工程地质问题并进行定性和定量的评价，做出确切的结论；选择地质条件优良的建筑场址，并根据场址的地质条件选择合适的建筑物类型、规模和施工方法；预测并论证工程地质环境的发展演化趋势，并提出合理利用、改善与防治的措施；研究岩体、土体分类和分区以及区域性特点；为工程建筑的规划、设计、施工、使用和维护提供所需的地质资料和数据。简言之，工程地质学的基础任务是查明工程地质条件，中心任务是分析和评价工程地质问题。

1.2 工程地质条件

工程地质条件是与人类活动有关的各种地质要素的综合，包括地形地貌条件、岩土(体)类型及性质、地质结构与构造、水文地质条件、不良地质现象以及天然建筑材料等方面，是一个综合概念。工程地质条件的形成受大地构造、地形地势、水文、气候等自然因素控制，是长期地质历史发展演化的结果，反映地质的发展过程。各地的自然因素不同、地质发展过程不同，其工程地质条件也就不同，而同一地区的各地质要素因为经历同一地质发展历史，所以相互联系、相互制约。认识工程地质条件必须从基础地质入手，了解地区的地质发展历史、各要素的特征及其组合的规律性。

1. 地形地貌

地形是指地表高低起伏状况、山坡陡缓程度和沟谷宽窄及形态特征等，地貌则说明地形形成的地质成因和发展。平原区、丘陵区和山岳地区的地形起伏、土层薄厚和基岩出露情况、地表地质作用现象都具有不同的特征，直接影响到建筑场地和线路的选择，特别是对线性建筑如铁路、公路、运河渠道等路线方案的选择。若能合理利用地形地貌条件，不仅能大量节省挖填方量，大幅节约投资，还有助于建筑物群体的合理布局，影响结构形式、规模以及施工条件等。

2. 岩土(体)类型及性质

建造于地壳表层的任何类型的建筑物总是离不开岩土(体)的，作为建筑物地基或环境的岩土(体)，是影响工程安全的基本要素之一，因此不仅需要了解其成因类型、形成时代、埋藏深度、厚度变化、延伸范围、风化特征及产状要素，还要进行岩土的物理力学性质试验，确定物理力学指标。岩土性质的优劣影响建筑物的选址和结构形式的确定，大型建筑物一般要建在性质优良的岩土上，软弱不良的岩土体易发生工程事故，在工程选址时要特别注意，应避开或者采用地基处理措施。

3. 地质结构与构造

地质结构与构造包括土体结构、岩体结构和地质构造。土体结构主要指土层的组合关系，包括各层土的类型、厚度及其空间变化，特别要注意地基中强度低的软弱土层，对地基承载力和建筑物的沉降起着决定性的作用。岩体结构指结构面形态及其组合关系，尤其是层面、泥化夹层、不整合面、断层带、层间错动、节理面等结构面的性质、产状、规模和组合关系。岩体结构面的空间分布，对建筑物的安全稳定性有重要影响。地质构造包括褶皱、断层和节理等构造现象的分布和特征，是工程地质工作研究的基本对象。例如，形成时代较新、规模较大的断裂构造，不仅对地震等地质灾害具有控制作用，还会影响各类工程建筑的安全稳定性和变形特性。

4. 水文地质条件

水文地质条件包括地下水的成因、埋藏、分布、动态变化和化学成分等。地下水是降低岩土体稳定性的主要因素。地下水水位较高一般对工程不利，道路易发生冻害，水库常造成浸没，隧洞及基坑开挖时需进行排水。滑坡、地下建筑事故、水库渗漏、坝基渗透变形以及许多地质灾害的发生都与地下水水位有关，有时地下水的水位情况甚至起到主导作用。工程建设中要考虑水文地质条件，如在计算地基沉降量时要考虑地下水水位的变化，在分析基础抗浮设计、基坑涌水、流砂等工程地质问题时，地下水水位的变化是首先要考虑的因素。在溶岩地区，地下水的溶蚀会造成地基中的洞穴，这给基础设计带来困难。另外，地下水的水质对混凝土材料也易产生一定的腐蚀。

5. 不良地质现象

不良地质现象是指对工程建设有影响的自然地质作用。地壳表层经常受到内动力和外动力地质作用的影响，对建筑物的安全会造成很大威胁，所造成的破坏往往是大规模的，甚至是区域性的。不良地质现象主要包括岩溶、滑坡、崩塌、泥石流、地面沉降和地震等灾害，以及工程活动引起的对建筑物构成威胁和危害的不良地质现象，它会影响建筑物的整体布局、设计、施工方法以及稳定性。

6. 天然建筑材料

天然建筑材料是指建筑施工所用的土料和石料。土坝、路堤的建设需要使用大量土料，海堤、石桥和堆石坝等需要使用大量石料，拌合混凝土需要使用砂和砾石作为骨料。为了节省运输费用，应该遵循“就地取材”的原则，用料量大的工程尤其应当如此。所以附近有无天然建筑材料，对工程的造价有较大的影响，其类型、质量、数量以及开采运输条件往往成为选择场地、拟定工程结构类型的重要条件。而不同地质条件的建筑材料适合不同工程需要，所以必须清楚了解天然建筑材料的地质成因和岩性。

这里要强调的是，不能将上述诸要素中的某一方面理解为工程地质条件，而必须是多种要素的总和。由于不同地区的地质环境不同，工程地质条件不同，对工程建筑物有影响的地质要素的主次关系也不同。

下面以世界上第一座水下博物馆——白鹤梁水下博物馆的建设为例，谈谈地质要素的主次关系。白鹤梁是重庆市涪陵城北的一道长 1 600 m、宽约 15 m 的天然石梁，具有世界上规模最大，历史延续时间最长的水文题刻，称为“水下碑林”和“世界第一水文站”，石梁上的刻画记录夏季丰水期和冬季枯水期的水位变化。三峡水利枢纽蓄水 175 m 后，白鹤梁水文题刻将被淹没于近 40 m 深的江底，亟须水下保护工程的建设。建筑场地为长江三峡库区上游的长江中，地基为倾角 14.5°的单斜构造砂岩层，水位变化大，高水压会降低水下建筑物施工及运营的安全性。如果采用“就地掩埋”的方法，则会导致水文题刻在淹埋或后代有能力挖掘时出现不可恢复的损伤。保护文物是当代人的责任，因此中国工程院葛修润院士针对此工程地质条件提出采用“无压容器原址水下保护工程”方案来建设这座水下博物馆。该方案计划在基岩上建造钢筋混凝土墙，墙的顶部与防锈金属穹顶连接，白鹤梁水文题刻全部罩在穹顶与钢筋混凝土墙构成的“容器”内，博物馆内充满过滤后的长江水，馆内水与长江水相通，“容器”处于水压平衡的状态，有效地防止长江水对白鹤梁水文题刻的冲刷损坏。该工程的主要地质要素为水文地质条件、岩体类型及性质、地质结构与构造，而次要因素为建筑材料和不良地质现象等。

1.3 工程地质问题

工程地质问题是工程建筑与工程地质条件（地质环境）相互作用、相互制约而引起的，是工程地质条件与工程建筑物之间的矛盾。工程地质条件复杂多变，不同结构类型的工程建筑物对地质体的要求不同，工程地质问题是复杂多样的，主要包括区域稳定性问题、地基稳定性问题、斜坡稳定性问题、洞室围岩稳定性问题以及渗漏问题等，工程师需要查出存在的主要工程地质问题，并提出解决方案。

1. 区域稳定性问题

区域稳定性是指工程建设地区在特定的地质条件下现今地壳及其表层的相对稳定程度。研究区域稳定性的目的在于探讨现今地壳的活动性及其对工程建筑和地质环境的作用和影响，从而使工程地基、场址尽量位于相对稳定的地区，避开现今活动构造带；若选址在活动构造地区，即非稳定区，则选择相对稳定的地块或地带。区域稳定性的主要研究内容是地震活动和活断层的断裂活动。以区域构造分析为基础，通过地壳形变和构造应力场的演化过程，探讨断裂构造的活动性，研究历史地震和地震地质资料，进而探讨工程地基、场地的地震效应及地震动力学问题。自 1976 年发生的“唐山大地震”后，地震、震陷和液化以及活断层对工程稳定性的影响越来越引起土木工程界的注意。对于大型水电工程、地下工程以及建筑群密布的城市地区，区域稳定性问题是首先需要论证的问题。

2. 地基稳定性问题

工业与民用建筑常遇到的工程地质问题主要是地基稳定性问题，包括地基强度和地基变形两个方面。此外，岩溶、土洞等不良地质作用和现象都会影响地基稳定。铁路、公路等工程建筑经常遇到的工程地质问题是边坡稳定和路基稳定问题；水坝（闸）常遇到的是坝（闸）基的稳定问题，其中包括坝基强度、坝基抗滑稳定以及坝肩稳定问题。

3. 斜坡稳定性问题

自然界的天然斜坡是经受长期地表地质作用达到相对协调平衡的产物，人类工程活动尤其是道路工程需开挖和填筑人工边坡（路堑、路堤、堤坝、基坑等），斜坡稳定对防止地质灾害发生及保证地基稳定十分重要。斜坡地层岩性、地质构造特征是影响其稳定性的物质基础，风化作用、地应力、地震、地表水和地下水等对斜坡软弱结构面的作用往往会降低斜坡的稳定性。

4. 洞室围岩稳定性问题

洞室被包围于围岩（岩土体介质）中，在洞室开挖和建设过程中可能破坏地下岩土体的原始平衡条件，出现不稳定现象，遇到围岩塌方、地下涌水等问题。一般在工程建设规划和选址时要研究岩土体的力学特性，预测岩土体的变形破坏规律，分析建筑物和岩土体的相互作用，评价岩土体的稳定性。

5. 渗漏问题

水库、渠道及坝基的渗漏会造成水量的大量损失，使水库或输水建筑物不能达到预期的目的。渗漏还会影响地基、斜坡及围岩的稳定性。另外，还有环境工程地质问题、天然建筑材料质量以及其他问题，这些也是与工程建筑密切相关的问题。

1.4 工程地质学的分析方法

工程地质学的分析方法包含自然历史分析法、数学力学分析法、工程地质实验与现场试验及工程地质类比法四种。

1. 自然历史分析法

自然历史分析法是工程地质学最基本的一种研究方法。研究工程地质现象形成的地质历史和所处的自然地质环境，根据形态和地质结构、变形破坏形迹以及影响其稳定性的各种因素的特征和相互关系，从而对其演变阶段和稳定状况做出评价和预测。比如对斜坡稳定性的判断，可通过研究斜坡形成的地质历史和所处的自然地理及地质环境、斜坡的地貌和地质结构、发展演化阶段及变形破坏形式，来分析主要和次要的影响因素，从而对斜坡稳定性做出初步评价。

2. 数学力学分析法

数学力学分析法指在阐明主要工程地质问题形成机制的基础上，建立地质模型，根据所确定的边界条件和计算参数，运用数学模型（理论或经验公式）进行定量计算，给出评价或预测结果，例如地基稳定性分析、地面沉降量计算、地震液化可能性计算等。采用的方法有刚体极限平衡法、弹塑性理论方法、数据统计方法和数值分析方法（有限单元法、边界单元法、离散单元法和有限差分法），还有灰色理论、逻辑信息、模糊数学、分形和神经网络等。

3. 工程地质实验与现场试验

采用定量分析方法论证地质问题时，需要采用实验测试方法，即通过室内或野外现场试验，取得所需要的岩土的物理性质、水理性质、力学性质数据。长期观测地质现象的发展过程及其速度也是常用的试验方法。

4. 工程地质类比法

对某些工程地质问题可采用类比的方法，即将拟设计的工程项目与周边工程地质条件相类似的成功工程实例进行对比，吸取其他工程的成功经验和失败教训。这种方法在工程勘察或建设初期，特别是在工程资料收集不足的情况下十分有效。

需要注意，上述四种方法往往是结合在一起的，综合应用才能事半功倍。

1.5 工程地质学的发展

人类在最初从事工程建设活动时，为保证建筑物的安全使用和正常运行，总是将地质知识应用于建筑工程，使建筑物与地质环境相适应，如我国河北的赵州桥和四川的都江堰等。赵州桥不仅是我国也是世界上现存最早、保存最完整的巨大石拱桥，特别是拱上加拱的“敞肩拱”设计，更是世界桥梁史上的首创。1991 年，赵州桥被美国土木工程师学会选定为世界第十二处“国际土木工程历史古迹”。都江堰是全世界至今为止，年代最久、唯一留存、以无坝引水为特征的宏大水利工程。由于当时的生产力低下，工程规模不大，人们在工程建设中多按经验办事，并没有形成系统的工程地质理论知识，也没有任何经验资料的积累和记载。伴随着国内外诸多重大工程的不断兴建，如日本青函海底隧道、英吉利海峡隧道、美国赫尔姆斯抽水蓄能电站地下厂房以及我国的三峡水利枢纽和小浪底水利枢纽等，出现许多与工程地质相关的问题，这些问题的解决不仅对整个工程的进展起到决定性作用，还为工程地质学科的发展提供了大量的工程实践机会。

1929 年，卡尔・太沙基(Karl Terzaghi)出版世界上第一部工程地质类图书《工程地质学》，1932 年莫斯科地质勘探学院成立世界上第一个工程地质教研室。20 世纪 50 年代以来，工程地质学逐渐吸收土力学、岩石力学与计算数学中的某些理论和方法，完善和发展本身的内容和体系。与此同时，欧美国家也出现工程地质学，但研究方向有所不同，主要是土木工程师适用的地质学。我国的工程地质学是在新中国成立后随着大规模国民经济建设的需要而发展起来的，大量的城市工业与民用建筑、铁路、公路、桥梁、隧道、水利水电工程等的建设，形成了一些新的工程地质思想和理论。这个阶段受苏联的工程地质学术观点影响很深，基本上是按照苏联模式来建立工程地质学科和勘察体制的。

从 20 世纪 60 年代到 70 年代中期，大量工程实践如刘家峡、龙羊峡等水利枢纽工程，成昆、兰新等铁路干线，南京、九江长江大桥等，为我国工程地质积累丰富的资料和实践经验，促进我国工程地质进入独立发展的阶段。张咸恭作为主编合著我国第一部《工程地质学》教材，标志着我国以“成因演化论”为基础的工程地质学理论体系基本建立。中国工程地质学形成以区域稳定性、地基稳定性、斜坡稳定性和洞室围岩稳定性为研究内容，以工程岩土(体)变形破坏机理为核心的工程地质评价与预测的研究框架；建立地质力学与地质历史相结合，工程地质学与土力学、岩体力学、地震力学相结合的分析研究方法；广泛应用并发展钻探、物探技术和钻孔电视、声波测试、原位大型力学试验、土层静力动力触探、模型试验以及计算机等技术。中国工程地质学研究强调从地质成因和演化过程认识工程地质体的结构及赋存环境，从工程地质体结构的力学特性及其对工程作用的响应入手，分析工程岩体变形的破坏机理，进而评价与预测工程作用下地质体的稳定性。

20 世纪 80 年代到 90 年代中期是中国工程地质学活跃的全面发展阶段，主要研究岩体结构控制工程岩体稳定性、地基与上层建筑相互作用的工程地质过程。在监测、探测、物理模拟、原位测试技术的进步和数值模拟技术的发展基础上，进行工程地质过程的综合集成和定量化分析。工程地质学与岩体力学和工程技术相融合，将工程建设前期的工程地质条件评价延伸到工程后效研究，从预测预报发展到施工监控和岩土(体)加固的地质技术，并迅速形成以工程地质超前预报和地质体改造为核心的地质工程理论与实践。为合理开发利用、保护和治理环境，与区域地质构造背景和地质环境要素分析相结合，研究人类工程活动与地质环境的相互作用和环境工程地质问题，开拓环境工程地质、地质灾害及其防治研究方向。结合各个行业的工程特点和要求，工程地质学不断产生新的学科方向，如军事工程地质学、地震工程地质学、地下空间工程地质学、城市工程地质学、矿山工程地质学、海洋工程地质学、道路工程地质学、爆破工程地质学以及核废料和固体废物地下储存的工程地质研究等，对进一步发展和完善中国工程地质学的学科体系具有重要意义。

20 世纪 90 年代后期，在工业化、城市化快速进程中，我国工程建设突破以往国力和技术的限制，建设高坝水库、高速公路、跨海大桥、快速铁路以及不良地段(黄土、冻土或软土等特殊土地区）的基础设施建设等。三峡水利枢纽工程、“南水北调”工程、青藏铁路和公路以及城市地铁等一大批国家重大工程的建设，不仅需要工程勘测、设计、施工和运营的地质知识，还需要发展长时间质量控制的监测技术和评价方法，以及施工过程预报技术和稳定性保障。研究地质灾害监测、防治和预报技术与方法，重点开发精度高、实时性强、远程遥测、分布式监测和智能化监测的技术和方法，探索地质灾害预警预报的方法、原则和体系，对已建和在建地质工程和环境保护工程进行健康监测和诊断，寻找防灾减灾的对策。

工程地质学的研究重点不断地发生变化。最初研究与工程有关的地质问题，然后研究工程与地质环境间的相互作用，目前在可持续发展的理念下研究人地关系协调的工程地质问题。在地球系统科学的框架内，从工程（地球表层系统）的角度研究人类活动与地球表层动力系统间的相互作用机理，人类工程活动对地球表层系统的扰动方式，岩土开挖和堆填、水流水体调节工程以及工程载荷对地球表层系统的影响，人类工程活动对表层动力过程的正向扰动和反向抑制效应，结合国家重大工程，如“南水北调”“西气东输”“西电东送”和大型水利工程，开展人地协调发展的系统研究，研究城市化进程对地质环境的影响和潜在地质灾害的评估和预测，也就是说工程地质学的重点是研究人类工程活动与自然环境的和谐相处与可持续发展。因此，工程地质学无论在理论体系和知识结构上，还是在研究内容和方法上，都在不断变革和创新、传承和发展。

工程地质学的发展不仅依赖于地球科学和工程技术科学最新研究成果的支持和知识的交叉融合，还需要采用环境、生态科学知识，并将现代数学、力学和有关非线性理论、系统论、控制论融入工程地质学。现代勘测技术，如岩土体三维激光扫描、遥感图像和原位测试等技术的发展应用，使工程地质研究从定性阶段向定量阶段跨越，中国工程地质学正在跨入复杂性研究与创新阶段。

时代赋予未来工程师新的社会使命，大家有责任有能力通过坚持不懈的拼搏，确保人与自然和谐共生和可持续性发展，让人类生存的地质环境更加安全和美好。

习 题 1

1. 工程地质学的定义是什么？试简述工程地质学的基本任务。

2. 什么是工程地质条件？具体包括哪些内容？

3. 什么是工程地质问题？常见的工程地质问题有哪些？

4. 试简述工程地质学的发展趋势。

2 矿物与岩石

本章介绍造岩矿物的基本概念和矿物的形态、光学、力学等物理性质以及常见的主要造岩矿物，阐述三大岩类——岩浆岩、沉积岩、变质岩的成因、组成成分、产状、结构构造、工程地质特征和常见的岩石，阐明矿物和三大岩类的肉眼鉴定方法等。

2.1 地壳物质组成

地球是由化学成分、密度、压力、温度等不同的同心圈层所组成的球体。地面以上的圈层称为外部圈层，地面以下的圈层称为内部圈层。地球外部圈层包括大气圈、水圈和生物圈 3 个圈层，内部圈层根据地震波波速分为地壳、地幔和地核 3 个圈层。地壳是地球固体圈层的最外层，地壳与地幔的界面为莫霍洛维契奇界面（莫霍面）。地幔分为上地幔和下地幔两个次级圈层，上地幔由相当于超基性岩的物质组成，上部存在一个软流圈，是岩浆的发源地，下地幔是可塑性固态物质。地幔与地核的界面为古登堡界面（古登堡面），地核分为内核、过渡层和外核，主要为铁、镍物质，外核为液态物质，内核是固态物质（见表 2－1）。

表 2－1 地球的内部圈层结构

内部圈层		深度/km		物态
地壳	硅铝层			
	硅镁层			岩石圈（固态）
	莫霍面		33	
			60	
地幔	上地幔	低速层		软流圈（部分熔融）
			250	
			650	
	下地幔			固态
	古登堡面		2 885	
地核	外核			液态
			4 170	
	过渡层			固液态过渡带
			5 155	
	内核			固态
			6 371	

构成地壳的主要物质是岩石。岩石是由一种或几种矿物组成的、具有一定结构构造的矿物集合体，少数包含生物的遗骸或遗迹(化石)。地壳上部分布的岩石为硅铝层，下部分布硅镁层。矿物是岩石的基本组成单位，人类目前使用的多种自然资源，如各种金属与非金属矿产以及石油等，都蕴藏于岩石中，并且与岩石具有成因上的联系。在工程上，岩石通常作为建筑物或构筑物的地基、隧道的围岩或者建筑材料的重要组成部分，比如天安门广场上的人民英雄纪念碑由花岗岩和大理岩(汉白玉)制作而成，我国第一座石拱桥赵州桥由砂岩建造而成，因此岩石的类别及其工程地质特征对工程建筑起着至关重要的作用。组成地壳的化学元素近百种，含量最高的元素是氧(O)，约占地壳总质量的49.13%，其次是硅(Si)约占26.0%，其他元素的含量排列依序为铝(Al)、铁(Fe)、钙(Ca)、钠(Na)、钾(K)、镁(Mg)、氢(H)和钛(Ti)，前10种元素占地壳总质量的99%以上，而其余如磷(P)、碳(C)、锰(Mn)、氮(N)、硫(S)、钡(Ba)、氯(Cl)等近百种元素，总含量占比不足1%。

2.2 造岩矿物

2.2.1 造岩矿物的基本概念

大多数岩石是由几种元素或化合物组成的，如花岗岩，用肉眼就可以看出由几种不同颗粒组成：透明的石英、白色或肉红色的长石和黑色云母、角闪石等。少数岩石是由较单一的化合物组成的，如通常用来烧水泥的石灰岩，由单一碳酸钙——方解石($CaCO_3$)组成。上述组成岩石的矿物，称为造岩矿物。在已发现的3 000种矿物中，造岩矿物有30多种。

矿物是地质作用形成的天然单质或化合物，由一种单质元素或者几种元素的化合物组成，前者如自然铜(Cu)、自然金(Au)和金刚石(C)等；后者中硅酸盐最多，还有氧化物、硫化物、卤化物、碳酸盐和硫酸盐等。硅酸盐矿物有滑石、云母和长石等，碳酸盐矿物有方解石、孔雀石和白云石等，硫化物矿物有黄铜矿、黄铁矿和辰砂等，氧化物矿物有刚玉、赤铁矿和石英等，硫酸盐矿物有石膏和重晶石等。矿物按生成条件可分为原生矿物和次生矿物两大类。由岩浆冷凝生成的，如石英、长石、辉石、角闪石、云母、橄榄石和石榴子石等称为原生矿物；由原生矿物经风化作用直接生成的，如高岭石、蒙脱石、伊利石和绿泥石等，或在水溶液中析出生成的，如方解石、石膏和白云石等均称为次生矿物。扫描二维码可查看常见的造岩矿物。

常见的造岩矿物

矿物的化学成分和内部结构决定其物理性质，即使成分相同而结构不同或者结构类似而成分不同的矿物，物理性质也是有差异的。所以，矿物的物理性质是鉴别矿物的重要依据。

2.2.2 矿物的物理性质

矿物的物理性质包含形态、光学和力学等性质。

1. *矿物的形态*

造岩矿物大多数是结晶质矿物，小部分是非晶质矿物。结晶质矿物的特点是组成矿物的元素质点(离子、原子或分子)呈现有规律的空间排列，形成稳定的晶体结构，具有一定的外部几何形态，如岩盐是正立方体，石英是双锥面六方柱体。而非晶质矿物的特点是组成矿物的质点呈现不规则的排列，表现为外部形态没有固定的形状，如蛋白石($SiO_2 \cdot nH_2O$)和玛瑙等。

结晶质矿物的形态包含单体矿物形态和集合体矿物形态两种。

1）矿物的单体形态

矿物的单体形态指矿物单晶体的形态。矿物晶体在一定外界条件下具有一定的结晶习性，具有自己特定的形态。形态是其内部结晶结构的外在表现，同种矿物往往具有一种或几种固定的几何形态，如立方体、四面体、八面体和菱形十二面体等，这些固定几何形态是认识矿物的重要标志之一。根据晶体在空间的发育程度不同，矿物的单体形态可分为以下三类：

(1) 一向延长型。晶体沿一个方向发育，呈现柱状、纤维状和针状等，如绿柱石、角闪石、石英等，如图 2-1 所示。

(2) 二向延长型。晶体沿两个方向发育，呈现板状、片状和鳞片状等，如石膏、绿泥石和云母等，如图 2-2 所示。

(3) 三向延长型。晶体在三维空间上发育程度基本相等，呈现等轴状、粒状和球状等，如岩盐、橄榄石和石榴子石等，如图 2-3 所示。

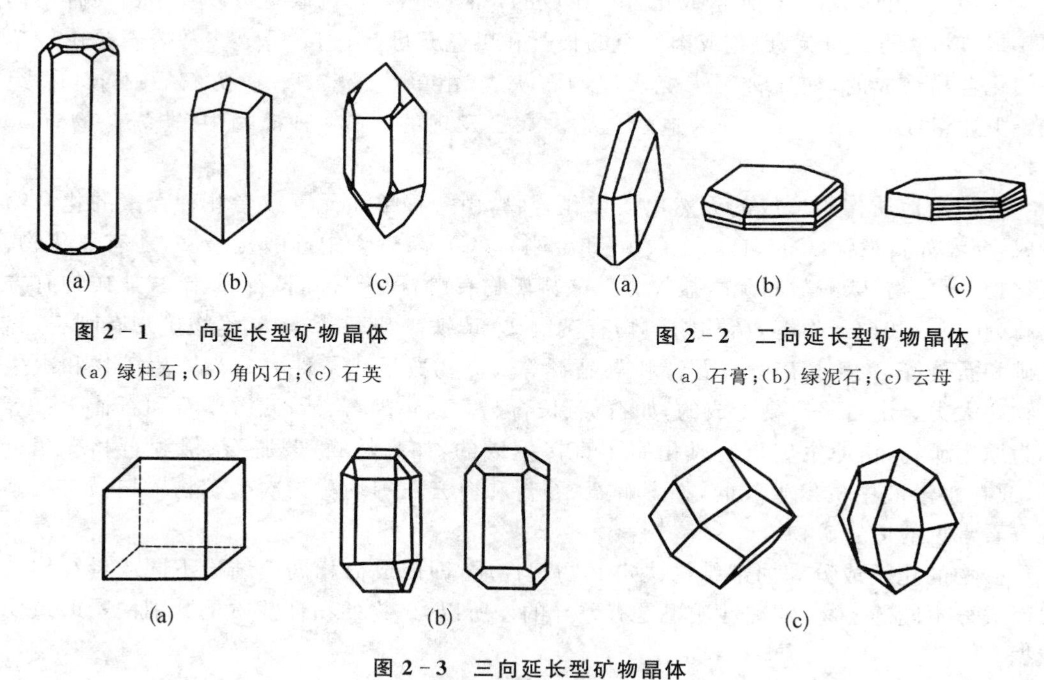

图 2-1　一向延长型矿物晶体

(a) 绿柱石；(b) 角闪石；(c) 石英

图 2-2　二向延长型矿物晶体

(a) 石膏；(b) 绿泥石；(c) 云母

图 2-3　三向延长型矿物晶体

(a) 岩盐；(b) 橄榄石；(c) 石榴子石

有些矿物在不同条件下(如温度、空间条件等)可以具有不同的结晶习性。例如，方解石在高温条件下(200℃以上)晶体呈现板状或片状，在低温条件下形成的晶体则呈现一向延长型的柱状。石英晶体在晶洞中(足够自由空间)可呈现柱状，在其他情况下则形成不规则粒状体。

2）矿物的集合体形态

矿物的集合体形态指矿物单体的集合方式。根据集合体中矿物结晶粒度的大小，可以分为三类：显晶质集合体、隐晶质集合体和非晶质集合体。

（1）显晶质集合体。

显晶质集合体指用肉眼可以辨别矿物单体的集合体，可以采用矿物单体的习性和集合方式描述和命名。集合方式主要有如下类型。

a. 晶簇。晶簇是由生长在岩石的裂隙或空洞中的许多矿物单晶体所组成的簇状集合体，其一端丛生在同一个基底上，另一端自由发育而具有良好的晶形。晶簇可以由单一的同种矿物的晶体组成，也可以由几种不同的矿物的晶体组成。在晶簇中，发育最好的是与基底近乎垂直的晶体，与基底斜交的晶体由于空间所限得不到充分的发育而被抑制或淘汰。常见的晶簇有石英晶簇（见图 2-4）、方解石晶簇等。

b. 放射状集合体。呈柱状、针状、片状或板状的矿物单体，以一点为中心向四周呈放射状排列，称为放射状集合体。例如，红柱石的柱状单体呈放射状排列，形成所谓的菊花石（见图 2-5）。放射状集合体在生成时，环境中没有定向压力，晶体以一点为中心，向各个方向生长的机会是均等的。

图 2-4　石英晶簇

图 2-5　菊花石

c. 纤维状集合体。细长柱状、纤维状矿物密集平行排列形成纤维状集合体，纤维状集合体具有朝一个方向延伸的倾向，当溶液沿裂缝活动时，晶体从裂缝壁开始生长，只有垂直裂缝壁的晶体能够得以长大，最后形成垂直型裂隙的纤维状集合体。常见的纤维状集合体有纤维状石膏和石棉等。

（2）隐晶质集合体和非晶质集合体。

在显微镜下才能辨认单体的矿物集合体称为隐晶质集合体；在显微镜下无法辨认单体的矿物集合体称为非晶质（胶态）集合体。最常见的隐晶质集合体和非晶质（胶态）集合体，按照其生成方式和外貌特征的不同可分为如下几种。

a. 钟乳状集合体。在地下水渗出或滴落处析出的矿物逐层堆积或聚集，形成圆锥、圆柱、圆丘等形状的集合体，统称为钟乳状集合体，按形状可分为葡萄状、肾状及钟乳状等。该类集合体都是在相当长的时间内一层一层聚集而成的，因此，它们的共同特点是具有同心状构造，每层在颜色或杂质组分上略有差异，集合体形成以后常常因为结晶作用而产生垂直于同心层排列的放射状构造。

b. 结核体。围绕某一中心逐渐向外沉淀生长而成的球状、凸透镜状的矿物,内部常具有同心层状构造的集合体,称为结核体。结核体大者直径可达到数十厘米,小者不足1 mm。结核体形状可呈球形、卵形或其他不规则的形状。

c. 鲕状集合体。由许多类似鱼卵大小球粒所组成的集合体,称为鲕状集合体,如鲕状赤铁矿、鲕状石灰岩等。在海洋和湖泊中,由水中析出矿物微晶或胶凝物质,围绕砂粒、有机质等碎屑或者气泡等凝聚成球粒或团块而沉淀下来,因水流动,鲕粒在水下不断滚动而继续长大,从而具有同心层状构造,如图 2-6 所示。

d. 粒状集合体。类似鲕状但球粒较大,大小略等,不具有一定规律,聚合而成,例如砷铅矿。

e. 分泌体。分泌体(见图 2-7)指在球状或不规则形状的岩石空洞中,由胶体或晶质物质自洞壁向中心逐层沉淀而成的矿物集合体。分泌体内部具有同心层状构造,中心常留有空腔,有时其中还有晶簇,例如带状玛瑙。

图 2-6 鲕状集合体

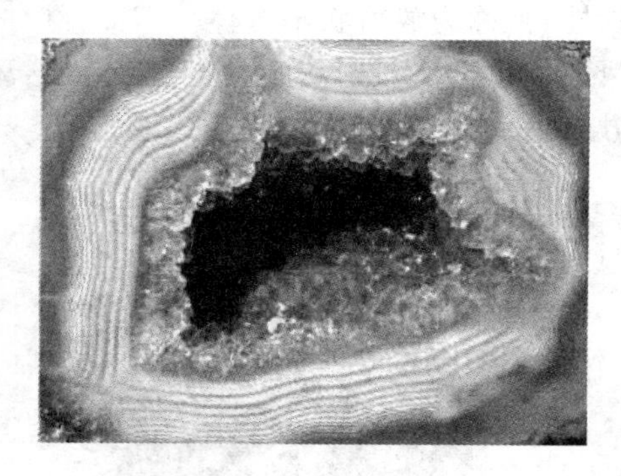

图 2-7 分泌体

f. 土状体。土状体指看不清楚单体矿物,呈疏松粉末状,细小颗粒矿物聚集而成的集合体,例如高岭石。

g. 块状体。矿物的众多晶粒(不论其晶粒形态如何)聚集成为集合体时,无方向性的结构构造差别。若矿物晶粒十分细小,肉眼不易分辨,显示出十分致密的样子,则称为致密块状集合体。例如许多玉石就是由一些矿物的致密块状集合体构成的,软玉是透闪石的致密块状集合体,岫玉是蛇纹石的致密块状集合体等。

自然界产出的矿物晶体常挤在一起生长,不能发育成完整的矿物晶形。只有当矿物在地质作用过程中有足够的空间和时间才能发育出良好的晶体。地质作用不同,相同的化学成分会形成具有不同晶体结构的矿物,比如由碳(C)形成的正六边形石墨和正八边形金刚石。因此,矿物形态是识别矿物的重要依据之一。有些矿物的化学成分不同,如岩盐和黄铁矿,但都呈立方体产出,可见矿物的形态并不是识别矿物的唯一依据。

2. 矿物的光学性质

光学性质也是肉眼鉴别矿物所依据的主要物理性质之一,主要包括颜色、条痕、光泽和透明度。

1) 颜色

矿物的颜色是矿物对可见光波的吸收作用所产生的。根据矿物呈现某种颜色的原因，可以将矿物的颜色分为自色、他色和假色三种。

(1) 自色。

自色指由于矿物本身内在原因所引起的颜色，并且是矿物本身所固有的颜色。自色的产生主要取决于矿物本身的化学成分和内部结构。对造岩矿物来说，由于成分复杂，颜色变化很大。一般来说，含铁、锰多的矿物，如黑云母、普通角闪石、普通辉石等，颜色较深，多呈灰绿、褐绿、黑绿以至黑色；含硅、铝、钙等成分多的矿物，如石英、长石、方解石等，颜色较浅，多呈灰、淡红、淡黄等各种浅色。

(2) 他色。

他色指由于矿物中混入某些杂质所引起的颜色，与矿物的本身性质无关。他色不固定，随杂质的不同而异。例如，纯净的石英晶体本身是无色透明的，但常因不同的杂质混入而被染成紫色、烟色等不同颜色。由于他色不稳定，不能将其作为鉴定矿物的依据。

(3) 假色。

假色是由于矿物内部的裂隙或表面的氧化薄膜对光的折射、散射所产生的颜色。例如，方解石解理面上常出现的虹彩，斑铜矿表面常出现斑驳的蓝色和紫色。假色对某些矿物具有鉴定意义。

2) 条痕

矿物在白色无釉的瓷板上划擦时留下的粉末的颜色，称为条痕，如图 2－8 所示。矿物的条痕消除假色的干扰，也减轻他色的影响，表现出矿物的自色，因此它比矿物表面颜色更固定，是鉴定矿物的可靠依据。例如，赤铁矿(Fe_2O_3)矿体的表面可呈现红色、铁黑色、褐红色等，但条痕都呈樱红色，因此它可以作为赤铁矿的一种主要鉴定特征。

图 2－8　条痕

这里需要指出的是，透明和半透明矿物的条痕都是浅色或白色的。因此，对于这些矿物来说，用条痕来鉴定矿物是没有意义的。

3) 光泽

矿物表面反光的能力称为光泽，它是用来鉴定矿物的重要标志之一。根据反射光的强弱可分为以下三级。

(1) 金属光泽，矿物平滑表面反射光很强，呈明显的金属状光亮，如黄铁矿、方铅矿的光泽。

(2) 半金属光泽，矿物表面反射光较强，呈弱金属状光亮，如磁铁矿、赤铁矿的光泽。

(3) 非金属光泽，矿物表面的反射相对较弱，如石英、滑石表面的反射，除金属和半金属光泽之外的其余各种光泽的统称，造岩矿物绝大部分属于非金属光泽。由于矿物表面的性质或矿物集合体的集合方式不同，又会呈现各种不同特征的光泽。可进一步分为如下几种。

a. 金刚光泽，矿物表面反光较强，像钻石的磨光面所反射的光泽，如金刚石、铅矿的光泽。

b. 玻璃光泽，矿物表面像玻璃表面所反射的光泽，如方解石的光泽。

c. 珍珠光泽，矿物表面像珍珠或贝壳内面出现的乳色光泽，由一系列平行的解理面对光线多次反射的结果而呈现出的光泽，如透石膏、云母等。

d. 油脂光泽，矿物表面像染上油脂后的反光，多出现在矿物凹凸不平的断口上，由于反射表面不平滑，部分光线发生散射而呈现的光泽，如石英断口上的光泽。

e. 丝绢光泽，在纤维状或细鳞片状矿物集合体表面呈现丝绢般的光泽，由于光的反射相互干扰影响而呈现的光泽，如石棉和绢云母的光泽。

f. 蜡状光泽，隐晶质块体或胶凝体矿物表面，呈现出如石蜡所表现的那种光泽，例如块状叶蜡石、蛇纹石和滑石等致密块状矿物表面的光泽。

g. 土状光泽，矿物表面反光暗淡如土，在矿物土状集合体上，由于反射表面疏松多孔，使光几乎全部发生散射而呈现出的光泽，如高岭石和铝土矿等松散细粒块体矿物表面的光泽。

4）透明度

矿物透过可见光的能力称为透明度，这取决于矿物对光的吸收率，也与矿物本身厚度有关。根据矿物透明程度，可将透明度分为三级：透明、半透明和不透明。矿物薄片（厚0.03 mm）能清晰地透视其他物体的称为透明，比如水晶和冰洲石等；矿物薄片只能模糊地透视其他物体或有透光现象的称为半透明，如辰砂和闪锌矿等；矿物薄片不能透视其他物体的称为不透明，如黄铁矿、磁铁矿和石墨等。

3. *矿物的力学性质*

矿物的力学性质是指矿物在外力作用下所表现出来的各种性质。它是矿物的重要物理参数和鉴定依据，主要有硬度、解理和断口等。

1）硬度

矿物抵抗外力刻划、研磨的能力，称为硬度。硬度是矿物的一个重要鉴定特征，在鉴别矿物的硬度时，用两种矿物对刻的方法来确定矿物的相对硬度。选择10种软硬不同的矿物作为标准，组成硬度为1～10的相对硬度系列，称为摩氏硬度计，如图2-9所示。

图2-9　摩氏硬度特征矿物

从软到硬依次由下列 10 种矿物组成：滑石（1 度）；石膏（2 度）；方解石（3 度）；萤石（4 度）；磷灰石（5 度）；正长石（6 度）；石英（7 度）；黄玉（8 度）；刚玉（9 度）；金刚石（10 度）。

可以看出，摩氏硬度只反映矿物相对硬度的顺序，并不是矿物绝对硬度的等级。矿物硬度的确定是根据两种矿物对刻时互相是否刻伤的情况而定的。例如，将需要鉴定的矿物与摩氏硬度计中的方解石对刻，结果被方解石刻伤而自身又能刻伤石膏，说明其硬度大于石膏而小于方解石，在 2～3 之间，即可将该矿物的硬度定为 2.5 度。在野外进行矿物硬度鉴定时，也可以利用指甲（2.0～2.5 度）、铜钥匙（2.5～3.0 度），硬币（3.5 度），铁刀刃（4.0～5.0 度）、玻璃（5.5～6.0 度）、钢刀刃（6.0～6.5 度）和石英（7.0 度）来粗测矿物的硬度。硬度是矿物的一个主要鉴别特征，不同的矿物由于其化学成分和内部结构不同而具有不同的硬度。在鉴别矿物的硬度时，应在矿物的新鲜晶面或解理面上进行。

2）解理

矿物晶体在外力作用下（如敲打、挤压等）沿着一定方向发生破裂并裂成光滑平面的性质称为解理，这些光滑的平面称为解理面。在晶体结构中，如果有一系列平行的面网（由原子、离子或分子等质点组成的平面），它们之间的联系力较弱，解理就沿这些面网产生。若矿物受外力作用，在任意方向破裂并呈现各种凹凸不平的不规则破裂面（如贝壳状、锯齿状等），则称为断口。

不同的晶质矿物，由于其内部结构不同，在受力作用后开裂的难易程度、解理数目以及解理面的完全程度也有差别。根据解理出现方向的数目，有 1 个方向的解理，如云母等；有 2 个方向的解理，如长石等；有 3 个方向的解理，如方解石等。通常根据矿物晶体受力后出现解理的难易程度、解理面的大小及光滑程度、解理片的薄厚等，可将解理分为 5 级。

（1）极完全解理，极易裂开成薄片，解理面大而完整，平滑光亮，这种矿物不出现断口，如云母，如图 2－10 所示。

（2）完全解理，沿解理面常裂开成小块，解理面不大，不易出现断口，如方解石，如图 2－11 所示。

图 2－10　极完全解理

图 2－11　完全解理

（3）中等解理，解理面小而不光滑，较容易出现断口，如长石和角闪石。

（4）不完全解理，基本上见不到解理面，但隐约可见断断续续的面，如磷灰石。

（5）极不完全解理，无解理面，其碎块常为断口，如石英、石榴子石。

对于不完全解理和极不完全解理，肉眼都见不到解理面，可描述为解理不发育或无解理。矿物解理的完全程度与断口是互相消长的，解理完全时则不显现断口。反之，解理不完全或无解理时，则断口显著，比如石英没有解理，但有断口。

断口根据形状分为参差状、贝壳状、平坦状、锯齿状和土状等，如图 2-12 和图 2-13 所示。贝壳状断口呈圆形的光滑面，面上常出现不规则的同心纹，形似贝壳状，如石英等。锯齿状断口呈尖锐的锯齿状，延展性很强的矿物具有此种断口，如自然铜等。参差状断口面参差不齐、粗糙不平，大多数矿物具有此种断口，如磷灰石等。土状断口为土状矿物所特有，断口面粗糙、细粉状，如高岭石等。

图 2-12　贝壳状断口

图 2-13　参差状断口

4. 其他性质

除上述的矿物性质外，还有一些矿物具有独特的性质，这些性质同样是鉴定矿物的可靠依据，如导电性、磁性、延展性、脆性、弹性、挠性、放射性等。

矿物受打击后易碎，被刻划时易出现粉末，刻痕无光滑感，此性质为脆性，如石英、方解石等矿物均具有脆性。矿物在锤击或拉引下能发生塑性变形，容易形成薄片和细丝的性质称为延展性，大部分自然金属如自然金、自然银、自然铜等都具有良好的延展性。当用小刀刻划具有延展性的矿物时，矿物表面被刻划处会留下光亮的沟痕，而不出现粉末或碎粒，据此可区别于脆性。

若矿物受外力作用发生弯曲形变，但当外力作用取消后，弯曲形变能恢复原状，此性质称为弹性，如云母、石棉等矿物均具有弹性。若当外力作用取消后，弯曲的形变不能恢复原状，此性质称为挠性，如滑石、绿泥石、蛭石等矿物均有挠性。

矿物的某些物理化学性质对于鉴定某些矿物也是十分重要的，如滑石的滑腻感，方解石遇稀盐酸会剧烈起泡，白云石遇浓盐酸或热酸会起泡等，这些都可作为鉴别的依据。

5. 矿物鉴定

野外常运用矿物形态以及矿物的物理性质来对矿物进行肉眼鉴定。一般可以先从形态着手，然后再进行光学性质、力学性质及其他性质的鉴别。对矿物的物理性质进行测定时，应找到矿物的新鲜面，因为风化面上的原有矿物经风化作用发生改变，不能反映矿物的固有特点。

在使用矿物硬度计鉴定矿物硬度时，可以先用指甲、铁刀刃、玻璃、钢刀刃等工具进行初步判定,如果矿物的硬度大于某个工具,再用硬度大于此工具的标准硬度矿物来刻划,进而确定矿物的硬度,这种方法简单快速。

比如矿物的形态为块状,颜色为白色,玻璃光泽,钢刀刃不能刻伤矿物,可判定硬度大于6.5,无解理,断口为贝壳状,断口呈油脂光泽,可判定此矿物为石英。矿物的形态为短柱状,肉红色,玻璃光泽,有两组解理,不透明,钢刀刃刻划出较浅的痕迹,而石英能刻伤矿物,硬度小于7.0,硬度为6.0左右,可判定此矿物为正长石。

在自然界中也有许多矿物,它们之间在形态、颜色、光泽等方面有相同之处,但每种矿物都具有自己的特点,如方解石遇稀盐酸剧烈起泡,而白云石遇浓盐酸或热酸起泡等,鉴别时利用这些特点可以比较准确地鉴别矿物。

2.2.3 常见的主要造岩矿物

常见的主要造岩矿物包括石英、长石、角闪石、云母、辉石、橄榄石、石榴子石、方解石和白云石等(可扫描第9页二维码查看相关图片),它们的主要特征如表2-2所示。

1. 氧化物

石英,属于二氧化硅矿物质,是最重要的造岩矿物之一。当二氧化硅结晶完全时就是水晶,它是许多岩浆岩、沉积岩和变质岩的主要造岩矿物。单体常呈双锥面六方柱状,柱面上有横纹,集合体形态为块状、粗粒状或晶簇状。纯净的石英无色透明,玻璃光泽,断口常呈油脂光泽。硬度为7.0,相对质量密度(简称相对密度)为2.65,无解理,贝壳状断口。石英因粒度、颜色和包裹体等的不同而有许多变种,如紫水晶、黄水晶、玛瑙等。石英是一种物理性质和化学性质都十分稳定的矿产资源。

2. 硅酸岩

正长石,又称为钾长石,晶体属于单斜晶系的架状结构硅酸盐矿物,广泛分布于酸性和碱性成分的岩浆岩、火山碎屑岩中。单体呈短柱状或厚板状晶体,集合体为粒状、致密块状,呈肉红色、浅黄色、浅黄白色,条痕为白色,玻璃光泽,解理面有珍珠光泽,半透明或不透明。两组解理(一组完全,另一组中等)相交成90°,参差状断口,硬度为6.0,相对密度为2.50～2.70。

斜长石,属于架状结构硅酸盐矿物,单体呈板状或扁柱状,集合体呈粒状、块状。颜色从白色至暗灰色,有些呈浅蓝色或浅绿色,玻璃光泽,半透明或不透明,两组解理(一组完全,另一组中等)相交成86°,参差状断口,硬度为6.0,相对密度为2.50～2.70,斜长石占全部长石总量的70%,广泛分布于岩浆岩、变质岩和沉积岩中。

角闪石,属于双链状结构硅酸盐矿物,单体呈长柱状,集合体呈粒状、纤维状、放射状等,颜色多为深色,从绿色、棕色、褐色到黑色。条痕的颜色从白色到灰色,玻璃光泽,不透明,硬度为5.5～6.0,相对密度为3.00～3.50,两组发育完全或中等的解理面交角为56°。角闪石是一种重要且分布广泛的造岩矿物,普通角闪石广泛分布于中性及中酸性岩浆岩中,也是许多变质岩的主要组成矿物。

辉石,属于单链结构的硅酸盐矿物,单体呈短柱状,集合体呈块状、放射状或粒状,断面呈八边形,颜色为绿黑色、褐黑色或黑色,条痕呈灰绿色,半透明或不透明,玻璃光泽,硬度为5.5～6.0,平行柱面的两组完全或中等解理交角为87°,相对密度为3.20～3.60。普通辉石是岩浆岩最常见的暗色矿物之一,也产于变质岩中。

表 2-2　常见造岩矿物的主要特征

类别	矿物名称	颜色	形状	光泽、透明度	硬度	解理、断口	相对密度	物理、化学及工程地质性质	分布
硅酸岩	正长石 $KAlSi_3O_8$	肉红色或浅黄色、浅黄白色	单体为短柱状或厚板状,集合体为粒状、致密块状	玻璃光泽,半透明或不透明	6.0	一组完全 一组中等 (正交)	2.50～2.70	较易风化,风化后光泽变暗,硬度降低,完全风化后形成高岭石、方解石等次生矿物	伴生矿物为石英、云母等,分布于花岗岩、正长岩、微晶岩等岩浆岩和片麻岩中
	斜长石 $(Na,Ca)AlSi_3O_8$	从白色至暗灰色,有些呈浅蓝色或浅绿色	单体呈板状或扁柱状,集合体呈粒状、块状	玻璃光泽,半透明或不透明	6.0	一组完全 一组中等 (斜交)	2.50～2.70	同正长石	含钠元素多者只产于酸性或中性岩浆岩中;含钙元素多者只产于中性或基性岩浆岩中
	白云母 $KAl_2(AlSi_3O_{10})(OH)_2$	无色,有时呈灰白色、浅黄色、淡绿色等	单体呈六方形的片状,集合体呈细小鳞片状或片状	玻璃光泽,解理面上呈珍珠光泽,透明或半透明	2.5～3.0	一组极完全解理	2.70～3.50	较难风化,具有弹性,但含铁质较多时易风化。当岩石含云母较多且呈定向排列时,沿层状方向易产生滑动	广泛分布在岩浆岩和变质岩中
	黑云母 $K(Mg,Fe)_3(OH)_2(AlSi_3O_{10})$	黑色、褐色、红色或绿色							
	角闪石 $Ca_2Na(Mg,Fe)_4(Al,Fe)[(Si,Al)_4O_{11}]_2(OH)_2$	从绿色、棕色、褐色到黑色	单体呈长柱状集合体呈粒状、纤维状、放射状	玻璃光泽,不透明	5.5～6.0	两组完全或中等解理 (交角呈 56°)	3.00～3.50	受水热作用后,可变成绿泥石或蛇纹石。角闪石含量多的岩石,易于风化,岩石强度降低	分布在闪长岩、安山岩以及片麻岩和片岩中,伴生矿物为正长石、斜长石和辉石,也可单独组成超基性角闪岩

（续表）

类别	矿物名称	颜色	形状	光泽、透明度	硬度	解理、断口	相对密度	物理、化学及工程地质性质	分布
硅酸岩	辉石 (Na,Ca)-(Mg,Fe,Al)-[(Si,Al)$_2$O$_6$]-	绿黑色、褐黑色、黑色	单体呈短柱状，集合体呈块状、放射状或粒状，断面呈八边形	玻璃光泽，半透明或不透明	5.5～6.0	两组完全或中等解理（交角呈87°）	3.20～3.60	受水热作用后，可变成绿泥石或蛇纹石。具有脆性，易风化，但比角闪石难风化	伴生矿物为角闪石、斜长石，常见于基性岩浆岩和变质岩中，能单独组成超基性辉岩
	石榴子石 (Mg,Fe,Mn,Ga)$_3$-(Al,Fe,Ti,Cr$_2$)-[SiO$_4$]$_3$	红、黄、绿、褐或黑色	单体呈菱形十二面体或八面体，集合体呈粒状	玻璃光泽、半透明	6.5～7.5	极不完全解理参差状断口	3.30～4.20	化学性质稳定，不易风化，具有脆性	是变质岩的主要矿物，常见于片岩和片麻岩
	橄榄石 (Mg,Fe)$_2$[SiO$_4$]	橄榄绿、淡黄绿色	单体呈短柱状或厚板状，集合体呈粒状	玻璃光泽，断口为油脂光泽，透明	6.5～7.0	极不完全解理贝壳状断口	3.30～4.40	易风化，风化产物为蛇纹石、滑石等，溶于硫酸时急剧分解，析出SiO_2胶体	产于基性、超基性岩浆岩中，伴生矿物为斜长石、辉石，不与石英共生，也可单独组成橄榄岩
	滑石 Mg$_3$[Si$_4$O$_{10}$](OH)$_2$	白色、灰白色或各种浅色	单体呈片状，集合体呈鳞片状、放射状、纤维状或块状等	油脂或珍珠光泽，半透明	1.0	一组极完全解理	2.70～2.80	具有高度滑感，硬度和刚度小，摩擦系数很小，故抗滑力很低。此类矿物组成的岩石地基，应注意滑动问题	为橄榄石、辉石、角闪石等变质后形成的主要变质矿物

（续表）

类别	矿物名称	颜色	形状	光泽、透明度	硬度	解理、断口	相对密度	物理、化学及工程地质性质	分布
硅酸岩	高岭石 $Al_4[Si_4O_{10}](OH)_8$	白色，含杂质时呈米色等	单体呈假六面片状，集合体呈致密或疏松块状	土状光泽，透明至半透明	2.0～2.5	土状断口	2.60	硬度小，吸水性强，遇水后易膨胀，易软化。强度低，压缩性大，易产生沉陷，作为边坡或地基时，应注意稳定问题	为长石、辉石等风化后形成的黏土类矿物，分布广泛
氧化物	石英 SiO_2	无色、白色，含杂质呈紫红、烟色等	单体呈双锥面六方柱状，集合体呈块状、粗粒状、晶簇状	玻璃光泽，断口呈油脂光泽，透明	7.0	贝壳状断口，无解理	2.65	化学性质稳定，不溶于水，不易风化，岩石风化后石英成砂粒状，抗腐蚀性强，石英含量较多的岩石，性质坚硬、稳定，强度高	最主要的造岩矿物，分布最广，为酸性岩的主要成分，也常见于沉积岩和变质岩中，其伴生矿物是云母和长石
	赤铁矿 Fe_2O_3	从红褐色、钢灰色至铁黑色等	单体呈菱面体、板状，集合体呈粒状、鲕状、肾状、块状等	金属至半金属光泽	5.5～6.5	无解理	4.90～5.30	自然界分布极广的铁矿物	是广泛分布在各种岩石中的副矿物。沉积岩中为砂岩的胶结物，呈红褐色
碳酸岩	方解石 $CaCO_3$	白色或无色，有时含杂色	单体呈菱面体或偏三角面体，集合体呈粒状、块状、纤维状、钟乳状、土状或晶簇状等	玻璃光泽或珍珠光泽，透明至半透明	3.0	三组完全解理	2.60～2.80	遇稀盐酸剧烈起泡，在水流的作用下易产生岩溶现象	是大理岩、石灰岩的主要矿物，常为砂岩、砾岩的胶结物，也可在基性喷出岩气孔或呈方解石石脉出现

（续表）

类别	矿物名称	颜　色	形　状	光泽、透明度	硬度	解理、断口	相对密度	物理、化学及工程地质性质	分　布
碳酸岩	白云石 $(Mg,Ca)CO_3$	白色（纯）、灰色（含铁）、褐色（风化后）	单体呈菱面体，集合体呈粒状	玻璃光泽至珍珠光泽，透明或半透明	3.5～4.0	三组完全解理	2.90	遇稀盐酸反应微弱，只能与浓盐酸或热酸反应。长期在水流的作用下易产生岩溶现象	是组成白云岩的主要矿物，也存在于大理岩和石灰岩中
硫酸岩	生石膏 $CaSO_4 \cdot 2H_2O$	无色或白色	单体呈板状，集合体呈块状、粒状、晶簇状或纤维状	玻璃光泽，纤维状者呈丝绢光泽，透明或半透明	2.0	三组解理（两组中等，一组极完全）	2.30	由于石膏与水容易结合，会引起地层的胀缩，强度降低，易形成夹于坚硬岩层之间的软弱夹层，极易引起滑坡	为泄湖相和海湾相沉积物，分石膏和硬石膏两种
	硬石膏 $CaSO_4$								
	重晶石 $BaSO_4$	无色、白色，有杂质时呈灰色、浅红色、浅黄色等	单体呈厚板状或柱状，集合体呈块状或粒状	玻璃光泽，透明至半透明	3.0～3.5	三组解理完全（交角呈 90°）	4.00～4.60	遇稀盐酸没有反应，性质稳定，比重大，广泛用于石油、天然气钻探泥浆、填料的加重剂	产于低温热液矿脉中，如石英-重晶石脉，萤石-重晶石脉等，常与方铅矿、闪锌矿、黄铜矿、辰砂等共生，亦可产于沉积岩中，呈结核状出现
硫化物	辰　砂 HgS	红色	单体呈菱面体或短柱形，集合体呈粒状、块状或晶簇状	金刚或玻璃光泽，半透明或不透明	2.0～2.5	两组完全解理	8.00～8.20	用于提炼汞的最主要的矿物原料，溶于盐酸，并产生带臭鸡蛋味的硫化氢，具有脆性	只产出在低温热液的矿床中，常与石英、方解石、辉锑矿等共生

云母，属于层状结构硅酸盐矿物。单体呈六方形的片状，集合体呈细小鳞片状或片状，其中晶体细微者称为绢云母，薄片有弹性，玻璃光泽，解理面上呈珍珠光泽，透明或半透明，一组极完全解理，硬度为2.5～3.0，相对密度为2.70～3.50。白云母呈无色或灰白色、浅黄色、浅绿色等，又称为普通云母、钾云母；金云母呈黄色、棕色、绿色或无色；锂云母呈淡紫色、玫瑰红色或灰色；黑云母的颜色呈黑色、褐色、红色或绿色。云母主要分布在变质岩和岩浆岩中。

滑石，属于层状结构硅酸盐矿物。单体呈片状，集合体呈鳞片状、放射状、纤维状或块状等。白色、灰白色或各种浅色，珍珠光泽（片状集合体），油脂光泽（块状集合体），半透明，一组极完全解理，薄片具有挠性，硬度为1.0，相对密度为2.70～2.80，具有滑腻的手感，柔软的滑石可以代替粉笔画出白色的痕迹。

石榴子石，属于岛状结构硅酸盐矿物。单体多呈菱形十二面体或八面体，集合体呈粒状，半透明，极不完全解理，玻璃光泽，参差状断口，断口为油脂光泽，硬度为6.5～7.5，呈红、黄、绿、褐或黑色等，颜色随成分而异，相对密度为3.30～4.20，具有脆性，化学性质稳定，不易风化。

高岭石，属于层状的硅酸盐黏土矿物，单体呈假六面片状，通常呈致密或疏松块状集合体产出，一般为白色，含杂质时呈米色，土状光泽，硬度为2.0～2.5，相对密度为2.60，吸水性强，浸水具有可塑性，干燥时具有粗糙感。高岭石是组成高岭土的主要矿物成分，可以通过风化作用、沉积作用和热液蚀变作用形成。

橄榄石，属于铁、镁硅酸盐矿物，是组成上地幔的主要矿物，也是陨石和月岩的主要矿物成分，常见于基性和超基性岩浆岩中，因常呈橄榄绿色（有的呈淡黄绿色）而得名。单体呈短柱状或厚板状，集合体呈粒状。富含镁元素的色浅，而富含铁元素的色深，玻璃光泽，断口为油脂光泽，透明，极不完全解理，贝壳状断口，硬度为6.5～7.0，相对密度为3.30～4.40，具有脆性。

3. 碳酸盐

方解石，属于碳酸盐矿物，是组成石灰岩和大理岩的主要成分。单体呈菱面体或偏三角面体，集合体呈粒状、块状、纤维状、钟乳状、土状或晶簇状等，具有三组完全解理，玻璃光泽或珍珠光泽，透明至半透明，一般为白色或无色，因含有其他杂质呈现淡红、淡黄、淡茶、玫红等多种颜色，条痕为白色，硬度为3.0，相对密度为2.60～2.80，遇稀盐酸剧烈起泡，释放出二氧化碳。在石灰岩地区，溶解在溶液中的重碳酸钙在适宜的条件下沉淀出方解石，形成千姿百态的钟乳石、石笋、石幔、石柱等自然景观。

白云石，属于碳酸盐矿物，单体呈菱面体，晶面常弯曲成马鞍状，常见聚片双晶，集合体通常呈粒状。纯者为白色，含铁时呈灰色，风化后呈褐色，玻璃光泽至珍珠光泽，具有三组完全解理，硬度为3.5～4.0，相对密度为2.90，遇浓盐酸或热酸起泡，是组成白云岩的主要矿物。

4. 硫酸盐

石膏，泛指生石膏和硬石膏两种矿物，分别属于单斜和斜方晶系矿物。单体呈板状，集合体呈块状、粒状、晶簇状或纤维状等，无色或白色，纯净石膏透明，玻璃光泽，纤维状石膏呈丝绢光泽，硬度为2.0，一组极完全解理，两组中等解理，易沿解理面劈开成薄片，薄片具有挠性，相对密度为2.30。

2.3 岩石

岩石是构成地壳及上地幔的固态部分，根据形成岩石的地质作用的不同，主要分为三大类：岩浆岩（以前称为火成岩）、沉积岩和变质岩。从这三大类岩石在地表出露的状况来看，沉积岩分布最广，约占陆地表面积的75%，岩浆岩和变质岩约占25%。从地表往下，沉积岩所占比例逐渐减小，到地表以下16～20 km，沉积岩仅占5%，而岩浆岩和变质岩占95%。由于岩石的形成条件、矿物成分、结构和构造等因素的差异，不同岩石具有不同的物理力学性质，直接影响地基、边坡及围岩稳定和石料质量的好坏。因此，有必要对常见岩石以及岩石的工程地质性质等方面进行研究。

2.3.1 岩浆岩

1. 岩浆作用

岩浆是在上地幔和地壳深处形成的，是以硅酸盐为主要成分，富含挥发物质，处于高温（700～1 300℃）、高压（高达数千兆帕）状态下的熔融体。岩浆沿构造脆弱带向地壳上部或地表方向运动，最后冷凝固结形成岩浆岩的地质作用称为岩浆作用。若岩浆上升未到达地表即冷却凝固，称为岩浆侵入作用；若岩浆上升冲出地表，在地面上冷却凝固，则称为岩浆喷出作用。因为岩浆在冷凝和结晶过程中会失去大量的挥发成分，所以岩浆岩的成分与岩浆的成分不完全相同。侵入作用形成的岩石称为侵入岩，根据侵入深度的不同可进一步将侵入岩划分为深成岩和浅成岩。岩浆侵入地壳深度超过3 km的为深成岩；离地表浅、深度小于3 km的为浅成岩，常常呈小岩体产出。喷出作用形成喷出岩。

2. 岩浆岩的化学成分及矿物成分

地壳中所有的元素几乎在岩浆岩中都存在，只不过其含量不同，含量最多的元素常称为造岩元素，如O、Si、Al、Fe、Mg、Ca、Na、K等，其总量占岩浆岩总质量的98%以上，其中氧的含量最高，占岩浆岩总质量的46%以上。因此，岩浆岩的化学成分常以氧化物的百分比来表示，如SiO_2、TiO_2、Al_2O_3、Fe_2O_3、FeO、MgO、CaO、Na_2O、K_2O等。SiO_2是最重要的一种氧化物，它是反映岩浆性质和直接影响岩浆岩矿物成分变化的主要因素。

按照矿物在岩浆岩中总的含量和在岩浆岩分类中的作用，分为主要矿物、次要矿物和副矿物三类。主要矿物是指在岩石中含量较多，在确定岩石大类名称上起主要作用的矿物，如一般花岗岩的主要矿物是石英和长石。次要矿物是指在岩石中含量少于主要矿物，在确定岩石大类名称上虽然不起作用，但对确定岩石种属起一定作用的矿物，含量一般小于15%。次要矿物和主要矿物因岩石种类而异，如角闪石在花岗岩中是次要矿物，而在闪长岩中却是主要矿物。副矿物在岩石中含量很少，通常不到1%，因此在一般岩石分类命名中不起作用。

若岩浆岩矿物中硅、铝含量高，颜色浅，则称为浅色矿物（硅铝矿物），如石英、正长石、斜长石和云母等；若铁、镁含量高，颜色深，则称为暗色矿物（铁镁矿物），如黑云母、角闪石、辉石和橄榄石等。

岩浆岩的化学成分是岩浆岩分类的重要依据之一，一般以SiO_2的含量来描述，可将岩浆岩划分为四类：超基性岩（$SiO_2<45\%$）、基性岩（$45\%\leqslant SiO_2<52\%$）、中性岩

（52%≤SiO_2≤65%）、酸性岩（SiO_2>65%）。

3. 岩浆岩的产状

岩浆岩的产状是指岩浆岩体的大小、形状及岩体与周围岩体的接触关系。产状既与岩浆性质密切相关，又受到周围岩体及地质环境的控制。根据岩浆活动的方式不同，可将岩浆岩的产状分为两大类：侵入岩产状和喷出岩产状，如图 2-14 所示。

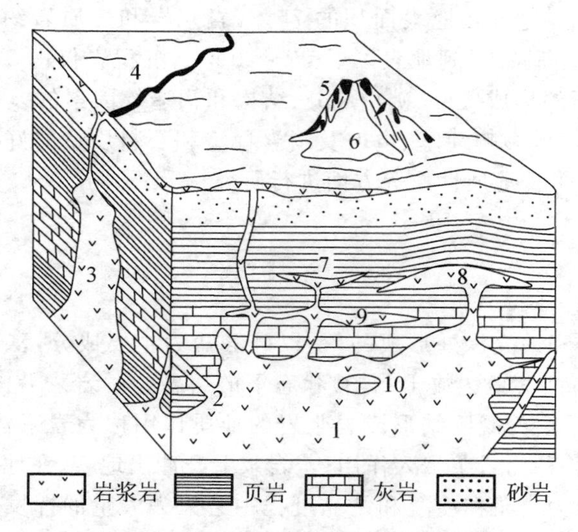

1—岩基；2—岩墙；3—岩株；4—熔岩被；5—火山锥；
6—熔岩流；7—岩盆；8—岩盘；9—岩床；10—捕虏体。

图 2-14　岩浆岩的产状

1）侵入岩的产状

侵入岩的产状是指侵入体产出的形态、大小、与围岩的关系。总体上来说，在地槽区，侵入体往往呈岩基产状，而在地台区多以机械作用产生的较浅的小侵入体及岩墙等为主。

(1) 岩基。岩基是规模最大的侵入体，基底埋藏深，平面上呈现不规则状，长度达数十千米，甚至上千千米，宽度达几十至几百千米，主要由花岗岩类岩石组成。

(2) 岩株。岩株是一种常见的规模较大的侵入体。岩株的平面形状一般呈不规则的浑圆形，与围岩接触面比较陡。岩株边部常有一些不规则的枝状岩体伸入围岩之中，称为岩枝。

(3) 岩盆。岩浆侵入岩层之间，其底部因受到岩浆的重力作用而下沉，从而形成中央微向下凹的整合盆状侵入体，称为岩盆。岩盆的特点是该岩体原始形态与围岩构造形态吻合，顶底面均向下凹，形似盆状，底部有岩浆侵入的通道，平面形状为圆形或椭圆形，大小不一，个别大的岩盆直径达数百千米。

(4) 岩盖。岩盖又称为岩盘，与岩盆不同，岩盖是上凸下平、中央厚度大边缘薄的穹窿状整合侵入体。岩盖的规模一般不大，直径为 3～6 km，厚度一般不超过 1 km，地表出露形状常为圆形、椭圆形。

(5) 岩床。岩床又称为岩席，是一种厚薄较均匀、近水平产出、沿层面贯入的整合板状侵入体。岩床以厚度较小而面积较大为特征，多由黏性较小的基性岩浆形成。

(6) 岩脉和岩墙。岩脉指与围岩斜交的脉状侵入体，其形态多种多样，包括有规则的和不规则的。比较规则而又近于直立的板状岩体称为岩墙;与岩层层理斜交,形状较不规则的脉状侵入体称为岩脉。岩墙多为一次侵入产物,个别为多次侵入,其长为宽的几十倍甚至几千倍,岩墙厚度一般为几十厘米到几十米,长几十米甚至若干千米。岩脉可单独或成群产出,当成群出现时,形成岩脉群或岩墙群,岩脉群有单向延伸的,也有呈放射状或环状分布的。

2）喷出岩的产状

喷出岩的产状与岩浆性质及其喷发的方式有关。

(1) 火山颈。火山颈是指火山喷发时,岩浆在火山口通道里冷凝形成的岩体,呈近直立的不规则圆柱形岩体,属于浅成与喷出侵入岩之间的产状。

(2) 火山锥和熔岩流。两者都属于喷出岩的产状,火山锥是黏性大的酸性岩浆在喷出火山口后,于火山口周围冷凝而成的钟状或锥状岩体,又称为熔岩钟;熔岩流是黏性小的基性岩浆在喷出火山口后,迅速向地表较低处流动,边流动边冷凝而成的岩体,在一定地表面范围内覆盖一定的厚度,呈平缓的大面积分布,也称为熔岩被。

在我国,火山喷出岩体的出露面积较大,例如河北省张家口北部的汉诺坝,在第三纪时有大量的玄武岩岩浆溢出,分布面积约为 1 000 km^2,厚度约为 300 m,从而构成蒙古高原的一部分。

4. 岩浆岩的结构

一般来说,岩石的结构特点取决于岩石形成时的物理化学条件(温度、压力、黏度、冷却速度等)。岩浆岩的结构是指岩石的组成部分的结晶程度、颗粒大小、自形程度及其相互间的关系。结晶程度是指岩石中结晶物质和非结晶玻璃质的含量比例,按结晶程度可将岩浆岩分为全晶质结构、半晶质结构和非晶质结构三类,如图 2-15 所示,具体特点如下。

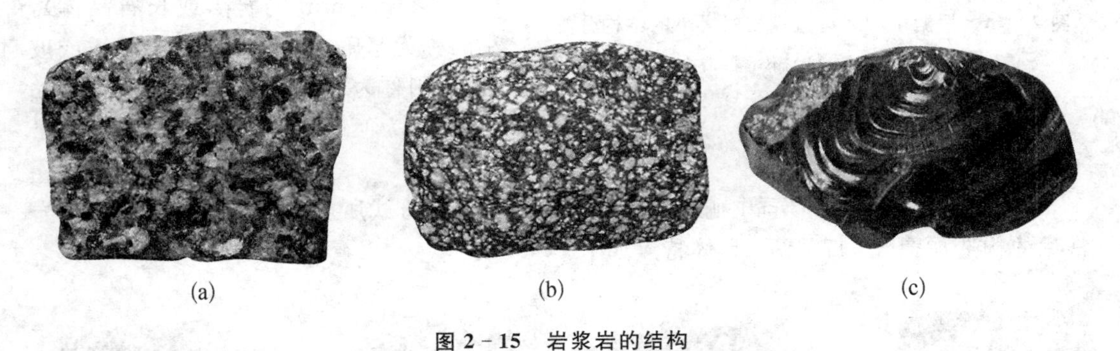

(a) (b) (c)

图 2-15 岩浆岩的结构

(a) 全晶质结构;(b) 半晶质结构;(c) 非晶质结构

1）全晶质结构

岩石全部由结晶的矿物组成。这是岩浆在温度下降缓慢的条件下结晶充分而形成的,多见于深成的侵入岩中。根据矿物颗粒的绝对大小又分为显晶质结构和隐晶质结构两类。如果凭肉眼观察或借助于放大镜能分辨出岩石中的矿物颗粒的,其结构称为显晶质结构。可根据矿物颗粒的平均直径大小将显晶质结构分为粗粒结构(大于 5 mm)、中粒结构(2～5 mm)、细粒结构(0.2～2 mm)、微粒结构(小于 0.2 mm)。若粒径大于 10 mm,

又称为伟晶结构。如果岩石中的矿物颗粒很细，无法用肉眼或放大镜观察其粒径大小的，其结构称为隐晶质结构。用肉眼观察时不易与玻璃质结构相区别，其外貌呈致密状，缺少玻璃光泽，呈现贝壳状断口。

2）半晶质结构

半晶质结构的岩石由结晶物质（斑晶）和玻璃质（基质）两部分组成，多见于喷出岩及部分浅成岩体的边部。

3）非晶质结构

非晶质结构全部不结晶，是喷出岩的结构，全部由玻璃质组成。它是岩浆迅速上升到地表或附近地表时，温度骤然下降到岩浆的平衡结晶温度以下，来不及结晶所形成的。

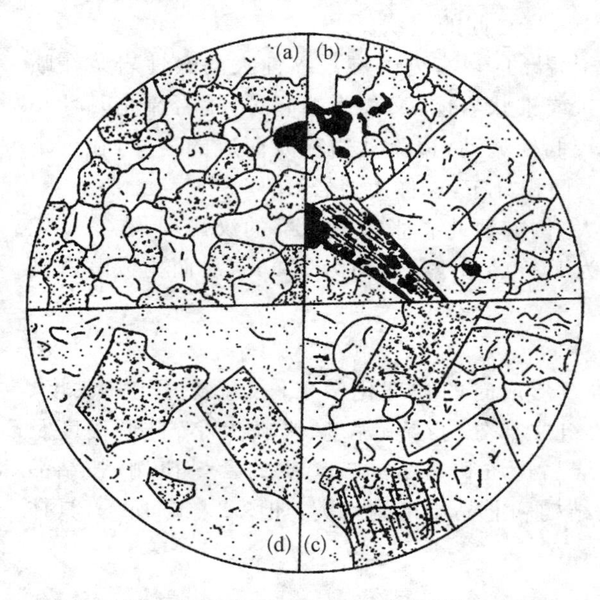

图 2-16　根据矿物颗粒直径相对大小的结构分类

(a) 等粒结构；(b) 不等粒结构；
(c) 似斑状结构；(d) 斑状结构

根据矿物颗粒直径的相对大小，可将结构分为等粒结构、不等粒结构和斑状结构/似斑状结构，如图 2-16 所示。

(1) 等粒结构，岩石中同种主要矿物颗粒大小大致相等，常见于侵入岩。

(2) 不等粒结构，岩石中主要矿物颗粒大小不等，粒度从大到小呈连续变化，常见于侵入岩体的边部或浅成侵入岩中。

(3) 斑状与似斑状结构，组成岩石的主要矿物颗粒大小相差悬殊，大的颗粒散布在细小颗粒之中，大的称为斑晶（常为大于 5 mm 的石英或长石晶体），小的称为基质。如果基质为隐晶质或玻璃质，则称为斑状结构；如果基质为显晶质，则称为似斑状结构。

5. *岩浆岩的构造*

岩浆岩的构造是指岩石中矿物在空间的排列与填充方式所反映的外貌特征。岩浆岩常见的构造如图 2-17 所示，具体特点如下。

图 2-17　岩浆岩的构造

(a) 块状构造；(b) 流纹构造；(c) 气孔构造；(d) 杏仁构造

1）块状构造

组成岩石的矿物颗粒均匀地分布在岩石中，无定向排列现象，不显示层次，呈现致密状。它是岩浆岩中最常见的一种构造，所有的侵入岩都是块状构造，部分喷出岩也是块状构造。

2）流纹构造

在熔浆流动过程中，岩石中呈柱状、针状的矿物，拉长的气孔，不同颜色的条带等，相互平行且定向排列所形成的构造称为流纹构造。喷出岩构造多是流纹构造，是酸性喷出岩流纹岩的特有的构造，在浅成侵入岩中有时也可见到。

3）气孔构造

岩浆喷出地面迅速冷凝的过程中，岩浆中所含的气体或挥发性物质从岩浆中逸出后在岩石中形成大小不一的圆形、椭圆形或长管形的孔洞，这就是气孔构造。一般气孔的拉长方向指示岩流流动的方向。在玄武岩等喷出岩中常可见到气孔构造。

4）杏仁构造

当岩石中的气孔由岩浆后期矿物（如方解石、石英等）所填充时，形成一种形似杏仁的构造，称为杏仁构造，它也是喷出岩构造，在玄武岩中最常见。

6. 常见的岩浆岩

常见的岩浆岩有花岗岩、正长岩、安山岩、辉长岩、流纹岩、玄武岩等岩石，基本特征如表 2-3 所示，扫描二维码可查看常见的岩浆岩图片。下面重点介绍几种工程上常见的岩浆岩。

常见的岩浆岩

1）酸性岩

（1）花岗岩，属于深成侵入岩，颜色多呈灰白色、肉红色，主要矿物包括石英、正长石和斜长石，有时含有黑云母、角闪石等矿物，全晶质等粒结构，块状构造。花岗岩分布广泛，性质均匀且坚固，是良好的建筑石料。

（2）花岗斑岩，属于浅成侵入岩，似斑状结构，斑晶为钾长石或石英，基质多由细小的长石、石英及其他矿物组成，颜色和构造与花岗岩相同。

（3）流纹岩，属于喷出岩，颜色多为灰色、浅灰色或灰紫色，具有典型的流纹构造，斑状结构，其中斑晶由石英或透长石组成。

2）中性岩类

（1）正长岩，属于深成侵入岩，颜色多为肉红色、浅灰色或浅黄色，全晶质中粒等粒结构，块状构造，主要矿物包括正长石及斜长石，含有少量黑云母和角闪石。力学性质不如花岗岩坚硬，易风化。

（2）闪长岩，属于深成侵入岩，颜色多为灰色、深灰色至灰绿色，主要矿物为斜长石和角闪石，含有少量黑云母、辉石、石英、正长石，全晶质中粗粒等粒结构，块状构造，其结构致密，强度较高，具有较高的韧性和抗风化能力，是良好的建筑石料。

（3）安山岩，属于喷出岩，颜色多为灰色、紫色或绿色，主要矿物为斜长石、角闪石，无石英或碱性长石，呈斑状结构，斑晶常为斜长石，有时具有气孔或杏仁构造。

3）基性岩

（1）辉长岩，属于深成侵入岩，颜色多为灰色、黑色、暗绿色，全晶质中粒等粒结构，块状构造，主要矿物为斜长石和辉石，有少量橄榄石、角闪石和黑云母，其强度高，抗风化能力强。

（2）辉绿岩，属于浅成侵入岩，颜色多为灰绿色至黑绿色，全晶质细粒结构，块状构造，

表 2-3 常见的岩浆岩的特征

类型	SiO_2含量/%	岩石名称		颜色	结构	构造	主要/次要矿物成分	产状分类
酸性	100—65	花岗岩	浅	灰白色、肉红色	全晶质等粒	块状	主要矿物为石英、正长石、斜长石，次要矿物为黑云母、角闪石	深成侵入岩
		花岗斑岩	↓	灰白色、肉红色	全晶质似斑状	块状		浅成侵入岩
		流纹岩	↓	灰色、浅灰色或灰紫色	半晶质斑状	流纹		喷出岩
中性	65—52	正长岩	↓	肉红色、浅灰色或浅黄色	全晶质等粒	块状	主要矿物为正长石、斜长石，次要矿物为黑云母、角闪石、辉石，石英<5%	深成侵入岩
		正长斑岩	↓	浅灰色或肉红色	全晶质斑状	块状		浅成侵入岩
		粗面岩	↓	灰色或浅红色	半晶质斑状	块状		喷出岩
		闪长岩	↓	灰色、深灰色至灰绿色	全晶质等粒	块状	主要矿物为斜长石、角闪石，次要矿物为黑云母、辉石、石英与正长石，总量<5%	深成侵入岩
		闪长玢岩	↓	灰绿色、灰褐色	全晶质斑状	块状		浅成侵入岩
		安山岩	↓	灰色、紫色、绿色	半晶质斑状	气孔或杏仁		喷出岩
基性	52—45	辉长岩	↓	灰色、黑色、暗绿色	全晶质等粒	块状	主要矿物为斜长石、辉石，次要矿物为橄榄石、角闪石、黑云母	深成侵入岩
		辉绿岩	↓	灰绿色至黑绿色	全晶质等粒	块状		浅成侵入岩
		玄武岩	↓	灰黑色、黑绿至黑色	隐晶质斑状	气孔或杏仁		喷出岩
超基性	45—0	橄榄岩	↓	橄榄绿色或黄绿色	全晶质等粒	块状	主要矿物为橄榄石、辉石，次要矿物为角闪石、黑云母	深成侵入岩
		辉石岩	↓	灰黑色、黑绿色至黑色	全晶质等粒	块状	主要矿物为辉石，次要矿物为橄榄石、角闪石、黑云母	深成侵入岩
酸性	100—45	火山玻璃 黑曜岩	深	浅红色、灰褐色及黑色	非晶质	块状或气孔	成分相当于花岗岩，密度较小	喷出岩
基性		火山玻璃 浮岩		灰白色、灰黄色	非晶质	气孔	岩浆中的泡沫物质，质轻，多孔	喷出岩

矿物成分与辉长岩相似，强度较高。

(3) 玄武岩，属于喷出岩，颜色多为灰黑色、黑绿至黑色，矿物成分与辉长岩相似，具有隐晶质结构或斑状结构，气孔或杏仁构造，强度很高。

4) 超基性岩

橄榄岩，属于深成侵入岩，颜色多为橄榄绿色或黄绿色，主要矿物为橄榄石、辉石，含有少量角闪石等，中粒等粒结构、块状构造。

7. 岩浆岩的工程地质特征

岩浆岩的工程地质特征与其矿物的组成、结构和构造密切相关，绝大部分岩浆岩坚硬致密，强度高，透水性弱，抗水性强(泡水不易软化，不溶解)。但是，不同的岩浆成分和成岩环境将形成不同结构、构造和矿物成分的岩浆岩，即使是同一岩浆成分在不同的成岩环境中形成的岩浆岩，其结构、构造也相去甚远，例如花岗岩、花岗斑岩与流纹岩，其矿物成分基本相似，但由于形成环境不同，导致岩石性质差异很大，因而岩石的工程地质及水文地质特征也各有所异。相对于沉积岩，其抗风化能力较弱。

一般而言，深成侵入岩具有结晶联结，晶粒粗大均匀，强度高、裂隙较不发育，透水性弱、抗水性强，岩体大、整体稳定性好，是良好的建筑地基和天然建筑材料。值得注意的是，这类岩石往往由多种矿物结构组成，抗风化能力较差，特别是含铁、镁较多的基性岩，则更易风化破碎，故应对其风化的程度和深度进行调查研究。另外，深成侵入岩出露到地表往往会出现卸荷裂隙，从而破坏岩体的整体性，降低岩体强度。

浅成侵入岩中细晶质和隐晶质结构的岩石透水性小、强度高，抗风化性能较深成侵入岩的强，通常也是较好的建筑地基。但斑状结构岩石的透水性和强度变化较大，特别是脉岩类，岩体小且穿插于不同的岩石中，总体抗化学风化能力较差，易蚀变风化，使强度降低，透水性增大。

喷出岩多为隐晶质或玻璃质结构，其强度高，一般可以作为建筑物的地基。应当注意的是此类岩石常常具有气孔状构造、流纹状构造或发育有原生裂隙，透水性较大，抗风化能力较深成侵入岩强。此外，喷出岩强度小，岩相变化大，对地基的均匀性和整体稳定性影响较大。

在岩浆岩地区开采石料时，节理的存在会大大地减轻工作量，对开采石料有利。但是，作为建筑物地基时，由于岩石的原生节理发育，会加速岩石的风化，降低岩体的物理力学性质，增大透水性，尤其要注意喷出岩体与下伏岩层和围岩接触带处，岩层软硬相间，沿裂隙风化，往往形成软弱带，这些都会造成不利的工程地质条件，影响建筑物的稳定。

2.3.2 沉积岩

沉积岩是地壳表面分布最广的一种层状的岩石，从体积上看，沉积岩只占地壳岩石总体积的 7.9%，但从分布面积看，沉积岩却占陆地总面积的 75%。

1. 沉积岩的形成过程

沉积岩是在地表和地表下不深的地方，由松散堆积物在常温常压下形成的。常温常压是指在地表条件下，极地地区最低气温可达 -70℃，在深水地区压力一般为 20 atm① 以

① 1 atm $=1.01\times10^{5}$ Pa。

内。母岩经风化作用分解的产物或者火山喷发产生的火山灰等，经流水等运动介质搬运到低洼处沉积，再经长期压密、胶结、重结晶等成岩作用而形成沉积岩。沉积岩的形成过程是一个长期而复杂的地质过程，共分 4 个阶段。

1）风化剥蚀阶段

地壳表面原来的各种岩石，由于长期遭受自然界的风化、剥蚀作用，例如风吹、雨淋、冰冻、日晒、水流或波浪的冲刷、淋蚀以及生物机械和化学作用，使得原来坚硬的岩石逐渐破碎，形成大小不同的松散物质，甚至改变原来的物质成分和化学成分，形成一种新的风化产物。

2）搬运阶段

岩石经风化剥蚀后的产物，除一部分残留在原地外，大多数破碎物质在流水、风、冰川、海水和重力等作用下，被搬运到其他地方。流水的机械搬运作用，使具有棱角的碎屑物不断磨蚀，颗粒逐渐变细、磨圆，溶解物则随水流带到河口和湖海中。

3）沉积阶段

当搬运能力减弱或物理化学环境改变时，携带的物质逐渐沉积下来。一般可分为机械沉积、化学沉积和生物化学沉积。沉积物具有明显的分选性，因此在同一地区便沉积着直径大小相近似的颗粒。河流由山区流向平原时，随着河床坡度的减小，水流速度不断减小，因而上游沉积颗粒粗，下游沉积颗粒细，海洋中沉积的颗粒更细。碎屑物是碎屑岩的物质来源，黏土矿物是泥质岩的主要物质来源，溶解物则是化学岩的物质来源，这些呈松散状态的物质，称为松散沉积物。

4）成岩阶段

最初沉积的松散物质被后继沉积物覆盖，在上覆沉积物压力和胶结物质（如胶体颗粒、硅质、钙质、铁质等）的作用下，逐渐把原物质压密，孔隙减小，经脱水固结或重结晶作用而形成较坚硬的岩层，这种作用称为成岩作用。

2. 沉积岩的物质成分

沉积岩的物质成分包括矿物成分和胶结物质两个部分，其中矿物成分由以下物质组成。

(1) 由母岩经过物理风化作用产生的碎屑物质，主要是原生矿物的碎屑，如石英、长石和云母等，还有火山喷发产生的火山灰等，根据碎屑来源又分为沉积碎屑岩和火山碎屑岩两类。

(2) 黏土矿物经过化学风化作用形成的次生矿物，如高岭石和水云母等，这类矿物的颗粒极细，具有很大的亲水性、可塑性和膨胀性。

(3) 化学沉积矿物经过纯化学作用或生物化学作用，从溶液中沉淀结晶产生沉积矿物，如方解石、白云石、石膏和石盐等。

(4) 有机质及生物残骸，由生物残骸或有机化学变化生成物质，如贝壳、泥炭及其他有机质等。

胶结物质包括硅质（SiO_2）、铁质（FeO 或 Fe_2O_3）、钙质（$CaCO_3$）、泥质等，其中硅质胶结物质颜色浅、强度高；铁质胶结物质由铁的氧化物及氢氧化物胶结而成，颜色深、呈红色，强度次于硅质胶结物质；钙质胶结物质颜色浅、强度比较低，容易遭受侵蚀；泥质胶结物质由细粒黏土矿物胶结而成，颜色不定，胶结松散，强度最低，容易遭受风化破坏。

在沉积岩的物质成分中，黏土矿物、白云石、方解石和有机质等是沉积岩所特有的，也是区别于岩浆岩的一个重要特征。

3. 沉积岩的结构

按照组成物质、颗粒大小及形状等特点，沉积岩的结构可分为碎屑结构、泥质结构、结晶结构和生物结构四种。

1）碎屑结构

碎屑结构是由碎屑物质和胶结物胶结而成的结构，是沉积岩所特有的结构。可根据碎屑粒径的大小，分为砾状结构（粒径大于 2 mm，其中碎屑形成后未经搬运或搬运不远而带有棱角的，称为角砾状结构；若呈浑圆状或具有一定磨圆度的，称为砾状结构）、砂状结构（粒径介于 0.05～2 mm 之间，其中粗粒结构粒径介于 0.5～2 mm 之间，中粒结构粒径介于 0.25～0.5 mm 之间，细粒结构粒径介于 0.05～0.25 mm 之间）和粉砂状结构（粒径介于 0.005～0.05 mm 之间）。

2）泥质结构

泥质结构是由黏土矿物组成的结构，矿物粒径小于 0.005 mm，是泥岩和页岩等黏土岩的主要结构。

3）结晶结构

结晶结构是由化学沉淀的结晶矿物组成的结构。由沉淀生成的晶粒极细，经重结晶作用则晶粒变粗，可分为结晶粒状结构和隐晶质致密结构。结晶结构是石灰岩和白云岩等化学岩的主要结构。

4）生物结构

生物结构是由生物遗体或碎片所组成的结构，是生物化学岩所具有的结构，如贝壳结构和珊瑚结构等，是生物化石所具有的结构。

4. 沉积岩的构造

沉积岩的构造是指沉积岩的组成部分的空间分布及组成部分相互之间的排列方式，沉积岩是沉积物在沉积期或沉积后通过物理作用、化学作用和生物作用而形成的，其构造主要有层面构造、层理构造、结核构造和化石等，其中层面构造和层理构造是沉积岩最重要的特征，也是区别于岩浆岩和某些变质岩的主要标志。

1）层面构造

沉积物在一个基本稳定的地质环境条件下，连续不断地沉积所形成的单元岩层称为层。层是沉积岩中层状构造的基本单位，同一层内岩石的成分、结构、构造及颜色基本相同，这是因为同一层内的岩石是在沉积物的来源和沉积环境较稳定的条件下连续沉积而成的。层与层之间有一个明显的接触面，称为层面。层面是由于上下层之间产生较短的沉积间断而造成的，上层面又称为顶面，下层面又称为底面。岩层顶与底面之间的垂直距离是岩层的厚度。有的岩层厚度比较稳定，在较大范围内变化不大，有的岩层受形成环境、形成方式的影响，岩层原始厚度变化较大，向一个方向变薄以致尖灭形成楔形体，如在不大的距离内向两个方向尖灭而中间较厚，则成为透镜体。大厚度岩层中所夹的薄层，称为夹层，各岩层厚度相差不大的，称为互层，如图 2－18 所示。沉积岩内岩层的变薄、尖灭和透镜体，可使其强度和透水性在不同的位置发生变化，而松软夹层容易引起上覆岩层发生顺层滑动。

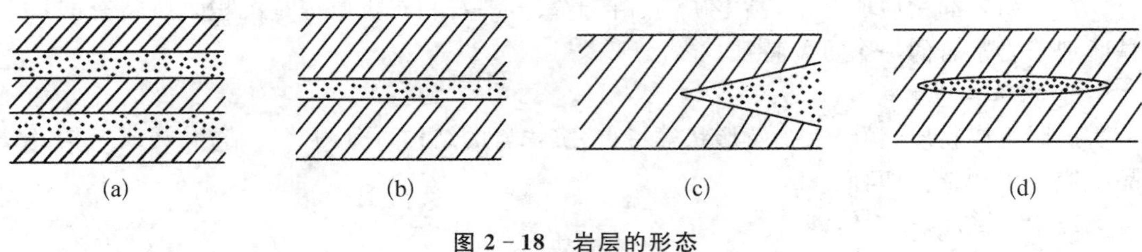

(a)　(b)　(c)　(d)

图 2-18　岩层的形态

(a) 互层；(b) 夹层；(c) 尖灭；(d) 透镜体

在岩层表面呈现各种不平坦的沉积构造的痕迹，统称为层面构造，如波痕、雨痕、泥裂和印模等痕迹。

如图 2-19 所示，波痕是由风、水流或波浪等介质的运动，在沉积物表面形成的一种波状起伏的层面构造。雨痕是指雨滴降落在松软沉积物表面时所形成的小型撞击凹穴，其凹穴为圆形或略呈椭圆形。雨痕主要见于干燥与半干燥气候条件下的大陆沉积。冰雹痕形似雨痕，两者的区别在于冰雹痕较大、较深，且不规则。泥裂也称为干裂，是沉积物露出水面时因暴晒干涸所发生的收缩裂缝，泥裂常见于黏土岩和碳酸盐类岩石中。在平面上，泥裂的典型发育形式呈网格状龟裂纹，断面形状常呈 V 字形，但有的也呈 U 字形，可利用泥裂的尖端朝下指示地层底部，并以此判断地层的顺序。印模是指单层顶面由各种外动力作用形成凹凸不平状，上覆岩层之底面和顶面接触压实后生成相反的凹凸不平状，即印痕在上覆岩层的底面上形成铸模。

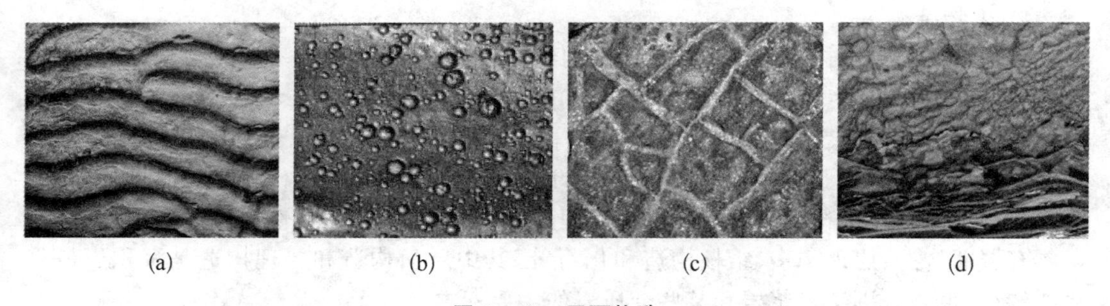

(a)　(b)　(c)　(d)

图 2-19　层面构造

(a) 波痕；(b) 雨痕；(c) 泥裂；(d) 印模

2）层理构造

层理是沉积岩最典型、最重要的特征之一。沉积岩在形成过程中由于沉积环境的改变，使先后沉积的物质在颗粒大小、形状、颜色和成分上发生变化，岩层中成分和结构不同的层交替时产生的成层现象，称为层理构造。层理识别的依据如下：

(1) 成分的变化，即成分特殊的夹层，如块状砂岩中的砾石层夹层、灰岩中的页岩类夹层等。

(2) 结构的变化，即颗粒变化，如砾岩中大小不同的砾石分层堆积、砾石中的云母呈片状分布等，根据碎屑粒度和形状的变化可以识别出层理。

(3) 颜色的变化，即在沉积岩中颜色的变化。注意观察颜色不同的夹层或条带，也可以指示层理。要注意区别由某些次生变化造成的岩石颜色差异。例如氢氧化铁胶体溶液，常沿节理或岩石孔隙扩散并沉淀，从而在岩石中形成不同色调的褐红色条带或晕圈，容易误认为是层理。

(4) 层面原生构造，包括波痕、泥裂、雨痕及印模等。

由于形成层理的条件不同，层理有各种不同的形态类型，根据层理和层面的方向关系，层理可分为水平层理、平行层理、斜层理、波状层理、递变(粒序)层理、交错层理和块状层理，如图2-20所示。

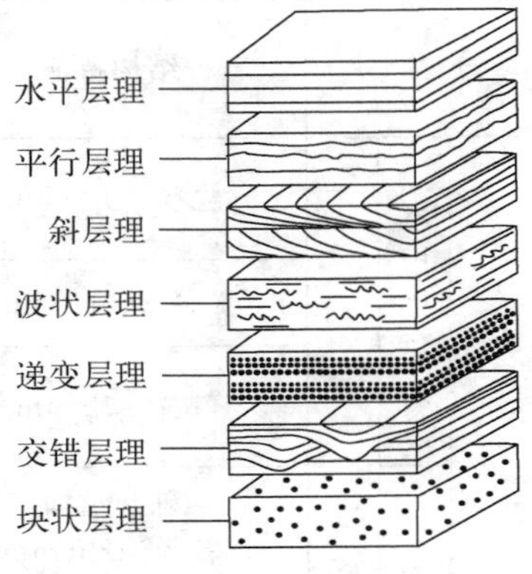

图2-20 层理构造

a. 水平层理，层理面平直，并平行于层面。一般认为这种层理是在水动力条件微弱或比较稳定的状态下形成的，多在细粒的粉砂岩、泥岩和灰岩出现，常见于海(湖)深水地带、沼泽以及牛轭湖等环境中。

b. 平行层理，与水平层理相似，是在较强水动力条件下的流动水作用下形成的。平行层理主要由平行而又几乎水平的纹层状砂岩组成，层厚1～12 mm不等，多在细砂和中砂中发育良好，偶见于粉细砂中，沿层理面易剥落，常与大型交错层理共生。平行层理一般发育在滨浅水(湖岸、海滩、浊积岩及河流等)砂质环境沉积的地区。

c. 斜层理和交错层理，层理与层面沿同一方向倾斜，为斜层理。一系列斜交于层面的层理以彼此重叠、交错、切割的方式组合成不同形态的交错层理。这种层理是由沉积介质(水流及风)的流动造成的，层理的倾向表示介质流动方向，一般发育在湖滨、海滨三角洲等地区。

d. 波状层理，岩层界面呈波状起伏，呈对称或不对称、规则或不规则波状，但其总方向平行于层面。波状层理形成于水介质稍浅地区，如在海、湖浅水地带和河漫滩等地区较常见，在海湾、潟湖等地区也可见。

e. 递变层理，也称为粒序层理，是在一个层内颗粒由下而上、由粗变细，或由下而上、由细变粗的层理，代表的沉积环境为河流相沉积，同时代表沉积地区出现稳定的上升或下降。

f. 块状层理，是一种层内物质均匀或者没有分异现象、层理不清楚的层理，这种类型的层理常常是因为沉积物的快速堆积而形成的。

3) 结核构造

沉积岩中具有成分、结构、构造及颜色不同的呈圆球或不规则状的无机物包裹体，称为结核。比如贵州三都县的产蛋崖，此崖壁由具有钙质结核的泥岩构成，泥岩的风化速度大于结核的风化速度，当泥岩层风化剥落后，结核在重力作用下自动脱落，“石蛋”孕育而出。

4) 化石

在沉积岩中常可见到许多动植物化石，它们是经过石化作用保存下来的动植物的遗骸或遗迹，如鱼类化石、三叶虫化石、树叶化石等。化石常沿层面平行分布，是推断沉积物古地理、古气候变化的主要依据之一，也是划分地层地质年代的重要方法之一。

5. 沉积岩的分类

根据沉积岩的成因、物质成分、结构及构造等，可将沉积岩分为碎屑岩、黏土岩、化学及生物化学岩类，如表2-4所示。

表 2-4 沉积岩的分类

<table>
<tr><th colspan="3">分 类</th><th>结构特征</th><th>岩石名称</th><th>沉积作用</th><th>主要岩石亚类
及其物质组成</th></tr>
<tr><td rowspan="8">碎屑岩</td><td rowspan="3">火山碎屑岩</td><td rowspan="8">碎屑结构</td><td>粒径＞100 mm</td><td>火山集块岩</td><td rowspan="8">机械沉积作用</td><td>熔岩碎块、火山灰尘等经压密胶结而成</td></tr>
<tr><td>粒径 2～100 mm</td><td>火山角砾岩</td><td>熔岩碎屑、晶屑、玻屑等混入物组成</td></tr>
<tr><td>粒径＜2 mm</td><td>凝灰岩</td><td>由火山灰细碎屑组成，其中有岩屑、晶屑、玻屑等细粒碎屑物质</td></tr>
<tr><td rowspan="5">沉积碎屑岩</td><td>砾状结构
粒径＞2.0 mm</td><td>砾 岩</td><td>砾岩（磨圆度高、砾石浑圆），角砾岩（磨圆度低、棱角状）</td></tr>
<tr><td rowspan="3">砂状结构
粒径＝2.0～0.05 mm</td><td rowspan="3">砂 岩</td><td>石英砂岩（颗粒成分中，石英含量＞90％）</td></tr>
<tr><td>长石砂岩（颗粒成分中，长石含量＞25％）</td></tr>
<tr><td>杂砂岩（石英含量为 25％～50％，长石含量为 15％～25％及暗色碎屑）</td></tr>
<tr><td>粉砂状结构
粒径＝0.05～0.005 mm</td><td>粉砂岩</td><td>粉砂岩（石英、长石及黏土矿物）</td></tr>
<tr><td colspan="3" rowspan="3">黏土岩</td><td rowspan="3">泥质结构
粒径＜0.005 mm</td><td>无（弱）重结晶黏土岩</td><td rowspan="3">机械沉积和胶体沉积作用</td><td>黏土矿物含量通常大于 50％，无或弱重结晶作用，如高岭石黏土岩等</td></tr>
<tr><td>泥 岩</td><td rowspan="2">高岭石、蒙脱石等黏土矿物及有机质组成，有碳质泥/页岩、钙质泥/页岩、硅质泥/页岩</td></tr>
<tr><td>页 岩</td></tr>
<tr><td colspan="3" rowspan="7">化学及生物化学岩</td><td rowspan="7">结晶结构
生物结构</td><td>硅、磷质岩</td><td rowspan="7">化学沉积和生物沉积作用</td><td>燧石（岩），磷块岩</td></tr>
<tr><td>铝、铁、锰质岩</td><td>分别为铝质矿物、铁矿物（赤铁矿等），锰矿物</td></tr>
<tr><td rowspan="3">碳酸盐岩</td><td>石灰岩（方解石含量为 90％～100％）</td></tr>
<tr><td>白云岩（白云石含量为 90％～100％）</td></tr>
<tr><td>泥灰岩（黏土含量为 25％～50％），泥质白云岩（黏土含量为 25％～50％）</td></tr>
<tr><td>盐类岩</td><td>石盐（NaCl）、钾石盐（KCl）</td></tr>
<tr><td>可燃有机岩</td><td>煤</td></tr>
</table>

1）碎屑岩

碎屑岩类是指主要由碎屑物质组成的岩石，其中由母岩风化破坏产生的碎屑物质形成的，称为沉积碎屑岩，如砾岩、砂岩及粉砂岩等；由火山喷出的碎屑物质形成的，称为火山碎屑岩，如火山角砾岩等。

碎屑岩类的岩石具有碎屑结构，颗粒很细且与胶结物不易分辨，触摸有明显的含砂感。根据碎屑粒径的大小，分为砾岩、砂岩和粉砂岩。

2）黏土岩

黏土岩类是指主要由黏土矿物及其他矿物组成的岩石，具有泥质结构，如页岩、泥岩等。如果岩石颗粒十分细密，用放大镜也无法看清楚颗粒大小，触摸有滑腻感，断裂面暗淡呈土状，硬度低，一般多为黏土类的岩石。页岩层理清晰，一般沿层理能分成薄片，风化后呈碎片状；泥岩层理不清晰，风化后呈碎块状。

3）化学及生物化学岩

化学及生物化学岩类是指主要由化学沉积作用和生物沉积作用生成的岩石，具有结晶结构和生物结构，包含有硅质岩、磷质岩、铝质岩、铁质岩、锰质岩、碳酸盐岩、盐类岩和可燃有机岩等，其中碳酸盐岩中的石灰岩和白云岩在工程建设中应用十分广泛。

6. 常见的沉积岩

常见的沉积岩有火山集块岩、火山角砾岩、凝灰岩、砾岩、砂岩、泥岩、白云岩和石灰岩等，各自的结构特征如表 2-4 所示，扫描二维码可查看常见的沉积岩。下面重点介绍几种工程上常见的沉积岩。

常见的沉积岩

1）火山碎屑岩

火山碎屑岩包含火山集块岩、火山角砾岩和凝灰岩。其中，火山集块岩主要由粒径大于 100 mm 的粗火山碎屑物质组成，火山角砾岩的粒径一般为 2～100 mm，多呈棱角状；凝灰岩一般由小于 2 mm 的火山灰及细碎屑组成，其孔隙性高，密度小，易风化。

2）沉积碎屑岩

沉积碎屑岩包含砾岩及角砾岩、砂岩和粉砂岩，具体如下：

(1) 砾岩及角砾岩，由 50%以上大于 2 mm 的粗大碎屑胶结而成。由浑圆状砾石胶结而成的称为砾岩；由棱角状角砾胶结而成的称为角砾岩。角砾岩岩性成分比较单一，砾岩岩性成分一般比较复杂，经常由多种岩石的碎屑和矿物颗粒组成。

(2) 砂岩，由 50%以上粒径介于 0.05～2 mm 的砂粒胶结而成。按砂粒的矿物组成可分为石英砂岩（石英含量大于 90%，长石、岩屑含量小于 10%）、长石砂岩（石英含量小于 75%，长石含量大于 25%，岩屑含量小于 10%）、岩屑砂岩（石英含量小于 75%，岩屑含量大于 25%，长石含量小于 10%）。

根据砂粒粒径大小可分为粗砂岩（0.5～2 mm）、中砂岩（0.25～0.5 mm）、细砂岩（0.05～0.25 mm）、粉砂岩（0.005～0.05 mm）。根据胶结物的成分可分为硅质砂岩、铁质砂岩、钙质砂岩、泥质砂岩。

(3) 粉砂岩，其矿物成分与砂岩近似，但黏土矿物的含量一般较高，主要由粉砂胶结而成，常有清晰的水平层理，结构较疏松，强度和稳定性不高。

3）黏土岩

黏土岩包括无（弱）重结晶的黏土岩、页岩和泥岩，具体特点如下：

(1) 无(弱)重结晶黏土岩,黏土矿物含量大于50%,无或弱重结晶作用,具有泥质结构,比如高岭石黏土岩(高岭石含量大于黏土矿物的75%)、蒙脱石黏土岩等,强度低,遇水易软化。

(2) 页岩,以黏土矿物为主,由黏土脱水胶结、重结晶作用而形成,具有泥质结构,大部分有明显的薄层理,可分为硅质页岩、黏土质页岩、砂质页岩、钙质页岩及碳酸页岩。除了硅质页岩强度稍高外,其余岩性软弱,易风化成碎片,强度低,与水作用易于软化而丧失稳定性。

(3) 泥岩,矿物成分与页岩相似,经过重结晶作用而形成,常呈厚层状,不具有层理。以高岭石为主要成分的泥岩,常呈灰色或黄色,吸水性强,遇水后易软化。泥岩夹于坚硬的岩层之间,形成软弱夹层,浸水后易于软化,致使上覆岩层发生顺层滑动。

4) 化学及生物化学岩

化学及生物化学岩包括硅质岩、磷质岩、铝质岩、铁质岩、锰质岩、碳酸盐岩、盐类岩和可燃有机岩。

(1) 石灰岩,矿物成分以方解石为主,其次含有少量的白云石和黏土矿物。颜色以深灰、浅灰色为主。纯质石灰岩呈白色,具有结晶结构,但晶粒极细。石灰岩分布相当广泛,岩性均一,易于开采加工,是一种用途很广的建筑石料。

(2) 白云岩,矿物成分以白云石为主,其次含有方解石和黏土矿物。纯质白云岩为白色,随着所含杂质的不同,可呈现出不同的颜色。性质与石灰岩相似,但强度和稳定性比石灰岩高,是一种良好的建筑石料。白云岩的外观特征与石灰岩近似,在野外难以区别,可用遇盐酸后的起泡程度来辨认,白云岩的起泡程度弱于石灰岩。

7. 沉积岩的工程地质特征

由于沉积岩是由已生成的岩石风化、剥蚀、搬运、沉积及成岩作用形成的,因此除泥质岩外,抗风化能力通常都较强。沉积岩的工程地质性质与其物质组成、结构和构造密切相关,不同种类的沉积岩的力学性质、水理性质差异很大。

碎屑岩的工程地质性质一般较好,但其胶结物的成分对其强度影响显著。硅质胶结的强度较高、抗风化能力强、透水性低、抗水性好,铁质胶结的次之,泥质胶结的最差。火山碎屑岩的类型复杂,岩体结构变化较大,其中粗粒碎屑岩的工程地质性质较好,接近于岩浆岩。细粒的如凝灰岩,由细小火山灰组成,质软,水理性质差,遇水软化明显,为软弱岩层。

黏土岩的工程地质性质一般较差,其强度低,在外载荷作用下变形大,遇水易软化和泥化,可成为天然的隔水防渗层,若含蒙脱石成分,还具有较大的胀缩性。这两种岩石对水工建筑物地基和建筑场地边坡的稳定都极为不利,但其透水性小,可作为隔水层和防渗层。

化学及生物化学岩抗水性弱,常具有不同程度的可溶性。石灰岩的强度大多较高,抗水性弱(具有溶解性),岩溶现象明显,是地下水的集中渗流通道,常形成溶洞或造成基岩起伏等不稳定地基。白云岩的强度较高,具有微弱的溶蚀性。硅质岩强度较高,但性脆易裂,整体性差。

2.3.3 变质岩

1. 变质作用

岩石受到高温、高压及化学活动性流体的作用,在固体状态下,结构、构造以及矿物成分发生变化的地质作用称为变质作用。由原来的岩石(岩浆岩、沉积岩)经过变质作用而生成的新岩石称为变质岩,其岩性特征一方面保留着原来岩石的某些特点,一方面具有与原岩不同或不完全相同的成分、组合和结构特征。变质作用与沉积作用、岩浆作用之间存在一定的区别和联系。变质作用与岩浆作用之间的界线是熔融,而变质作用与沉积作用之间的重要标志是矿物组合的变化。

影响变质作用的主要因素有温度、压力和具有化学活动性的流体。

1) 温度

温度是岩石产生变质作用的基本因素。温度增高,岩石中矿物分子运动的速度和化学活动性增强,致使矿物在固态条件下发生重结晶作用,重新组合形成新矿物,比如石灰岩重结晶生成大理岩,硅质岩生成石英岩。

2) 压力

地壳某一深处的压力由静压力和动压力组成,静压力是上覆岩层对下伏岩层的压力,随深度而增加,使岩石体积缩小,密度增大。而动压力是由地壳运动而产生的,具有一定的方向性,可以使岩石破裂、变形或发生塑性流动。矿物在这种定向压力下重新结晶,新生成的片状、柱状矿物的长轴定向排列,形成岩石的片理构造。

3) 具有化学活动性的流体

主要是岩浆分化出来的气体和液体(H_2O 和 CO_2为主)与围岩发生交代作用,生成新的矿物,如萤石、电气石、方柱石和磷灰石等。

上述三种影响变质作用的因素不是孤立的,如地壳运动除了产生动压力外,还将动能转化为热能。地壳运动又常伴有岩浆活动,而引起新的化学成分的加入,并带来大量的岩浆热。

根据引起变质作用的基本因素,可将变质作用分为 3 个类型:

1) 接触变质作用

接触变质作用是指岩浆侵入围岩中,由于岩浆的热力与其分化出来的气体和液体,使围岩发生变质。因此,引起接触变质作用的主要因素是温度和化学成分的加入。前者表现为重结晶作用,也称为接触热变质作用,如砂岩变成石英岩、石灰岩变成大理岩等。后者则是岩浆分化出来的气体和液体渗入围岩裂隙或孔隙中,发生交代作用,也称为接触交代变质作用,如石灰岩变成硅卡岩等。

2) 动力变质作用

动力变质作用是指因地壳运动而产生的局部应力使岩石变形和破碎,但成分上很少发生变化。动力变质作用的主要影响因素是压力,温度次之。大的动压力使岩石破裂而形成断层角砾岩、碎裂岩、糜棱岩和玻化岩等,同时矿物也发生重结晶现象。动力变质作用多发生在地壳浅处,且常见于较坚硬的脆性岩石中。

3) 区域变质作用

区域变质作用通常在大的区域范围内发生,是一种与强烈地壳运动密切相关的变质作用,其深度由几千米至几十千米,压力为 10 kPa 以上,除了静压力外,还叠加由地壳运动引起的动压力;热量来源主要有地幔上升的热流、局部的动力热和岩浆热。因此,区域变质作用是地壳深处的岩石在高温高压下发生的变化,并有外来化学成分加入的影响,是各种因素的综合,所形成的变质岩多具有片理构造,如片岩等。

2. 变质岩的矿物成分

变质岩的矿物成分一部分是与原岩共有的矿物，另一部分是变质作用生成的新矿物。与岩浆岩和沉积岩相比，除含有石英、长石、角闪石、碳酸盐类等主要造岩矿物外，变质岩中常出现绢云母、绿泥石、蛇纹石、红柱石、蓝晶石、石榴子石、硬玉和石墨等特征矿物，这是变质岩矿物成分的主要特点。根据变质岩特有的变质矿物，可把变质岩与其他岩石区别开来。

3. 变质岩的结构

变质岩的结构是指变质岩中矿物的粒度、形态及晶体之间的相互关系，变质岩结构按成因可划分为以下三类，如图 2-21 所示。

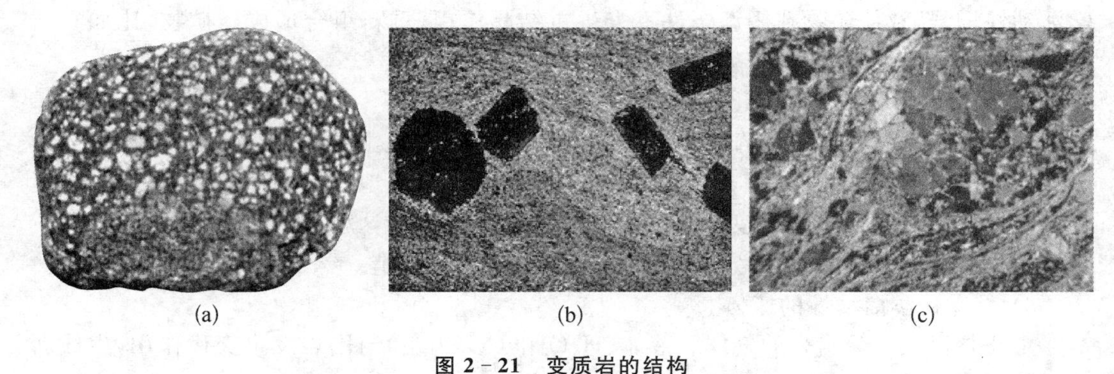

(a) (b) (c)

图 2-21　变质岩的结构

(a) 变余结构；(b) 变晶结构；(c) 碎裂结构

1）变余结构

在变质作用过程中，由于变形和重结晶作用不强烈，原岩的矿物成分和结构特征没有被彻底改造，原岩的结构特征部分地被保留下来，形成变余结构，也称为残留结构。变余结构的整体特点是外貌上具有原来沉积岩或岩浆岩的结构特征，而矿物成分上则表现出一些变质矿物的特点，许多情况下也保留一些原岩矿物的特点。在描述变质岩的结构时，一般应用前缀“变余”命名，如变余砂状结构、变余辉绿结构、变余岩屑结构等，根据变余结构可查明原岩的成因类型。

2）变晶结构

变晶结构是重结晶和变质结晶的产物，它与岩浆岩中的结晶质结构(全晶质)有些相似，是岩石在变质结晶和重结晶作用过程中形成的结构。然而，由于变质过程中的重结晶和变质结晶基本上是在固态条件下进行的，而且在同一次变质作用过程中各种矿物几乎是同时生长和发育的，因此在描述变质岩的结构时，一般常用后缀“变晶”命名，如粒状变晶结构、鳞片变晶结构、等粒变晶结构、斑状变晶结构等。

3）碎裂结构

碎裂结构指岩石受挤压应力作用，矿物发生弯曲破裂，甚至成碎块或粉末状后，又被黏结在一起形成的结构，具有明显的条带和片理，是动力变质中常见的结构。该结构的特点由原岩的物理性质、应力强度、作用方式和持续时间等因素决定。在断层带等地区发育的碎裂岩、糜棱岩等具有这种结构。

4. 变质岩的构造

变质岩的构造是指变晶矿物的空间排列和分布特点，主要包括片理构造和块状构造。

其中片理构造是变质岩所特有的，也是构造上区别于其他岩石的一个显著标志。

比较典型的片理构造主要有 4 种，如图 2-22 所示。

(a)　(b)　(c)　(d)

图 2-22　变质岩的构造

(a) 板状构造；(b) 千枚构造；(c) 片状构造；(d) 片麻状构造

1）板状构造

板状构造是变质程度最浅的一种构造。泥质、粉砂质岩石受一定挤压后，沿着与压力垂直的方向形成密集而平坦的破裂面，岩石极易沿此破裂面（也就是片理面）裂开呈光滑平整的薄板，故称为板状构造。矿物颗粒极细，肉眼不可见，只能在显微镜下在板状剥离面上见到一些矿物雏晶。

2）千枚状构造

具有这种构造的岩石颗粒细密，岩石中的矿物颗粒肉眼难以分辨。岩石中的鳞片状矿物呈定向排列，沿定向方向易于劈开呈薄片，片理薄且片理面较平直，具有丝绢光泽，断面参差不齐。

3）片状构造

具有这种构造的岩石重结晶作用较好，片状、板状或柱状矿物定向排列，粒状矿物也被拉长或压扁，沿片理面很容易剥开呈不规则的薄片，光泽很强。

4）片麻状构造

片麻状构造是一种深度变质的构造，由深、浅两种颜色的矿物定向平行排列而成。浅色矿物多为粒状石英或长石，深色矿物多为针状角闪石或片状黑云母等。粒状矿物呈条带状分布，少量片状、柱状矿物相间断续平行排列，沿片理面不易裂开。在变质程度很深的岩石中，不同颜色、不同形状、不同成分的矿物相对集中、平行排列，形成彼此相间、近于平行排列的条带，称为条带状构造；在片麻状和条带状岩石中，若局部夹杂晶粒粗大的石英、长石呈眼球状时，称为眼球状构造。条带状和眼球状都属于片麻状构造的特殊类型。

块状构造的矿物或矿物集合体在岩石中排列无顺序，呈均匀分布，也不能定向劈开。一般原岩是块状的岩石，如岩浆岩、砂岩、石灰岩变质后仍然保持块状构造。

5. 常见的变质岩

常见的变质岩有板岩、千枚岩、片岩、片麻岩、大理岩、石英岩、蛇纹岩、糜棱岩等，其特征如表 2-5 所示。扫描二维码可查看常见的变质岩。下面重点介绍几种工程上常见的变质岩。

常见的变质岩

表 2-5 常见变质岩的特征

<table>
<tr><th>岩石名称</th><th>构 造</th><th>结 构</th><th>主要矿物成分</th><th>变质类型</th></tr>
<tr><td>板 岩</td><td>板 状</td><td>变余结构
部分变晶结构</td><td>黏土矿物、云母、绿泥石、石英、长石等</td><td rowspan="4">区域变质
(从板岩到片麻岩，变质程度逐渐加深)</td></tr>
<tr><td>千枚岩</td><td>千枚状</td><td>显微鳞片
变晶结构</td><td>绢云母、石英、长石、绿泥石、方解石等</td></tr>
<tr><td>片 岩</td><td>片 状</td><td>显晶质鳞片
变晶结构</td><td>云母、角闪石、绿泥石、石墨、滑石，石榴于石等</td></tr>
<tr><td>片麻岩</td><td>片麻状</td><td>粒状变晶结构</td><td>石英，长石、云母、角闪石、辉石等</td></tr>
<tr><td>大理岩</td><td rowspan="8">块 状</td><td>等粒变晶结构</td><td>方解石、白云石</td><td rowspan="2">接触变质或区域变质</td></tr>
<tr><td>石英岩</td><td>粒状变晶结构</td><td>石英</td></tr>
<tr><td>红柱石角岩</td><td>斑状变晶结构</td><td>变斑晶红柱石、碳质基质</td><td>接触变质(热)</td></tr>
<tr><td>硅卡岩</td><td>不等粒变晶结构</td><td>石榴子石、辉石、硅灰石(钙质硅卡岩)</td><td rowspan="3">接触变质(交代)</td></tr>
<tr><td>蛇纹岩</td><td>显微鳞片变晶或
显微纤维变晶结构</td><td>蛇纹石</td></tr>
<tr><td>云英岩</td><td>粒状变晶结构
花岗变晶结构</td><td>白云母、石英</td></tr>
<tr><td>碎裂岩</td><td>碎裂结构</td><td>长石、石英等岩石或矿物碎屑，少量绢云母、绿泥石、绿帘石等</td><td rowspan="2">动力变质</td></tr>
<tr><td>糜棱岩</td><td>碎裂结构</td><td>长石、石英、绢云母、绿泥石、蛇纹石等</td></tr>
</table>

1) 片理构造的变质岩

(1) 板岩，由黏土岩类、黏土质粉砂岩和中酸性凝灰岩变质而来，属于区域变质作用中轻度变质的岩石。板岩中的矿物颗粒非常细小。颜色呈黑色或灰黑色，在阳光照射下片理面会闪闪发亮。外观经常呈板状平面，人们常用来建造石板屋。

(2) 千枚岩，多由黏土岩变质而成，原岩类型与板岩相似。矿物成分主要为石英、绢云母、绿泥石等。结晶程度比片岩差，由于含有较多的绢云母，在其片理面上闪耀着强烈的丝绢光泽，并往往有变质斑晶出现。千枚岩质地松软，强度低，抗风化能力差，容易风化剥落，沿片理倾向容易产生塌落。

(3) 片岩，是一种具有典型片状构造的变质岩，原岩已全部重新结晶，由片状、柱状、粒状矿物组成，片状矿物含量高，具有鳞片变晶结构，常见的矿物有云母、绿泥石、滑石、角闪石、阳起石等。粒状矿物以石英为主，长石次之。片岩的种类颇多，其命名可根据所含的变质矿物和片状矿物而定，如云母片岩、滑石片岩、角闪石片岩等。片岩强度低，抗风化能力差，极易风化剥落。

(4) 片麻岩，指具有片麻状构造的变质岩。原岩不一定全是岩浆岩类，也可由沉积岩变质形成。因发生重结晶，一般晶粒粗大，肉眼可以辨识。矿物成分主要由长石、石英、黑云母和角闪石组成；次要的矿物成分则视原岩的化学成分而定，如红柱石、蓝晶石、阳起石、堇青石等。片麻岩的进一步命名基于矿物成分，如花岗片麻岩、黑云母片麻岩、角闪石片麻岩。片麻岩强度较高。若云母含量增多，强度相应降低，易风化。

2) 块状构造的变质岩

(1) 大理岩，由碳酸盐类岩石(石灰岩或白云岩)经重结晶作用变质而成，具有等粒变晶结构，块状或条带状构造，主要矿物成分为方解石，遇稀盐酸强烈起泡，可与其他浅色岩石相区别。纯质大理岩为白色，我国建材界称之为“汉白玉”。以方解石为主的称为方解石大理岩，以白云石为主的称为白云石大理岩。当原岩含有少量的铁、镁、铝、硅等杂质时，在不同条件下会生成变质矿物，如蛇纹石、绿帘石、符山石、橄榄石等，大理岩为灰、浅红、淡绿甚至黑色。

(2) 石英岩，结构和构造与大理岩相似，岩石基本上均由石英组成，常呈白色。由较纯的砂岩或硅质岩类经区域变质作用，重新结晶而形成，具有变晶结构，块状构造，强度很高，抗风化能力很强，是良好的建筑石料，但因硬度很高，开采加工比较困难。

(3) 蛇纹岩，主要是由超基性岩受低温、中温的热液接触后引起的交替变质作用而成，原岩中的橄榄石和辉石发生蛇纹石化所形成，显微鳞片变晶或显微纤维变晶结构，块状构造，矿物成分比较简单，主要由各种蛇纹石组成。蛇纹岩具有耐火性、抗腐蚀、隔音隔热等特点，用作建筑装饰和耐火材料。

(4) 糜棱岩，是颗粒很细呈条带状分布的动力变质岩。由粗粒岩石(花岗岩等)受到强烈的定向压力而破碎呈粉末状(断层泥)，再经胶结形成坚硬岩石，具有碎裂结构，块状构造。由基质和碎斑构成，基质主要由石英、云母类矿物微粒组成，致密坚硬，碎斑多为长石等硬矿物，并伴生少量新生矿物，如绿泥石、绢云母、蛇纹石等。该类岩石主要分布在逆断层和平移断层带内，强度低，易引起渗漏和形成软弱夹层，对岩体稳定不利。

6. 变质岩的工程地质性质

变质岩的工程地质性质与其原岩密切相关。原岩为岩浆岩的变质岩，其性质与岩浆岩相近，如花岗片麻岩与花岗岩的工程性质相近，原岩为沉积岩的变质岩，其性质与沉积岩相近，如板岩、千枚岩、片岩等与泥质岩的性质相近，石英岩则与硅质胶结的石英砂岩性质相近，大理岩与石灰岩性质相近。一般情况下，由于原岩的矿物成分在高温高压下重结晶，岩石的力学强度较变质前相对增高。但是，如果在变质过程中形成大量片状变质矿物(如滑石、绿泥石、云母和绢云母等)的岩石，其强度相对较低，抗水性弱，抗风化能力也较差。动力变质作用形成的变质岩(包括碎裂岩、断层角砾岩、糜棱岩等)的强度和抗水性均较差。

另外，变质岩的片理构造(片麻状、片状、千枚状和板状构造)使其具有各向异性的特征，并且片理面往往成为岩体中的薄弱面，在工程建筑中应注意其在垂直及平行于片理构造方向上的工程地质性质的变化。变质岩中往往裂隙发育，在裂隙发育部位或较大断裂带部位，常常形成渗漏通道。

2.3.4 岩石的演变与鉴定

1. 岩石的演变

组成地壳表层的三大类岩石——岩浆岩、沉积岩和变质岩并非静止不变的，它们在内、外动力的作用下，是可以相互转化的，如图 2-23 所示。

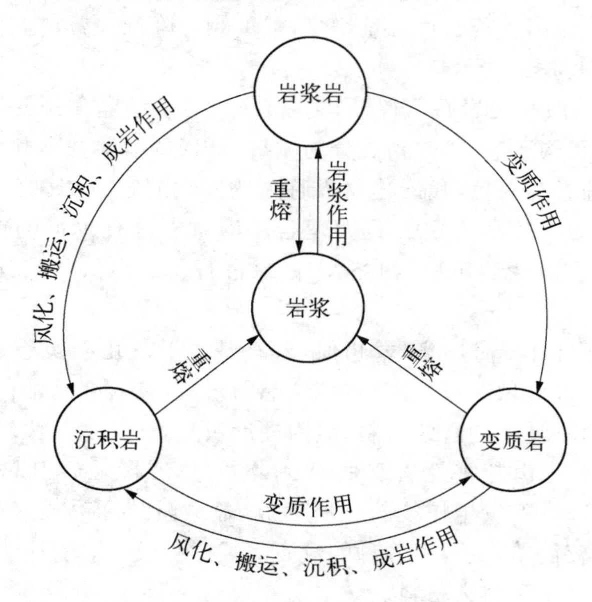

图 2-23 三大类岩石的相互转化

岩浆岩是经过岩浆作用而形成的，变质岩是在特定的温度、压力和深度等地质条件下形成的，随着地壳上升，两者会暴露于地表，经风化、剥蚀、搬运等外动力的长期作用，在新的环境中沉积，经过成岩作用，形成沉积岩。而沉积岩随着地壳下降深埋地下，达到一定温度和压力时，也可以转变成变质岩。三大岩类在高温下通过重熔作用会生成岩浆，又会形成岩浆岩。

三大类岩石的相互转化是岩石圈自身动力作用以及岩石圈与大气圈、水圈、生物圈、地幔等圈层相互作用的结果，在不断运动、变化的岩石圈内，三大类岩石一再地转化，使岩石呈现出复杂多样的变化。总之，任何岩石存在的稳定性都是相对的，岩石圈中的岩石不断地变化是永恒的。随着岩石的转变，岩石中的矿物也在不断变化，例如煤层或富含炭质的沉积岩，在遭受强烈变质后，可以形成石墨。岩浆岩和变质岩中常有多种稀有的放射性矿物，呈分散状态存在，不便于开采和利用，经过剥蚀、搬运、沉积等外力地质作用后，常富集成为砂矿床。

2. 岩石的鉴定

三大类岩石的主要特点如表 2-6 所示。野外常采用肉眼和简单工具(小刀、放大镜等)对岩石的主要特点进行鉴定。

表 2-6 三大类岩石的特征对比

岩石类别	成 因	物 质 组 成	结 构	构 造	代表性岩石
岩浆岩	高温高压 岩浆作用	岩浆析出的原生矿物，如石英、长石、云母、角闪石、辉石、橄榄石等	全晶质结构 半晶质结构 非晶质结构	块状构造、气孔构造、杏仁构造、流纹构造	花岗岩 玄武岩 流纹岩
沉积岩	常温常压 风化、搬运、沉积和成岩作用	次生矿物占主要，包含碎屑物质、黏土矿物、化学物质和有机物，如石英、长石、云母、白云石、高岭石和化石等	碎屑结构 泥质结构 结晶结构 生物结构	层理构造、层面构造、结核、生物化石	凝灰岩 砂岩 页岩 石灰岩
变质岩	高温高压 变质作用	原岩矿物，如石英、长石和高岭石等；变质矿物，如石榴子石、滑石和绿泥石等	变晶结构 变余结构 碎裂结构	片理构造、块状构造	片麻岩 大理岩 糜棱岩

1）岩浆岩的鉴定

野外鉴定岩浆岩时，首先应根据岩体的产状等判定是否为岩浆岩，以区别于沉积岩和变质岩，然后可根据颜色来初步判断岩石的类型，分析岩石的结构和构造特征，最后分析岩石的矿物成分。具体鉴定步骤如下。

(1) 观察岩石的颜色。

先看岩石颜色的深浅。决定岩石颜色的主要因素是其中所含暗色矿物的含量。含暗色矿物多，颜色较深，一般为超基性或基性岩；含暗色矿物少，颜色较浅，一般为酸性或中性岩。此外，岩石的颜色还与岩石的结晶程度有关，一般隐晶质结构岩石比具有相同成分的粒度较粗的结晶岩石颜色要深一些。

(2) 观察岩石的结构和构造。

根据岩石的结构和构造特点，区分是喷出岩还是侵入岩。一般侵入岩为全晶质的粒状结构，块状构造，而喷出岩大多数是隐晶质或玻璃质结构，具有气孔、杏仁或流纹状构造，但也应当特别注意结构相似而成因不同的岩石的区别。例如具有细粒结构的岩石，它们可以产出在喷出岩中，也可以产出在侵入岩的边缘部位。因此，在鉴定岩石时，应考虑岩石野外产状、分布规律等特征。

(3) 分析岩石的矿物成分。

按鉴定矿物方法，确定岩石中的矿物成分、组合及特征，并估计每种矿物的含量，确定哪些是主要矿物，哪些是次要矿物，如花岗岩的主要矿物石英含量约占 25%，长石约占 70%，次要矿物黑云母和角闪石约占 5%。

(4) 确定岩石的名称。

根据岩石的颜色、结构、构造和矿物的主要成分，确定岩石的名称。如岩石是肉红色、全晶质的中粒结构、块状构造，主要由石英、正长石组成，并含有少量的黑云母和角闪石矿物，这样就可以确定该岩石应属于酸性岩类中的花岗岩。

上述对岩石的鉴定只是初步的，要准确地定出岩石的名称，必须结合实验室的物理化学分析，借助精密仪器进行鉴定。只有经室内外综合研究，才能最后做出正确的分类和定名。

2）沉积岩的鉴定

各类沉积岩由于形成条件不同，其颜色、结构、构造和矿物成分也不同，因此反映出的特征也不相同，这些特征是鉴定沉积岩的主要标志。

（1）碎屑岩。碎屑岩类具有碎屑结构，即岩石由粗粒碎屑和细粒胶结物两部分组成。鉴定时要求对碎屑大小、形状、成分、数量和胶结物性质等进行研究。

碎屑按其大小可区分为砾状结构、砂状结构等。砂状结构又可进一步分为粗砂、中砂和细砂结构。碎屑形状一般是指颗粒的圆滑程度，可分为磨圆度良好、磨圆度中等及磨圆度差（带棱角）。肉眼鉴定时，只要求对砾岩中砾石的形状进行观察。砂岩、粉砂岩中的砂粒和粉砂粒形状则要在显微镜下进行观察。碎屑的成分在砂岩、粉砂岩中多为单一矿物组成，如石英、长石等。而在砾岩中的砾石成分比较复杂，除矿物组成外，还常由岩石碎屑组成，如石灰岩碎屑、石英岩碎屑等。

（2）黏土岩。黏土岩类为泥质结构，质地均匀细腻，主要由黏土矿物组成，主要有泥岩和页岩两种。黏土岩是由松软的黏土经过脱水固结作用而形成的。由于颗粒细小，其成分用肉眼难以辨别，必须利用精密仪器如电子显微镜、X射线仪或化学分析仪来鉴定。一般黏土岩吸水性强，遇水后易于软化，具有可塑性和膨胀性。页岩层理清晰，能沿层理分成薄片，结构较泥岩紧密，风化后多呈碎片状。泥岩层理不清晰，结构较疏松，风化后多呈碎块状。

（3）化学及生物化学岩。化学及生物化学岩类颜色单一，往往反映所含杂质的颜色，常见的主要有石灰岩、白云岩、泥灰岩和煤等，如杂质为炭质时呈黑色，为泥质时呈褐黄色，铁质时呈褐红色。结晶结构多在岩石表面有闪闪发亮的矿物颗粒，主要由碳酸盐类组成，鉴定矿物成分时要借助它的化学性质，特别注意对盐酸试剂的反应。石灰岩遇盐酸强烈起泡，泥灰岩遇盐酸也起泡，但由于泥灰岩的黏土矿物含量高，所以泡沫浑浊，干后往往有泥点。白云岩遇盐酸不起泡，或者反应微弱，当粉碎成粉末之后，则发生显著泡沸现象，并常伴有嘶嘶的响声。

3）变质岩的鉴定

变质岩的成因多种多样，鉴定时必须重视野外地质产状和分布范围，以及产出的地质环境，确定成因类型。鉴定变质岩时，可以先从观察岩石的构造开始。根据构造，首先将变质岩分为片理构造和块状构造两类，然后用肉眼或放大镜分析主要矿物成分，注意具有变质特征矿物的含量、粒度及相互排列关系，再确定岩石的名称。

例如，具有片麻状构造的岩石称为片麻岩，具有片状构造的岩石称为片岩。再根据矿物成分可进一步命名，如片麻岩中有花岗片麻岩（矿物成分以长石、石英和云母为主），角闪石片麻岩（矿物成分以角闪石为主）；板岩中有泥质板岩和硅质板岩等。

块状构造的变质岩具有变晶结构，颜色一般都比较浅，常见的主要是大理岩和石英岩。但大理岩主要由方解石组成，硬度低，遇盐酸起泡，而石英岩几乎全部由石英颗粒组成，硬度很高。

习 题 2

1. 选择题

（1）下列岩石中具有全晶质结构、块状构造，不属于沉积岩的是（　　）。

A. 砂岩　　B. 泥岩　　C. 花岗岩　　D. 灰岩

（2）下列矿物中的（　　）为变质矿物。

A. 石榴子石　　B. 长石　　C. 高岭石　　D. 白云石

（3）沉积岩的（　　）是区别于其他岩类的最显著特征之一。

A. 块状构造　　B. 片状构造　　C. 流纹构造　　D. 层理

（4）按成因类型划分，大理岩属于（　　）类。

A. 变质岩　　B. 沉积岩　　C. 岩浆岩　　D. 石灰岩

（5）下列结构中，（　　）是岩浆岩的结构。

A. 变晶结构　　B. 全晶质结构　　C. 碎屑结构　　D. 化学结构

2. 如图 1 所示（可扫描二维码查看图片），请说明下列岩石的矿物、结构和构造等特点。

第 2 章习题 2

(a)

(b)

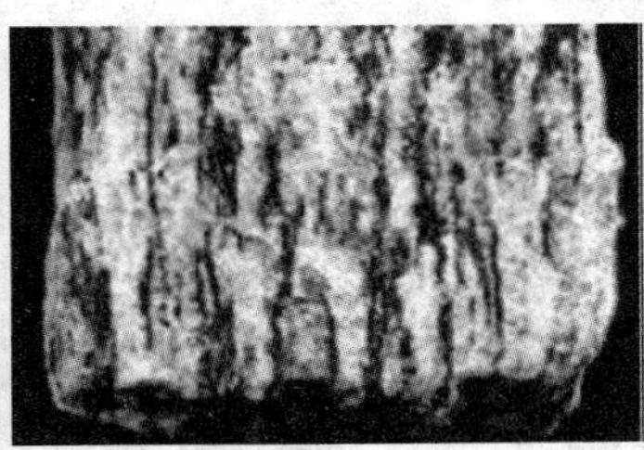

(c)

图 1

(a) 花岗岩；(b) 页岩；(c) 片麻岩

3. 简答题

（1）请简述矿物硬度的概念及其判定方法。

（2）矿物的光学性质有哪些？

（3）如何鉴别主要的造岩矿物？

（4）请简述变质岩、岩浆岩、沉积岩在矿物成分、结构构造方面的异同点。

（5）按 SiO_2 的含量，岩浆岩可分为哪几类？

（6）沉积岩碎屑结构的胶结物有哪几种？强度比较如何？

（7）引起变质作用的主要因素是什么？

（8）什么是沉积岩的层理构造？它与变质岩的片理有何区别？

（9）如何从生成条件、组成矿物以及岩石的结构构造等特征去鉴别岩浆岩、沉积岩和变质岩？

（10）请简述岩浆岩、沉积岩和变质岩三大岩类的相互关系。

3　地质年代及第四纪地貌特征

本章介绍地质年代的定义、地层单位与地质年代表，说明不同岩类相对地质年代的确定方法，阐述第四纪地质地貌特征，包括山岭地貌、河谷地貌、冰川地貌、冻土地貌、黄土地貌、风成地貌和岩溶地貌等具有工程特殊意义的地貌特征，揭示地貌与工程建设的关系。

3.1　地质年代定义

据科学推算，地球的年龄约为46亿年。从地球形成到现在的漫长地质历史中，地壳经历构造运动、岩浆活动、海陆变迁、剥蚀和沉积等地质作用，形成不同的地质体和地形地貌。因此，查明地质事件发生或地质体形成的时代和先后顺序是十分重要的。整个地壳历史可分为若干发展阶段，地壳发展演变的时间段落称为地质年代。为了认识各种地质构造、岩层形成的先后次序、生成环境，阅读和分析地质资料图片，分析工程建设的地质环境等，必须先对地质年代有基本了解。

在地质学中，把某一地质时代形成的一套岩层（无论是沉积岩、岩浆岩还是变质岩）称为那个时代的地层。由两个平行或近于平行的界面（岩层面）所限制的同一岩性组成的层状岩石，称为岩层。岩层是沉积岩的基本单位而没有时代含义。而地层和岩层不同，它具有时间含义。同一时代形成的地层常具有相同或相似的工程地质特性，如在四川盆地广泛分布的侏罗系和白垩系地层，因含有多层易遇水泥化的黏土岩，致使该时代地层分布的地区时常有滑坡现象发生。而不同时代形成的相同名称的岩层，往往岩性也有区别，如我国西北地区中更新世末以后形成的黄土地层，土质疏松，有大孔隙，承载力低，并具有遇水湿陷的性质；而中更新世末以前形成的黄土地层，土质较紧密，没有或只有少量大孔隙，承载力较高，且往往不具有湿陷性。在分析地质构造时，必须首先查明地层的时代关系才能进行。

表示地层的地质年代有两种方法：一种是绝对地质年代，用“距今多少年以前”来表示，是根据放射性同位素的衰变规律来测定岩石和矿物的年龄；另一种是相对地质年代，主要是根据地层的上下层序，地层中的化石、岩性变化和地层之间的接触关系等来确定的，这种方法能说明岩层形成的先后顺序及其相对的新老关系，虽然不包含用“年”表示的确切时间概念，但能反映岩层形成的自然阶段，从而说明地壳发展的历史过程。因此，工程建设中多采用相对地质年代来表示地层的地质年代。

3.2 地质年代与地层单位

3.2.1 地质年代表与地层单位

1. 地质年代单位和地层单位

划分地质年代和地层单位的主要依据是地壳运动和生物的演变。地壳发生大的构造变动之后，自然地理条件将发生显著变化，各种生物也将随之演变来适应新的生存环境，这样就形成地壳发展历史的阶段性。通过各地区的区域地层系统的对比和补充，建立包括整个地质时代所有地层的世界性的标准地层及相应的地质年代表。表 3-1 所示为地质年代单位与相对应的地层单位。

表 3-1 地质年代单位与相对应的地层单位

使用范围	地质年代单位	地层单位
国际性	宙	宇
	代	界
	纪	系
	世	统
全国性或大区域性	（世） 期	（统） 阶 带
地方性	时（时代、时期）	群 组 段 层

地质年代按时间的长短依次是宙、代、纪、世、期。在地质历史上，每个地质年代都有相应的地层形成，与宙、代、纪、世、期一一对应的地层年代单位分别是宇、界、系、统、阶。地壳发展的历史过程分为 5 个称为“代”的阶段，分别为太古代、元古代、古生代、中生代和新生代，每一代又分为几个纪，每个纪又分为几个世。在宙、代、纪、世期间，世界各地的地壳运动和生物演化有普遍性的显著变化，所以宙、代、纪、世是国际通用的地质年代单位，相应的宇、界、系、统是国际性地层单位，如古生代二叠纪形成的地层称为古生界二叠系。而次一级的单位期、时为区域性或地方性地质年代单位。按照岩性特征划分的地层单位称为群、组、段和层，组是群以下的次一级单位。例如，本溪地区存在石炭系中统和上统，这是根据生物化石特征按国际性地层系统来划分的。另外，将这两套包括海相和陆相沉积、各具有一定岩性特征的地层又分别命名为本溪组（中统）和黄旗组（上统），以突出它们的岩性和含矿特征。由于各个地区地层岩性有变化，所以一个组的名称在使用地域范围上不是很广

泛，如本溪组只限于华北地区内含有海陆交互相沉积的石炭系中统地层，黄旗组的使用范围仅适合于辽东。前震旦系由于大多缺乏生物化石作为划分对比地层的根据，所以在“界”的下面都以“群”来作为划分地层的单位，按岩性划分的地层单位又称为地方性地层单位。

2. 地质年代表

表 3－2 为地质年代表，表中有地壳运动的几个主要的构造期，在地质历史中对地壳均产生过较大的影响，各个代和纪的新老顺序及其代号，是地质工作中经常用到的基本知识。

表 3－2 地 质 年 代 表

宙	代	纪	世	同位素年龄/百万年(Ma)	构造阶段	中国主要现象
显生宙PH	新生代 K_z	第四纪	全新世 Q_4	0.01	喜马拉雅运动	冰川广布，黄土形成，地壳发育成现代形式，人类出现、发展
			上(晚)更新世 Q_3	0.13		
			中(中)更新世 Q_2	0.77		
			下(早)更新世 Q_1	2.58		
		第三纪R 新近纪	上新世 N_2	5.30		地壳初具现代轮廓，哺乳类动物、鸟类急速发展，并开始分化
			中新世 N_1	23.0		
		第三纪R 古近纪	渐新世 E_3	33.9		
			始新世 E_2	56.0		
			古新世 E_1	66.0		
	中生代 M_z	白垩纪	上(晚)白垩纪 K_2	100.5	燕山运动	地壳运动强烈，岩浆活动
			下(早)白垩纪 K_1	145.0		
		侏罗纪	上(晚)侏罗纪 J_3	163.5		除西藏地区外，中国广大地区已上升为陆地，恐龙极盛，出现鸟类
			中(中)侏罗纪 J_2	174.1		
			下(早)侏罗纪 J_1	201.3		
		三叠纪	上(晚)三叠纪 T_3	237.0		华北为陆地，华南为浅海，恐龙、哺乳类动物发育
			中(中)三叠纪 T_2	247.2	印支运动	
			下(早)三叠纪 T_1	251.9		
	古生代 P_z 上古生代	二叠纪	上(晚)二叠纪 P_3	259.1	海西运动	华北为陆地，华南为浅海，冰川广布，地壳运动强烈，间有火山爆发
			中(中)二叠纪 P_2	273.0		
			下(早)二叠纪 P_1	298.9		

（续表）

宙	代		纪	世	同位素年龄/百万年(Ma)	构造阶段	中国主要现象
显生宙PH	古生代P_z	上古生代	石炭纪	上(晚)石炭纪 C_3	323.2	海西运动	华北时为陆地时为海洋,华南为浅海,陆生植物繁盛,珊瑚、腕足类、两栖类动物繁盛
				中(中)石炭纪 C_2	—		
				下(早)石炭纪 C_1	358.9		
			泥盆纪	上(晚)泥盆纪 D_3	382.7		华北为陆地,华南为浅海,火山活动,陆生植物发育,两栖类动物发育,鱼类极盛
				中(中)泥盆纪 D_2	393.3		
				下(早)泥盆纪 D_1	419.2		
		下古生代	志留纪	上(晚)志留纪 S_3	427.4	加里东运动	华北为陆地,华南为浅海,局部地区火山爆发,珊瑚、腕足类发育
				中(中)志留纪 S_2	433.4		
				下(早)志留纪 S_1	443.8		
			奥陶纪	上(晚)奥陶纪 O_3	458.4		海水广布,三叶虫、腕足类、笔石极盛
				中(中)奥陶纪 O_2	470.0		
				下(早)奥陶纪 O_1	485.4		
			寒武纪	上(晚)寒武纪Є$_3$	497.0		浅海广布,生物开始大量发展,三叶虫极盛
				中(中)寒武纪Є$_2$	509.0		
				下(早)寒武纪Є$_1$	541.0		
元古宙PT	元古代P_t	新元古代	震旦纪 Z_z		680	晋宁阶段	浅海与陆地相间出露,有沉积岩形成,藻类繁盛
			南华纪 N_h		800		
			青白口纪 Z_q		1 000		岩浆活动,矿产生成
		中元古代	蓟县纪 Z_j		1 400		
			长城纪 Z_c		1 800		
		古元古代	滹沱纪 H_t		2 300	吕梁运动	海水广布,构造运动及岩浆活动强烈,开始出现原始生命现象
			五台纪 W_t		2 500		
太古宙AR	太古代A_r	新太古代 A_{r3}			2 800	五台运动	
		中太古代 A_{r2}			3 200		

（续表）

宙	代		纪	世	同位素年龄/百万年(Ma)	构造阶段	中国主要现象
太古宙AR	太古代A_r	古太古代 A_{r1}			3 600	阜平运动	地壳局部变动、大陆开始形成
		始太古代 A_{r0}			4 000	迁西运动	原核生物(古细菌、真细菌、蓝菌),原始生命蛋白质出现
冥古宙HD	地球初期发展阶段				4 600	地壳运动普遍强烈,变质作用显著	

3.2.2 相对地质年代的确定方法

岩石是地质历史演化的产物,也是地质历史的记录者,无论是生物演变历史、构造运动历史还是古地理变迁历史等,都会在岩石中留下痕迹。因此,研究地质年代必须研究岩石中所包含的年代信息。不同类型的岩石可采用不同的相对地质年代确定方法。

1. 沉积岩的相对地质年代

沉积岩的相对地质年代是通过层序(地层的上下或新老关系称为地层层序)、岩性、接触关系和古生物化石来确定的。

1) 地层对比法(地层层序法)

该方法以沉积的顺序作为对比基础,正常沉积地层是先沉积的岩层在下、后沉积的岩层在上,形成“上新下老”的自然层序规律。岩层相对地质年代可以由其在层序中的位置来确定,如图 3-1(a)和(b)所示;但在构造变动复杂的地区,由于岩层的正常层位发生变化,运用此方法难以确定岩层的相对地质年代,如图 3-1(c)和(d)所示。

2) 地层接触关系法

沉积岩上下地层之间接触关系有整合接触和不整合接触。在沉积盆地的稳定沉积环境中,不同时代的沉积物一层层连续沉积,岩石性质与生物演化连续而渐变,各地层之间彼此平行。这种上下地层间连续、平行,在时间和空间上无间断的接触关系称为整合接触(见图 3-2)。整合接触反映该地区地壳相对稳定,没有强烈的构造运动,地壳处于持续的缓慢下降状态,或虽有短期上升,但沉积作用没有间断,或者地壳运动与沉积作用处于相对平衡状态。

沉积地层在形成过程中,如地壳发生构造运动,产生沉积间断,在岩层的沉积顺序中缺失沉积间断期的岩层,上下地层之间的这种接触关系称为不整合接触。不整合接触包括平行不整合接触和角度不整合接触。平行不整合接触又称为假整合接触。地壳原来的沉积环境发生变化,地壳上升,地层未发生明显弯曲或倾斜,只是发生沉积间断和遭受风化剥蚀,形成高低不平的侵蚀面,经过一段时期后,又再次下降接受新的沉积,从而使上、下地层之间缺失一些时代的地层,但地层彼此间却是基本平行的。这种新、老地层之间平行的,但缺失某个地质时代地层的接触关系称为平行不整合接触(见图 3-2)。地层的平行不整合接触反映该地区经历下降沉积、上升、沉积间断和遭受剥蚀、再下降、再沉积的过

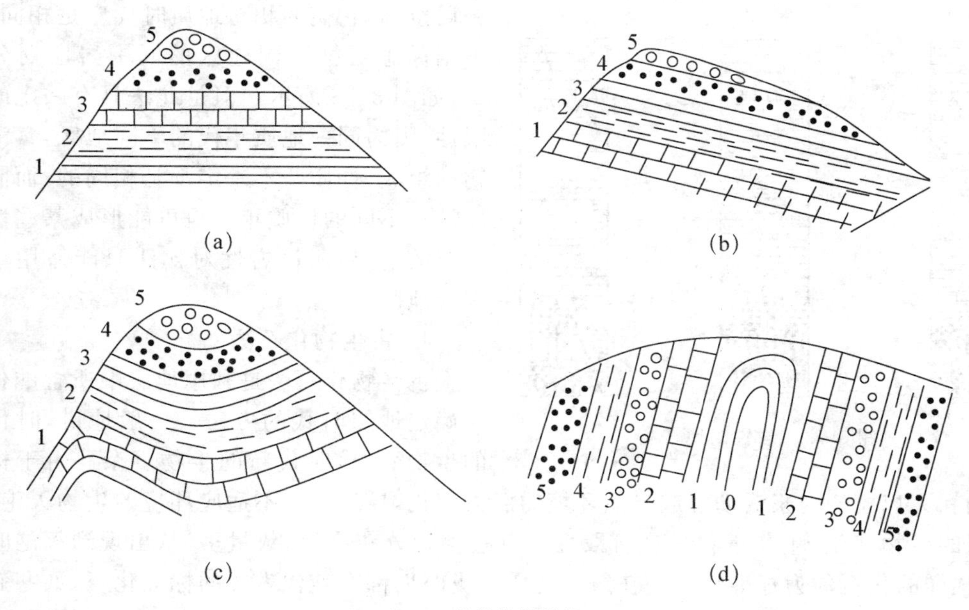

1～5—地层从新到老。

图 3－1　地层层序的规律

(a) 水平地层；(b) 倾斜地层；(c) 褶皱地层；(d) 倒转地层

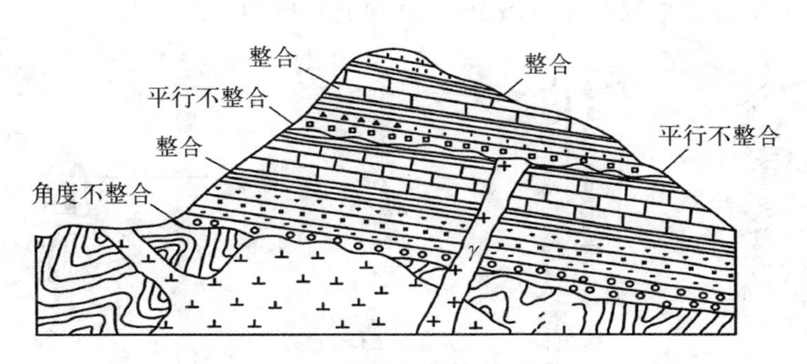

图 3－2　地层接触关系剖面示意

程，是地壳交替升降的结果。角度不整合接触是上覆的较新地层底面通常与不整合面基本平行，而下伏的较老地层层面与不整合面呈角度接触。角度不整合接触反映该地区在上覆地层沉积之前曾发生过倾斜、褶皱等重要构造运动，经历下降、接受沉积、褶皱上升(常伴有断裂变动、岩浆活动和区域变质等)、沉积间断、遭受剥蚀、再次下降、再次沉积的过程。不整合剥蚀面上常有底砾岩、古风化壳和古土壤等。以不整合接触面为界，不整合接触面以下的岩层先沉积，年代比较老；不整合接触面以上的岩层后沉积，年代比较新。

3）岩性对比法

以岩石的组成、结构、构造等岩性方面的特点为对比的基础，在一定区域内同一时期形成的岩层，其岩性特点基本上是一致或近似的。在野外划分地层工作中，某些层位稳定、岩性特征突出的岩层可作为划分和对比地层的标志层。一般来说，相邻地区出露地层中那些岩性特征完全一致的标志层若能一一对应，则与标志层相关的地层组合应该是同

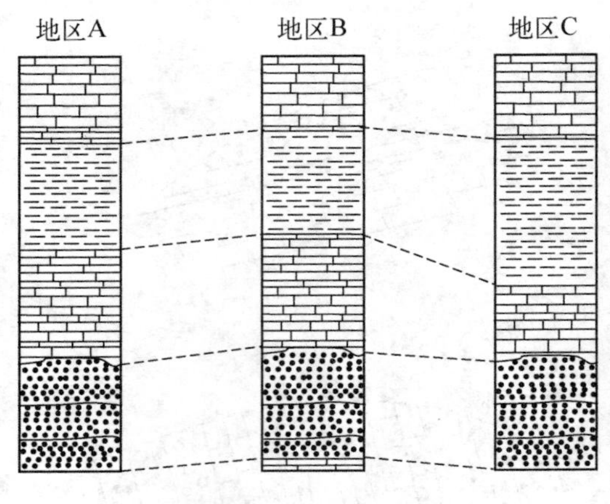

图 3-3 岩性对比法

一层位的，它们的相对地质时代应是相同的，根据标志层把不同地区的同一岩层划分出来，如图 3-3 所示。但是此法具有一定的局限性，因为同一地质年代的不同地区，其沉积物的组成、性质并不一定都是相同的；而同一地区在不同的地质年代也可能形成某些性质类似的岩层，所以岩性对比法只能适用于一定的地区。

4）古生物化石法

古生物化石法是利用地层中所含的化石来确定地层时代的方法。一般地讲，时代老的生物简单，时代新的生物复杂。由于构造运动和大规模的岩浆活动引起自然环境的巨大变化，导致一些不适应环境的生物灭绝，一些新的生物产生，生物进化呈现阶段性。有些生物分布广泛，数量多，从出现到灭绝时间短，这样的化石称为标准化石。在每一地质历史时期都有其代表性的标准化石，如寒武纪的三叶虫、奥陶纪的珠角石、志留纪的笔石、泥盆纪的石燕、二叠纪的大羽羊齿、侏罗纪的恐龙等，如图 3-4 所示。含有相同标准化石的岩层，无论相距多远，都是在同一地质年代中形成的。只要确定岩层中所含标准化石的地质年代，就可以确定岩层的地质年代。利用生物演化的不同阶段来划分地质历史，反映地壳发展的自然分期。

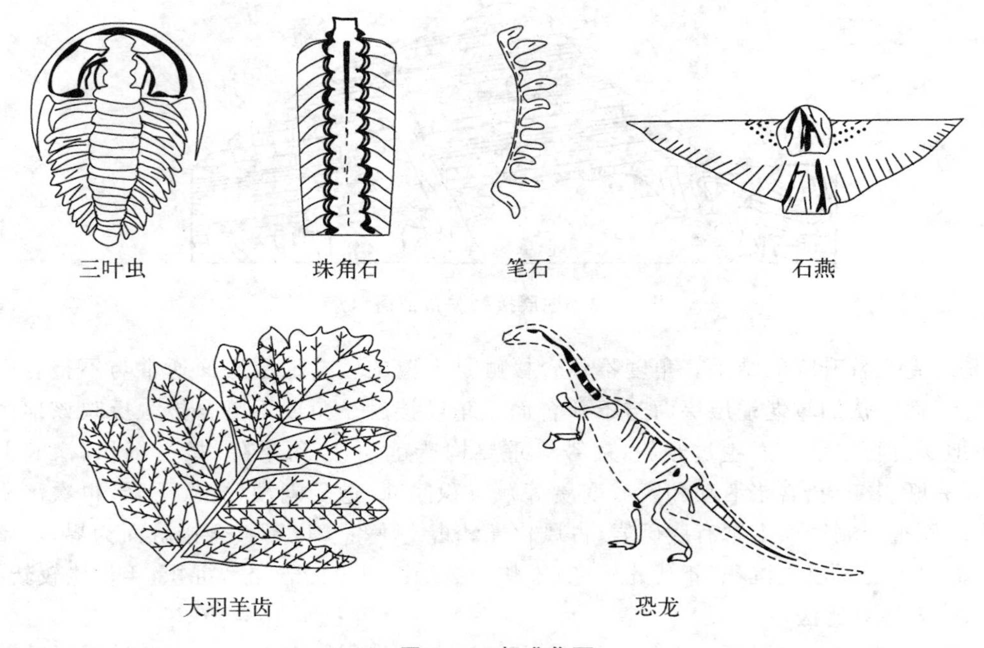

图 3-4 标准化石

上述四种方法各有优点，但也都存在不足之处。在实践中，应结合具体情况综合分析，才能正确地划分地层的地质年代。

2. 岩浆岩相对地质年代的确定

上述规律主要适用于确定沉积岩或层状岩石的相对新老关系，但对于呈块状产出的岩浆岩则难以运用，因为它们没有成层状，也不含化石。但这些块状岩石常常与周围岩体间存在侵入、相互穿插、切割的关系。因此，可以根据岩浆岩与周围的沉积岩层的接触关系以及岩浆岩侵入体之间的穿插关系来确定。

1）侵入接触

岩浆活动侵入周围岩体中，说明岩浆侵入体形成晚于发生变质周围岩层的地质年代（见图 3－5）。

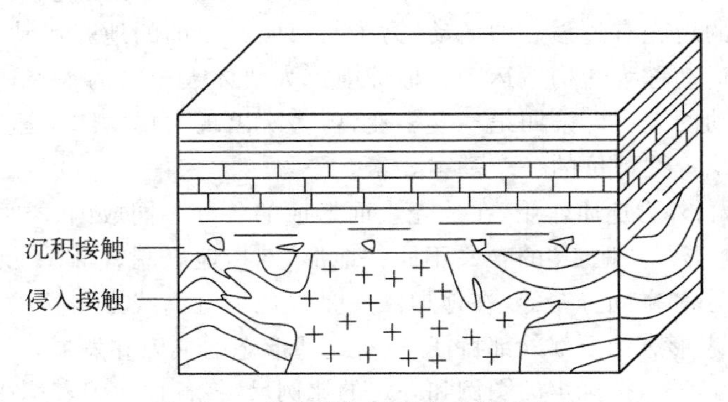

图 3－5　岩浆岩与沉积岩的接触关系

2）沉积接触

岩浆岩形成之后，经过长期风化剥蚀，后来在剥蚀面上又产生新的沉积，剥蚀面上部的沉积岩层无变质现象，而沉积岩层的底部往往存在由岩浆岩组成的砾岩或风化剥蚀的痕迹，这说明岩浆岩的形成年代早于沉积岩的地质年代（见图 3－5）。

3）地质体之间的切割律（穿插构造）

块状岩石常常与层状岩石之间以及它们自身相互之间存在相互穿插、切割的关系，这时，它们之间的新老关系依据地质体之间的切割律来判定，即较新的地质体总是切割或穿插较老的地质体，将早期岩脉或岩体切割开，或者说“切割者新、被切割者老”。如图 3－6 所示的穿插构造表明穿插的岩浆岩侵入体，形成的地质年代晚于被它们所穿过的岩层。

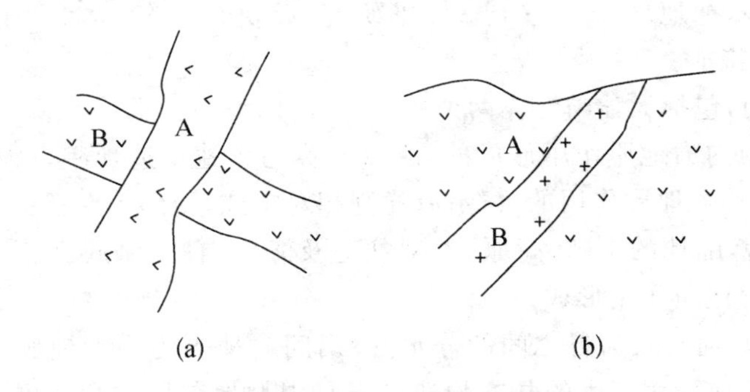

图 3－6　岩浆岩的穿插关系

(a) A 岩层晚于 B 岩层；(b) B 岩层晚于 A 岩层

综上可知，对于岩浆岩，可根据其中夹杂的沉积岩或上覆下伏的沉积岩层的年代确定其相对地质年代。

3.3 第四纪地貌特征

第四纪是新生代最晚的纪，也是包括现代在内的地质发展历史的最新时期，分为更新世和全新世，更新世可分为上(晚)、中、下(早)三个世，它们的划分及绝对年代如表3-2所示。第四纪的下限一般定为200万年。第四纪的重大事件是人类出现，如北京附近周口店的石灰岩洞穴中发现生活在五十万年以前的“北京猿人”的头盖骨化石及其使用工具。

第四纪时期的地壳有过强烈的活动，为了与第四纪以前的地壳运动相区别，将第四纪以来发生的地壳运动称为新构造运动。地球上巨大块体大规模的水平运动、火山喷发、地震等都是地壳运动的表现。第四纪气候多变，曾多次出现大规模冰川运动，新构造运动的特征是工程区域稳定性评价的一个基本要素。

由于长期的内、外力地质作用，在地壳表面形成的各种不同成因、类型及规模的起伏形态，称为地貌。“地形”与“地貌”的含义不同：“地形”专指地表既有形态的某些外部特征，如高低起伏、坡度大小和空间分布等，在地形图中是以地形等高线来表达的；“地貌”的含义广泛，它不仅包括地表形态的全部外部特征，还有这些形态的成因和发展，可用地貌图来表示。地貌图以地形图为底图，按规定的图例和一定的比例尺，将各种地貌表达在平面图上。

地貌条件与土木工程的建设及运营有着密切的关系，许多工程如公路、隧道等常穿越不同的地貌单元，经常会遇到各种不同的地貌问题。因此，地貌条件是评价各种土木工程构筑物的地质条件的重要内容之一。为了处理好土木工程与地貌条件之间的关系，就必须学习和掌握基本的地貌知识。

3.3.1 地貌单元的分级与分类

1. 地貌分级

不同等级的地貌，其成因不同，形成的主导因素也不同。地貌规模相差悬殊，按其相对大小，并考虑其地质构造条件和塑造地貌的地质营力进行分级，一般可划分为下列五级：

(1) 星体地貌，把地球作为一个整体来研究，反映其形态、大小、海陆分布等总体特征，构成星体地貌特征。

(2) 巨型地貌，包括大陆与海洋两个单元，大的内海与大的山系都是巨型地貌。巨型地貌几乎完全是由内力地质作用形成的，所以又称为大地构造地貌。大陆具有极其复杂多样的形态，并受外力地质作用的改造；海洋则相对单纯，受到水层保护而比较原始。

(3) 大型地貌，陆地的山脉、高原、大型盆地及海底山脉、海底平原等均为大型地貌，基本上也是由内力地质作用形成的。

(4) 中型地貌，河谷及河谷之间的分水岭、山间盆地等为中型地貌，主要由外力地质作用造成。内力地质作用产生的基本构造形态是中型地貌形成和发展的基础，而地貌外部形态则取决于外力地质作用的特点。

(5) 小型地貌，残丘、谷坡、沙丘、小的侵蚀沟等为小型地貌，主要由外力地质作用造成，并受岩性的影响。

2. 地貌的形态分类

地貌的形态分类，就是按地貌的绝对高度、相对高度及地面的平均坡度等形态特征进行分类。表 3－3 所示为常见的大陆地貌的形态分类。在公路工程中，把表 3－3 中的丘陵进一步划分为重丘和微丘，其中相对高度大于 100 m 的称为重丘，小于 100 m 的称为微丘。

表 3－3　大陆地貌的形态分类

形态类别		绝对高度/m	相对高度/m	平均坡度/(°)	举　例
山地	高山	>3 500	>1 000	>25	喜马拉雅山、天山
	中山	1 000～3 500	500～1 000	10～25	大别山、庐山、雪峰山、泰山
	低山	500～1 000	200～500	5～10	川东平行岭谷、雁荡山
丘　陵		<500	<200		闽东沿海丘陵
高　原		>600	>200		青藏、蒙古、黄土、云贵、伊朗高原
平原	高平原	>200			成都、法国中部、巴西中部平原
	低平原	0～200			东北、华北、长江中下游平原
盆　地		低于海平面高度			吐鲁番、死海盆地

3. 地貌的成因分类

目前尚无统一的地貌成因分类方案，这里仅介绍以地貌形成的主导因素（地质作用）作为基础的内力和外力地貌两类。

1）内力地貌

以内力地质作用为主所形成的地貌为内力地貌，根据内动力的不同又可分为如下种类：

（1）构造地貌，由地壳的构造运动所造成的地貌，其形态能充分反映原来的地质构造形态。如高原属于构造隆起和上升运动为主的地区，盆地属于构造凹陷和下降运动为主的地区。

（2）火山地貌，由火山喷发的熔岩和碎屑物质堆积所形成的地貌为火山地貌，如熔岩皿、火山锥等。

2）外力地貌

以外力地质作用为主所形成的地貌为外力地貌。根据外动力的不同，可将第四纪地貌形态划分为风化地貌、重力地貌、山地地貌、水成地貌、冰川地貌、冻土地貌、风成地貌、岩溶地貌和黄土地貌等。

(1) 风化地貌,由风化作用为地貌形成和发展的基本因素,如风化壳与风化带、残积土等。

(2) 重力地貌,以重力作用为地貌形成和发展的基本因素,其所形成的地貌如斜坡上的风化碎屑或不稳定的岩体、土体由于重力作用而产生的崩塌、错落、滑坡及蠕动等。

(3) 山地地貌,山地是海拔在 500 m 以上、相对高差为 200 m 以上的高地。按山的展布形态、走向及组合形式可以分为山岭、山脉、山带和山系等。山岭是具有陡峭的山坡和鲜明分水线的,线状延伸呈脉状分布。山脉是具有明显走向的若干条平行的山岭组成的山地系统。例如,长白山是山脉,而南岭就不能称为山脉,而只能称为山地,这是因为南岭没有明显的走向。山带是一条山脉被巨大的纵谷或横谷分隔成数段,并具有不同的形态特征。例如,位于四川省的龙门山山脉可分成前山带和后山带两个部分。山系包括若干条山脉的山地系统,如天山山系和横断山山系。

(4) 水成地貌,以水的作用为地貌形成和发展的基本因素,是由各种流动水体对地表松散碎屑物的侵蚀、搬运和堆积作用而形成的地貌,可分为面状洗刷地貌、线状冲刷地貌、河流地貌、湖泊地貌与海岸地貌等。水成地貌及其堆积物是陆地上分布最为广泛的地貌类型,对土木工程建筑、农田基本建设、水土保持等具有极其重要的意义。

(5) 冰川地貌,以冰雪的作用为地貌形成和发展的基本因素。冰川地貌可分为冰川剥蚀地貌与冰川堆积地貌,前者如冰斗、冰川槽谷等,后者如侧碛、终碛等。

(6) 冻土地貌,以融冻作用为地貌形成和发展的基本因素。处在大陆性气候条件下的高纬度极地以及高山高原地区,由于缺少冰雪覆盖,土层直接暴露于地表,从而导致土层中的热量不断散失,引起地温的逐步下降,于是在土层下部形成了多年不化的冻结层,称为冻土或永久性冻土。常见的冻土地貌有石海和石川、融冻泥流等。

(7) 风成地貌,以风的作用为地貌形成和发展的基本因素。它是干旱及半干旱地区常见的地貌形态,包括风蚀地貌与风积地貌,前者如风蚀洼地、蘑菇石等,后者如新月形沙丘、沙垄等。

(8) 岩溶地貌,以地表水和地下水的溶蚀作用为地貌形成和发展的基本因素,其所形成的地貌如溶沟、石芽、溶洞、峰林和地下暗河等。

(9) 黄土地貌,我国半干旱地区的主要地貌,按主导地质营力分为黄土堆积地貌、黄土侵蚀地貌、黄土潜蚀地貌和黄土重力地貌。堆积地貌和潜蚀地貌是黄土地貌的主体,潜蚀地貌和重力地貌重叠发生在前两者之上。

研究第四纪地貌形态以及成因类型与工程地质特征,对人类合理地开发地质环境、利用地质资源,使工程活动和人类生存的地质环境协调发展,都是极其重要的。针对工程需要,下面主要介绍山岭地貌、河谷地貌、冰川地貌、冻土地貌、黄土地貌、风成地貌和岩溶地貌等具有工程特殊意义的地貌特征与性质。

3.3.2 山岭地貌

山岭地貌

山岭地貌与工程建设密切相关,扫描二维码可查看山岭地貌图片。

1. 山岭地貌的形态要素

山岭是具有陡峭山坡和鲜明分水线的地貌,线状延伸呈脉状分布,由山顶、山坡和山麓三部分组成。

1）山顶

山顶是山岭地貌的最高部分，呈长条状延伸时称为山脊。山脊标高较低的鞍部，即相连的两山顶之间较低的山腰部分称为垭口。山顶的形状与岩性和地质构造等条件有着密切关系，一般来说，山体岩性坚硬、岩层倾斜或因受冰川的侵蚀时，多呈尖顶或很狭窄的山脊，如天山、阿尔泰山等；在气候湿热、风化作用强烈的花岗岩或其他松软岩石分布的地区，山顶多呈圆顶，如莫干山等；在水平岩层或古夷平面分布的地区，山顶多呈平顶，如南非开普敦的桌山。图3-7所示为山顶的形状示意图。

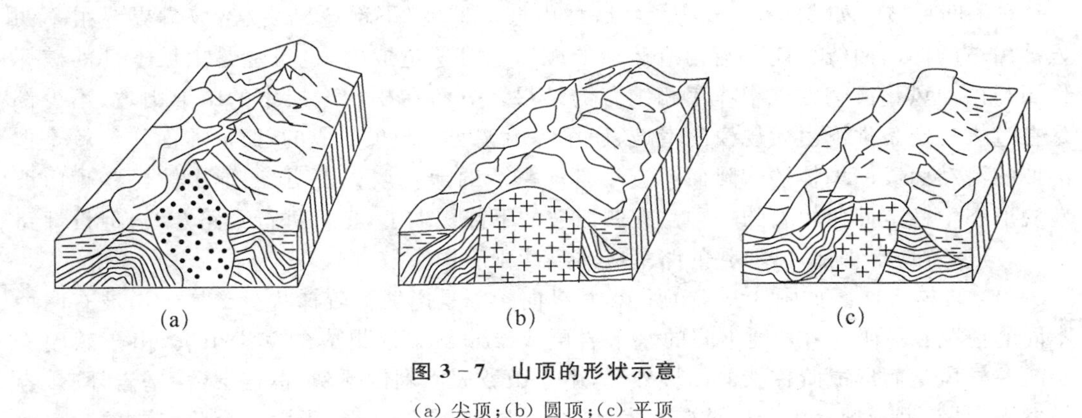

图3-7　山顶的形状示意

(a) 尖顶；(b) 圆顶；(c) 平顶

2）山坡

山坡是山岭地貌的重要组成部分。在山岭地区，山坡分布的地面最广。山坡的形状取决于新构造运动、岩性、岩体结构及坡面剥蚀和堆积的演化过程等因素。山坡的外形是各种各样的，几何特点主要包括山坡的高度、坡度和纵向轮廓等。按山坡的纵向轮廓，山坡可分为直线形、凸形、凹形以及阶梯形山坡等各种类型，如图3-8所示。

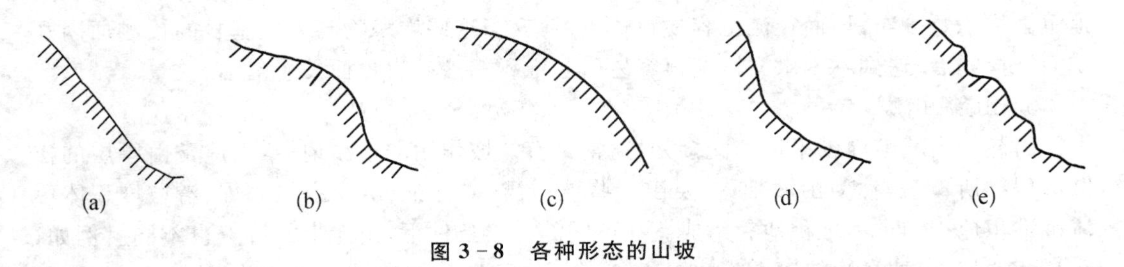

图3-8　各种形态的山坡

(a) 直线形坡；(b) 凸形坡1；(c) 凸形坡2；(d) 凹形坡；(e) 阶梯形坡

(1) 直线形坡。直线形坡是指山坡的纵向轮廓为直线形状，如图3-8(a)所示。在野外见到的直线形山坡，一般可概括为三种情况：第一种是山坡岩性单一，经长期的强烈冲刷剥蚀，形成纵向轮廓比较均匀的直线形山坡，其稳定性一般较高；第二种是由单斜岩层构成的直线形山坡，其外形在山岭的两侧不对称，一侧坡度陡峻，另一侧则与岩层层面一致，坡度较均匀平缓，在不利的岩性和水文地质条件下，很容易发生大规模的顺层滑坡，因此不宜深挖；第三种是由于山体岩石松软或岩体相当破碎，在气候干、寒，物理风化强烈的情况下，经长期剥蚀碎落和坡面堆积而形成的直线形山坡，这种山坡在青藏高原和川西峡谷发育比较良好，其稳定性最差，选作傍山公路的路基时，应注意避免挖方内侧的塌方和路基沿山坡滑塌。

(2) 凸形坡。如图 3-8(b)和(c)所示，这种山坡上缓下陡，自上而下坡度渐增，下部甚至呈直立状态，坡脚界线明显。这类山坡往往是由于新构造运动加速上升，河流强烈下切所造成的。坡体稳定条件主要取决于岩体结构，一旦发生坡体变形破坏，则会形成大规模的崩塌或滑坡事故。凸形坡上部的缓坡可选作公路路基，但应注意考察岩体结构，避免因人工扰动和加速风化导致失去稳定。

(3) 凹形坡。如图 3-8(d)所示，这种山坡上部陡，下部急剧变缓，坡脚界线很不明显。山坡的凹形曲线可能是新构造运动的减速上升所造成的，也可能是山坡上部的破坏作用与山麓风化产物的堆积作用相结合的结果。分布在松软岩层中的凹形山坡，不少都是在过去特定条件下由大规模的滑坡、崩塌等山坡变形现象形成的，凹形坡面往往就是古滑坡的滑动面或崩塌体的依附面。近年来地震后的地貌调查表明，凹形山坡是各种山坡地貌形态中稳定性比较差的一种。在凹形坡的下部缓坡上，也可进行公路布线，但设计路基时，应注意稳定平衡，沿河谷的路基应注意冲刷防护。

(4) 阶梯形坡。如图 3-8(e)所示，其纵向轮廓是山坡为阶梯状。阶梯形山坡有两种不同的情况：一种是由软硬不同的水平岩层或微倾斜岩层组成的基岩山坡，由于软硬岩层的差异风化而形成阶梯状的山坡外形，由于山坡表面剥蚀强烈，覆盖层薄，基岩外露，容易发生崩塌；另一种是由于山坡曾经发生过大规模的滑坡变形，由滑坡台阶组成的次生阶梯状斜坡。这种斜坡多存在于山坡的中下部，如果坡脚受到强烈冲刷或不合理的切坡，或者受到地震的影响，可能引起古滑坡复活，威胁建筑物的稳定。

按照山坡的纵向坡度，山坡可分为微坡(＜15°)、缓坡(16°～30°)、陡坡(31°～70°)和垂直坡(＞70°)。

坡度平缓、山坡的稳定性高，便于公路展线，对于布设路线是有利的，但应注意考察其工程地质条件。平缓山坡特别是在山坡的一些凹洼部分，通常有厚度较大的坡积物和其他重力堆积物分布，坡面径流也容易在这里汇集，当这些堆积物与下伏基岩的接触面因开挖而被揭露后，遇到不良水文情况很容易引起堆积物沿基岩顶面发生滑动。

3) 山麓(山脚)

山麓是山坡与周围平地的交接处，通常是有缓坡作用的过渡地带，山麓常由厚层的松散沉积物所覆盖，称为山麓带，主要由一些坡积裙、冲积锥、洪积扇及岩堆、滑坡堆积体等流水堆积地貌和重力堆积地貌组成。在不同的气候条件下，山麓带的特点也不同。例如，在高寒地带，山麓往往被滚石或冰雪所覆盖。在温带，山麓带或泉水露头、溪流汇集，或田畴梯布、植被繁茂。山麓带从上到下，松散堆积物逐渐加厚，根据堆积物各层成分、结构、时代和成因，能推断山岳的演变历史。

2. 山岭地貌的类型

山岭地貌可以按形态或成因分类。按形态分类一般是根据山地的海拔高度、相对高度和坡度等特点进行划分，如表 3-3 所示。按地貌成因，可以将山岭地貌划分为构造变动形成的山岭、火山作用形成的山岭、剥蚀作用形成的山岭，此类构造地貌等将在第 4 章详细介绍。

通常依据山地的海拔高程，可将其划分成高山、中山和低山，再按照相对高程做进一步分类。例如，高山又分成强烈切割高山、中等切割高山和轻微切割高山等。

1）高山

高山海拔高度大于3 500 m，相对高度大于1 000 m，山坡坡度大于25°，其中大于5 000 m的高山又称为极高山，此界限（5 000 m）大致与现代冰川和雪线的分布高度相符合。根据高山所处的外营力环境及地貌特征可分为两类，一类是冰川作用为主的高山，地貌上有明显的垂直分带，山顶多为现代冰川带，形成角峰、刃脊、其鞍部常为粒雪盆，山坡上常为高山古冰川带，U形谷明显，古冰川堆积发育，山坡下部为侵蚀剥蚀带。多峭壁和凹坡，山麓常为冰水冲积锥或联合洪积扇而成的倾斜山麓面，如阿尔泰山、天山、喜马拉雅山等；另一类是以河流下切作用为主的高山，上升迅速，流水强烈下切，以侵蚀剥蚀作用为主，其形态特征为山顶尖削，山坡多悬崖峭壁，下为深切峡谷，谷深达1 000余米至3 000余米，山麓有时出现高阶地，如高黎贡山、点苍山和大凉山等。

2）中山

中山海拔高度为1 000～3 500 m，相对高度为500～1 000 m。山坡坡度一般为10°～25°。中山的山坡被深长的沟谷切割，沟谷呈V形，谷源可近分水岭，山顶和山脊尖刃，山坡上部多为凹坡，下部多为凸坡，山麓发育冲积锥、洪积扇，如黄山、太行山南段、华山等。中等切割中山的山坡多为凹坡和凸坡的复合坡，其下部沟谷发育，多为V形谷，山麓多为冲积锥和洪积扇，如六盘山、秦岭东段等。浅切中山的山顶圆缓，山坡缓和，多凸坡，基岩出露较少，河谷多较开阔，如大兴安岭、阴山山脉等。

3）低山

低山海拔高度为500～1 000 m，相对高度为500 m左右，山坡坡度一般在10°以下，如川东平行岭谷、雁荡山等。根据其切割程度可分为中切和浅切。低山往往与丘陵交错分布，我国的低山主要分布在东南部。

3.3.3　河谷地貌

河流在常年流动中，会产生侵蚀、搬运和堆积作用，统称为河流地质作用。侵蚀作用包括机械侵蚀和溶蚀侵蚀两种方式，可切割地面和冲刷河岸。机械侵蚀包括冲刷作用（下蚀作用）和掏蚀作用（侧蚀作用）。冲刷作用会下切地面，掏蚀作用会导致凹岸受到冲刷，凸岸接受堆积。溶蚀作用在可溶性岩石分布的地区内比较显著，能溶解岩石中的一些可溶性矿物，使岩石结构逐渐松散，加速机械侵蚀作用。由河流地质作用塑造而成的底部经常有水流动的线状延伸凹地现象，就是河谷地貌。在长期地质作用中，河弯不断向下游发展形成河曲，也称为蛇曲。例如重庆市至广元市之间的直线距离为200 km，但嘉陵江的水程却延长了3倍。某些地方河曲彼此比较接近，洪水期间河水会冲出河槽，截弯取直，遗留下的一段弯曲河床与原来河流隔离形成湖泊，称为牛轭湖。在枯水和平水期间，牛轭湖内长满了水草，渐渐淤积成为沼泽；在洪水期间，牛轭湖有时会与河流相接成为溢洪区；牛轭湖一般是泥炭、淤泥堆积的地区。扫描二维码可查看河谷地貌的图片。

1. 河谷地貌的形态要素

受基岩性质、地质构造和河流地质作用等因素的控制，河谷的形态是多种多样的。受地质构造控制的为构造谷，由河流侵蚀而成的为侵蚀谷。

河谷地貌

在典型的河谷地貌中，河谷主要由谷底和谷坡两大部分组成。谷底包括河床和河漫滩，而谷坡则包括坡上的河流阶地。按一般规律，上游河谷较深窄，多成峡谷，河谷谷坡坡度大，水流湍急；中下游河谷宽展，谷坡和缓，河床多弯道及汊道，有河漫滩和阶地发育，如图 3－9 所示。

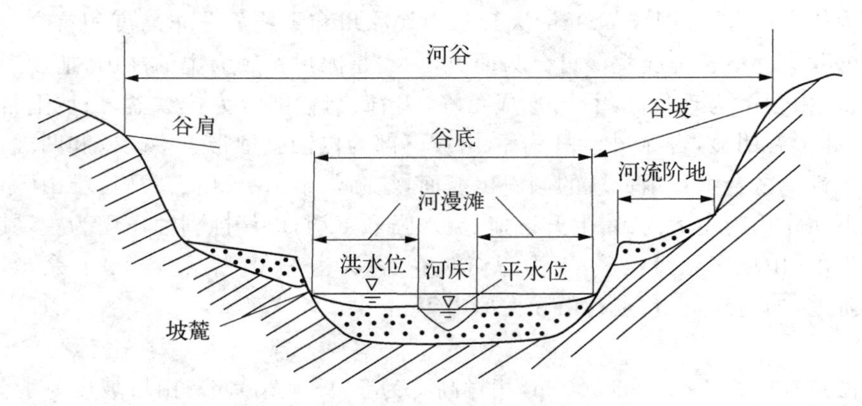

图 3－9　河谷地貌的形态要素

谷底是河谷地貌的最低部分，地势一般比较平坦，其宽度为两侧谷坡坡麓之间的距离。谷底上分布有河床及河漫滩。河床是在平水期间为河水所占据的部分，也称为河槽。河漫滩是在洪水期间被河水淹没的河床以外的平坦地带。每年都能被洪水淹没的部分称为低河漫滩，被周期性多年一遇的最高洪水所淹没的部分称为高河漫滩。河漫滩的宽度常比河床的宽度大几倍至几十倍，表面较平坦或有微缓的起伏，低洼处有时还有湖泊与沼泽分布。一般在河流的中下游，河漫滩都发育比较完全。

河漫滩的上下组成物质不同，属于二元结构。下部是早期形成的，洪水期时，由于河谷狭窄，河水急剧上升，流速较大，沉积的是一些较粗大的砂粒与砾石，为河床相；随着河谷变宽，流水速度变小，沉积一些黏土、粉砂等较细的物质，为河漫滩相。

谷坡是河谷两侧因河流侵蚀而形成的高出于谷底的坡地。谷坡上部的转折处称为谷缘或谷肩，下部的转折处称为坡麓或坡脚。阶地是在河床两侧沿着谷坡走向呈条带状分布或断断续续分布的阶梯状平台，这种地貌称为河流阶地。河流阶地是一种分布较普遍的地貌，由于地势平坦，灌溉与航运便利，经常是人类活动的重要场所，很多城镇、农村与交通线都建立在近河阶地上。

阶地是在地壳的构造运动与河流的侵蚀、堆积的综合作用下形成的。当河漫滩河谷形成之后，由于地壳上升或侵蚀基准面相对下降，原来的河床或河漫滩便受到下切，而没有受到下切的部分就高出洪水位之上，变成阶地，于是河流又在新的水平面上开辟谷地。此后当地壳构造运动处于相对稳定期或下降期时，河流纵剖面坡度变小，流水动能减弱，河流垂直侵蚀作用变弱或停止，侧向侵蚀和沉积作用增强，于是又重新拓宽河谷，塑造新的河漫滩。在长期的地质历史过程中，若地壳发生多次升降运动，则引起河流侵蚀与堆积交替发生，从而在河谷中形成多级阶地。因此，河流阶地的存在就成为地壳新构造运动的有力证据。

从河漫滩向上依次称为Ⅰ级阶地、Ⅱ级阶地、Ⅲ级阶地等，如图 3－10 所示。紧邻河漫滩的Ⅰ级阶地形成的时代最晚，一般保存较好；依次向上，阶地的形成时代越老，其形态相对保存越差。每一级阶地都有阶地面、阶地前缘、阶地后缘、阶地斜坡和阶地坡麓等要素(见图 3－11)。阶地面就是阶地平台的表面,实际上是原来老河谷的谷底,大多向河谷轴部和河流下游稍微倾斜。阶地斜坡是指阶地面以下的坡地,系河流向下深切后所造成,倾向河谷轴部。

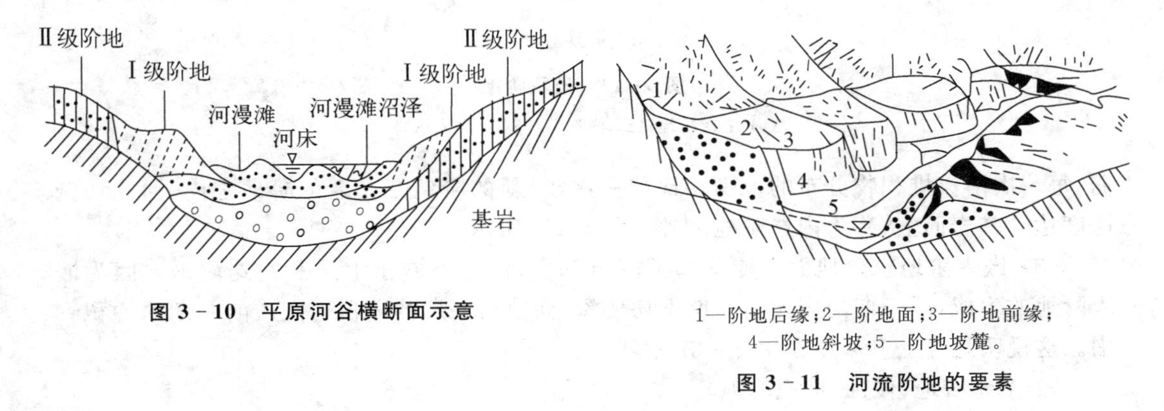

图 3－10　平原河谷横断面示意

1—阶地后缘;2—阶地面;3—阶地前缘;4—阶地斜坡;5—阶地坡麓。

图 3－11　河流阶地的要素

由于构造运动和河流地质过程的复杂性,河流阶地的类型是多种多样的。一般根据河流阶地的物质组成、结构和形态特征,将其分为侵蚀阶地、堆积阶地和基座阶地三种主要类型。

1) 侵蚀阶地

侵蚀阶地主要是由河流的侵蚀作用形成,多由基岩构成,所以又称为基岩阶地。阶地上面基岩直接裸露或只有很少的残余冲积物覆盖。侵蚀阶地多发育在构造抬升的山区河谷中,如图 3－12 所示。

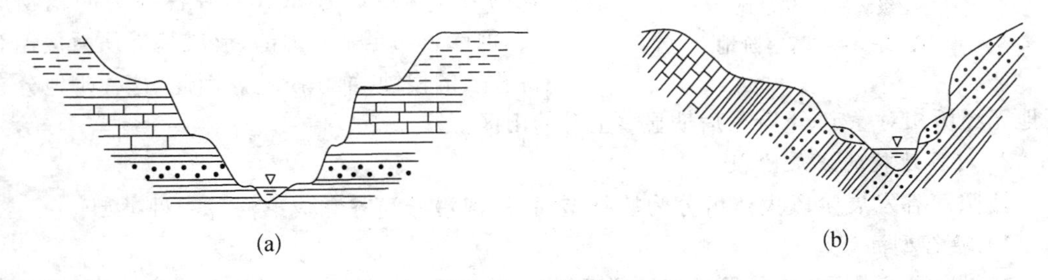

图 3－12　侵蚀阶地

(a) 水平岩层上的侵蚀阶地;(b) 倾斜岩层上的侵蚀阶地

2) 堆积阶地

堆积阶地是由河流的冲积物组成的,第四纪以来形成的堆积阶地,除下更新统的冲积物具有较低的胶结成岩作用外,一般的冲积物都呈松散状态,容易遭受河水冲刷,影响阶地稳定。堆积阶地根据形成方式可分为以下三种。

(1) 上迭阶地。河流在切割河床堆积物时,切割的深度逐渐减小,侧向侵蚀也不能达到它原有的范围,新阶地的堆积物完全叠置在老阶地的堆积物上,称为上迭阶地,如图 3－13(a)所示。

(2) 内迭阶地。河流在切割河床堆积物时,下切的深度大致相同,而堆积作用逐次减

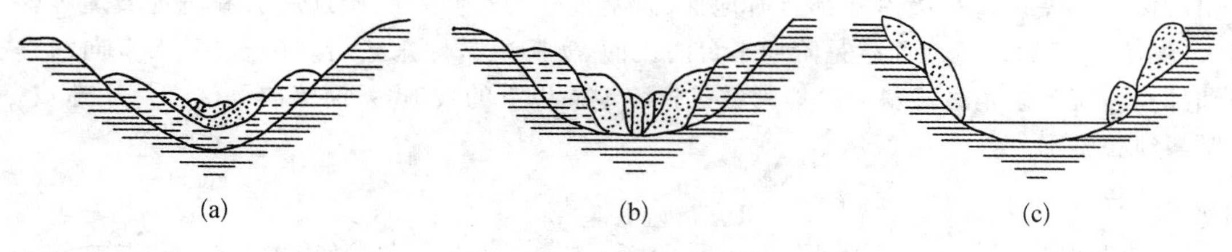

图 3-13 堆积阶地

(a) 上迭阶地;(b) 内迭阶地;(c) 嵌入阶地

弱,每一次河流堆积物分布的范围均比前一次小,新的阶地套在老的阶地之内,河流切割深度达到基岩面上,称为内迭阶地,如图 3-13(b)所示。

(3) 嵌入阶地。阶地面和陡坎都不露出基岩,但它不同于上迭和内迭阶地。因为嵌入阶地的生成,后一期河床比前一期下切要深,而使后一期的冲积物嵌入前一期的冲积物中。这说明地壳上升幅度一次比一次剧烈。

3) 基座阶地(侵蚀-堆积阶地)

基座阶地也称为侵蚀-堆积阶地,上部的组成物质是河流的冲积物,下部为基岩,通常基岩上部冲积物覆盖厚度比较小,整个阶地主要由基岩组成,如图 3-14 所示。这种阶地是在地壳相对稳定、下降和再度上升的地质过程中逐渐形成的。在地壳相对稳定的阶段,河流的侧蚀形成宽广的河谷,由于地壳下降而在宽广的河谷中形成冲积物的堆积,随着地壳再次上升,河流的下蚀深度超过原有河谷谷底的冲积物厚度,河床下切至基岩内部,形成基岩顶面覆盖有冲积层的侵蚀-堆积阶地。因此,这种阶地分布于地壳经历相对稳定、下降及后期显著上升的山区。

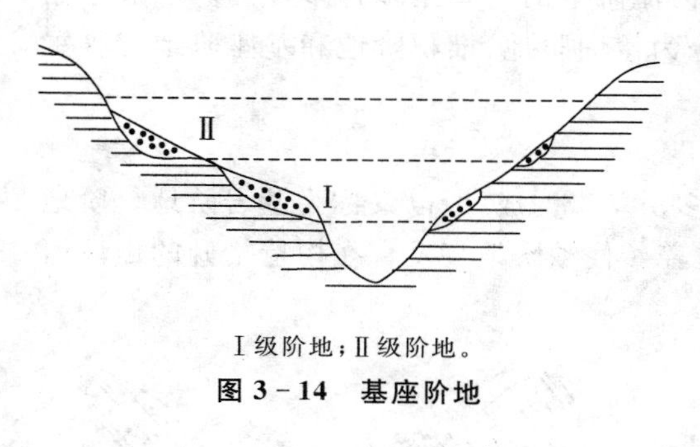

Ⅰ级阶地;Ⅱ级阶地。

图 3-14 基座阶地

2. 河谷地貌的发展阶段

按照河谷发展阶段大体可分为峡谷型河谷、河漫滩河谷和成形河谷三种类型。

1) 峡谷型河谷

峡谷型河谷属于未成形河谷,也称为 V 形河谷,如图 3-15(a)所示。在河谷发育初期或在河流的上游地段,河谷纵剖面坡度陡、水流速度大,基岩受冲刷强烈,河流处于以向下侵蚀为主的阶段,由于河流下切很深,故常形成断面为 V 字形的深切河谷,其特点是两岸谷坡陡峻甚至壁立,基岩直接外露,谷底较窄,常为河水充满,谷底基岩上无河流冲积物。我国著名的长江三峡瞿塘峡、巫峡、西陵峡即呈现“两岸乳岩半空起,绝壁相对一线天”的景象;金沙江上的虎跳峡峡谷,深达 2 500~3 000 m,谷底宽不到 100 m;美国的科罗拉多大峡谷,深达 1 500~1 800 m。

2) 河漫滩河谷

一般在河流的中游地段,河谷的横剖面呈箱形,也称为 U 形河谷,如图 3-15(b)所示,这是由于河谷发展到一定阶段后,侧蚀作用占主导地位,使谷底不断拓宽而发展形成的。谷坡和缓、谷缘开阔,平水期水流集中于河床内,河床两侧有河漫滩,比河床宽几倍至几十倍,表面平坦或略有起伏,其特点是谷底不仅有河床,还有河漫滩,河床只占据谷底的

(a)

(b)

图 3-15　河谷发展阶段

(a) V形河谷；(b) U形河谷

最低部分。随着侧向侵蚀的进行，凹岸不断后退；凸岸处的堆积作用使边滩不断扩大。

3）成形河谷

一般在河流的下游地段，河谷因侵蚀基准面下降，河流可重新下切，使原河漫滩转化为阶地，而后河流又在新的基准面上开辟新的谷地。河谷发育完善并具有阶地的河谷称为成形河谷。

3.3.4　冰川地貌

在地质历史上，随着寒冷与温暖气候的交替变化，曾发生过多次全球性的冰川作用。在前寒武纪、石炭二叠纪和第四纪的地层中，存在着冰川活动的遗迹，其中第四纪冰川作用直接影响现代地貌的发育。在第四纪冰期，全球的平均气温比目前低 5～7℃，最大冰期时，世界大陆近 1/3 的面积被冰川所覆盖。现代冰川主要分布在两极及一些高山地区，约占全世界陆地面积的 10%左右，集中了全球 85%的淡水资源。中国是世界中、低纬度山岳冰川最发达的国家，主要分布在西部的许多高山地区和青藏高原，我国的冰川是内陆干旱地区的重要淡水资源，也是亚洲诸多大河的发源地。

冰川是塑造地表形态的巨大外力之一，冰川进退引起海平面升降，造成海陆轮廓的重大变化，冰川流经地区由于受到冰川剥蚀、搬运和堆积作用，以及冰川消失或退缩，形成一系列独特的冰川地貌。冰川地貌分为冰蚀地貌、冰碛地貌和冰水堆积地貌三种类型，扫描二维码可查看冰川地貌的图片。

冰川地貌

1. 冰蚀地貌

冰川地区的冰冻风化作用非常强烈。在冰川流动区的冰川侵蚀作用，简称为冰蚀作用。冰蚀作用包括挖蚀作用和刨蚀（或磨蚀）作用，是塑造冰蚀地貌的主要地质营力。

冰川的挖蚀作用是指因冰川自重和冰体的运动，致使底床基岩破碎和裂隙扩大，同时冰雪融水渗入岩石裂隙，经过融冻变化使裂隙扩大，岩石不断破碎，这样运动的冰川就像推土机铲土一样，把冰层底部及两侧松动的石块挖起，并与冰冻结一起带走，结果使冰床挖深，两侧拓宽。由冰川挖蚀作用形成的冰碛物比较粗大，大陆冰川作用区的巨大漂砾一般是冰川挖蚀作用的产物。冰川的刨蚀作用或磨蚀作用是指冰川所携带的基岩碎块沿途对床底和两侧基岩进行磨蚀、刨蚀,不断地挖深床底和开拓谷地。冰川的这种作用是由冰川对冰床产生的巨大压力所引起的。冰川的运动可促使底部石块压破磨碎,再由挖蚀作用所产生的碎屑,冻结于冰川的底部,成为冰川对底床进行刮削、锉磨的工具,从而形成粒级较细的冰碛物。当冰川运动受到阻碍时,磨蚀作用表现得更为突出。磨蚀作用可以在基岩或砾石表面产生磨光面,在磨光面上常常有冰川擦痕,是冰川夹带的较硬碎石刻划冰床岩石磨光面时留下的痕迹。冰川擦痕宽度和深度一般只有数毫米,长短不等,多呈钉头形。冰川擦痕与冰川运动方向大致平行,基岩或砾石磨光面上的几组交切擦痕表明,冰川流动方向的改变或因冰川挟带的砾石方位转动所致。

由冰川的侵蚀作用塑造的地貌称为冰蚀地貌,常见的冰蚀地貌有冰斗、角峰、刃(鳍)脊、冰川谷和悬谷、峡湾、冰蚀盆地及羊背石等,如图 3-16 所示。

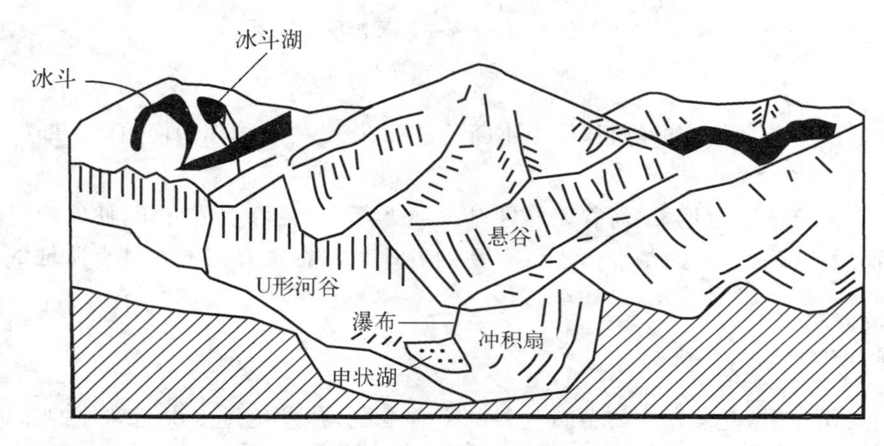

图 3-16 冰蚀地貌组合

1) 冰斗、刃脊、角峰

冰斗、刃脊和角峰主要是冰川在发展过程中塑造的地貌,如图 3-17 所示。其中,冰斗由冰斗壁、盆底和冰斗出口处的冰坎所组成,外形呈三面由陡壁所围,开口朝向坡下的围椅状。

(a)

(b)

(c)

图 3-17 冰斗、刃脊和角峰照片

(a) 冰斗;(b) 刃脊;(c) 角峰

冰斗形成于雪线附近的积雪凹地，其形成原因是在地势低洼处剧烈的寒冻风化作用，使基岩迅速冻裂破碎。崩解的岩块随着冰川运动搬走，洼地周围不断后退拓宽，底部被蚀深，并导致凹地不断扩大形成冰斗。当冰川消退后，冰斗底部往往积水产生冰斗湖。由于冰斗底部高度与雪线分布高度近于一致，所以经常以古冰斗来推断古雪线的位置。

由于冰斗后壁受到不断的挖蚀作用，斗壁发生溯源侵蚀，使斗壁不断后退。当两个冰斗或冰川谷地间的岭脊变窄，最后形成薄而陡峻的刀刃状山脊称为刃脊，也称为鳍脊；当不同方向的数个冰斗后壁后退，发展成为棱角状的陡峻山峰，称为角峰。

2）冰蚀谷和悬谷

由山谷冰川剥蚀作用所形成的平直、宽阔的谷地，称为冰蚀谷，因其横剖面是 U 形，故又称为 U 谷或幽谷，它是山谷冰川最主要的地貌特征。山谷冰川总是循原有的沟谷流动，具有强大的压力，携带大量的冰碛物质，对谷地进行剥蚀，使沟谷由原来的 V 形变成 U 形，两壁呈陡峻的三角面。在谷底或谷坡基岩上可能有冰擦痕或磨光面，谷底纵剖面有时呈阶梯状，相间分布着洼地和突起。横阻于冰斗或幽谷的岩坎称为冰坎，也是冰川谷的重要特征之一。

冰川沿山谷流动时，也有主流与支流。在主、支冰川汇流处，因主冰川比支冰川厚度大，冰蚀力强，U 谷深度也大，当冰川衰退后，支冰川谷就高挂在主冰川谷的谷坡上，形成悬谷，这种高悬的支谷称为悬谷。

3）峡湾

峡湾指分布在高纬度沿海地区，冰期前为沿构造破碎或岩性软弱地带发育的河谷；冰期接受冰蚀作用，冰期后受海侵影响，形成两侧平直、崖壁峭拔、谷底宽阔、深度很大的海湾，即峡湾。比如新西兰的米尔福德峡湾（Milford Sound），峡湾水面与山崖垂直相交，冰川被切割成 V 字形断面，其最深处与迈特峰（Mitre Peak）的落差达 265 m。

4）冰蚀盆地

在一些节理、片理或断层发育的岩石分布地区，冰川的挖蚀作用较为强烈，常形成洼地，这种低洼的地形称为冰蚀盆地。

5）羊背石

羊背石则是由于底床岩性差异，节理发育不均一，经冰川作用后，谷底较硬的岩石呈略微突起的石质小丘，犹如羊群伏于地上，故称为羊背石，其平面呈椭圆形，长轴方向与冰川流动方向一致，两坡不对称，迎冰面坡度较缓，因受磨蚀作用，常具冰擦痕或磨光面，背冰流的一坡因受挖蚀作用，坎坷不平，而且为陡坡。因此，羊背石可以指示冰川运动方向，如图 3-18 所示。

2. 冰碛地貌

冰川在运动过程中，除通过挖蚀作用和刨蚀作用从谷底获得大量碎屑物外，冰川谷地两侧斜坡上的崩塌也能使大量碎屑物质进入冰川，并随冰川一起向下运动，这种被冰川搬运和冰川一起运动的碎屑物质称为运动冰碛。冰碛物中的巨大石块，称为漂砾。

根据运动冰碛在冰川中的位置，分为表碛、内碛、底碛、中碛、侧碛、内碛、前碛和终碛。出露在冰川表面的称为表碛，具有向下游增多的趋势；位于冰川两侧的称为侧碛；当两条或数条冰川相互汇合时，相邻冰川的侧碛就合二为一，分布于冰川中部向下延伸，称为中碛；挟带在冰川底部的冰碛，称为底碛；包含在冰川内部的称为内碛或里碛，系由碎屑物落

(a)

(b)

图 3-18　羊背石及擦痕

(a) 羊背石；(b) 擦痕

入冰裂隙、冰洞，或由表碛、底碛转化而成；位于冰川边缘前端、冰舌末端的冰碛物，称为前碛或终碛。

冰川具有巨大的搬运能力，可以搬运成千上万吨的巨大漂砾。但搬运距离差别很大，一般是底碛搬运距离小，底碛堆积物往往与附近岩石的风化破碎有关。表碛被搬运得最远，尤其是规模巨大的冰川，可将抗蚀力强的漂砾搬得很远。例如，欧洲第四纪大陆冰川曾把斯堪的纳维亚半岛上的巨砾搬运到远离千里之外的英国东部、德国和波兰的北部。同时，冰川还有逆坡搬运的能力，能够把冰碛物从低处搬到高处。我国西藏东南部一大型山谷冰川，曾把花岗岩漂砾抬举，高度达 200 m。在大陆冰川作用区，冰川运动不受下伏地貌的控制，冰碛物的逆坡运移现象更为普遍。当冰川衰退和消融以后，运动的冰碛物就堆积下来，形成各种冰碛物，并且形成各种冰碛地貌。在同一个冰川谷中，冰斗上下串联或冰碛叠置地区，不同高度上排列着两个以上的冰成湖群为串珠湖。

1) 终碛(尾碛)堤

当气候稳定时，冰川前端的位置也较稳定，末端的补给与消融处于平衡状态，结果冰川把大量冰碛物输送至冰川前端堆积，并堆积成弧形长堤。这种由冰碛物堆积成的弧形堤坝称为终碛堤，分布于冰川前缘地带，又可称为前碛堤，如图 3-19 所示。一般说来，大陆冰川终碛堤长而低，弧度小，高度为 30～50 m，长度可达几百千米。山岳冰川终碛堤短而高，高度可达 100 m 以上。终碛堤两侧不对称，外侧陡、内侧缓。终碛堤的分布状况可以作为冰川退缩的标志。当冰川运动总趋势是后退时，终碛堤就会保存下来。在冰川后退过程中产生多少次停顿，就会形成多少道终碛堤。因此，终碛堤可只有一个，有时可有多个，相互平行排列，间距有长有短。如冰川运动的总趋势仍是前进时，冰川就会推开终碛堤继续前进，原

图 3-19　终碛堤

来的终碛堤有时被完全推掉，有时残留一些，但也被后来的冰碛物所掩埋。当冰川消融以后，终碛堤极易被水流切割为一系列孤立的小丘，这些小丘总的排列方向仍是一个弧形，显示出原始终碛堤的形态。

终碛堤是表碛、内碛、底碛的混杂堆积，主要是由岩块、砾石、砂及黏土混合组成。冰水在终碛堤附近的作用是相当强烈的，把冰碛物中的细粒物质带走，在终碛堤的上部形成粗砾石层，在外侧常形成冰碛泥砾层与冰水砂砾层互层。

2）鼓丘

鼓丘是分布在终碛堤内缘由冰碛物组成的椭圆形高地。平面上呈蛋形，长轴与冰川流动方向一致。前后坡不对称，迎冰面坡度陡，背冰面坡度缓，高度从几米到几十米，长度为几百米。有的鼓丘全部由冰碛组成，有的鼓丘内有一个基岩核心，形如羊背石，局部露出迎冰坡，或完全被冰碛物所埋藏，鼓丘分布的位置比较固定，多成群分布在大陆冰川终碛堤内侧不远的地方，山岳冰川区较少见。

3）底碛丘陵

冰川退缩过程中，由于冰川融化，冻结在冰川表面、内部和底部的冰碛物广泛堆积在冰床上，这种冰床上的冰碛称为底碛。由底碛所形成的波状起伏岗丘，称为底碛丘陵。底碛丘陵的形成，一方面是因为继承了基底的起伏，另一方面是由于冰川内部的冰碛有些部位多，有些部位少，冰川融化后，底碛分布不均匀，形成稍有起伏的地形。在底碛丘陵间的低洼处，由于泥、砾混杂，透水性差，常积水成湖。

4）侧碛堤和中碛堤

随着冰川的退却，原聚集于冰川两侧边缘的大量碎屑物质出露地表，形成与冰川流向平行的长条状冰碛堤岗，称为侧碛堤，一般高度为数十米。侧碛堤的上游源头开始于雪线附近，下游末端常与终碛相连；如果两条冰川汇合成一条冰川，或在支冰川注入主冰川时，两条侧碛堤汇合成为一条，即形成中碛堤。中碛堤位于冰川中部，并与侧碛堤平行。

3. 冰水堆积地貌

在雪线以下，冰川发生消融，因而在冰川的表面、底部，特别是两侧，都有许多冰融水，形成若干小溪。这些小溪，有的分布在冰面，有的在冰体内部，有的在冰川底部，还有的在冰川的两旁。由上述各种冰水所产生的堆积物，统称为冰水沉积物。冰水沉积物多数为冰碛物经冰融水再搬运和再堆积而成，具有一定的分选性、磨圆度和层理构造，但又保存着冰川作用的痕迹，如在沉积砾石上有冰擦痕与磨光面等。冰水沉积物常构成具有一定特征的冰水堆积地貌，如图 3－20 所示。

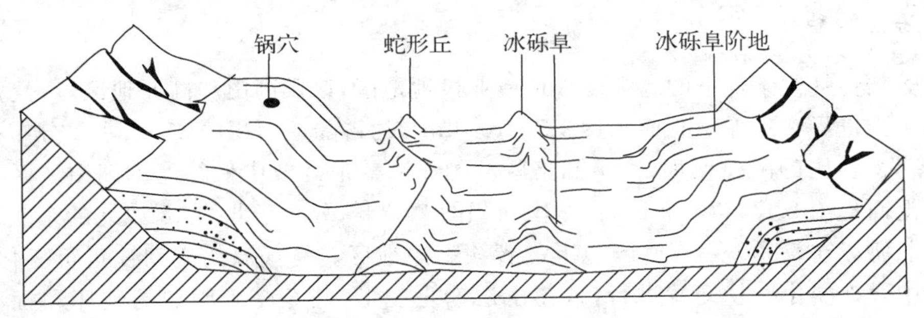

图 3－20 冰川堆积地貌

1）蛇形丘

蛇形丘是一种狭长的，两坡对称、弯曲如蛇爬行的高地，主要由略具分选的砂砾堆积物组成，砂砾有一定的磨圆度，具有交错层理和水平层理。蛇形丘大小不等，一般高度为40～50 m，分布于冰川作用区，长度可达数千米，延伸方向与冰川运动方向基本一致。在冰川消融时，冰融水沿冰川裂隙渗入冰川下，在冰川底部流动，形成冰下隧道，在上游静水压力的作用下，冰下水流挟带着碎屑物质，沿途不断搬运、堆积。当冰体融化后，这种隧道沉积物出露地表，成为蛇形丘。

2）冰砾阜、冰砾阜阶地和锅穴

冰砾阜是一种圆形或长条形的冰水堆积丘陵，是由冰面或冰川边缘湖泊、河流中的冰水沉积物因冰体融化、沉积物倒塌堆积而成，主要由粉砂、砂和细砾组成。冰砾阜一般零乱地或成群地分布于冰川作用的前缘地带，大小不等，边坡较陡，与沉积物的休止角基本一致。

冰砾阜阶地由冰水沙砾层组成，形如河流阶地，呈长条状分布于冰川谷地的两侧。由冰川边缘的冰水沉积，在其与原冰川接触一侧，因冰体融化失去支撑而坍塌，从而形成阶梯状陡坎。冰砾阜阶地的阶地面比较平坦，沿谷两壁伸展，尾端常与冰水扇相连。

锅穴指分布于冰水沉积区内的圆形洼地，系冰水沉积物中挟带的埋藏冰块融化后，使原冰块上部和周围的碎屑物质失去支持、塌陷而成。锅穴常与冰砾阜相伴而生，个体规模较小，直径大者可达数十米。

3）冰水扇

冰水河流流出冰川前端或切过终碛堤后，由于地势开阔和变缓，冰水携带的碎屑物质大量沉积，形成顶端厚、向外变薄的扇形冰水堆积体，称为冰水扇。多个冰水扇相互连接就成为起伏平缓的冰水平原。冰水扇由分选中等的砂砾层组成，含少量漂砾，砂砾有一定的磨圆度。一般冰水平原向下延伸可达数千米以上。

4）纹泥

纹泥是冰前的湖泊（冰水湖）底部沉积物。由于冰水有强烈的季节节奏，夏季气温高，冰川消融很强，融水充沛，搬运能力强，带入湖中的沉积物以砂为主，而冬季冰川停止消融，冰水甚小以致断流，这时悬浮于湖水中的细粒物及少量有机质开始沉降。于是在湖底形成一层厚的、粗粒、色浅的夏季层和一层薄的、细粒、色深的冬季层，互相交替，韵律性明显的纹层状堆积，故称为纹泥或季候泥。它像树木的年轮一样，可以作为测算冰后期年代的根据。

3.3.5 冻土地貌

在大陆性气候条件下的高纬度极地或亚极地地区，以及高山和高原地区，广泛发育有多年冻土。世界多年冻土总面积达 3.5×10^7 km²，约占陆地面积的25%，主要分布在俄罗斯、加拿大、美国的阿拉斯加、南极和格陵兰的无冰盖地区及中低纬度的高山地区。我国多年冻土面积约 2.15×10^6 km²，占全国面积的22.3%，分布于北纬48°以北的东北北部山区及西北海拔在4 300～4 500 m以上的青藏高原地区。受气温的周期性正负变化影响，冻土层中融冻变化反复交替进行，致使土层产生变形，甚至受到剧烈的破坏和扰动。因此，由融冻作用为主塑造出的一系列地貌类型，称为冻土地貌或冰缘地貌。冰缘原指冰川边缘地区，现已泛指不被冰川覆盖的气候寒冷地区，大体与多年冻土分布范围相当。研究冻土地貌对了解全球环境变化、土地资源开发和工程建设都具有重大的理论和生产意义。常见的冻土地貌包括石海、石河、构造土、冰丘与冰锥、融冻泥流和热融地貌等，扫描二维码可查看冻土地貌图片。

冻土地貌

1. 石海、石河

1）石海

在地势平坦、排水较好的基岩山顶或山坡上，强烈的融冻风化使基岩发生崩解，而融水不断将细粒碎屑带走，结果只留下大量的岩块。这种遍布石块的山顶或缓坡称为石海，如图3－21所示。气温和基岩的岩性是影响石海形成的主要因素。在不太寒冷、融冻周期又较短的地区，融冻风化只能触及地面以下很浅的岩层，所以只能产生薄层的风化碎屑，在严寒而具有很大温差的气候条件下，融冻风化可以深入地面以下很深的地方，使深部节理中的水分发生冻结，从而使基岩产生巨型崩解。但基岩崩解的程度还受到基岩岩性的制约，节理发育、硬度较大的块状岩石，如花岗岩、玄武岩、石灰岩和石英岩等，易于在融冻崩解下破碎，形成巨砾。而节理稀疏、硬度较小的砂岩和页岩等沉积岩，在融冻作用下产生的碎屑物质较细，易被冰雪融水产生的地表径流带走，或以融冻泥流形式顺坡下移，不易形成石海。

图3－21　石海

在组成石海的巨砾之下，一般缺乏细粒碎屑物，巨砾层本身极易透水。由于缺少水分，很难将石海中的砾块进一步分解成细粒物质，另外即使有少量的细碎物质，又不断被水流带走，所以组成石海的巨石角砾多直接覆盖在基岩面上。

2）石河

当山坡上融冻崩解产生的大量碎屑充塞凹槽或沟谷时，由于厚度加大，可在重力作用下顺着湿润的碎屑垫面或多年冻土顶面整体向下滑动，这种现象称为石河，大型的石河又称为石川。

基岩的岩性和地形条件是影响石河形成的主要因素。有利于石海形成的岩性因素，也同样有利于石河的形成，融冻风化强烈的坡向也有利于石河的形成。在石河的运动过程中，气温的变化也起着重要作用，它会引起碎屑空隙中水分的反复冻结和融解，导致整个体积的膨胀和收缩，因而有助于碎屑层向下运动。

石河的运动速率较低，多呈蠕动状态，中央和边缘的流速不同，中央快，边缘相对缓慢。在瑞士测得石河中央部分速度为每年 1.35～1.55 m，边缘部分为每年 0.23～0.25 m，由于流速的差异，石河的横断面形态呈微凸形，因此山坡水流在两侧集中，起到一定的淘洗作用。在夏融季节，石河底部有水流，可以把底部少量细粒物质带走，并产生一定的下切作用，使石河规模得以扩展。

2. 构造土

构造土是多年冻土地区广泛分布的一种微地貌形态。风化碎屑物质在冻裂作用和冻融作用下，经过不断地运移、分选，地面形成环形、多边形、带状等几何形态。具有这种构造的微地貌称为构造土。根据构造土的物质组成和性质，分为泥质构造土和石质构造土。

1）泥质构造土

在平缓地形上，土质较细且均匀的土层冻结之后，如温度继续降低，可引起地面收缩，产生裂隙。这些裂隙在平面上组成多边形，裂隙所围绕的中间地面略有突起。这种形态称为泥质构造土，也称为多边形土。处于活动期的构造土的多边形土边的裂隙呈张开状，裂隙上部宽度约数厘米，近于垂直向地下延伸成楔形，停止发育以后，裂隙常被碎屑物所填充。泥质构造土一般形成于坡面倾角小于 5°～10°、由均质细粒土组成的平缓地表，泥质构造土规模大小不等，直径从不足 1 m 到 200 m。

2）石质构造土

在冻土表面由碎石排列成的环形和多边形，中间由细土填充的构造，称为石质构造土。当活动层的土体冻结时，饱含水分、颗粒大小混杂的松散土层体积发生膨胀，使土体向上隆起，其中的石块也随之抬升，而石块下部所遗留下的空隙逐渐被冰和尚未冻结的细土所填塞。土层解冻时，在隆起石块的下部，原先由冰所占据的位置又被土粒填充，石块不能返回原位，这样反复进行的结果就使石块被分选到地面。同时，在水平方向上也发生同样的分选过程。由于地表首先被网状裂隙所分割，而含水较多的细粒土往往集中在网眼的中心，所以冻结时产生不均匀冻胀，已移近地表的砾石逐渐向边缘的裂隙方向移动。这样长期的垂直分选和水平分选的结果，使砾石由地下被抬升至地面，再集中到边缘，细粒土和细小碎石集中在中心，最后在平面上形成一个以粗砾为外缘的石环或石多边形，如图 3-22(a)所示。

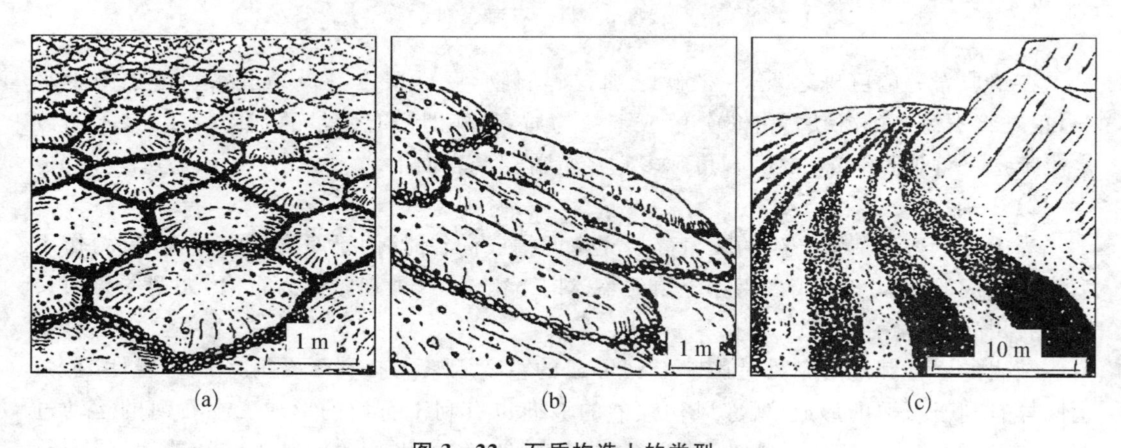

图 3-22　石质构造土的类型

(a) 石多边形；(b) 石圈；(c) 石带

石质构造土中的石环大小相差悬殊，在极地高纬度地区直径长达数十米，而在中低纬度高山高原地区，一般从数十厘米到数米。石质构造土的形成速度是很快的，例如，在祁连山某平顶冰川边缘，冰川刚刚退缩不到两年，在冰碛物中即发育起大量的石环，直径大者可达 4～5 m，中央部分高出边缘约 40 cm。石质构造土的形成要求土体有一定比例的细粒土，一般不少于总体积的 25%～35%，而且土层要有充足水分，石质构造土多发育在平坦湿润的地形部位。由于受斜坡重力作用的影响，在斜坡上发育为呈椭圆形的石圈，其前端有由石块构成的石堤，而在比较陡峻的山坡上，形成石带，如图 3-22(b)和(c)所示。

3. 冰丘与冰锥

1）冰丘

冰丘，也称为冻胀丘，是因冻胀作用使地面局部隆起而产生的丘状地貌。随着冬季的到来，活动层自上而下冻结，地下水所承受的压力不断加大，使水分由压力大处向压力小处移动，同时在冻结过程中，水还向冻结面迁移、集中，形成地下冰层。水冻结成冰层以后，体积增大，产生膨胀力。当冰的膨胀力和水的压力增加到超过上覆土层的强度时，地表就会发生隆起，形成冰丘，如图 3-23 所示。

图 3-23　冰丘

按冰丘保持时间的长短分为一年生冰丘和多年生冰丘两种。分布在活动层内、冬季隆起夏季消失的冰丘为一年生冰丘。一年生冰丘的规模较小，高数十厘米至数米。由于一年生冰丘夏季消失，地面下沉，因此常引起地面变形，道路翻浆等，使道路遭到破坏。多年生冰丘虽然可随季节变化，出现小幅度起落，但可保持几十年，甚至上百年。它的规模也较大，常高达 10 m 以上，面积几百平方米。冰丘一般发育在地下水位较高、地形平坦、土层较厚且由细粒土组成的湖泊或河流冲积层中。

2）冰锥

冰锥是在寒冷的季节，由流出封冻地表的地下水和流出冻结冰层的河水或湖水，在地面或冰面冻结以后形成的丘状隆起冰体。冰锥的成因与冰丘类似，主要是由冻结产生的承压水冒出地表或冰面后再冻结而成。由地下水冒出地表形成的冰锥往往沿着冻结层上水的流路，呈串珠状分布，多出现在山麓洪积扇边缘、洼地和山坡坡脚。

绝大部分冰锥是一年生的，每年冬末初春为冰锥的主要发育时期，春末以后，冰锥停止增长，然后逐渐消融。

4. 融冻泥流

在具有细土层或含碎石的细土层覆盖的斜坡上，当夏季冻土层上部融化时，融水和降水为下部永冻层所阻隔，不能下渗，致使表层富含水分，使土体变成一种具有可塑性的软泥，在重力作用下这些软泥沿着下伏的冰冻层面或基岩面缓慢地向下滑动，这种土体的滑动过程称为融冻泥流作用，而这种滑动的土体称为融冻泥流，由融冻泥流所形成的台阶状地形称为融冻泥流阶地（见图 3-24），形成的堆积物称为融冻泥流堆积。融冻泥流堆积物

图 3-24　融冻泥流阶地

的分选性差，没有层理，厚度一般为 1.5～4.0 m。

松散沉积物的持水量与其黏土的含量有关，黏土含量越高，沉积物的持水量越大，因此，融冻泥流作用主要发生在黏土含量高的斜坡上。容易产生融冻泥流的坡度为 10°～20°，太陡的斜坡，面状洗刷作用强烈，易把细粒物质冲走。除此以外，融冻泥流作用还与融冻交替的频繁程度有关。融冻泥流总是随着土层的融冻交替而有节奏地、间歇性地向坡下运动。

5. 热融地貌

由于受气候转暖或人为砍伐森林和兴建工程建筑等因素的影响，使多年冻土的热量平衡遭到破坏，导致冻土层上部局部融化，并使上覆土层自行下沉，这种过程称为热融作用。由热融作用形成的各种负地貌称为热融地貌，主要有热融滑塌和热融沉陷（湖）两种类型，如图 3-25 所示。

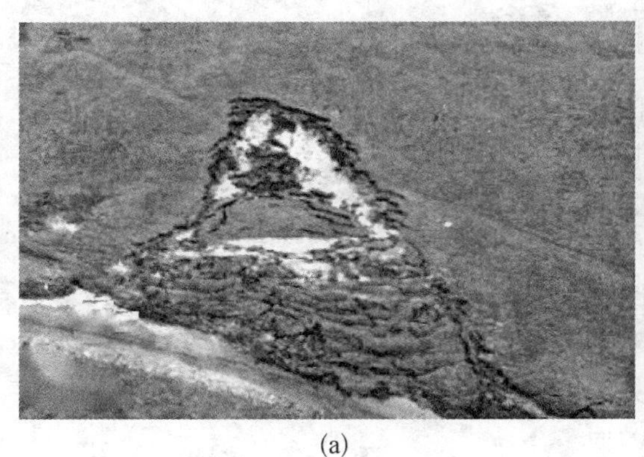
(a)

(b)

图 3-25　热融地貌

(a) 热融滑塌；(b) 热融沉陷

1）热融滑塌

热融滑塌发生于斜坡坡面，由斜坡上的地下水融化，土体在重力作用下沿融冻界面移动造成滑塌。热融滑塌开始形成时呈新月形，以后逐渐溯源发展，形成长条形、支叉形等。发育完善的热融滑塌可以分为 3 个区：上部为流动区，斜坡坡度越大，流动区越长；中部为塑性变形区，形成一个或若干个舌形阶地；下部为稳定区。

热融滑塌不同于一般滑坡，无大面积土体同时滑动，且厚度不大，呈牵引式逐步滑塌，厚度只稍大于该地季节融化深度，因此一般不超过 3 m。一般大型热融滑塌体长 200 m 以上，宽数十米。厚层地下冰越发育，山坡坡度越大，热融滑塌发展也越快。热融滑塌在每年春季开始发生，至夏季达到高潮，夏末以后逐渐停息。当山坡中所埋藏的冰层完全融化后，滑塌便终止。

2）热融沉陷

当热融沉陷发生在平坦地面时，因地下冰的融化，而导致地表产生各种负地形，如沉陷漏斗、浅洼地、沉陷小盆地和热融湖等。

热融沉陷地貌的规模不等，有直径数米的浅洼地，也有数平方千米的热融湖泊。热融现象能够引起路基沉陷、路面松软、水渠垮塌等地质灾害。

3.3.6 黄土地貌

黄土是第四纪时期形成的、以粉砂为主、富含碳酸钙和大孔隙、质地均匀、无层理、具有垂直节理的、未固结的黄色土状堆积物。而曾经受流水作用改造或其他成因的、质地不均匀的常具层理的黄色土状堆积物，称为黄土状土或次生黄土。全世界的黄土和次生黄土约占全球陆地面积的10%，集中分布在温带和沙漠前缘的半干旱地带之间的地区。中国黄土大致沿昆仑山、秦岭以北，阿尔泰山、阿拉善和大兴安岭一线以南分布，构成“北西西-南东东”走向的黄土带。黄土带的东端向南北两个方向展布，北自松嫩平原北部(典型黄土北起辽西及热河山地一带)，南达长江中下游。黄土的分布面积以黄河中游地区最大，占中国黄土总面积的72.36%。

在黄土堆积过程中和堆积以后形成的地貌，称为黄土地貌。由于受特殊气候条件和历史上长期对土地资源不合理利用的影响，我国黄土分布区，尤其是黄土高原地区的水土流失极为严重，成为黄河泥沙的主要来源。因此，黄土地貌的研究，密切关系到水土保持工作，对我国西部地区的生态环境保护和经济建设具有重要意义。

黄土地貌主要包括黄土沟谷地貌、黄土沟间地貌、黄土潜蚀地貌和黄土谷坡地貌四种类型，扫描二维码可查看黄土地貌的图片。

黄土地貌

1. 黄土沟谷地貌

由于黄土松软抗冲蚀能力差，并且垂直节理发育，土层又厚，加上有湿陷性，常伴以重力、潜蚀作用，黄土沟谷系统发展较快，易形成深切沟谷，如图3-26所示。黄土沟谷的发展过程，与一般正常流水沟谷发展相似，按照发生的部位、发育阶段和形态特征，有细沟、浅沟、切沟、悬沟、冲沟、坳沟(干沟)和河沟等7类。河沟是一种大型的侵蚀沟，通常已成为河流的主要支流。河沟沟谷多已切穿整个黄土层，沟床发育在下伏基岩上面。河沟的横断面都呈梯形，底宽数十米以上，沟床曲折，有常流水，所以可以当作河谷来对待。

图3-26 黄土沟谷地貌

2. 黄土沟间地貌

黄土沟间地貌又称为黄土谷间地貌，包括黄土塬、黄土梁和黄土峁等。

1) 黄土塬

黄土塬是指在第四纪以前的山间盆地的基础上，被厚层黄土覆盖，面积较大、顶面平坦、侵蚀较弱、周围被沟谷切割的台地(见图3-27)。黄土塬主要分布于陕甘宁盆地南部与西部，以及陇西盆地北部，洛川塬、长武塬、董志塬和白鹿塬是我国目前保存较完

图 3-27 黄土塬

整的黄土塬，塬面宽展平坦，中央部分坡度不到 1°，边缘部分坡度为 3°～5°，沟壑密度为 1～2 km/km²，黄土厚 100～200 m，作为黄土高原的地貌特征颇具代表性。其中，董志塬介于泾河的支流蒲河与马莲河之间，以西峰镇为中心，长达 80 km，宽处达 40 km，面积超过 2 200 km²。

黄土塬受到沟谷强烈分割以后就形成残塬。残塬地面起伏略大，塬面呈小块状，单个塬面一般在 5 km² 以下，塬面坡度为 3°～10°，沟壑密度多为 2～3 km/km²，沟谷溯源侵蚀与下切侵蚀强烈。例如，山西省隰县、大宁、吉县、蒲县的残塬。

2）黄土梁

黄土梁是长条形的黄土高地。梁主要是黄土覆盖在梁状古地貌上，又受近代流水等作用形成的。根据梁的形态可分为平梁和斜梁两种，如图 3-28 所示。

(a)

(b)

图 3-28 黄土梁

(a) 黄土平梁；(b) 黄土斜梁

平梁顶部比较平坦，宽度有限，长可达几千米，其横剖面略呈穹形，坡度多为 1°～5°，沿分水线的纵向斜度不超过 1°～3°，梁顶以下，是坡长很短的梁坡，坡度在 10°以上，两者之间有明显的波折。斜梁是黄土高原最常见的沟间地，梁顶宽度较小，常呈明显的穹形。沿分水线有较大起伏，梁顶横向和纵向坡度，由 3°～5°到 8°～10°。梁顶坡以下直到谷缘的梁坡坡长很长，坡度变化于 15°～35°。

3）黄土峁

黄土峁（见图 3-29）是一种呈圆形或椭圆形的孤立黄土丘。峁顶面积不大，呈明显的穹状，坡度为 3°～10°，四周峁坡均为凸斜形坡，坡度变化于 10°～35°之间。两峁之间为凹下的鞍部，称为墕。若干连接在一起的峁，称为峁梁，有时峁成为黄土梁顶的局部组成体，称为梁峁。一般说来，梁和峁通常是互相联结在一起的。梁和峁大片分布的地区，称为黄土丘陵。

图 3-29　黄土峁

(a) 峁；(b) 峁梁

3. 黄土潜蚀地貌

流水沿着黄土中的裂隙和孔隙下渗，进行潜蚀，使土粒流失，产生洞穴，最后引起地面崩塌，可形成黄土特有的潜蚀地貌，分为黄土碟、黄土陷穴、黄土桥和黄土柱等类型，如图 3-30 所示。

图 3-30　黄土潜蚀地貌

(a) 黄土碟；(b) 漏斗状陷穴；(c) 黄土桥；(d) 黄土柱

1）黄土碟

黄土碟是一种由流水下渗浸湿黄土后，在重力的影响下，土层逐渐压实，使地面沉陷而形成的碟状小洼地。形状为圆形或椭圆形，深数米，直径为 10～20 m，常常形成在平缓的地面上。

2）黄土陷穴

黄土陷穴是由流水沿着黄土中节理裂隙进行潜蚀作用而形成的洞穴。黄土陷穴多分布在地表水容易汇集的沟间地边缘地带和谷坡的上部，特别是冲沟的沟头附近最发育。根据陷穴形态可分为三种：漏斗状陷穴呈漏斗状，深度不超过 10 m，主要分布在谷坡上部和梁；井状陷穴呈井状，口径小而深度大，深度可超过 20～30 m，主要分布在塬的边缘地带；串珠状陷穴是几个陷穴连续分布成串珠状，陷穴的底部常有孔道相通，它常见于切沟沟床上或坡面长、坡度大的梁峁斜坡上。

3）黄土桥

两个或几个陷穴的下部通道受地下水流串通作用不断扩大，并相互贯通。当黄土陷穴区塌陷以后，在陷穴间残留的通道顶部土体，就形成黄土桥。

4）黄土柱

黄土柱是分布在沟边的柱状残留土体，它的形成是由于流水不断地沿黄土垂直节理进行侵蚀和潜蚀，以及黄土的崩塌作用，残留的土体就形成黄土柱。黄土柱有柱状和尖塔形的，其高度一般为几米到十几米。

4. 黄土谷坡地貌

黄土谷坡的物质在重力作用和流水作用下，发生移动，谷坡变缓，形成各种黄土谷坡地貌，主要有泻溜、崩塌、滑坡 3 种。

由于土层表面受湿干、热冷、融冻等的变化而引起的胀缩作用，造成表土的剥裂，在重力作用下顺坡泻溜；雨水或片流沿黄土的垂直节理下渗，通过潜蚀作用，使裂隙逐渐扩大，形成交错的裂沟或成行的陷穴，一旦土体失去稳定时发生崩塌；以及在岩性不同的倾斜地层接触面上，因受地下水渗流，破坏土层间的凝聚力，在重力的影响下发生庞大土体滑坡等。

3.3.7 风成地貌

风对地表松散碎屑物的侵蚀、搬运和堆积过程所形成的地貌，称为风成地貌。风成地貌主要分布在干旱地区，日照昼夜温差大、物理风化盛行，降雨少而集中，植被稀疏矮小，疏松的砂质地表裸露，特别是风大又频繁，所以风的作用就成为干旱区塑造地貌的主要营力。此外，在半干旱区和大陆性冰川外缘，甚至在植被稀少的砂质海岸、湖岸和河岸，也有风的作用，形成风成地貌。

荒漠分布在干旱地区，世界上荒漠面积占陆地总面积的 1/5 左右，我国沙漠和戈壁的面积为 1.095×10^{6} km^{2}，约占全国总面积的 11.4%。沙漠区不但有重要的矿产资源，而且有一定的水土资源。风沙的移动，往往掩埋农田、村庄和道路，毁坏生活设施和建设工程，引起严重的环境污染。因此，控制风沙危害，防治荒漠化不仅关系到人类的生存与发展，还影响全球社会稳定。

风成作用包括风蚀和风积作用，形成的地貌分别为风蚀地貌和风积地貌，而干旱区大型地貌的组合是荒漠地貌，扫描二维码可查看风成地貌的图片。

风成地貌

1. 风蚀地貌

风沙对地表物质的吹扬和研磨作用，统称为风沙侵蚀作用，主要包括吹蚀作用和磨蚀作用。风吹过地表时，产生湍流，使沙离开地表，从而使地表物质遭受破坏，称为吹蚀作用。风沙流紧贴地面迁移时，沙粒对地表物质的冲击和摩擦作用，称为磨蚀作用。由风蚀作用形成的地貌分为风棱石、石窝、风蚀蘑菇、风蚀柱、风蚀垄槽（雅丹）、风蚀谷、风蚀残丘和风蚀城堡（风城）等地貌，如图 3-31 所示。

1）风棱石

砾漠中的砾石，经过风沙长时间的磨蚀作用后，变得棱角明显、表面光滑。风棱石又有单棱石、三棱石和多棱石之分，但以三棱石最常见。

2）石窝（风蚀壁龛）

在陡峭的岩壁表面，经风沙吹蚀、磨蚀，形成大小不等、形状各异的小洞穴和凹坑称为石

(a)

(b)

图 3-31 风蚀地貌

(a) 风蚀蘑菇；(b) 风蚀垄槽(雅丹)

窝。大的石窝深达 10～25 cm，口径达 20 cm。石窝有的分散，有的群集，使岩壁呈蜂窝状外貌。

3) 风蚀蘑菇和风蚀柱

孤立突起的岩石或水平节理和裂隙发育的岩石，特别是下部岩石软于上部岩石，受到长期的风蚀，易形成顶部大、基部小的形似蘑菇的岩石，称为风蚀蘑菇。垂直裂隙发育的岩石经过长期的风蚀，易形成柱状，故称为风蚀柱。它可单独挺立，也可成群分布，其大小高低不一。

4) 风蚀垄槽(雅丹)

吹蚀沟槽与不规则的垄岗相间组成的崎岖起伏、支离破碎的地面，称为风蚀垄槽。通常发育在干旱地区的湖积平原上。由于湖水干涸，黏性土因干缩裂开，主要风向沿裂隙不断吹蚀，裂隙逐渐扩大，使原来平坦的地面发育成许多不规则的陡壁、垄岗(墩台)和宽浅的沟槽。这种地貌以罗布泊附近的雅丹地区最为典型，故又称为雅丹地貌。沟槽可深达十余米，长达数十米到数百米，沟槽内常为沙粒填充。

5) 风蚀谷和风蚀残丘

在干旱地区，有时也会下较大的暴雨，因而产生地表径流，冲刷地面后形成沟谷。这些沟谷再经长期风蚀，形成风蚀谷。风蚀谷无一定的形状，有狭长的壕沟，也有宽广的谷地，蜿蜒曲折，长达数十千米，谷底崎岖不平，宽窄不均，不像河谷有一定的纵坡。在陡峭的谷壁上分布着大小不同的石窝，在壁坡的坡脚堆积着崩塌的岩屑锥。

风蚀谷不断发展扩大，原始地面不断缩小，最后残留下不同形状的孤立的小丘，这种地貌称为风蚀残丘。它们常成带状分布，丘顶都有不易被直接吹扬的砾石或黏土保护，平顶的较多，也有尖峰状的，高度一般都为 10～20 m。在柴达木盆地中的残丘大都在数米至三十米之间。

6) 风蚀城堡(风城)

在产状近似水平的基岩裸露的隆起地面，由于岩性软硬不一，垂直节理发育不均，在长期强劲的风蚀作用下，被分割残留的平顶山丘，远看宛如颓毁的城堡树立在平地，称为风蚀城堡或风城。在我国新疆吐鲁番盆地哈密西南地区就有典型的风城。

2. 风积地貌

风积地貌是指被风搬运的物质(沙、粉沙和尘土等)在一定条件下沉积成的地貌。这里仅介绍沙质风积地貌，如图 3-32 所示。

(a) (b)

图 3-32 风积地貌

(a) 新月形沙丘；(b) 沙丘链

1）沙波纹

沙波纹主要是颗粒大小不等的沙面，经风的作用，产生颗粒的分异，某一段被带走的沙粒多于带来的沙粒，这样就形成微小凹凸不平的沙面或小洼地。沙波纹是沙地和沙丘表面呈波状起伏的微地貌，其排列方向与风向垂直。相邻的两个沙波纹的脊线间距一般为 20～30 cm，也有更宽和更窄的。

2）沙堆

沙堆是风沙流遇到障碍物（植被或地形变化）时，在背风面产生涡流，气流能量受到消耗，引起风速降低，在背风面形成的沙质沉积体称为沙堆。沙堆最初成蝌蚪状，不断扩大以后，形成盾状沙堆。

3）沙丘

沙堆不断增高变大以后，逐渐发展为沙丘，沙丘地貌的形态虽然很多，但从形态与风的关系上可归纳为三种类型：

(1) 横向沙丘，沙丘走向与起沙风、合成风的风向相垂直，或成大于 60°的交角，如新月形沙丘和沙丘链、梁窝状沙丘、抛物线沙丘、复合新月形沙丘及复合沙丘链等。

(2) 纵向沙丘，又称为沙垄，呈垄岗状。沙丘走向与起沙风、合成风的风向相平行，或成小于 30°的交角，如新月形沙垄和复合纵向沙垄等。

(3) 多向风作用下的沙丘，沙丘是由具有多方向、大致相等的起沙风影响下形成的，如金字塔沙丘和蜂窝状沙丘等。

为了调查研究沙丘的活动程度，也常把沙丘分为流动沙丘、半固定沙丘和固定沙丘 3 种在原地摆动或仅稍向一方移动。

3. 荒漠地貌

气候干旱，地表裸露，植物稀少的地带，称为荒漠。荒漠是干旱区大型地貌形态组合，可分为岩漠、砾漠、沙漠和泥漠，如图 3-33 所示。岩漠和砾漠是剥蚀地貌，沙漠和泥漠是堆积地貌。荒漠地貌的形成，不完全是风力的作用，暂时性流水也起到重要作用。

图 3-33 荒漠地貌

(a) 岩漠;(b) 沙漠;(c) 泥漠;(d) 砾漠

1) 岩漠

基岩裸露的山地或丘陵,称为岩漠。因为在山体上部一定高度降水增加,植被发育,所以岩漠主要分布在山地下部或边缘。岩漠的地貌结构是山地边缘分布着山足剥蚀面,其上有一些由坚硬岩石构成的残丘(岛山),在盆地中心为干盐湖。

2) 沙漠

沙漠是地表覆盖有大片风成沙的荒漠。沙漠区风沙活动强烈,形成各种风积地形,是荒漠中分布最广的一种类型。沙漠占全球面积的 7.4%,主要分布在北非、西南亚、中亚和澳大利亚等地区。我国也是世界上沙漠广布的地区之一,沙漠面积有 6.37×10^5 km^2,我国沙漠主要分布在西北地区,其中以新疆的塔克拉玛干沙漠的面积为最大,约占我国沙漠总面积的 1/2。

3) 泥漠

泥漠是干旱区黏土物质分布的地带,分布在低洼地区,特别是在盆地中心。泥漠是洪流从山区搬运来细土物质淤积干涸而成的,地面常发育龟裂纹。有的表层有盐类聚集,形成盐土、盐壳,称为盐漠。

4）砾漠

砾石覆盖地表而成的荒漠，称为砾漠。砾漠又称为戈壁（蒙古语）。砾漠表面平缓，无基岩出露，细粒物质少，主要由砾石组成。砾石来源多种多样，但主要还是来自古代河流的冲积物和洪积物。它主要发育在内陆山前冲积、洪积平原上，在强劲的风力作用下，吹走了较细的颗粒，较粗的砾石存留在地表。砾漠中的砾石可被风沙磨蚀成具有棱的、表面光滑的风棱石。

3.3.8　岩溶地貌

岩溶又称为喀斯特（Karst），喀斯特一词源于南斯拉夫西北部沿海地带的一个碳酸盐岩高原的地名。在可溶性岩石（碳酸盐岩和硫酸盐岩等）地区，地下水和地表水对可溶岩进行化学溶蚀作用、机械侵蚀作用以及与之伴生的迁移、堆积作用，统称为岩溶作用。在岩溶作用下所产生的地貌形态，称为岩溶地貌。

据估计，全球喀斯特地区的面积约占陆地面积的15%，其中裸露的可溶岩总面积达$5.10\times10^7\ km^2$，主要分布于由英格兰、地中海、中东经东南亚到中美洲的环球地带。我国喀斯特分布广泛，碳酸盐岩的分布面积（含埋藏在非可溶岩之下的部分）可达$3.46\times10^6\ km^2$，裸露的碳酸盐岩面积达$1.25\times10^6\ km^2$，其中以广西、贵州和云南最为广泛。我国西南部的喀斯特面积共达$5.50\times10^5\ km^2$，在喀斯特分布区，可溶性岩体内还隐藏着许多溶蚀空洞和孔隙，并有暗河分布。在兴修水库、开凿隧道、采掘矿床时，必须在施工前进行勘查，避免因渗漏、塌陷和涌水等给工程带来危害。喀斯特地区的地表径流少，缺水问题严重，而在地下却蕴藏丰富的水源，可以使用喀斯特地下水发电。因此，掌握喀斯特地区水的分布规律，对合理开发利用水利资源、促进工农业生产发展具有重要意义。

喀斯特作用还与一些矿床的生成有着密切关系。例如，溶蚀的残余物质可以富集成为铝土矿，溶洞内可以生成各种砂矿和磷矿等。利用溶洞内气温较低的特点，还可以将溶洞作为天然冷藏仓库。洞穴内常有古人类和哺乳动物化石，是研究人类和古生物进化历史及古气候发展史的重要资料。

在可溶性岩层分布区，喀斯特作用常形成一系列的独特地貌，根据这些地貌的出露情况，分为地表喀斯特地貌及地下喀斯特地貌两大类，扫描二维码可查看岩溶地貌的图片。

岩溶地貌

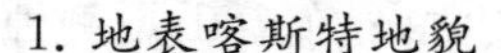

1. 地表喀斯特地貌

地表喀斯特地貌的形态有溶沟、石芽、漏斗、溶蚀洼地、坡立谷和溶蚀平原等，如图3-34所示。

1）溶沟（槽）、石芽与石林

地表水沿着可溶岩层面裂隙或节理流动，溶蚀和冲蚀形成许多凹槽和坑洼，凹槽称为溶沟（槽），沟间突起的石脊称为石芽。溶沟将地表刻切成参差状，起伏不平，其宽度从数十厘米至数米不等。石芽一般高1～2 m，如果溶沟继续向下溶蚀，石芽逐渐高大，沟坡近于直立，且发育成群，远观像石芽林，称为石林。

溶沟和石芽的发育常与地质、地形等条件有关。在地形坡度较大的坡面上，常形成彼此平行的溶沟和石芽；在石灰岩节理发育的地区，水流沿节理溶蚀、侵蚀，形成格状溶沟和石芽，呈棋盘式；石林式石芽在热带多雨气候条件下形成，高度在20 m以上，呈笋状、柱状、剑状、菌状等，云南的路南石林高达20～30 m。

(a)　(b)　(c)　(d)

图 3-34　地表喀斯特地貌

(a) 石芽；(b) 石林；(c) 漏斗；(d) 岩溶峰丛和溶蚀平原

2）漏斗及落水洞

漏斗又称为溶斗或斗淋，是指规模较小的封闭状洼地，形状多呈漏斗状、裂隙状、碟状或井状，直径一般从数米至百米不等，深度多小于直径，底部常有黏土与碎石堆积，主要有溶蚀漏斗和坍塌漏斗两种类型。溶蚀漏斗是地表径流沿裂隙密集地段溶蚀而成，塌陷漏斗是喀斯特管道或溶洞在重力作用下崩塌而成的。

漏斗是现代岩溶作用的产物，起着汇集地表水的作用，漏斗底部常有裂隙通道，通常连通大溶洞或地下暗河，溶隙可能扩大成地面水通向地下暗河或溶洞的通道称为落水洞。它是岩层裂隙受流水溶蚀、冲刷扩大或坍塌而成的。落水洞大小不一，有垂直的、倾斜的或弯曲的各种形状。洞口宽度很少超过 10 m，深度可达百米以上。当喀斯特谷地底部的漏斗或落水洞呈串珠状出现时，暗示着地面以下可能有地下河存在，可作为喀斯特地区寻找地下水资源的指示性地貌。

3）溶蚀洼地

溶蚀洼地又称为溶洼，是喀斯特作用形成的椭圆形封闭洼地，面积可达几平方千米至十几平方千米，常由漏斗进一步溶蚀和侧向扩大，或由许多相邻的漏斗逐渐溶蚀合并而成，通常在褶皱轴部或断裂带中发育。大断裂带中发育的洼地，常呈串珠排列。洼地四周为低山丘陵和峰林所包围，底部较平坦，常堆积有 2～3 m 厚的土层，成为耕地和村镇所在地。

4）溶蚀谷地

溶蚀谷地又称为坡立谷、喀斯特盆地、坝或坝子，它由溶蚀洼地进一步发育而成，代表岩溶发育的后期阶段，面积较大，一般达数十至百余平方千米。谷底平坦，有地表河流通过。河流从溶蚀谷地一端自地下流出，至另一端流走或潜入地下。地面堆积有冲积、坡积及溶蚀残余的各类堆积物。谷地周围发育峰林地形，谷地中有残丘和孤峰。谷地延长方向与构造线一致。沿断裂带发育的溶盆，呈长条形，其大小取决于断裂带的规模。在向斜和背斜轴部的溶盆，多呈椭圆形。在可溶性岩石与非可溶性岩石接触面上发育的溶盆，多呈长条形，且两侧不对称，在可溶性岩石的一侧为峭壁，非可溶性岩石一侧为缓坡。

5）干谷和盲谷

干谷是喀斯特地区由于地壳上升，水流流入落水洞或溶蚀漏斗转入地下，使下游河床干枯而形成的。盲谷是指河流的出路突然被山崖挡住而被截断，河水被迫转入地下的河谷。

6）峰丛、峰林、孤峰、岩溶丘陵

峰丛、峰林和孤峰是热带、亚热带气候区喀斯特作用充分发育的产物。溶蚀作用初期，山体上部被溶蚀，下部仍相连的称为峰丛；峰丛进一步发展成分散的、仅基底岩石有少许相连的石林称为峰林；耸立在溶蚀平原中孤立的个体山峰称为孤峰，是峰林进一步发展的结果，如我国的桂林、阳朔地区，峰丛、峰林与孤峰大量分布，构成美丽景致。在喀斯特山地，通常峰丛位于山地的中心部位，峰林位于山地的边缘，而孤峰则位于比较大的喀斯特盆地中。

在峰林与孤峰地形的基础上，经后期溶蚀、剥蚀形成的，呈平缓丘陵状的称为岩溶丘陵，简称为溶丘，相对高度通常为100～150 m，坡度一般小于45°。我国四川、湖北、湖南、浙江、安徽等地发育的地表喀斯特多为这种类型。

7）溶蚀平原

溶蚀平原是在长期岩溶作用下形成的面积广大、地面近水平的地形，面积可达数百平方千米，地表为溶蚀残余红土覆盖，常呈现平缓起伏的形态，局部散布着岩溶丘陵和孤峰。热带高温多雨地区，降水强度大，河流易泛滥，最易形成溶蚀平原。广西的黎塘、贵县等地的这种地形最为典型。

2. 地下岩溶地貌

地下岩溶地貌的形态有落水洞（井）、溶洞、暗河、石钟乳和天生桥等，如图 3 - 35 所示。

1）溶洞

溶洞是地下水沿着可溶性岩体的层面、节理面或断裂面流动，特别是沿着多组裂隙交叉的地方逐渐溶蚀和侵蚀而成的地下管道和洞穴系统，如图 3 - 35(a)所示。溶洞在形成初期，岩溶作用以溶蚀为主，随着孔道的不断扩大，地下水的作用加强，除溶蚀作用外，还产生机械侵蚀作用，地下通道因而迅速扩大。溶洞的大小各不相同，形态也多种多样，有管状、袋状、长廊状和大厅状等。在一些构造面交叉的地方，甚至成为可容纳千人的极高大的“厅堂”，而沿单一裂隙发育的洞道则很小，以至于连一个人也无法通过。

(a) (b) (c)

图 3-35 地下岩溶地貌

(a) 溶洞;(b) 暗河;(c) 天生桥

地下水中多含碳酸盐,在溶洞顶部和底部饱和沉淀,形成钟乳石、石笋和石柱等岩溶堆积物地貌。钟乳石是地下水沿着细小的孔隙和裂隙从石灰岩洞顶渗出后,围绕着水滴的出口沉淀的碳酸钙,并呈钟乳状一条条地悬垂于洞顶。石笋是由于水滴从钟乳石上滴到洞底时散溅开来,促使水滴中的二氧化碳进一步扩散,使水中的碳酸钙发生沉淀,在洞底逐渐形成一根根的笋状堆积物。如果钟乳石自洞顶向下延长,石笋自洞底向上生长,上下相连,就成石柱,如图 3-36 所示。与钟乳石、石笋类似的沉积还有沿洞壁裂隙渗出的水所沉淀的石幕等。

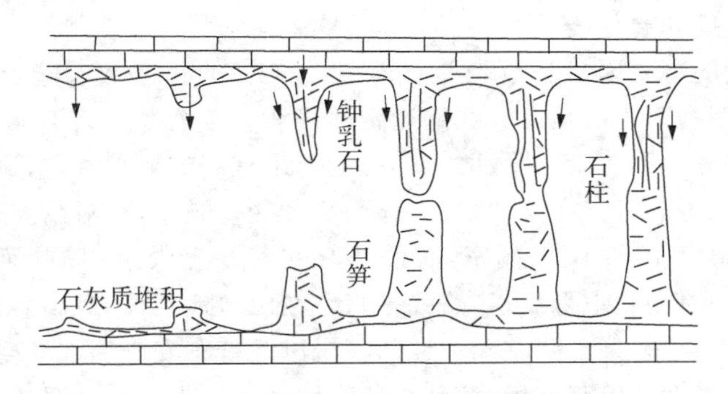

图 3-36 钟乳石、石笋和石柱的生成示意

在岩溶泉水出露的地方,由于温度的增高和分压力降低而沉淀下来的碳酸钙沉积称为泉华。在溶洞底部,沉淀下来的层状碳酸钙沉积称为石灰华。石灰华脆硬,风化后呈粉末状、纤维状,承载力低。

2) 地下河

地下河,也称为暗河,是指岩溶管道中运动着的地下水流,位于全饱和带,并与岩溶含水层组成一个统一的含水体,具有地表河流的特征,有固定的河床、阶地、沉积物和地下水汇水流域,如图 3-35(b)所示。部分暗河常与地面的沟槽、漏斗和落水洞相通,暗河的水源经常是通过地面的岩溶沟槽和漏斗经落水洞流入暗河内。因此,可以根据这些地表岩溶形态及分布位置,大致判断暗河的发展和延伸。

在溶洞或暗河洞道塌陷直达地表而局部洞道顶板不发生塌陷时,形成的一个横跨水流的石桥为天生桥，天生桥常为地表跨过槽谷或河流的通道，如图 3-35(c)所示。

溶洞和暗河对各种工程建筑物，特别是地下工程建筑物可能造成较大危害，应予以特别重视。

3）溶隙、溶孔

溶隙和溶孔主要发育在虹吸管式循环亚带和深循环带，形态成细缝状及蜂窝状，其直径从数毫米到数厘米，较大的似小溶洞。这些孔洞的形成受岩性和构造裂隙影响，在虹吸管式循环亚带，多呈弯曲的管道；在深循环带，水流缓慢，溶蚀作用很弱，溶孔的形态受构造裂隙控制更明显，越往深处，溶孔越小也越少。

3.3.9 地貌与工程建设的关系

与工程建筑有关的地貌还有构造地貌、海岸地貌和湖积地貌等。城市发展和各种工程建设都要考虑地貌条件，地貌学最广泛的应用是在城市建设、水利工程、道路工程等项目中，如城市和建筑物的选址、水利工程中水库及坝的选址、开凿引水渠道和道路工程中的选址或选线等都必须运用地貌学的知识。

地貌影响城市选址、结构布局、交通网线和排水系统等。最佳的城市位置和适宜建设的地貌条件的选择，需考虑地貌部位、地面起伏、地面切割度、地面坡度及坡向和地块大小等地表形态要素，常选择平缓地形、冲积平原区域建设城市，比如我国特大城市大多分布在东部平原地区。平原城市中，坡地面积不大且起伏和缓，需研究地面组成物质、水系、埋藏古河道和地下水埋深等。而在山地城市中，地面起伏大，坡地面积广，致灾性显著，故应详细分析地表的坡度和起伏度。

影响道路建设的首要因素是地貌形态类型、地形高度和坡度。道路工程具有线路伸展长，跨越地貌类型多而广的特点。线路选定的好坏直接关系道路工程的造价、施工难度和车辆的运营条件等。因此，在选线时应尽可能利用有利的地貌条件，避开不利的地貌因素，以期减少线路工程病害。在平原地区，地面高度变化微小，相对高差不大，但是土地利用率都比较高，农田广布，居民点稠密，有的还存在着众多大小湖泊，河网极为发育。因此，平原地区选线的原则是地形平坦，路线平直。在山地地区，相对高差很大，坡度均较陡峭，流水湍急，地形错综复杂。路基和边坡的稳定以及行车安全等都会受到很大影响。地形对选线往往起着极大的控制作用，尤其是地形坡度一般为倾向较缓的限制坡度。

在水利工程建设中，地貌学主要应用在堤坝、水库和引水工程等勘测设计方面。在河流上修筑堤坝蓄水、建水库，通过水库调控，达到更好地利用水资源的目的。而修坝、建水库首先要选择一个地貌环境条件优良的坝址。一般应充分利用天然地形，主要考虑以下几个方面：① 在地形条件上，坝址应尽可能选择河谷较窄、库内平坦广阔的地形。此地形可保证蓄水量大而工程量较小；② 在河谷边坡地貌地区，存在边坡不稳定、处理工程量较大的地段，不宜选取坝址；③ 从防渗漏的角度考虑，岩溶地区的坝址应尽量选择在有隔水层的横谷且岩层倾向上游的河段为宜，同时还应考虑水库是否有严重的渗漏问题，库区最好是强透水层底部有隔水岩层的纵谷，且两岸的地下分水岭较高。在岩溶地区当无隔水层可以利用的情况下，坝址应尽可能选在弱岩溶化地段。

综上可知，地貌与工程建设紧密相关，因此地貌学研究对工程建设有着重要的实际意义。地貌是水利、水电、水运、地下和地上交通与管线工程勘查的重要组成部分，工程规划前一定要查明不良地貌的位置和分布区域，工程建设时应避开大型的不良地貌区域，无法避开时，把地基、基础、上部结构作为共同作用的整体，综合运用多种处理方法，确保工程的安全施工和运营。

习 题 3

1. 选择题

(1) 羊背石属于( )地貌。

A. 黄土　B. 冻土　C. 河流　D. 冰蚀

(2) 暗河属于( )地貌。

A. 黄土　B. 冻土　C. 岩溶　D. 冰川

(3) 雅丹属于( )地貌。

A. 黄土　B. 冻土　C. 风成　D. 冰碛

(4) 石河属于( )地貌。

A. 黄土　B. 冻土　C. 风成　D. 冰川

(5) 牛轭湖是( )地质作用造成的。

A. 海洋　B. 滑坡　C. 河流　D. 风

2. 请阅读图1，说明各地层的地质年代、缺失地层的地质年代和各地层间的接触关系。

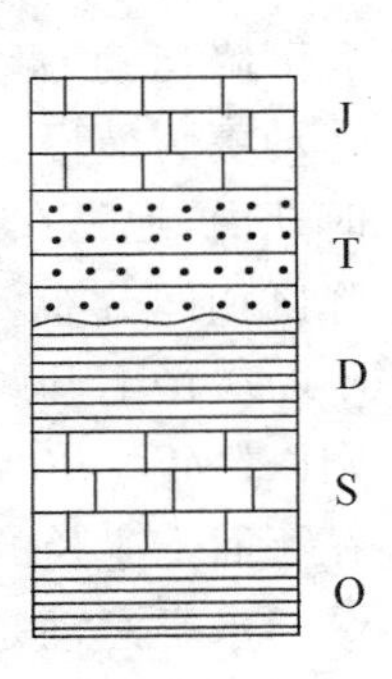

图1　地层分布

3. 简答题

(1) 国际性地质年代和地层单位是什么？两者对应关系如何？

(2) 请按地质发展历史写出各代名称，各代中各个纪的名称及其符号。

(3) 沉积岩、岩浆岩的相对地质年代的确定方法是什么？

(4) 试说明地貌的分级与分类。

(5) 山岭地貌有哪些形态要素？

(6) 河谷地貌有哪些形态要素？发展阶段是什么？

(7) 冰川地貌有哪些形态？

(8) 冻土地貌有哪些形态？

(9) 黄土地貌有哪些形态？

(10) 风成作用是什么？风成地貌有哪些形态？

(11) 岩溶作用是什么？岩溶地貌有哪些形态？

(12) 地貌与工程建设有什么关系？

4 地质构造及其工程地质特征

本章介绍地质构造的概念、岩层的产状及其特点，阐述褶皱构造和断裂构造的组成要素、类型、特征、野外识别方法及其工程地质评价等内容，并采用案例介绍阅读地质图的步骤和方法。

4.1 地质构造的概念

在地球历史演变过程中，地壳是不断地运动、变化和发展的。地壳运动是在自然力作用下地壳产生的变形和相互移动，是内力地质作用的一种重要形式，也是改变地壳面貌的主导作用。按地壳运动的作用方向，可分为升降运动和水平运动。

升降运动是指地壳运动垂直于地表，即沿地球半径方向的运动，表现为大面积的上升和下降运动，形成大型的隆起和凹陷，产生海退和海侵现象。一般来说，升降运动比水平运动更为缓慢。在同一地区不同时期内，上升运动和下降运动常交替进行。在同一地质时期内，地壳在某一地区表现为上升隆起，而在相邻地区则表现为下降沉陷。隆起区与沉降区相间分布，此起彼伏，相互更替。地壳历经几度海陆变迁，当今全球仍有不少地区在不断缓慢上升或下降。例如，芬兰南部海岸以每年 1～4 mm 的速度上升；丹麦西部海岸则以每年 1 mm 的速度下降；我国西沙群岛的珊瑚礁，现已高出海面 15 m，本来珊瑚礁是在海面下生长的，这说明西沙群岛近期是缓慢上升的。

水平运动是指地壳大致沿地球表面切线方向的运动，是在地壳演变过程中表现得较为强烈的一种运动形式。一般认为，水平运动是形成地壳表层各种地质构造形态的主要原因。水平运动使地壳岩石受到挤压、拖曳、旋扭等，从而使地壳岩层发生强烈的褶皱和断裂，在地壳表面造成大规模的隆起区和沉降区，形成大陆、高原、山岭、海洋、平原、盆地等高低起伏的构造地貌。

地壳运动还促使地表不断发生海陆变迁的演变和全球气候的变化，促进岩浆作用、变质作用和地震作用的发展演化。例如，在约 2 500 万年以前，喜马拉雅山地区曾是一片汪洋大海，后来由于地壳上升，隆起成为今日的“世界屋脊”。因此，地壳运动是地壳发展演变的主导因素，是最主要的内力地质作用。

地壳运动改变岩层的原始状态，岩层发生弯曲、错断等，形成各种不同的构造形迹，如褶皱、断层等。地壳运动产生的变形或变位在岩层和岩体中遗留下来的各种构造形迹称为地质构造。地壳运动也常称为构造运动。地壳运动一直在发展之中，控制着海陆变迁及其分布轮廓、地壳的隆起与凹陷，以及山脉、海沟的形成等。地质构造规模大小不一，大的如构造带，纵横几千千米，小的如岩石的片理，而有的在显微镜下才能观察得到，但它们都是地壳长期、多次复杂构造运动造成的永久变形和岩石发生错位的踪迹，因而它们在形成、发展和空间分布上，互相干扰、互相切割，存在密切的内部联系，使区域地质构造显得十分复杂。但大型复杂的地质构造，总是由一些简单的基本构造形态按一定方式组合而成，地质构造的基本类型可分为水平构造、单斜构造、褶皱构造和断裂构造等。地质构造是由一定数量和一定空间位置的岩层或岩石中的破裂面构成的，岩层及破裂面的空间特征可由产状来表述。

4.2 岩层产状及其特点

岩层产状是岩层在空间中的产出状态与方位的总称，即岩层在空间的展布状态。由于岩层沉积环境和所受的构造运动的差异，相应的岩层产状也不一样，产状是研究地质构造的基础。岩层产状主要由岩层面在三维空间中的延伸方位及倾斜程度确定，具体包括走向、倾向和倾角三大产状要素。

4.2.1 岩层的三大产状要素

(1) 走向。岩层的走向表示岩层在空间的水平延伸方向。岩层层面与水平面交线的延伸方向，该交线称为走向线，如图 4-1 中的 AB 线。

(2) 倾向。岩层层面上与走向线垂直、沿岩层面向下的射线称为倾斜线。倾斜线在水平面上的投影线称为倾向线。如图 4-1(a)中的倾斜线为 OD，其在水平面上的投影线 OD' 为倾向线，OD 与 OD' 的夹角为 90°。

(3) 倾角。倾角指岩层层面与水平面之间的夹角，即倾向线与倾斜线的夹角，如图 4-1 中的 $\angle\alpha$。岩层倾角表示岩层在空间中的倾斜程度，$\angle\alpha$ 的范围为 0°～90°。

岩层的三大产状要素能够清晰地描述地质构造变动前后岩层的空间方位及形态。如图 4-2 所示的两种岩层，走向一致，倾角相同，但是倾向不同，通过这三个要素就能描述出两种岩层的空间方位，辨别出不同点。

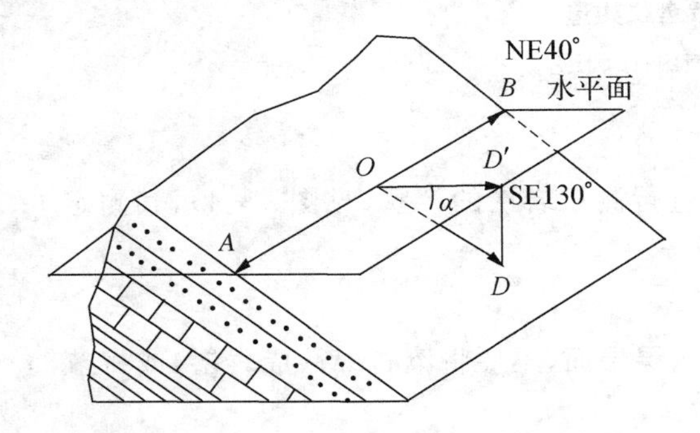

AB—走向线；OD—倾斜线；OD'—倾向线。

图 4-1 岩层产状要素

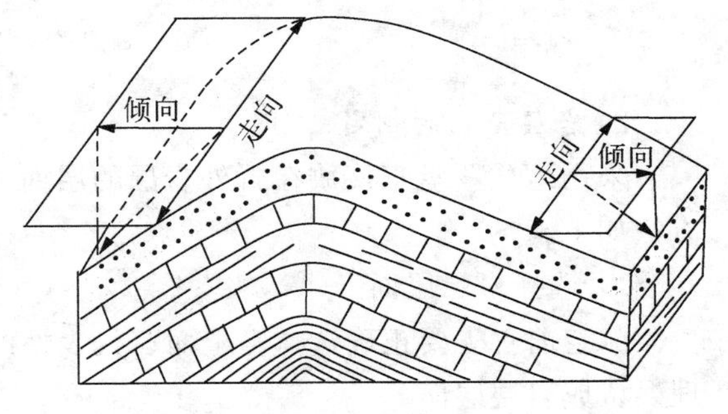

图 4-2 背斜两翼岩层的产状

4.2.2 岩层产状的测定及表示方法

1. 地质罗盘仪

在地质调查中，可以用地质罗盘仪直接测定其走向、倾向和倾角。地质罗盘仪由磁针、刻度盘、照准器、水准器等几部分安装在一铜、铝或木制的圆盆内组成，具体构造如图 4-3

所示。地质罗盘仪具有两个刻度盘，一个为测量方位角的水平刻度盘，从 0°开始按逆时针方向到 360°，0°和 180°分别为北(N)和南(S)，90°和 270°分别为东(E)和西(W)；另一个是测量倾角或坡角的垂直刻度盘，以东(E)或西(W)位置为 0°，以北(N)或南(S)为 90°。

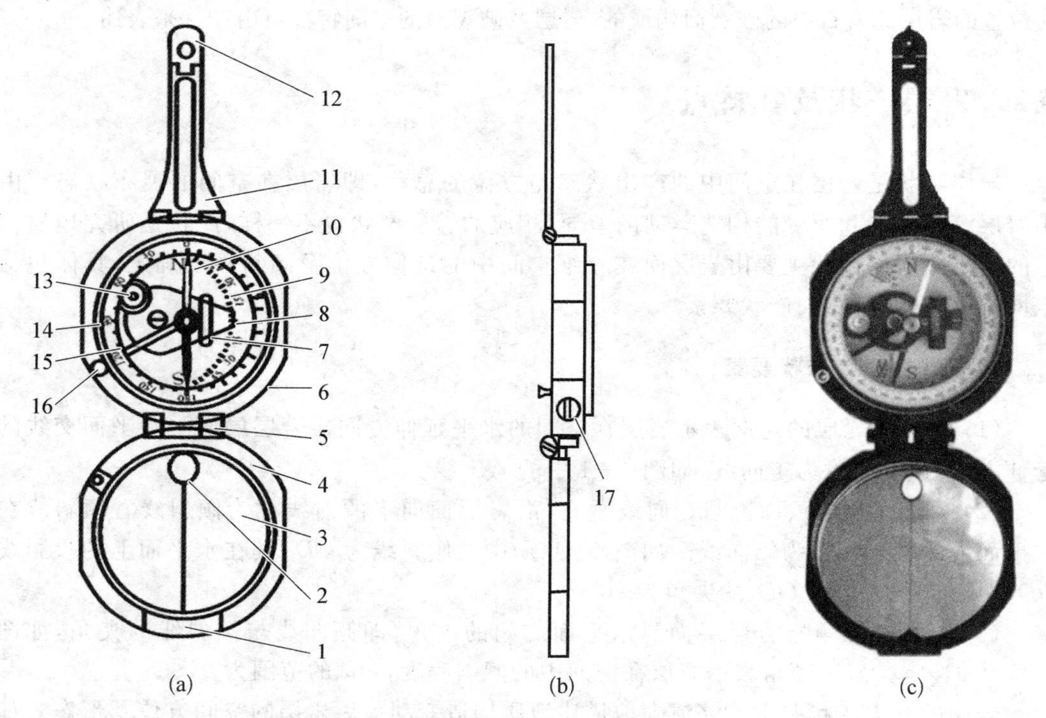

1—短照准器；2—瞄准孔；3—反光镜；4—上盖；5—连接合页；6—外壳；7—长水准器；8—倾角指示针；9—垂直刻度盘；10—磁针；11—长照准器合页；12—短照准器合页；13—圆水准器；14—水平刻度盘；15—拨杆；16—开关螺钉；17—磁偏角调整器。

图 4-3　地质罗盘仪构造

(a) 平面图；(b) 侧面图；(c) 照片

2. *岩层产状的测定*

采用地质罗盘直接放在野外岩层的层面上进行测量岩层的产状(见图 4-4)，其测定方法如下。

1) 选择岩层层面

测定前首先要正确选择平整而有代表性的岩层层面，不要将滚石误认成岩层，或将节理误认成岩层层面。

2) 测定岩层走向

将地质罗盘的长边(罗盘刻度的南北方向)紧贴岩层层面，将罗盘放平，使圆水准器的气泡居中，然后读取并记录指北针或指南针所示的方位角，就是岩层的走向。

3) 测定岩层倾向

将罗盘北端指向岩层向下倾斜的方向，以南端短边靠着岩层层面，调整罗盘使圆水准器气泡居中，此时读取并记录指北针所示的方位角，就是岩层的倾向。注意岩层的倾向只有一个，罗盘的北端一定要朝向岩层的倾斜方向。

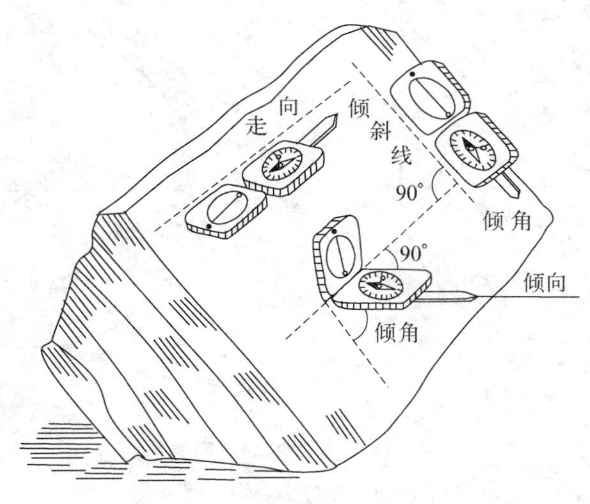

图 4-4 岩石产状的测量

4）测定岩层的倾角

将罗盘长边的面沿着最大倾斜方向紧贴岩层层面，并旋转倾角指示针使长水准器的垂直气泡居中（或放松倾斜悬锤），此时倾角指示针所指的水平刻度盘的度数即为所测岩层的倾角。

需要说明的是，对于褶皱轴面、节理面（裂隙面）、断层面等形态的产状意义、表示方法和测定方法，都与岩层的产状测定方法相同。

3. *岩层产状的表示方法*

岩层产状要素可用符号和文字两种方法表示。

1）符号表示法

在地质平面图中，采用符号表示法表示，岩层的产状常用如图 4-5 所示的符号表示。长线表示走向，短线或者带箭头的短线表示倾向，数字表示倾角，单位是度(°)。

图 4-5 岩层产状的符号表示

(a) 水平岩层；(b) 倾斜岩层；(c) 直立岩层；(d) 倒转岩层

2）文字表示法

在地质报告中，一般采用文字表示法进行表示。岩层产状由地质罗盘来测量，罗盘的标记有以东(E)、南(S)、西(W)、北(N)为标志的象限角，以正北方向为 0°，东为 90°，南为 180°，西为 270°，按顺时针方向划分 360°为标志的方位角。文字表示方法包括象限角表示法和方位角表示法两种。

象限角表示法：以南、北方向作为标准，记录走向、倾角和倾向。图 4-6(a)中倾角为 30°的岩层，记为 N30°E/30°SE，即走向为北东 30°，倾角为 30°，倾向为南东。目前，象限角

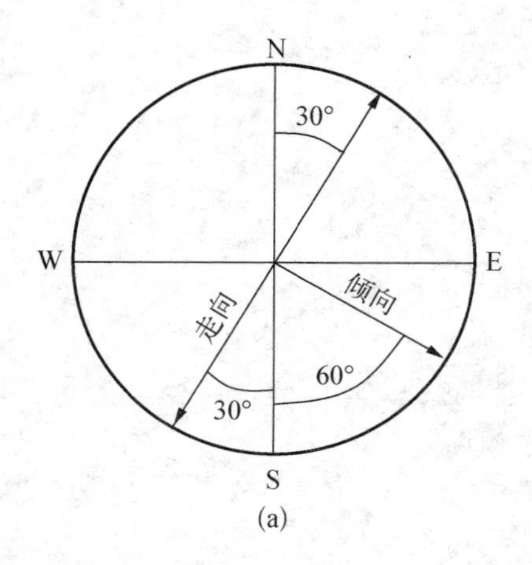

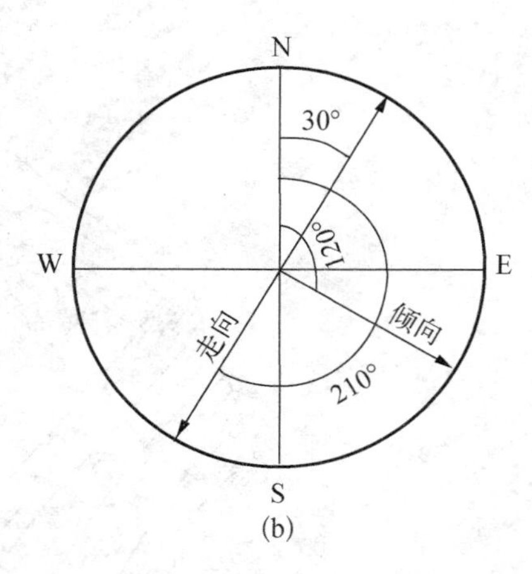

图 4-6　岩层产状的文字表示

(a) 象限角表示法；(b) 方位角表示法

表示法应用很少。

方位角表示法：一般有两种记录方式，一种记录走向、倾向、倾角，另一种只记录倾向和倾角，记为倾向∠倾角，在图 4-6(b)中倾角为 30°的岩层可记为 120°∠30°。

岩层产状要素的符号和书写方式在国内外的地质书刊和地质图上并不完全相同，参阅文献资料时应予以注意。

4.3　水平岩层、倾斜岩层和直立岩层

根据岩层倾角的大小可将岩层分为水平岩层、倾斜(单斜)岩层和直立岩层三大类。在地质调查中，通常通过观察岩层露头来判断岩层的倾斜状态，进而区分上述三类岩层。露头是一些暴露在地表的岩石，通常在山谷、河谷、陡崖、山腰以及山顶出现。未经过人工作用而自然暴露的露头称为天然露头，经人为作用暴露在路边、采石场和开挖基坑中的露头称为人工露头。岩层层面与地面的交线称为地层界线，也称为露头线，它的形态取决于岩层的产状和地面的起伏。各类岩层及构造地貌的图片可扫描二维码查看。

各类岩层及构造地貌

4.3.1　水平岩层

岩层形成后，受构造运动影响轻微，仍保持原始水平产状的岩层称为水平岩层，也称为水平构造。绝对水平的岩层很少见，一般将倾角小于 5°的岩层都称为水平岩层。

水平构造在地貌上表现为平原或高原。高原受河流切割形成构造台地或低山丘陵，山顶如有硬岩层覆盖则形成方山或桌山。当岩层软硬相间时，则可形成阶梯状台地。当地表水沿水平岩层平面 X 形节理侵蚀时，会使砂岩体形成峰林，比如张家界的石英砂岩峰林，由于峰林个体面积均较小，重力崩塌作用导致峰林顶部尖耸，一般没有平顶保留(见图 4-7)。丹霞地貌也属于水平构造地貌，由产状水平或近于水平的第三系厚层红色砂砾岩为主组成的平坦高地，受强烈侵蚀分割、溶蚀和重力崩塌等综合作用而造成平顶、陡崖、孤立突出的地形。这种地形以广东北部的丹霞山最为典型，所以称为丹霞地貌(见图 4-8)。

图 4-7 张家界石英砂岩峰林

图 4-8 丹霞地貌

水平岩层的分布形态完全受地形控制。地形平坦地区，地表只见到同一岩层。地形起伏很大的地区，新岩层分布在山顶或分水岭上，低洼的河谷、沟底才见到老岩层，即岩层时代越老则出露位置越低，越新则出露位置越高。当岩层受切割时，老岩层出露在河谷低洼区，新岩层出露于高岗上。水平岩层表现为在同一高程的不同地点出露的均是同一岩层(见图 4-9)。在地质平面图上水平岩层地层分界线(露头线)与地形等高线平行或重合，随地形等高线的弯曲而弯曲，呈不规则的同心圆状或条带状，在沟、谷中呈锯齿状条带延伸，地层界线的转折尖端指向上游。

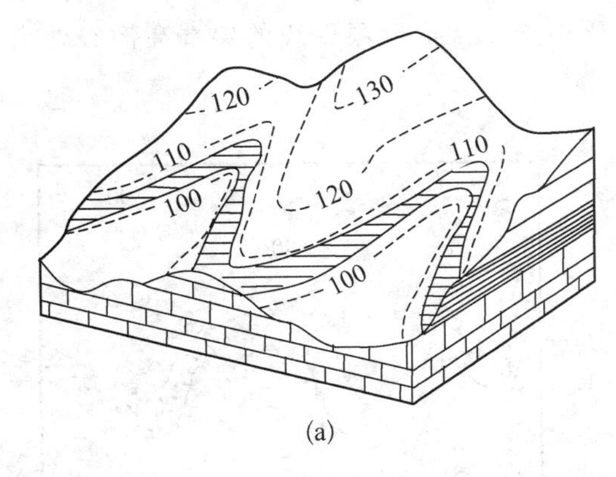

(a)

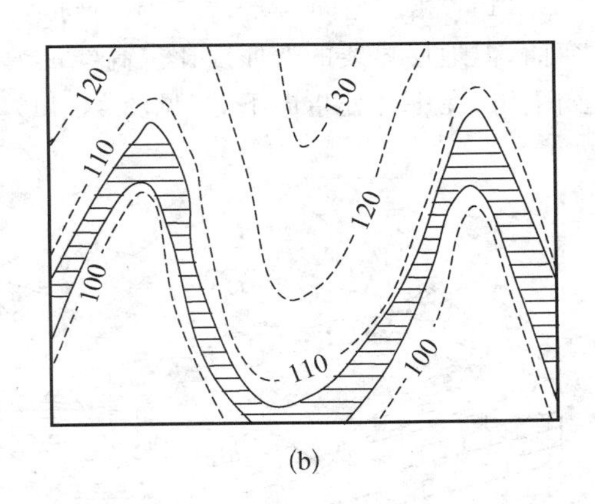

(b)

图 4-9 水平岩层在地质图上的特征

(a) 立体图;(b) 平面图

4.3.2 倾斜岩层

由于地壳运动使原始水平的岩层发生倾斜，岩层层面与水平面之间有一定夹角的岩层，称为倾斜岩层，亦称为倾斜构造。在一定地区内同一方向倾斜和倾角基本一致的岩层又称为单斜构造(见图 4-10)，常常是褶皱的一翼或断层的一盘，也可以是大区域内的不均匀抬升或下降所形成的。一般情况下，倾斜岩层仍然保持“顶面在上、底面在下，新岩层

图 4-10　单斜构造(新疆天山)

在上、老岩层在下”的状态,称为正常倾斜岩层。当构造运动强烈,使岩层发生倒转,出现“底面在上、顶面在下,老岩层在上、新岩层在下”的状态时,称为倒转倾斜岩层。

由单斜岩层构成的沿岩层走向延伸的一种山岭,也称为单面山。由岩层层面构成的一坡称为层面坡或构造坡,山坡平缓,坡积土较薄,开挖路堑时容易产生顺层滑坡。另一坡由外力剥蚀而成,称为剥蚀坡,地形陡峻,若岩层裂隙发育,风化强烈,则容易产生崩塌。如果岩层倾角超过 40°,则两坡的坡度和长度均相差不大,其所形成的山岭外形很像猪背,所以又称为猪背岭。单面山多见于由砂岩、页岩组成的褶曲的翼部,这种地形在四川盆地较为常见。

倾斜岩层按倾角的大小又可分为缓倾岩层(≤30°)、陡倾岩层(30°<倾角≤60°)和陡立岩层(>60°)。

倾斜岩层的地层界线一般是弯曲的,穿越不同的高程,在地质图上表现为与地形等高线相交。倾斜岩层的倾角越小,地层界线受地形影响越大,越弯曲;倾角越大,受地形影响越小,地质界线越趋于直线。地层界线的弯曲方向遵循 V 字形法则,倾斜岩层走向与山脊或沟谷延伸方向垂直时,露头线 V 字形有以下三种分布规律。

(1)“相反相同”型。岩层倾向与地面坡向相反,地层界线与地形等高线呈相同方向弯曲,但地层界线的弯曲度比等高线的弯曲度要小。V 字形地层界线的尖端在沟谷处指向上游,在山脊处指向下坡(见图 4-11)。

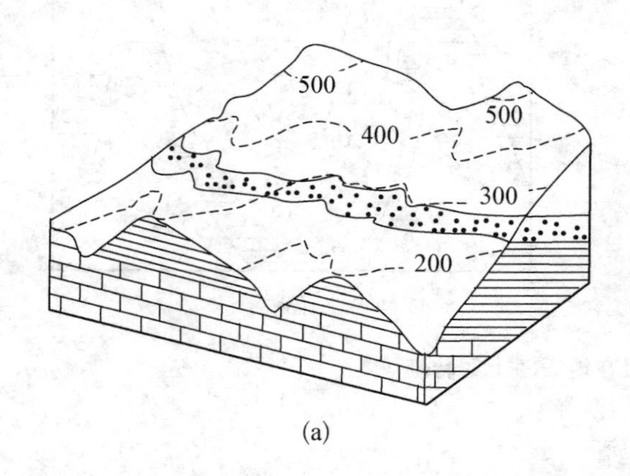

(a)

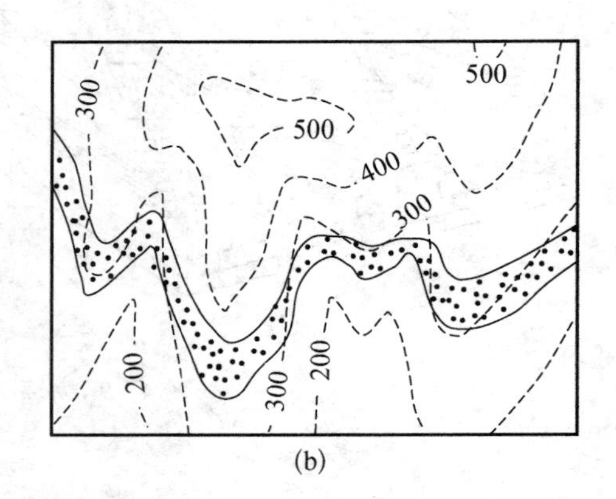

(b)

图 4-11　与坡向相反的倾斜岩层的出露特征

(a) 立体图;(b) 平面图

(2)“相同大相反”型。岩层倾向与地面坡向相同,岩层倾角大于地形坡角,地层界线与地形等高线呈相反方向弯曲。V 字形地层界线的尖端在沟谷处指向下游,在山脊处指向上坡(见图 4-12)。

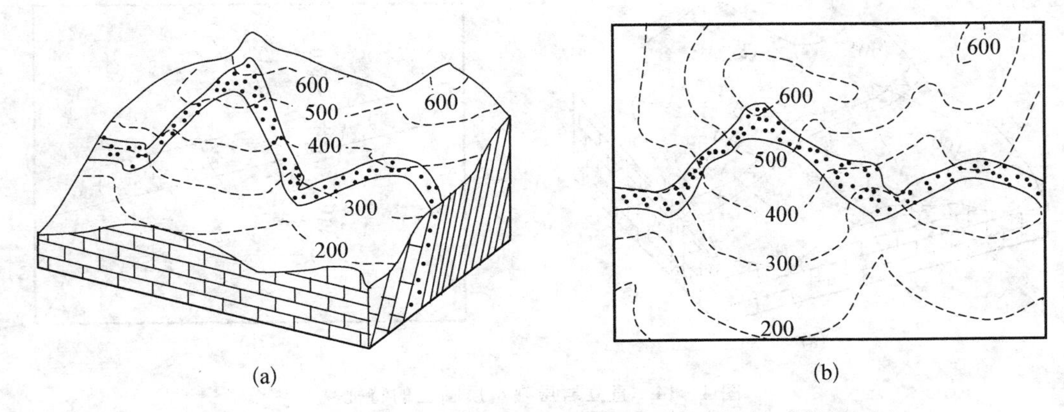

图 4-12 与坡向相同的倾斜岩层的出露特征(岩层倾角＞地形坡角)

(a) 立体图；(b) 平面图

(3)“相同小相同”型。岩层倾向与地面坡向相同，岩层倾角小于地形坡角，地层界线与地形等高线呈相同方向弯曲，但地层界线的弯曲度总是大于等高线的弯曲度。V字形地层界线的尖端在沟谷处指向上游，在山脊处指向下坡(见图 4-13)。

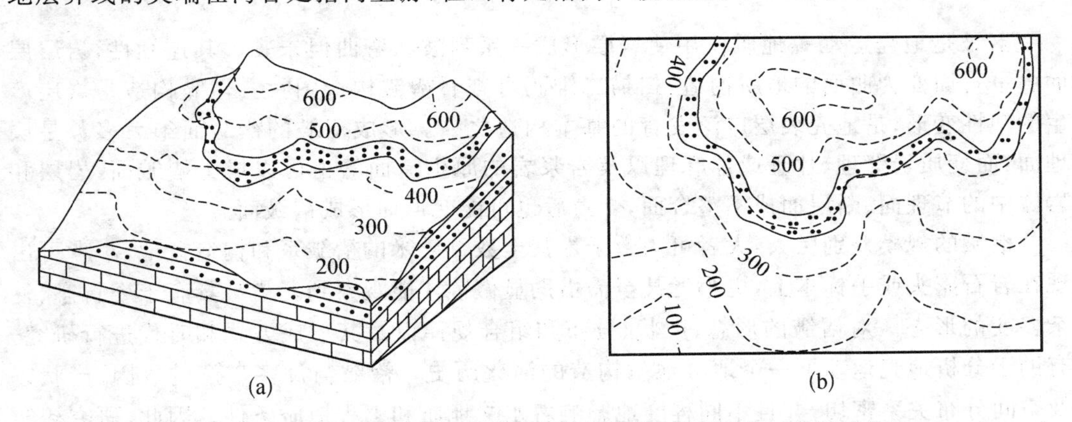

图 4-13 与坡向相同的倾斜岩层的出露特征(岩层倾角＜地形坡角)

(a) 立体图；(b) 平面图

根据以上V字形法则，可以判断岩层的倾向。

4.3.3 直立岩层

直立岩层指岩层倾角等于90°的岩层。绝对直立的岩层较少见，习惯上将岩层倾角大于85°的岩层都称为直立岩层。直立岩层地质界线在空间上是一条沿走向延伸的直线，不受地形影响，如图 4-14 所示。直立岩层地质界线间的水平距离就是岩层的厚度。直立岩层的露头宽度只与岩层厚度有关，岩层厚度越大，露头宽度也越大；反之，露头宽度越小。直立岩层一般出现在构造运动强烈、紧密挤压的地区。

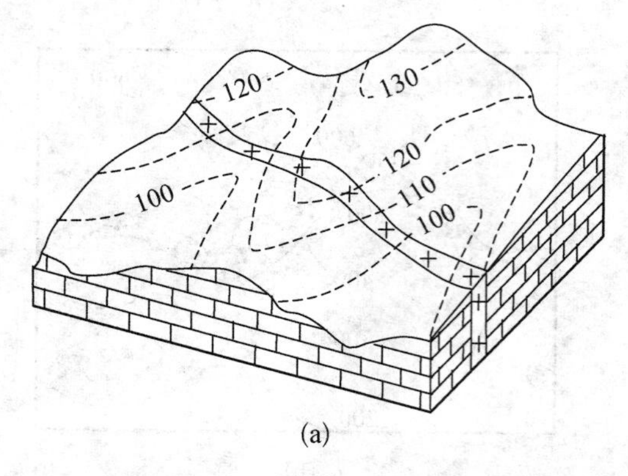

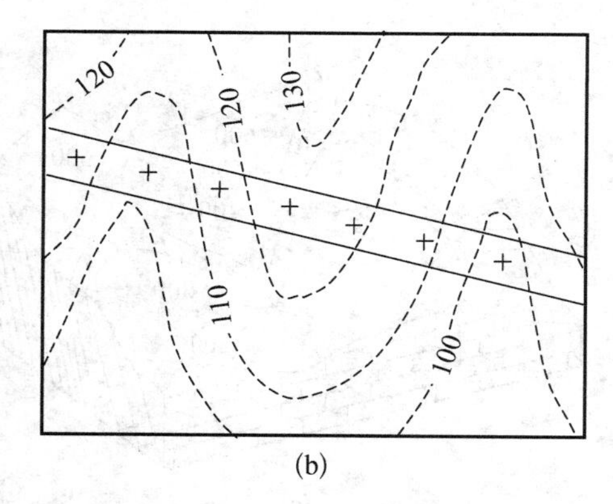

图 4-14　直立岩层在地质图上的特征

(a) 立体图；(b) 平面图

4.4　褶皱构造

4.4.1　褶皱的概念

褶皱是地壳运动等地质作用使岩层形成一系列波状弯曲但未丧失其连续性，岩层层面由平直面变为曲面的地质构造，扫描二维码可查看褶皱构造图片。褶皱构造是岩层产生的塑性变形，是地壳表层广泛发育的基本构造之一。形成褶皱的褶皱面绝大多数是层理面，而变质岩劈理、片理或片麻理以及岩浆岩的原生流面等也可以成为褶皱面，岩层和岩体中的节理面、断层面或不整合面，受力后也可能变形而形成褶皱面。

褶皱的规模差别巨大，大者可为数千米甚至数百千米的褶皱系和构造盆地，小者可出现在岩石露头或手标本上，更小者甚至需借助显微镜才能观察到。褶皱具有千姿百态、复杂多变的形态。对褶皱的形态、产状、分布和组合规律以及其形成方式和时代进行研究，有助于分析地壳运动下一个地区地质构造的演化历史。褶皱与许多矿产的成因、产状以及空间分布关系密切，并且不同程度地影响着水文地质和工程地质条件。因此，研究褶皱具有重要的理论意义和实用意义。

4.4.2　褶曲的形式和特征

褶皱构造中的一个弯曲对象称为褶曲，它是褶皱构造的基本单位。褶曲具有两种基本形式（见图 4-15）：一种是岩层向上弯曲，其核心部位的岩层时代较老，外侧岩层较新且呈对称重复出现，称为背斜；另一种是岩层向下弯曲，核心部位的岩层较新，外侧岩层较老，也呈对称重复出现，称为向斜。由褶皱构成的山地称为褶皱山，既有背斜山，又有向斜山。在褶皱形成的初期，往往是背斜形成高地（背斜山），向斜形成凹地（向斜谷），地形是

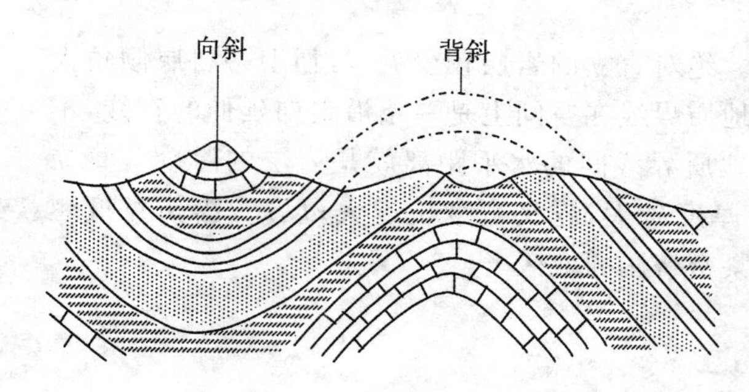

图 4-15　褶曲的基本类型——向斜与背斜

顺应构造的，所以称为顺地形（见图 4-16）。但随着外力剥蚀作用的不断进行，有时地形也会发生逆转现象，会出现向斜成山，背斜成谷，与地质构造形态相反的逆地形（见图 4-17）。这是由于背斜核心部位的岩层在张应力作用下，断裂构造发育，容易风化剥蚀形成背斜谷，而在向斜核心部位比较完整，并常有剥蚀产物在轴部堆积，故剥蚀速度较背斜轴部慢，最终导致向斜的地形比相邻背斜的高，形成向斜山。例如，位于法国与瑞士之间的侏罗山（Jura Mountains）就是由背斜构成山岭、向斜构成山谷的。另外，四川东部的山地也属于这种类型的褶皱山。

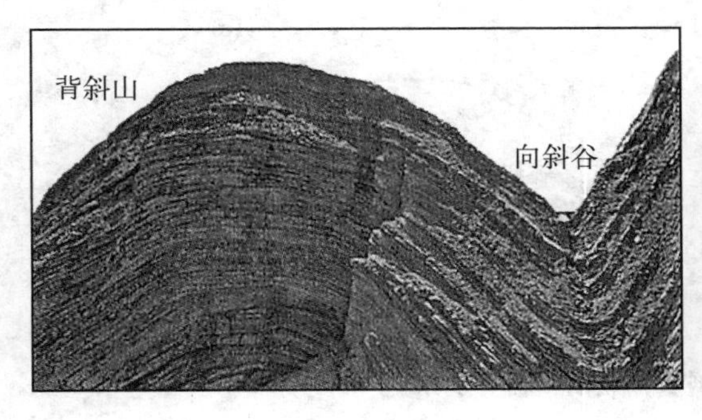

图 4-16 顺地形

图 4-17 逆地形

4.4.3 褶曲的组成要素及形态分类

1. *褶曲的组成要素*

褶曲的各个组成部分称为褶曲要素（见图 4-18），正确地描述褶曲要素有助于研究褶皱的形态特征和形成原因。当剥蚀后，出露在地面的褶曲中心部分的地层简称为核部，核部两侧的地层为翼，两翼岩层与水平面的夹角，即翼部岩层的倾角为翼角，两翼同一岩层之间的夹角为翼间角，也称为顶角。褶曲一翼向另一翼过渡的部分为转折端。在各个横剖面上，同一褶曲面最大弯曲点的连线为枢纽，可以是直线、曲线或者折线，可以水平或者倾斜。它的延伸方向和形态从侧面反映褶曲的空间形态。一个褶曲内各相邻褶皱面上的枢纽连成的面称为轴面，轴面是一个假设的标志面，它可以为平面或者曲面，近似为翼间角的平分面，与岩层产状一样采用走向、倾向和倾角来确定。轴为轴面与水平面的交线，即褶曲在水平面上的轴迹，可以是水平线，也可以是弯曲线。

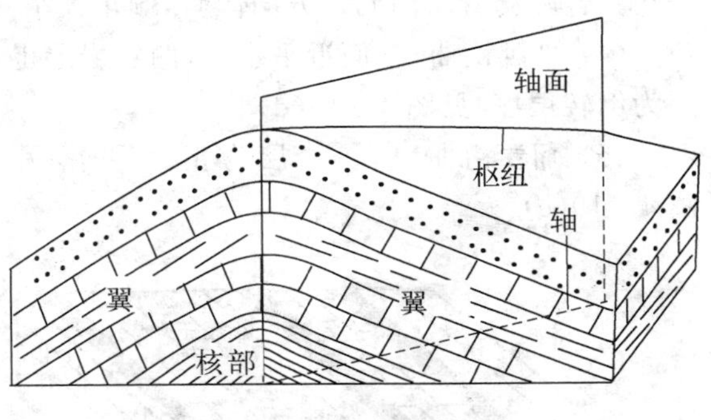

图 4-18 褶曲要素示意

2. *褶曲的形态分类*

1）根据轴面和两翼产状分类

根据轴面和两翼产状，褶曲可分为以下几种（见图 4-19）。

（1）直立褶曲，轴面近乎直立，两翼倾向相反，倾角大小基本相等，两翼呈对称结构

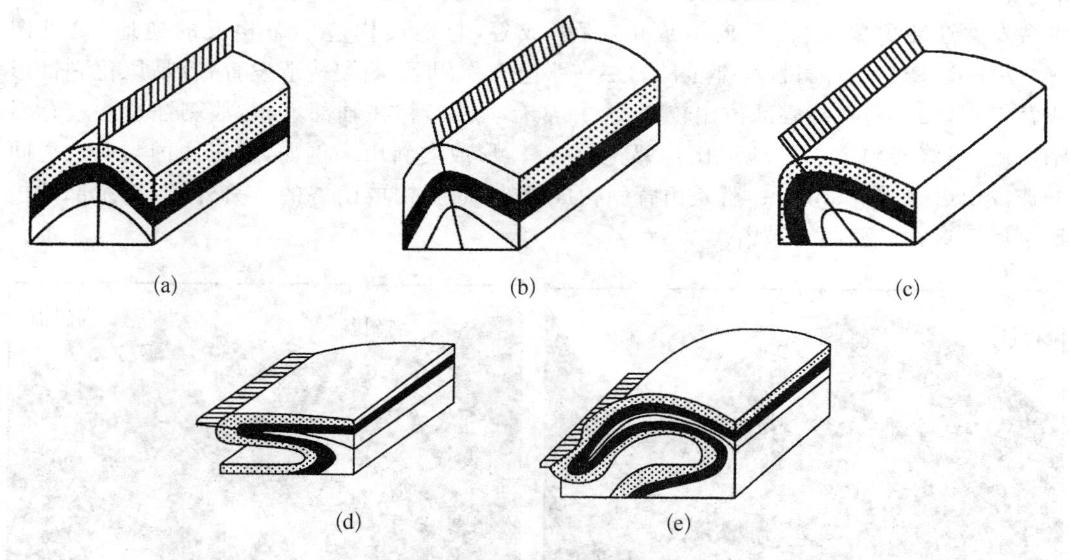

图 4 - 19 根据轴面和两翼产状的褶曲分类示意

(a) 直立褶曲；(b) 倾斜褶曲；(c) 倒转褶曲；(d) 平卧褶曲；(e) 翻卷褶曲

[见图 4 - 19(a)]。

(2) 倾斜褶曲，轴面倾斜，两翼岩层倾向相反，倾角大小不等，两翼不对称[见图 4 - 19(b)]。

(3) 倒转褶曲，轴面倾斜程度更大，两翼岩层大致向同一方向倾斜，倾角大小不等，其中一翼岩层为正常层序，另一翼老岩层覆盖于新岩层之上，层位发生倒转[见图 4 - 19(c)]。若两翼岩层向同一方向倾斜，倾角大小又相等，则称为同斜褶曲。

(4) 平卧褶曲，轴面近乎水平，两翼岩层也近乎水平，一翼岩层为正常层序，另一翼岩层为倒转层序[见图 4 - 19(d)]。

(5) 翻卷褶曲，一翼岩层为正常层序，另一翼岩层为倒转层序，轴面为一曲面[见图 4 - 19(e)]。

2) 根据枢纽产状分类

根据枢纽产状，褶曲可分为以下几种。

(1) 水平褶曲(见图 4 - 20)，褶曲枢纽水平或近于水平，两翼走向大致平行，褶曲沿水平方向延伸。水平褶曲在地质图上表现为地层界线在地质平面图上呈带状分布，以核部为中心两侧呈对称分布。背斜核部为老地层，两翼为新地层，向斜核部为新地层，两翼为老地层。

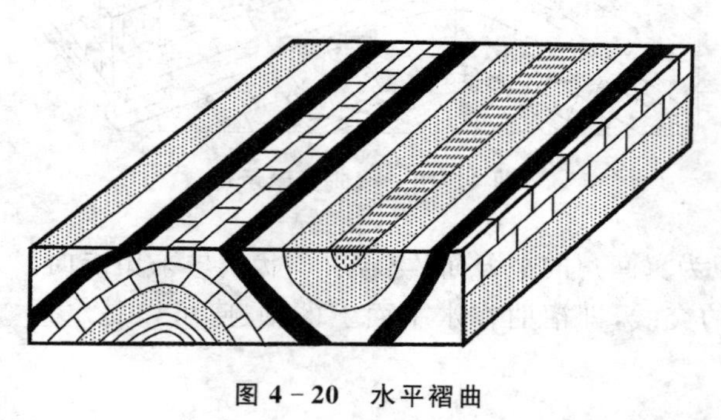

图 4 - 20 水平褶曲

(2) 倾伏褶曲(见图 4 - 21)，枢纽倾伏，两翼岩层走向呈弧形相交，对背斜而言，弧形的尖端指向枢纽倾伏方向。而向斜则不同，弧形的开口方向指向枢纽的倾伏方向。在地质图上，地层界线在转折端闭合，当倾伏背斜和倾伏向斜相间排列时，地层界线呈 S 形曲线。

3）根据平面形态分类

根据褶曲的平面形态，褶曲可分为以下几种。

（1）线状褶曲，褶曲的长宽比大于10∶1。

（2）短轴褶曲，褶曲的长宽比为3∶1～10∶1。

（3）穹窿与构造盆地，长宽比小于3∶1的背斜为穹窿、向斜为构造盆地。

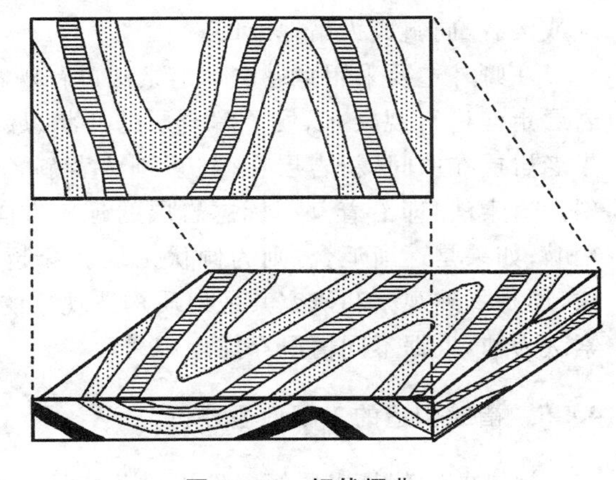

图 4－21 倾伏褶曲

3. 复合褶皱构造

褶皱是褶曲的组合形态，两个或两个以上褶曲构造的组合，称为褶皱构造。在褶皱比较强烈的地区，一般的情况都是线形的背斜与向斜相间排列，以大体一致的走向平行延伸，有规律地组合成不同形式的褶皱构造。

由若干次级褶皱组合而成的大型背斜构造称为复背斜褶皱，规模大，需经过较大范围的地质制图才能了解其全貌，复背斜中由于次级褶皱发育，新老岩层重复出露，但从总体看，仍有"核部岩层时代老、翼部岩层时代新"的特征。横剖面上其次级褶皱的轴面往往呈扇形或倒扇形展布（见图 4－22）。由若干次一级的背斜、向斜组合而成的一个大型向斜构造称为复向斜褶皱。复向斜的规模较大，需要经过较大范围的地质测量才能了解其全貌。组成这种形式的褶曲大都是紧密相邻、同等发育的线形褶曲，褶曲轴大体平行延伸，轴面向上收敛。

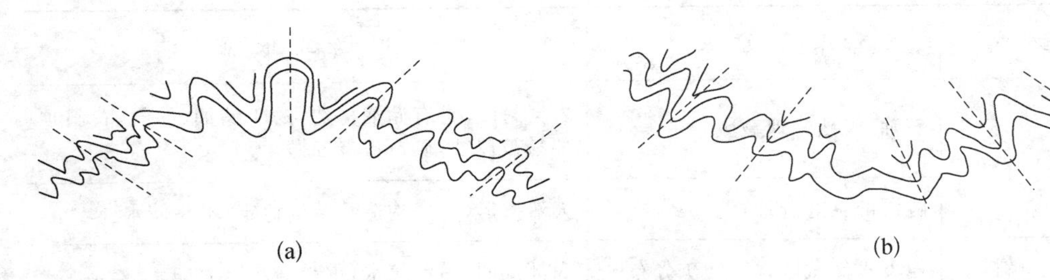

图 4－22 复背斜与复向斜

（a）复背斜；（b）复向斜

4.4.4 褶皱构造的识别

在野外辨认褶皱时，首先判断褶皱是否存在，然后分辨是背斜还是向斜，并确定其形态特征。准确判断地层的新老层序是识别褶皱的关键。对于褶皱构造，不论其规模大小、形态特征如何，若无断层干扰，则两翼岩层总是成对出现。对于背斜构造，自两翼向核部方向，地层顺序总是由新到老；向斜则相反，自两翼向核部方向，地层顺序总是由老到新。这些特点是褶皱构造地层分布的规律，也是识别褶皱的基本方法。

在野外不能简单地从地形的高低来判别背斜与向斜。岩层刚开始变形，背斜为高地，向斜为低地，此地形是地质构造的直观反映，但经过较长时间的地质作用后，背斜变成低地或沟谷，向斜成为高地或山。

在野外主要采用穿越法和追索法进行观察。穿越法，即沿着选定的调查路线，垂直于岩层走向进行观察，以便了解岩层的产状、层序及新老关系，分析岩层新老组合关系。如果老岩层在中间，新岩层在两边，则为背斜；如果新岩层在中间，老岩层在两边，则为向斜。追索法，即沿着某一标志岩层的延伸方向进行观察，如果两翼是平行延伸，则为水平褶皱；如果是逐渐汇合，则为倾伏褶皱。穿越法和追索法不仅是野外观察褶皱的主要方法，还是野外观察和研究其他地质构造现象的基本方法。在实践中一般以穿越法为主，追索法为辅，根据不同情况穿插运用。

4.4.5 褶皱构造的工程地质评价

褶皱的轴部是岩层倾向发生显著变化的地方，此处产生的应力最集中，是岩层发生强烈变形的关键部位。一般在背斜的顶部和向斜的底部发育有拉张裂隙，甚至断层，造成岩石破碎或形成构造角砾岩带。此外，地下水多聚集在向斜核部，背斜核部的裂隙也往往是地下水富集的通道。不论公路、隧道或桥梁工程都容易在褶皱构造的核部遇到工程地质问题，主要包括岩层破碎产生的岩体稳定问题和向斜核部地下水的渗透问题，容易发生塌顶和涌水现象，严重时将影响正常的施工安全和进度。如果隧道必须通过褶皱核部，优先选择背斜。因为背斜属于穹窿构造，符合力学原理，核部裂隙多，地下水通道多有利于地下水的排放，施工对岩层破坏小，相对容易。背斜和向斜与工程建设选址的关系如表 4－1 所示。

表 4－1 工程建设选址

构造地貌	实 践 意 义	原 因 或 依 据
背 斜	石油、天然气埋藏区	岩层封闭，常有储油构造，易于储油、储气，背斜顶部易被侵蚀，矿石被侵蚀搬运
	隧洞的良好选址	天然拱形（穹窿构造）、结构稳定，不易储水
向 斜	地下水储藏区；煤、铁矿分布区	底部低凹，易汇集水，承受静水压力

对于隧道等地下工程来说，从褶皱的翼部通过一般是比较有利的。但是，不论是背斜褶皱还是向斜褶皱，翼部基本上都是单斜构造，倾斜岩层容易引起顺层滑动。即便顺层滑动没有发生，如果中间有松软岩层或软弱结构面时，则在顺倾向一侧的洞壁容易出现明显的偏压作用，严重时可导致支撑破坏，发生局部坍塌。特别地，当岩层倾向与临空面坡向一致，且岩层倾角小于坡角，或当岩层中有软弱夹层，如有云母片岩、滑石片岩等软弱岩层存在时，更应当慎重对待。褶皱也会影响深路堑和高边坡等地表工程的稳定性，当路线垂直于岩层走向，或路线与岩层走向平行但岩层倾向与边坡倾向相反时，只就岩层产状与路线走向的关系而言，对路基边坡的稳定性是有利的；当路线走向与岩层的走向平行时，若边坡与岩层的倾向一致，特别在云母片岩、绿泥石片岩、滑石片岩、千枚岩等松软岩石分布地区，坡面容易发生风化剥蚀，产生严重的碎落崩塌，对路基边坡及路基排水系统会造成

经常性的危害；最不利的情况是路线与岩层走向平行，岩层倾向与路基边坡一致，而边坡的坡角大于岩层的倾角，特别在石灰岩、砂岩与黏土质页岩互层，且有地下水作用时，若路堑开挖过深，边坡过陡，或者由于开挖使软弱构造面暴露，都容易引起斜坡岩层发生大规模的顺层滑动，破坏路基稳定。山坡岩层的稳定性如图 4-23 所示。

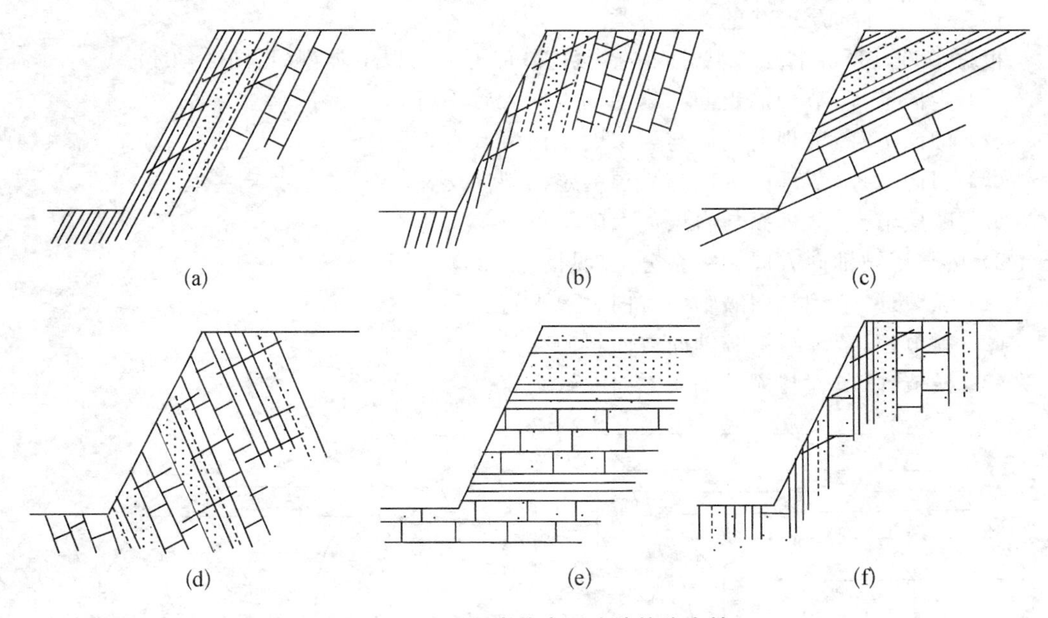

图 4-23 不同产状岩层边坡的稳定性

(a) 崩塌(节理发育)或稳定(岩体完整)；(b) 崩塌(节理发育)或稳定(岩体完整)；(c) 易滑动；(d) 崩塌(节理发育)或稳定(岩体完整)；(e) 崩塌(软硬岩层互层风化严重)或稳定(岩体完整)；(f) 崩塌(节理发育)或稳定(岩体完整)

4.5 断裂构造

断裂构造是指岩石因所受应力超过其强度极限而发生变形，当变形发展到一定程度时，岩石的连续性和完整性遭到破坏，在不同部位和方向产生各种大小不一的破裂。断裂构造分布广泛，容易在发育地带成群分布，形成断裂带，影响岩体的稳定性，是地壳上常见的地质构造。根据岩体断裂后两侧岩块相对位移的情况，断裂构造分为节理(裂隙)和断层两类。

4.5.1 节理(裂隙)

节理又称为裂隙，指岩体中未发生明显位移的断裂构造。节理主要的表现形式为裂隙或裂缝，规模上大小不一，微小的节理肉眼无法识别，常见的为几十厘米至几米不等，长的可延伸至几百米到上千米。不同节理的张开程度各不相同，甚至可以是闭合的。节理面可以是光滑或粗糙的。影响节理发育的因素有很多，主要取决于构造变形的强度、岩石形成时代、力学性质、岩层的厚度及所处的构造部位。例如，岩石变形越强烈，节理发育越密集。同一个地区，形成时代较老的岩石中的节理发育比形成时代较新的岩石更好。当岩石脆性较大而厚度较小时,节理很容易发育。因此,在断层带附近以及褶皱轴部区域,往往为节理发育的地带。节理常常有规律地成群出现,相同成因且相互平行的节理称为一组节理组,在成因上有联系的几个节理组构成节理系。扫描二维码可查看节理图片。

节理

1. 节理的分类

1) 按与所在岩层产状的关系分类

根据节理与所在岩层产状之间的关系,节理可分为以下类型(见图 4-24)。

(1) 走向节理,节理的走向与岩层的走向大致平行。

(2) 倾向节理,节理的走向与岩层的走向大致垂直。

(3) 斜向节理,节理的走向与岩层的走向斜向交叉。

(4) 顺层节理,节理面与岩层面大致平行。

2) 按与褶皱轴向方向的关系分类(见图 4-25)

(1) 纵节理,节理与褶皱轴向方向大致平行。

(2) 斜节理,节理与褶皱轴向方向斜向交叉。

(3) 横节理,节理与褶皱轴向方向大致垂直。

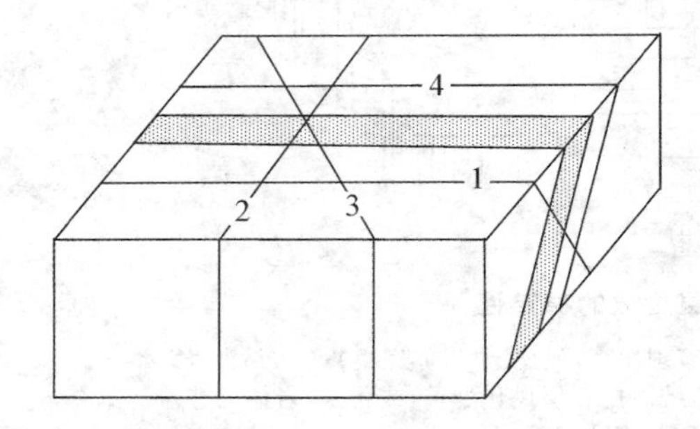

1—走向节理;2—倾向节理;3—斜向节理;4—顺层节理。

图 4-24　根据节理与所在岩层产状关系的分类

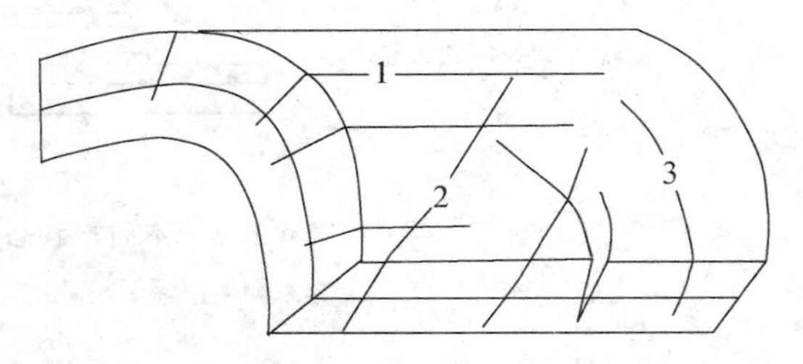

1—纵节理;2—斜节理;3—横节理。

图 4-25　根据节理与褶皱轴向方向关系的分类

对于轴向水平的褶皱,以上两种分类相互吻合,即走向节理等于纵节理,倾向节理等于横节理。

3) 按成因分类

图 4-26　玄武岩的柱状节理

节理根据成因可分为原生节理和次生节理两大类。

(1) 原生节理。原生节理是指岩石在成岩过程中形成的节理,如沉积岩中的泥裂,玄武岩在冷凝固化过程中形成的柱状节理等,如图 4-26 所示。

(2) 次生节理。次生节理是指岩石形成后,在外部因素作用下形成的节理。根据受力源又可分为构造节理与非构造节理。

构造节理是指岩石中由构造应力形成的节理,是地壳表面分布范围最广、对工程建设影响最大的一类节理。构造节理常有规律地成组出现。同一构造压应力在岩体内形成的两组相交节理，称为一组共轭节理，如图 4－27 所示。不同构造运动时期形成的节理组往往相对错开，其形成的先后顺序可由切割规律确定，如图 4－28 所示。

图 4－27　一组共轭节理（X 形）

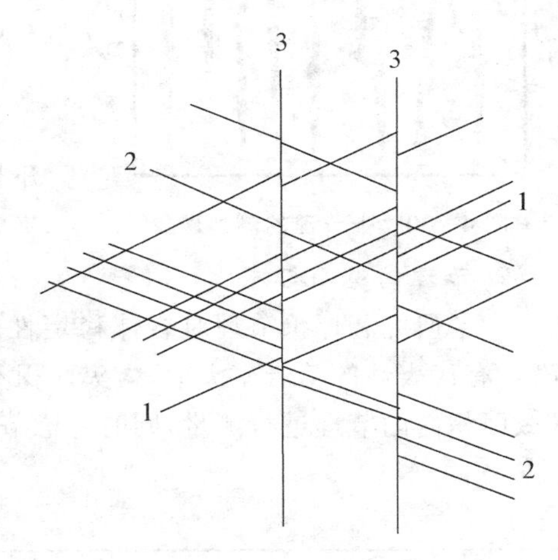

注：1～3 表示一～三组节理

图 4－28　对应错开的节理

非构造节理是由卸荷、风化、爆破等原因形成的节理。此类节理通常无方向性，通常分布在地表浅层。随着深度的增加，节理密度迅速减小，直至完全消失。

4）按力学性质分类

节理按照形成的力学性质可分为剪节理和张节理。

（1）剪节理。剪节理通常为构造节理，是岩石在剪应力作用下形成的剪切破裂面。剪节理常伴生在褶皱、断层等大型地质构造中。剪节理产状稳定，在平面与剖面上能够延续较长距离，碎屑岩中的剪节理往往切穿较大碎屑颗粒，节理面光滑，常有微小相对位移、错开现象，在节理面上留有擦痕、镜面等现象，节理面两壁间距较小，通常呈闭合状态，多数剪节理在压应力诱导下形成，并呈 X 形成对出现，因此也称为共轭剪节理，岩石常被其切割成菱形或棋盘格状块体，通常发育较密集，且具等间距分布特征，特别是在软弱薄层岩体中，常呈带状密集分布。

（2）张节理。张节理既有构造节理，又有原生及表生节理，是岩石受张拉应力作用形成的破裂面。在褶皱构造中，张节理常出现在背斜褶皱转折端附近；在构造压应力作用下的岩体中，张节理常随剪节理形成锯齿状，或沿剪节理方向呈雁行排列，如图 4－29 所示；此外，自然卸荷和人工卸荷也会在岩体中形成张节理。

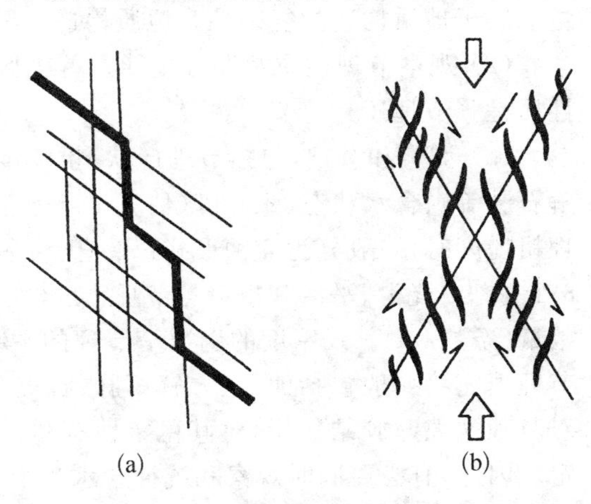

图 4－29　压应力诱导形成的张节理

（a）锯齿状张节理；（b）雁行排列张节理

张节理产状不稳定，在平面及剖面上呈弯曲状或锯齿状延伸，延伸距离近，侧列现象

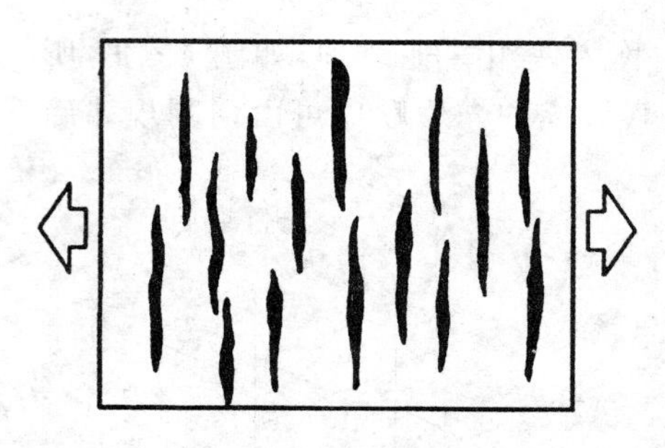

图 4-30　张节理的侧列现象

明显，如图 4-30 所示。碎屑岩中的张节理往往绕砾发育，有些情况下也会穿砾而过，节理面粗糙不平，无擦痕。两壁面间距较大且不稳定，常被石英、方解石等矿物填充，形成岩脉或矿脉。

5）按张开程度分类

按节理张开程度可分为宽张节理(＞5 mm)、张开节理(3～5 mm)、微张节理(1～3 mm)以及闭合节理(＜1 mm)。

2. 节理的观测与统计

为了研究和评价节理对岩体稳定性的影响，观测点一般选在构造特征明显、发育良好、具有代表性的基岩露头上，露头面积不宜小于 10 m^2，然后按表 4-2 所列内容对一定区域面积内的节理进行测量，同时考虑节理的成因和填充情况。

表 4-2　节理野外测量记录表

编号	节理产状			长度/cm	宽度/cm	条数	填充情况	节理成因
	走向	倾向	倾角					
1	NW370°	NE37°	18°	60	0.5	22	裂隙面夹泥	剪裂隙
2	NW332°	NE62°	10°	85	1	15	裂隙面夹泥	剪裂隙
3	NE7°	NW277°	80°	110	2.5	2	裂隙面夹泥	张裂隙
4	NE15°	NW285°	60°	125	1.5	4	裂隙面夹泥	张裂隙

1）节理的观测

(1) 观察地层岩性和地质构造，测量地层产状，确定测点构造位置。所选观测点的数量取决于地质构造的复杂性。地质构造越复杂，观测点的数量越多。

(2) 观察节理性质及发育规律。首先区别非构造节理与构造节理，然后区分其力学性质是张节理还是剪节理。

(3) 测量和登记，包括节理产状、粗糙度、密度(线密度、平均间距)、填充物(泥土、方解石脉等)、含水状态、张开度(估算地下水涌水量的重要参数)和节理的持续性。观察节理粗糙度时，一般分为 5 种形式：平直、台阶状、锯齿状、波状和不规则状，并进一步分为 3 个等级：光滑、平滑和粗糙。节理密度(线密度)是指垂直于节理走向 1 m 范围内的节理数量(条数/m)。线密度的倒数是节理的平均间距，两者都是评价岩体质量的重要指标。节理填充物一般包括泥土、方解石脉、石英脉和长英质岩脉。除泥土外，其他填充物一般对节理裂隙起胶结作用，对其稳定性有利。泥土遇水软化，起润滑作用，不利于节理的稳定。因此，有必要同时观察和统计含水量状态(干、湿、滴水和流水)和裂隙张开度，后者是估算地下水涌水量的重要参数。节理持续性是指节理裂隙的延伸程度，分为差(＜3 m)、中等(3～10 m)、良好(10～30 m)和很好(＞30 m)4 个等级。节理持续性越好，对工程的不利影响就越大。

2）节理玫瑰图

野外获取的节理原始信息要进行整理、统计，编制相关图件，以供工程勘察、设计与施工使用。常用的方法有节理玫瑰图、节理极点图以及节理等密图等，这里介绍节理玫瑰图的作图与分析。

节理玫瑰图的编制方法简单，可反映节理性质和方位特征象，是节理统计与分析的常用图件。根据统计内容的不同，又可分为走向玫瑰图、倾向玫瑰图以及倾角玫瑰图。

（1）节理走向玫瑰图。

节理走向玫瑰图以节理走向为主要统计内容，反映节理群整体的走向方位情况。绘制方法如下：取上半圆，即 0～90°和 270°～360°两方位象限，将全部节理走向数据换算至该两方位象限内，并按每 5°或 10°进行分组，统计每一组的节理数与平均走向。自圆心沿各组平均走向方向作直线，直线长度代表各组节理数量，以折线连接各条直线端点，即可得到节理走向玫瑰图，如图 4－31 所示。需要特别注意的是，当某些角度范围内无节理时，折线应在该区间回至圆心位置，不可直接略过中间无节理区间连接下一区间节点。

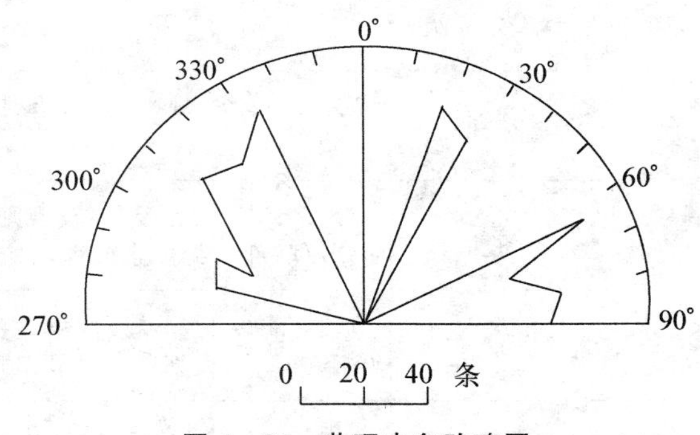

图 4－31　节理走向玫瑰图

（2）节理倾向玫瑰图。

节理倾向玫瑰图以节理倾向为主要统计内容，反映了节理群的整体倾斜方向，其绘制方法与走向玫瑰图类似，只是将走向玫瑰图中的走向平均值代以倾向平均值。此外，由于节理倾向方向存在于四个象限中，因此以整圆绘制玫瑰图。

（3）节理倾角玫瑰图。

节理倾角玫瑰图主要反映节理倾向方向的平均倾角大小，其绘制方法与上述走向、倾向玫瑰图类似，以 5°或 10°的组内平均倾向为方位，以倾角平均大小为半径，过圆心作径向线，并以折线连接各直线端点，即可得到节理倾角玫瑰图。由于倾向玫瑰图无法反映倾角大小，而倾角玫瑰图又不能反映节理数量，实践中常取长补短，将两者结合使用，如图 4－32 所示。

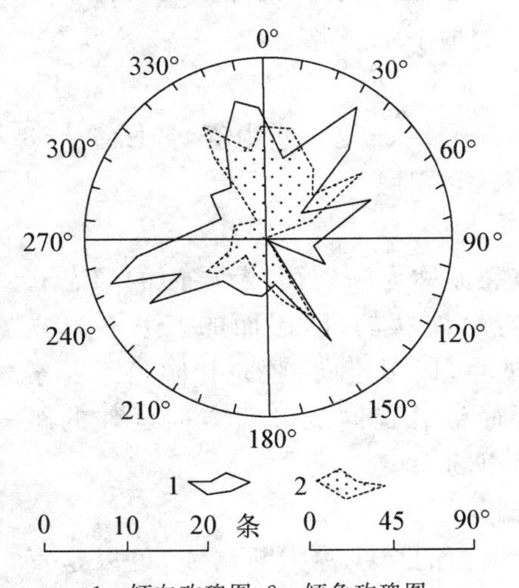

1—倾向玫瑰图；2—倾角玫瑰图。

图 4－32　节理倾向及倾角玫瑰图

3. 节理的工程地质评价

节理是一种发育广泛的裂隙，除有利于岩体中的工程开挖外，对岩体的强度和稳定性均有不利的影响。节理间距越小，岩石破碎程度越高，水易沿裂隙渗入，增大岩石的渗透性，节理会加速风化作用，岩体承载力也会明显降低。在岩体中爆破，节理会影响爆破作业效果。当节理主要发育方向与路线走向平行，倾向与边坡一致时，不论岩体的产状如何，路堑、边坡都容易发生崩塌等不稳定现象。因此，实际工程中应对节理进行深入调查，详细论证其对岩体性质，尤其是特定受载工程结构体的影响，并及时采取应对措施，保证施工和运营安全。

为更方便、准确地将节理调查成果应用于工程实践，通常根据观测所得节理组数、密度、长度、张开度及填充情况等，将节理发育程度分为 4 个等级，如表 4-3 所示。

表 4-3 节理发育程度分级

节理发育程度等级	基 本 特 征
节理不发育	节理 1～2 组，规则，为构造型，间距在 2 m 以上，多为闭合节理，岩体切割成大块状
节理较发育	节理 2～3 组，呈 X 形，较规则，以构造节理为主，多数间距为 0.5～2 m，多为密闭节理，部分为微张节理，少有填充物，岩体切割成大块状
节理发育	节理 3 组以上，不规则，呈 X 形或米字形，以构造型或风化型为主，多数间距为 0.1～0.5 m，大部分为张开节理，部分有填充物，岩体切割成块石体
节理很发育	节理 3 组以上，杂乱，以风化和构造节理为主，多数间距小于 0.1 m，以张开节理为主，有个别宽张节理，一般均有填充物，岩体切割成碎裂状

4.5.2 断层

断层是指岩体受构造应力作用断裂后，两侧岩体发生显著位移的断裂构造，包含断裂和位移两种含义。断层是地壳中最重要的一种地质构造，分布广泛，形态和类型多样，扫描二维码可查看断层图片。与节理一样，断层规模有大有小，大断层可延伸数百千米至数千千米，而有的小断层可在手标本中看到或需要在显微镜下观察。断层不仅对岩体的稳定性和渗透性、地震活动及区域稳定性有重大影响，还是地下水运动的良好通道和汇聚场所，规模较大的断层附近或断层发育地区常富存有丰富的地下水资源。

断层

1. 断层的要素

断层的各组成部分称为断层的要素，包括断层面、断层线、断盘、断距等，如图 4-33 所示。各要素的产出状态及特征体现断层的空间形态和运动性质。

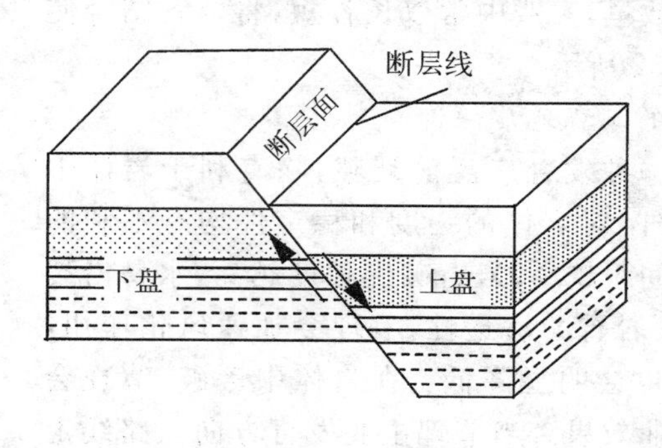

图 4-33 断层的要素

1）断层面

断层的破裂面称为断层面，断层面的形态有平直的，也有舒缓波状的，断层面的产状有直立的，也有倾斜的，可以用走向、倾向和倾角三要素来表示。断层面沿着走向或倾斜方向延伸的距离代表断层规模的大小。

2）断层线

断层面与地面的交线称为断层线，可以是直线也可以是曲线。断层线可表示断层的延伸方向，其形状取决于断层面的形状和地面的起伏情况。

3）断盘

断盘指断层面两侧相对移动的岩层或岩体。当断层面倾斜时，位于断层面上方一侧的岩体称为上盘，位于断层面下方一侧的岩体称为下盘。而当断层面直立或性质不明时，以方位表示断层盘，如东西走向的断层可分出南盘和北盘，有时也根据两盘相对升降情况将其命名为上升盘和下降盘。

4）断距

断距是指断层两盘相对错开的距离。岩层或岩体中原来的一点沿断层面错开形成两点间的距离称为总断距。但在实际地质调查中很难找到这样的特征点，通常使用特定方向上断层两盘的错动距离，如总断距的水平分量称为水平断距，垂直分量称为垂直断距；断层走向线上的分量称为走向断距，而倾向线上的分量称为倾向断距。

5）断层面、断层破碎带

岩层或岩体断开后，两侧岩体沿着断裂面发生显著位移，这个断裂面称为断层面。有些断层面不是一个简单的面，而是一系列密集的破裂面或破碎带，称为断层带或者断层破碎带（见图 4－34），断层带内还夹杂或伴生有破碎的岩块、岩屑、岩片以及糜棱岩、断层角砾和断层泥等，其破碎带的宽度一般为数十厘米至数百米不等，甚至可达数千米。

(a) (b)

图 4－34 断层面、断层破碎带

（a）断层面；（b）断层破碎带

2. 断层的类型

断层分类涉及断层的地质背景、几何形态、位移方向、力学成因等诸多因素，并不存在统一的综合分类方案。目前常用的分类方法有以下几种。

1）按断层两盘相对位移分类

根据断层两盘相对位移的情况，可将断层分为正断层、逆断层和平推断层。

（1）正断层。正断层是沿断层面倾斜线方向，上盘相对下降，下盘相对上升的断层［见图 4－35(a)］。正断层一般是由于岩体受到水平张力作用而发生断裂，进而在重力作

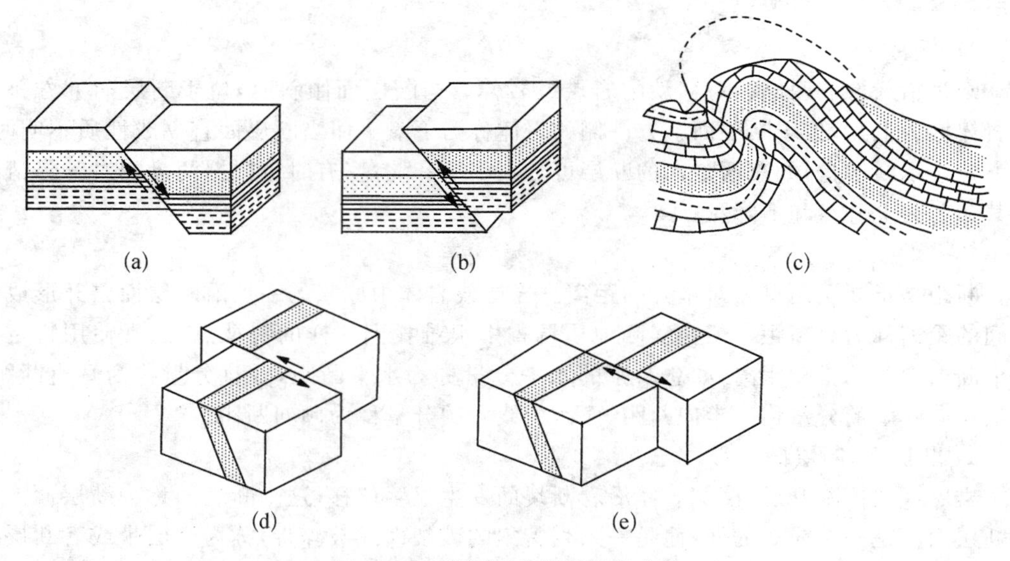

图 4-35　断层两盘相对位移分类

(a) 正断层；(b) 逆断层；(c) 逆掩断层；(d) 左行平推断层；(e) 右行平推断层

用下产生错动而成的。这种断层一般规模不大，断层面倾角较陡，常大于 45°。

(2) 逆断层。逆断层是沿断层面倾斜方向，上盘相对上升，下盘相对下降的断层[见图 4-35(b)]。逆断层一般是岩体受到水平挤压作用的结果，所以也称为压性断层。逆断层一般规模较大，断层面呈舒缓波状，断层线方向常与岩层走向或褶皱轴方向一致，与压应力方向垂直。逆断层按断层面倾角的不同又可分为冲断层(断层面倾角大于 45°)、逆掩断层(断层面倾角为 25°～45°)、辗掩断层(断层面倾角小于 25°)。逆掩断层[见图 4-35(c)]和辗掩断层的规模一般都较大。飞来峰属于辗掩断层，比如灵隐寺飞来峰和黄山飞来峰。

(3) 平推断层。平推断层是断层两盘沿断层走向发生位移的断层，也称为平移断层或走滑断层[见图 4-35(d,e)]。一般认为，平推断层是地壳岩体受到水平扭动力作用而形成的。平推断层的倾角很大，断层面近于直立，断层线比较平直。根据平移方向分为左行平推、右行平推两类。野外站在断盘的一侧，看另一断盘的运动是从右向左，两断盘呈逆时针运动趋势，这种断层称为左行平推。相反地，另一断盘的运动是从左向右，两断盘呈顺时针运动趋势，为右行平推断层。

2) 按断层力学性质分类

断层是构造运动在岩体内生成的压、张或扭应力(剪应力)超出其相应承载极限而产生的断裂、滑移。按其形成的力学原因可分为压性断层、张性断层以及扭性断层。

(1) 压性断层。压性断层走向与压应力作用方向垂直，多以逆断层形式产出，并成群出现，形成挤压构造带。断层带往往由断层角砾岩、糜棱岩和断层泥构成软弱破碎带。在坚硬岩层中，断层面上常可见到反映断层运动方向的擦痕。

(2) 张性断层。张性断层走向也垂直于张应力作用方向，多以正断层形式出现。断层面粗糙，形状不规则，有时呈锯齿状。断层破碎带宽度变化大，断层带中常有较疏松的断层角砾岩和破碎岩块。

(3) 扭性断层。扭性断层一般为两组共生，呈 X 形交叉分布，且往往一组发育，另一组被抑制，常以平推断层的形式出现。断层面光滑，产状稳定，延伸极远，断层面上可见近水平擦痕，断层带内有断层角砾岩与破碎岩块。

3) 根据断层走向与岩层走向的关系分类

根据断层走向与岩层走向的关系，可以将断层分为走向断层、倾向断层、斜向断层(见图 4-36)和顺层断层四种类型。

(1) 走向断层，断层走向与岩层走向基本一致。

(2) 倾向断层，断层走向与岩层走向基本直交(垂直)。

(3) 斜向断层，断层走向与岩层走向斜交。

(4) 顺层断层，断层面与岩层层理的原生地质界面基本一致(断层走向、倾向与岩层走向、倾向基本一致)。

4) 按断层走向与褶皱轴向(或区域构造线)之间的几何关系分类

根据断层走向与褶皱轴向(或区域构造线)之间的几何关系，可以将断层分为纵断层、横断层和斜断层三种基本类型(见图 4-37)。

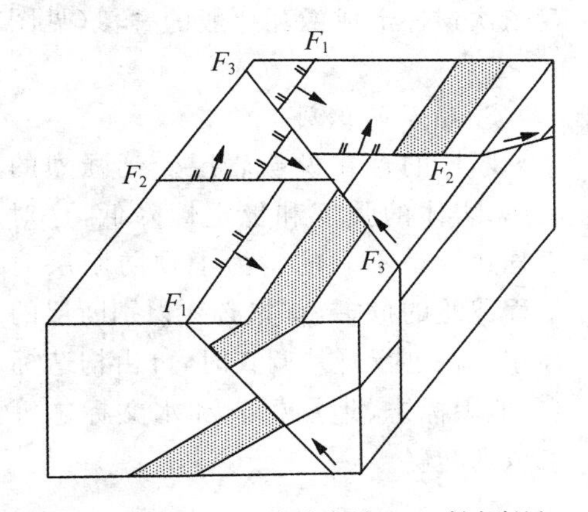

F_1—走向断层；F_2—倾向断层；F_3—斜向断层。

图 4-36　断层走向与岩层走向的关系

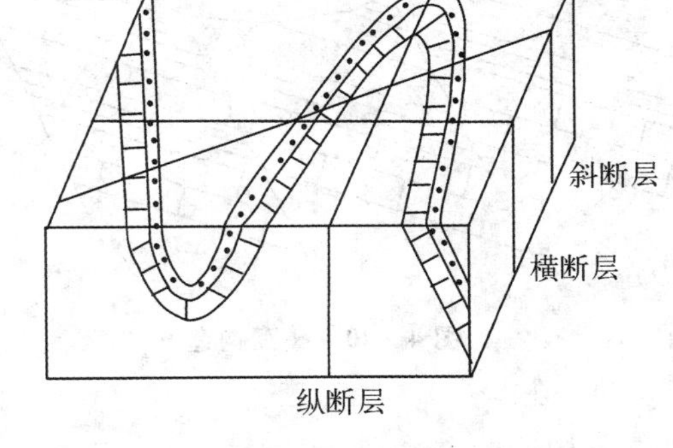

图 4-37　断层走向与褶皱轴向的关系

(1) 纵断层，断层走向与褶皱轴向或区域构造线基本一致。

(2) 横断层，断层走向与褶皱轴向或区域构造线基本直交。

(3) 斜断层，断层走向与褶皱轴向或区域构造线斜交。

5) 按断层的组合方式分类

(1) 阶梯状断层，由若干条产状大致相同的正断层平行排列而成(见图 4-38)，一般发育在上升地块的边缘。

(2) 地堑与地垒，由走向大致相同、倾向相反、性质相同的两条或数条

图 4-38　阶梯状断层

断层组成。断层中间有一个共同的下降盘,称为地堑[见图 4-39(a)],如汾渭地堑、莱茵地堑、吐鲁番盆地等;断层中间有一个共同的上升盘称为地垒[见图 4-39(b)],如庐山、天山、阿尔泰山、华山等。两侧断层一般是正断层,但也可以是逆断层。地垒常呈现为断块隆起的山地,地堑在地貌上呈现为狭长的谷地、盆地与湖泊。

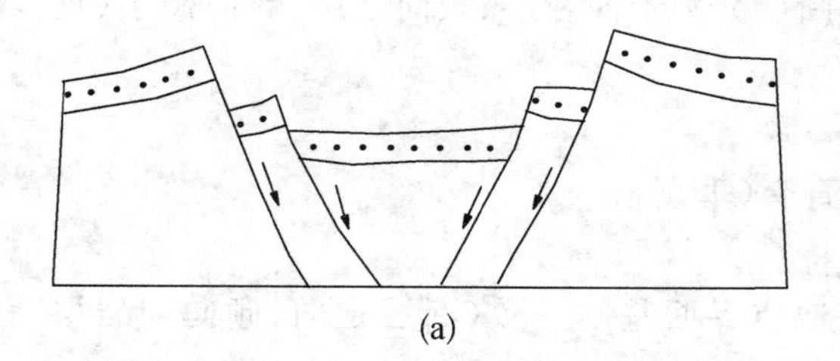

(a)

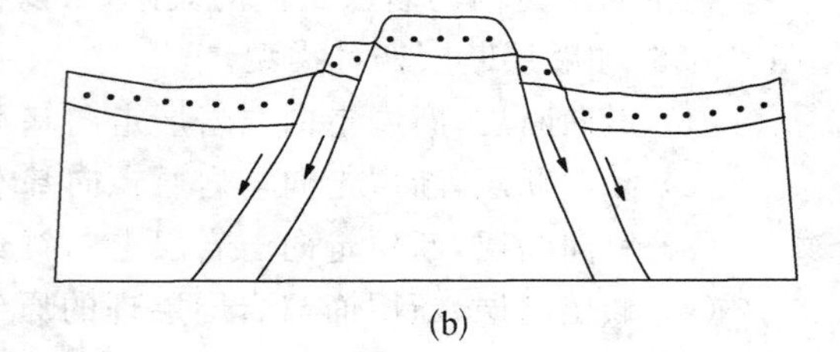

(b)

图 4-39 地堑与地垒

(a) 地堑;(b) 地垒

(3) 叠瓦构造,指一系列产状大致相同、平行排列的逆断层的组合形式。各断层的上盘依次逆冲形成像瓦片般的叠覆(见图 4-40)。

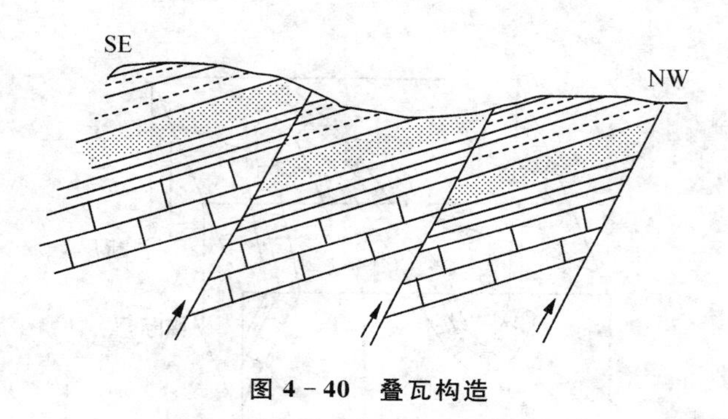

图 4-40 叠瓦构造

3. 断层的识别

断层的存在说明岩层受到强烈的破坏,岩体的强度和稳定性降低,这对工程建筑是不利的。为了预防断层对工程建筑的危害,首先必须识别断层的存在。在进行野外调查时,可由构造标志、地貌标志、地层标志和水文标志等来识别断层。

1) 构造标志

断层的存在常常造成构造上的不连续,如岩层、岩脉等的错动,岩层产状的突然变化;出现断层面,两盘错动会导致出现断层擦痕、摩擦镜面和细微陡坎(也称为阶步);出现强变形带,如强烈劈理化带和强烈碎裂带;断层两盘紧邻断层面的岩石因断层运动拖曳发生弯曲,产生塑性变形,形成牵引构造;断层破碎带中断层两盘岩石在断层活动中形成的断层构造岩,包括断层碎裂岩、断层角砾岩、玻化岩、糜棱岩、超碎裂岩和断层泥等。典型的断层构造特征如图 4-41 和图 4-42 所示。

2) 地层标志

断层可造成地层的重复与缺失、岩层中断等现象。在单斜岩层地区,可沿岩层走向观察。若岩层突然中断,具有交错的不连续状态,或者改变地层的正常层序,使地层产生不对称的重复或缺失,则往往是断层的标志,如图 4-43 所示。断层造成的地层重复与褶皱造成的地层重复不同,断层只是单向重复,褶皱为对称重复。断层造成的地层缺失与不整合造成的地层缺失也不同,断层造成的地层缺失只限于断层两侧,而不整合造成的地层缺失有区域性特点。

图 4－41　岩脉错动

图 4－42　牵引构造

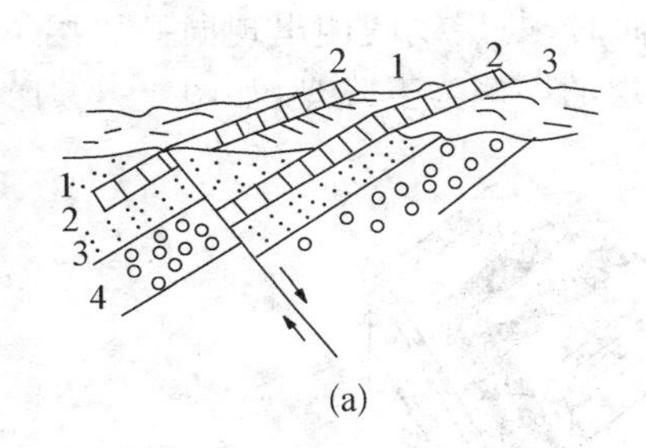

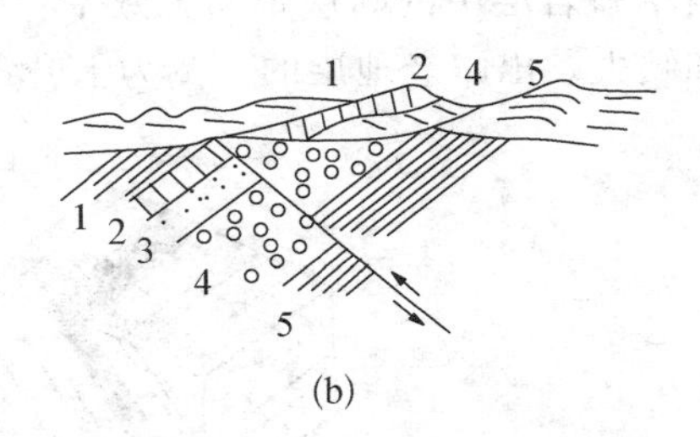

1～5—代表地层从新到老。

图 4－43　断层的地层标志

(a) 地层重复；(b) 地层缺失

3）地貌标志

断层的地形地貌主要有断块山、断层崖、断层三角面、沟谷或峡谷地形、河流纵坡的突变、河流及山脊的改向等。

由断裂变动所形成的山地称为断块山。有的一侧有断层，而有的两侧都有断层，或者由若干条断层组成。由于断裂构造往往与褶皱构造伴生，因此单纯的断块山是比较少的，而"褶皱-断块山"的形式较为普遍，如滇西北部的玉龙雪山。位于四川盆地西北边缘的龙门山脉即为褶皱-断块山，形成于印支运动，但在近期仍然活动，因而断层崖还是比较明显的。断层上升盘突露于地表形成的悬崖称为断层崖。断层崖常受垂直于断层面的流水侵蚀，谷与谷之间形成一系列三角形的岩面，称为断层三角面，是野外识别断层的主要标志之一，如图 4－44 所示。

图 4－44　断层三角面

当断层横穿河谷时，可能使河流纵坡发生突变，使河流纵坡产生不连续的现象，需要注意的是，河流纵坡的突变不一定都是由断层造成的，也可能是由河床底部岩石抗侵蚀能力的不同所致。水平方向相对位移显著的断层，可将河流或山脊错断、错开，使河流流向或山脊走向发生急剧变化，或者出现河谷跌水瀑布。我国的黄河壶口瀑布就是断层作用的结果。

沿断层带常出现断陷盆地，由不同方向的断层所围，或一边以断层为界，多呈长条菱形或楔形，盆地内为厚层松散物质，吐鲁番盆地就是断陷盆地。

4）水文标志

沿断层带常形成一些串珠状分布的湖泊、泉水等，某些喜湿植物呈带状分布。青藏唐古拉山南麓从黑河到当雄一带散布着一串高温温泉。

以上是野外识别断层的主要标志。但是，由于自然界的复杂性，其他因素也可能造成上述某些特征，所以不能孤立地看问题，要全面观察、综合分析，才能得出可靠的结论。

4. 断层在地质图中的特征

当单斜岩层中的断层走向大致平行于岩层走向时，断层线两侧出现同一岩层不对称重复和缺失。出露老地层的一侧为上升盘，较新岩层的一侧为下降盘，如图 4－45 所示。

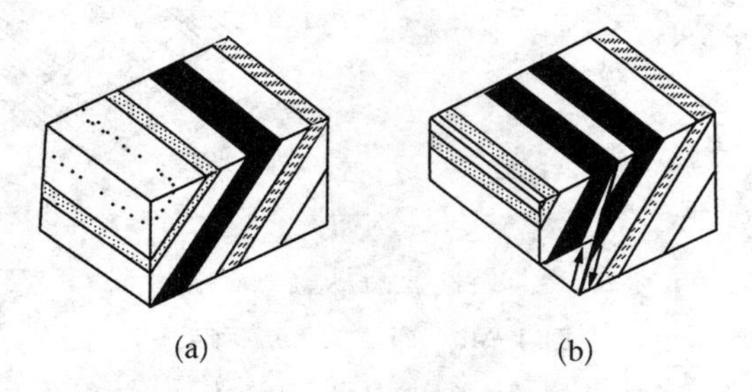

(a) (b)

图 4－45 断层走向与单斜岩层平行时在地质图上的表现

（a）单斜岩层；（b）单斜岩层与断层

当断层走向与单斜岩层走向斜交或垂直时，断层线两侧出现地层的中断和前后错动。地层界线向岩层倾向方向错动的一侧为上升盘，反之为下降盘，如图 4－46 所示。

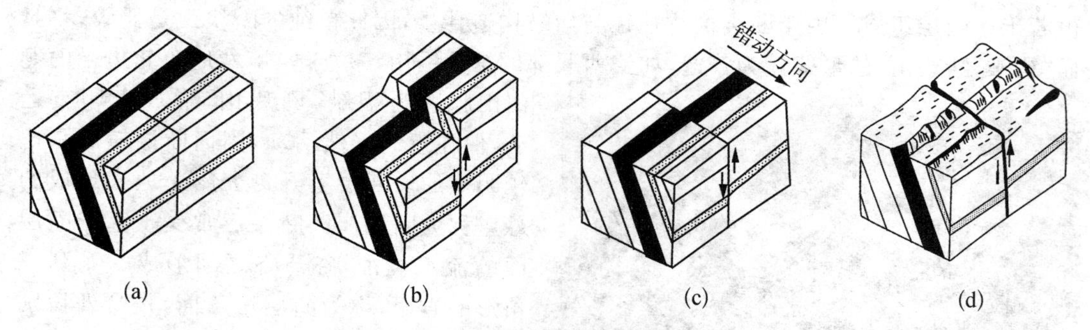

(a) (b) (c) (d)

图 4－46 断层走向与单斜岩层斜交或垂直时在地质图上的表现

（a）单斜岩层；（b）未剥蚀岩层和断层；（c）剥蚀后岩层和断层 1；（d）剥蚀后岩层和断层 2

在褶皱构造中，当断层走向与褶皱枢纽平行时，则与当单斜岩层中的断层走向大致平行于岩层走向的情况相同。当断层走向与褶皱枢纽斜交或垂直时，若为背斜，核部岩层相对变宽的一侧为上升盘，变窄的一侧为下降盘；若为向斜，核部岩层相对变宽的为下降盘，变窄的为上升盘；若为平推断层，核部岩层宽窄无变化，只是褶皱枢纽和岩层错开，如图 4－47 所示。

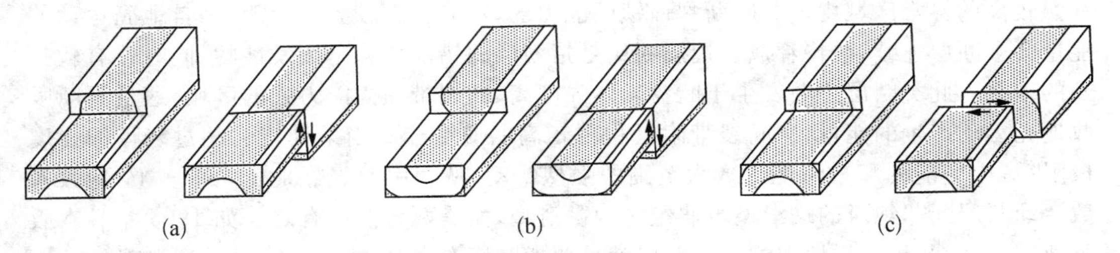

图 4－47　断层走向与褶皱枢纽斜交或垂直时在地质图上的表现

(a) 背斜轴部岩层在上升盘变宽；(b) 向斜轴部岩层在上升盘变窄；(c) 平推断层造成褶皱枢纽和岩层错开

5. 断层的工程地质评价

断层会破坏岩体的完整性，风化严重、加速地下水的活动以及岩溶的发育，降低岩石的强度和稳定性，断层面或破碎带的抗剪强度远低于岩体其他部位的抗剪强度，断裂面是极不稳定的滑移面，对岩质边坡稳定及桥墩稳定有重要影响，断裂破碎带是地下水的良好通道，地下水的出露被断裂构造所控制。在施工中，若遇到断层带，常会发生涌水问题。断层区域常有沟谷斜坡崩塌、滑坡、泥石流等不良地质现象发育。构造断裂带在新的地壳运动的影响下，可能发生新的移动。构造断裂带是地壳表层的薄弱地带，当有新的地壳运动发生时，往往引起附近断裂带产生新的移动，从而影响建筑物的稳定。因此断层对工程建筑会产生极大的不利影响，在确定路线布局、选择桥位和隧道位置等时，要尽量避开大的断层破碎带。

安排河谷路线时，要特别注意河谷地貌与断层构造的关系；当路线与断层走向平行，路基靠近断层破碎带时，开挖路基容易引起边坡发生大规模坍塌，直接影响施工和公路的正常使用。大桥勘察时要注意查明桥基部分有无断层存在及断层的影响程度如何，以便根据不同情况在设计基础工程时采取相应的处理措施。当隧道轴线与断层走向平行时，应尽量避免与断层破碎带接触；在确定隧道平面位置时，要尽量设法避开大规模的断层破碎带。

4.5.3　活动断层

活动断层又称为活动断裂，是指当前正在活动或在最近地质时期发生过活动、不久的将来还可能活动的断层，后者也称为潜在活动断层。将全新世地质时期(距今 1 万年)内有过的地震活动或近期正在活动、在今后 100 年内可能继续活动的断裂称为全新活动断裂。此外，还将全新活动断裂中，近期(距今近 500 年)发生过地震震级 $M>5$ 级的断裂，或在今后 100 年内可能发生 $M>5$ 级的断裂定义为发震断裂。活动断层的错动直接危害跨越该断层或建于附近的建筑物，伴有地震发生的活动断层，强烈的地面震动会对较大范围内的建筑物造成损害。为了更好地评价活动断层对工程建筑的影响，一般将工程使用期或寿命期(通常为 50～100 年)内可能影响和危害安全的活动断层称为工程活动断层。活动断层对工程建设具有重要影响，对其活动性(活动方式、规模、周期等)的研究及对区域构造稳定性的分析具有重要意义。

1. 活动断层的分类

按活动断层的活动方式可将其分为蠕变型(蠕滑型)断层和地震(黏滑型)断层。蠕变型活动断层是指只产生连续、缓慢的滑动变形，而不发生地震或只有少数微弱地震的活动断层。此类断层主要发生于断盘岩体强度低、断裂带内含有软弱填充物，或是孔隙水压、地温较高的异常区域内。此时断裂面锁固能力弱，不能积蓄较大应变能，来自地壳运动的能量会被断层连续、缓慢释放。地震断层是指断层的错动位移是突发性的，同时伴有较强烈的地震。此类断层主要发生于断盘岩体强度高、断裂带锁固能力强的区域，通过不断吸收地壳运动产生的能量，在断裂带附近积蓄较高的应变能。当某处应力超过岩体的强度极限后，应变能的释放可能导致大范围的强烈错动，从而引起强烈地震。事实上，绝大多数活动断层既非绝对的蠕滑型也非绝对的黏滑型，而是两者兼而有之。如 1995 年日本阪神地震及 2008 年汶川地震的地震断层就是两者兼而有之，发震前均有震前蠕滑现象。

2. 活动断层的特点

活动断层往往是地质历史时期产生的深大断裂，在近期及现在地壳构造应力条件下重新活动而产生的。深大断裂指的是切穿岩石圈、地壳或基底的断裂，其延伸长度达数十千米、数百千米，甚至数千千米，切割深度数千米至百余千米。大多数活动断层会继承旧断层活动，并继续演化和发展。同样的活动过去也曾在现今活动地段反复发生，这就是活动断层的继承性和反复性。我国活动断层主要继承了中、新生代以来的断裂构造格架，在现代应力场作用下形成。

地震断层的活动规律具有明显的周期性。两次错动之间的时间间隔称为活动断层的活动周期。确定活动断层的活动周期对地震预报具有重要意义。

根据世界范围内的统计资料表明，活动断层每年的活动速率一般在不足 1 mm 到几毫米之间，最强烈的也只有几十毫米。不同活动方式的活动断层的活动速率存在显著差异。大多数蠕变型活动断层的错动速率很慢，通常为每年零点几毫米到几十毫米，而地震断层的错动速率可高达 0.5～1 m/s。

3. 活动断层的识别

活动断层的识别与 4.5.2 节的断层识别方法基本一致，识别断层的标志有构造标志、地层标志、地貌标志和水文标志。除此之外，还有人工地物标志和地球物理化学标志。活动断层的存在主要对第四纪沉积物发生作用，产生错断、褶皱和变形现象。在人工地物标志方面，可采用历史上人工地物的错位和掩埋来判断活动断层的活动方式、时间和规模。例如，通过对宁夏红果子沟明长城错断情况的研究，确认有一条活动断层穿过错断点。在地球物理化学标志方面，活动断层在活动过程中通常会释放一些特殊气体，如 CO_2、H_2、He、Ne、Ar 等，以及一些微量元素，如 B、Hg、As、Br 等。通过测试土壤或岩体中某些特殊气体和元素的变化，可以判断断层的异常活动。此外，断层活动还将导致重力、磁场和地热异常，通过测量也可获得相关断层的活动信息。

4. 活动断层的工程地质评价

活动断层可能造成工程岩体的错动、位移甚至引发区域性地震，因此建筑场地选择时一般应避开活动断裂带，特别是重要的建筑物（如大坝和核电站）更不能跨越在活动断层上。铁路、公路、输水线路等线性工程必须跨越活动断层时也应尽量避开主断层。

如果工程必须在活动断层附近布置，建筑物应布置在相对稳定的地段，比较重大的建筑物放在断层的下盘较为妥善。此外，活动断层区域的建筑物应采取与之相应的建筑型式和结构措施。

存在活动断层的建筑场地必须进行危险性分区评价，以便根据各区危险性大小和建筑物的重要程度合理配置建筑物。

4.6 地质图及地质图的阅读与分析

地质图是指把一个地区的各种地质现象，如地层、地质构造等，按一定比例缩小，用规定的符号、颜色和各种花纹、线条表示在地形图上的一种图件，是工程实践中需要搜集和研究的一项重要地质资料。地质图可以表示一个地区的岩性、地层顺序及时代、地质构造、矿产分布等内容，是指导地质工作的重要图件，同时地质图又是地质勘察工作的重要成果之一。要清楚地了解一个地区的地质情况，需要花费不少的时间和精力。通过对地质图的阅读和分析，可以具体了解一个地区的地质情况，这对研究路线的布局、指导工程建设的规划与设计、确定野外工程地质工作的重点等，都能提供很好的帮助。因此，学会如何阅读和分析地质图是十分重要的。

4.6.1 地质图的类型与表示方法

1. 地质图的类型

(1) 普通地质图。普通地质图是表示某地区的地层分布、岩性和地质构造等基本地质内容的图件。

(2) 构造地质图。构造地质图是用线条和符号，专门反映褶曲、断层等地质条件的图件。

(3) 第四纪地质图。第四纪地质图是反映第四纪松散沉积物的成因、年代、成分和分布情况的图件。

(4) 基岩地质图。基岩地质图是假想把第四纪松散沉积物“剥掉”，只反映第四纪以前基岩时代、岩性和分布的图件。

(5) 水文地质图。水文地质图是反映地区水文地质资料的图件，可分为岩层含水性图、地下水化学成分图、潜水等水位线图和综合水文地质图等类型。

(6) 工程地质图。工程地质图是在相应比例尺的地形图上综合表现各种工程地质条件的图件，为各种工程建筑专用的地质图，如房屋建筑工程地质图、水库坝址工程地质图、矿山工程地质图、铁路工程地质图、公路工程地质图、港口工程地质图、机场工程地质图等。此外，还可根据具体工程项目细分，如公路工程地质图可以分为路线工程地质图、工点工程地质图。工点工程地质图又可分为桥梁工程地质图、隧道工程地质图、站场工程地质图等。

2. 地质图的编制要求

不同类型的地质图反映不同的地质内容，而普通的地质图则是各种地质图的基础。普通地质图的编制有一定的规格要求，具体如下：

(1) 地质图应有图名、比例尺、编制单位、人员和编制日期等。

(2) 地质图图例中，地层图例要求自上而下或自左向右，从新地层到老地层排列。

(3) 比例尺是指图上长度与实地水平距离的比值，可写成 $1:M$ 的形式，其中 $M=$ 实地水平距离/图上长度。比例尺的大小反映图的精度，比例尺越大，图的精度越高，对地质条件的反映也越细。根据工程需要选取的比例尺的原则如表 4-4 所示。

表 4-4 地形图比例尺的选用

比 例 尺	用 途
1∶10 000	城市总体规划、厂址选择、区域布置、方案比较
1∶5 000	
1∶2 000	城市详细规划及工程项目初步设计
1∶1 000	建筑设计、工程施工图设计、竣工图设计
1∶500	

3. 地质条件的表示方法

地质图上反映的地质条件一般包括地层岩性、岩层产状、岩层接触关系、褶皱和断裂等。这些条件需要采用不同的符号和方法才能综合性地表示在一幅图中。

1）地层岩性

地层岩性是通过地层分界线,年代代号或岩性代号及图例来反映的。常见的岩性符号如图 4-48 所示。

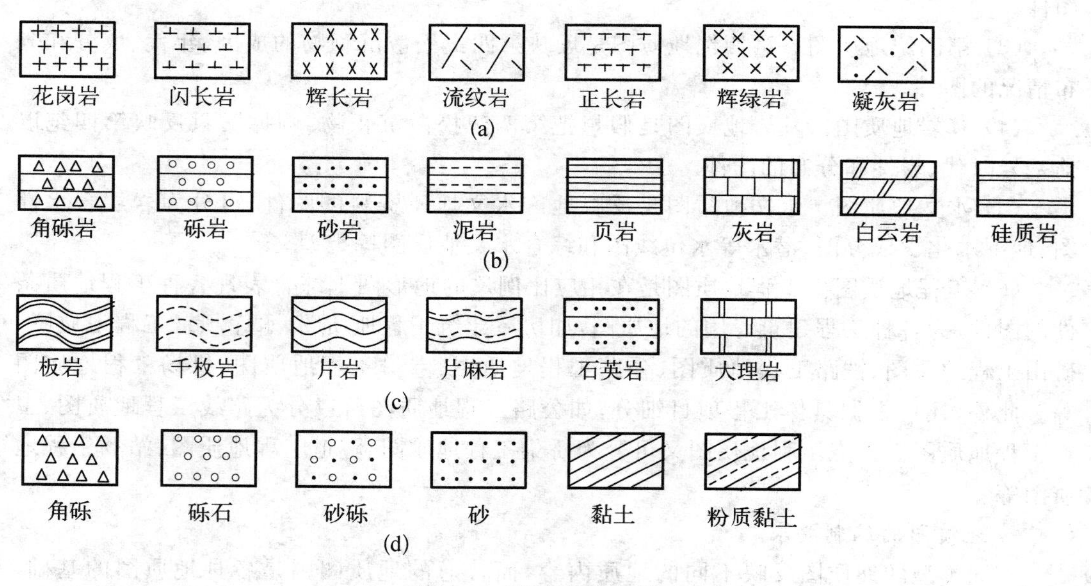

图 4-48 常见的岩性符号

(a) 岩浆岩类;(b) 沉积岩类;(c) 变质岩类;(d) 土体类

2）岩层产状

在地质平面图上单斜岩层的岩层产状主要是用符号├40°表示,其中长线表示岩层走向,垂直于长线的短线表示岩层倾向,角度值表示岩层的倾角,由平面图中的产状符号确定岩层走向和倾向时，可用量角器在图上直接量出。常见的岩层产状表示方法如表 4-5 所示。

3）褶皱

一般根据图例符号识别褶皱。若没有图例符号，则需根据岩层的新、老对称分布关系来确定，并根据褶皱两翼岩层产状及地层界线延伸特征进一步确定褶皱形态分类名称。褶皱的表示方法如表 4-5 所示。

表 4-5　地质构造的表示方法

地质构造	岩层特征	表示方法	备　　注
岩层产状	水平岩层	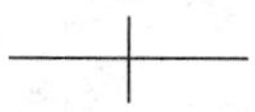	长线表示走向，短线表示倾向
	倾斜岩层	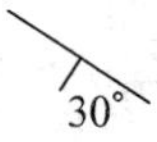 30°	长线表示走向，短线表示倾向，数字表示倾角
	直立岩层	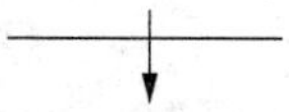	箭头表示新岩层
	倒转岩层		箭头表示倒转后的倾向
褶皱	向　　斜		箭头对表示两翼岩层倾向的相向关系
	背　　斜	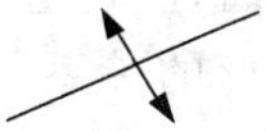	箭头对表示两翼岩层倾向的相背关系
	倒转向斜	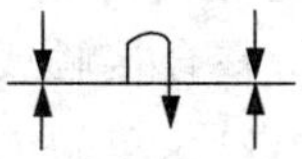	箭头对表示两翼岩层倾向的相向关系，中间箭头表示倒转后的倾向
	倒转背斜	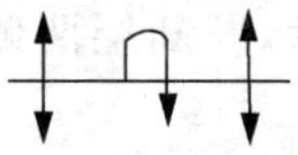	箭头对表示两翼岩层倾向的相背关系，中间箭头表示倒转后的倾向
断层	正断层	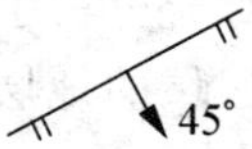 45°	长线表示断层的走向，垂直于长线带箭头的短线表示断层的倾向，数字表示倾角，不带箭头的短线表示下降盘
	逆断层	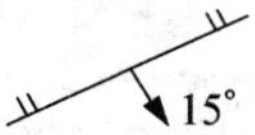 15°	
	平推断层	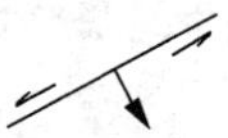	平行于长线的箭头表示两盘的相对位移方向

4）断层

断层在地质平面图上是通过地层分布特征和规定的符号来表示的，在地质平面图中用地层特征来分析断层与野外判断断层相同，一般断层的符号如表 4-5 所示，符号中的长线表示断层的出露位置和断层面走向，垂直于长线带箭头的短线表示断层面的倾向，数值表示断层面的倾角，垂直于长线不带箭头的短线表示断层两盘的相对运动方向，短线所在一侧的那一盘是相对的下降盘。平推断层中是用平行于长线箭头的短线来表示断层两盘的相对运动方向的。

5）地层接触关系

整合接触和平行不整合接触在地质图上的表现是相邻岩层的界线弯曲特征一致，只是前者相邻岩层时代连续，而后者不连续。角度不整合接触在地质图上的特征是新岩层的分界线切割老岩层的分界线。侵入接触使沉积岩层界线在侵入体出露处中断，但在侵入体两侧无错动；沉积接触表现为侵入体被沉积岩层覆盖中断。

4.6.2 地质图的阅读方法

1. 阅读方法与步骤

地质图上的内容多，线条、符号复杂，在读图时一般按下面步骤进行。

（1）读地质图时，首先看图名和比例尺及方位。图名表示图幅所在的地理位置，比例尺表示图的精度，图上方位一般用箭头指北表示，或用经纬线表示。若图上无方位标志，则以图的正上方为正北方。

（2）阅读图例。图例是地质图中采用的各种符号、代号、花纹、线条及颜色等的说明。通过图例，可以概括地了解图中出现的地质情况。在附有地层柱状图时，可与图例配合阅读，通过综合地质柱状图能够较完整、清楚地了解地层的新老次序、岩层特征及岩层接触关系。

（3）正式读图时先分析地形，通过地形等高线或河流水系的分布特点，了解地区地形起伏情况，建立地貌轮廓。地形起伏常常与岩性、构造有关。

（4）阅读地层的分布、产状及两者与地形的关系，阅读岩浆岩侵入体，分析不同地质时代地层的分布规律、岩性特征，了解区域地层的特点。

（5）阅读各年代地层的接触关系。分析整合接触或者不整合接触关系。

（6）阅读地质构造特征，分析有无水平岩层、单斜岩层；分析有无褶皱，褶皱类型及轴部、翼部的位置；有无断层，断层性质、分布以及断层两侧地层的特征。分析本地区地质构造形态的基本特征。

（7）根据地层、岩性、地质构造的特征，综合分析了解全区地质发展历史。

（8）在上述阅读分析的基础上，对图示区域的地层岩性条件及地质构造特征，结合工程建设的要求，进行初步分析评价。

2. 读图实例

下面对阳村地区地质图（见图 4－49）和阳村地区 AB 剖面地质图（见图 4－50）进行全面的分析，分析步骤如下。

1）地质图的比例尺

阳村地区比例尺是 1∶10 000，即 1 cm 代表实际地区的 100 m。

2）图例

仔细阅读图右边的图例、该地区共出现的地质年代地层和岩性特征。从阳村地区地质资料可知，出现的地质年代地层由早到晚依次是早泥盆纪（D_1）的石灰岩，中泥盆纪

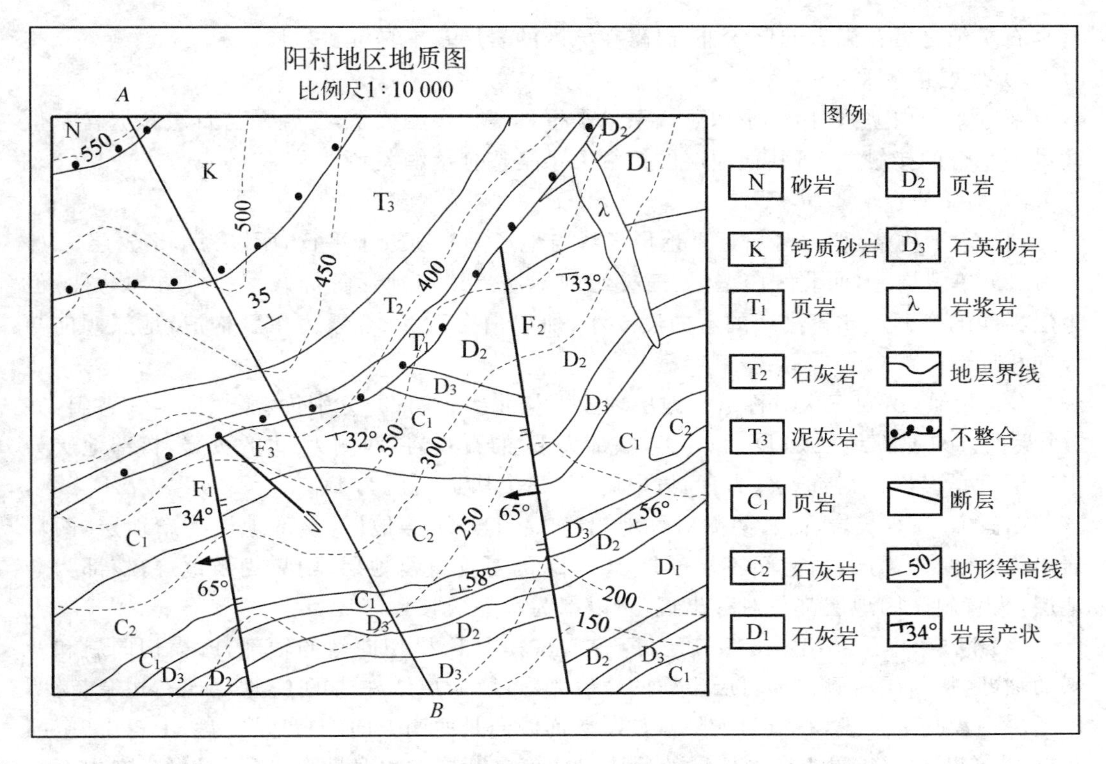

图 4-49 阳村地区地质图

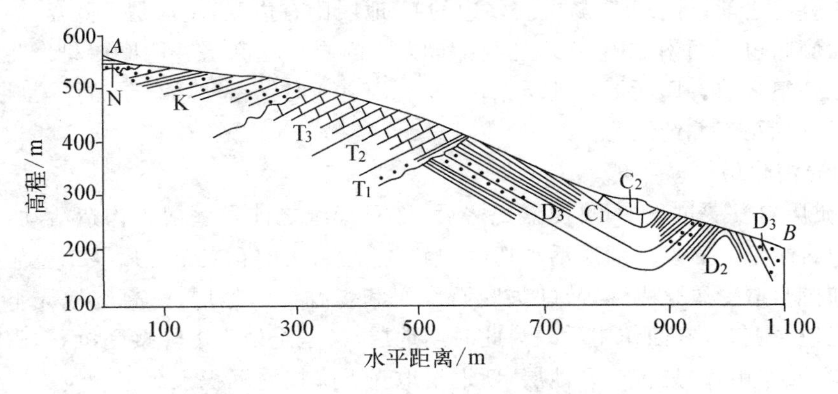

图 4-50 阳村地区 *AB* 剖面地质图

(D_2)的页岩，晚泥盆纪(D_3)的石英砂岩，早石炭纪(C_1)的页岩，中石炭纪(C_2)的石灰岩，早三叠纪(T_1)页岩，中三叠纪(T_2)的石灰岩，晚三叠纪(T_3)的泥灰岩，白垩纪(K)的钙质砂岩，新近纪(N)的砂岩。

3) 地形特征

本地区地形最高点为 550 m 位于西北部，最低处为 150 m 位于本区的东南角，地势由西北向东南逐渐低缓，呈一单面坡的地形特征。

4) 地层分布情况

本地区分布的地层有新近系(N)，白垩系(K)，三叠系(T)，早、中石炭系(C_1,C_2)，泥盆系(D)，缺失地层为古近系(E)，侏罗系(J)，二叠系(P)，晚石灰系(C_3)。地层除东北部有早石炭纪之后花岗岩的侵入外，出露在该区的岩层基本是沉积岩层。

5）地层接触关系

新近系与白垩系，白垩系和三叠系呈平行不整合接触关系，三叠系与石炭和泥盆系呈角度不整合的接触关系，其他地层的接触关系是整合接触关系。

6）地质构造

（1）水平构造，西北区新近系地层界线与地形等高线近于平行，所以为水平岩层。

（2）单斜构造，西北区白垩纪、三叠纪的地层界线与地形等高线呈相同方向弯曲，但地层界线的弯曲度比等高线的弯曲度要小，所以白垩系、三叠系为单斜构造，地层倾向与坡向相反。

（3）褶皱，出现三次对称重复地层现象。从北部到南部，分别为背斜、向斜和背斜，共3个褶曲。东北部地层是D_2、D_1、D_2，核部为D_1的石灰岩，两侧为D_2的页岩，核部地层为老地层，两翼岩层为新地层，为背斜；中南部，整个构造地层为D_2、D_3、C_1、C_2、C_1、D_3、D_2，核部出露C_2的石灰岩，而其两侧对称地出露C_1、D_3、D_2等地层，核部地层为新地层，两翼岩层为老地层，为向斜；南部还分布D_3、D_2、D_3的对称重复地层，两翼为新地层，核部为老地层，为背斜。因地层都是对称出现，所以都为水平褶皱。

（4）断层，本区共出露3条断层（$F_1 \sim F_3$），其中F_1横切向斜的轴部，F_2横切向斜和背斜的轴部，从断层两侧核部岩层出露的宽度来看，F_1断层线左边的C_2地层比右边窄，说明F_1断层左盘是上升盘，右边为下降盘。断层面倾向是西南方向，左盘是上盘，上盘上升，因此F_1是逆断层。断层线穿过地层的地质时期就是断层发生时期，F_1断层是发生在中石炭纪之后、三叠纪之前。同理F_2断层线左边的C_2地层比右边宽，左盘是下降盘，右盘是上升盘，断层面倾向也是西南方向，上盘下降，所以F_2断层是正断层。F_2断层是发生在中石炭纪之后、三叠纪之前。F_3断层是地层错位，左右两盘逆时针错动，属于左行平推断层，发生在中石炭纪以后、三叠纪之前。

7）地质演化历史

在地质历史发展过程中，早泥盆纪之后、晚石炭纪之前发生褶皱构造活动，生成向斜和背斜；中石炭纪之后发生断层活动切割向斜和背斜；在中石炭纪之后及二叠纪时期为一上升隆起时期，遭受风化剥蚀，故缺失晚石炭纪和二叠纪的地层；三叠纪地壳下降接受沉积，侏罗纪地壳上升，剥蚀作用后缺失此时期地层，白垩纪地壳下降接受沉积，古近纪地壳上升遭受剥蚀作用，缺失古近系地层，新近纪地壳下降接受沉积。

8）与工程建设的关系

地形较陡，需要注意边坡上节理的发育情况及边坡稳定性问题；断层发育，工程建设要避开大型的断层破碎带；背斜和向斜核部具有多裂隙问题，工程建设要考虑岩层破碎产生的岩体稳定问题和向斜核部地下水的渗透问题，避免发生塌顶和涌水现象。此区分布石灰岩和页岩，需分析石灰岩的岩溶问题，页岩强度低，易遇水软化，需分析其承载力问题。

习题 4

1. 请画出节理走向玫瑰图，统计表如表1所示。

表 1　观测点节理统计表

方位间距	节理数目	平均走向	方位间距	节理数目	平均走向
0°～9°	12	5°	270°～279°	0	
10°～19°	5	14.8°	280°～289°	3	282.7°
20°～29°	17	21.5°	290°～299°	6	294.0°
30°～39°	0		300°～309°	0	
40°～49°	21	45.9°	310°～319°	0	
50°～59°	0		320°～329°	14	325.6°
60°～69°	0		330°～339°	0	
70°～79°	0		340°～349°	0	
80°～89°	0		350°～359°	0	

2. 阅读图 1 某地区地质图，回答下列问题：

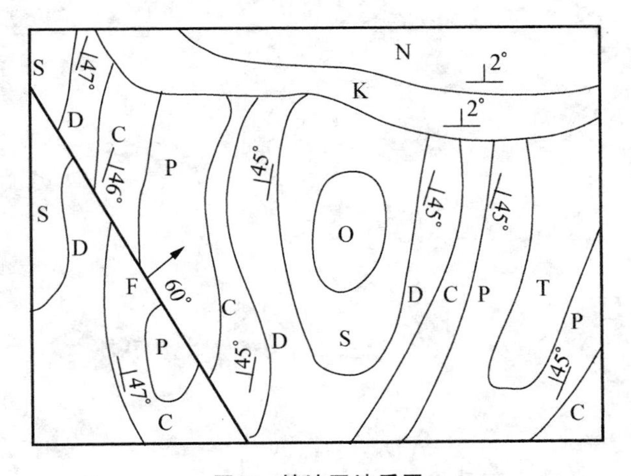

图 1　某地区地质图

(1) 从老到新写出图中地层所在的地质年代（相应的中文名称）和缺失地层。

(2) 判断褶皱类型及组成地层。

(3) 判断断层 F 的类型，并说明理由。

(4) 指出各地质年代地层的接触关系。

(5) 分析本区的地质发展史。

3. 简答题

(1) 什么是岩层产状？岩层产状的要素有哪些？

(2) 简述褶曲的组成要素和含义，以及褶曲的类型。

(3) 背斜和向斜各有什么特点?“背斜成山,向斜成谷”的说法是否正确?请说明原因。
(4) 简述野外观察褶皱构造的方法。
(5) 简述节理和解理的区别。
(6) 节理(裂隙)的类型及特点是什么?
(7) 断层基本类型有哪些?断层的形态要素是什么?
(8) 在野外断层识别中,有哪些标志性特征?如何判别断层的类型?
(9) 什么是活动断层?活动断层对工程建筑有什么影响?
(10) 水平构造、单斜构造、褶皱、地层接触关系和断层等在地质图上的表现是什么?

5 岩石和岩体的工程地质特征

本章介绍岩石与岩体的工程地质特征，重点阐述岩石的力学特征和工程分类，岩体的工程地质特征，包括结构面、结构体、岩体的力学特性、岩体结构类型、岩体结构控制论及岩体的工程分类等。

5.1 岩石的工程地质特征

岩石是具有固体、水和空气的三相多孔介质的材料。岩石在外力作用下发生变形，当外力增加到某一数值时，岩石开始破坏。工程建设的安全稳定性是与岩石的力学性质紧密相关的。

5.1.1 岩石的力学性质

1. 变形性质

岩石的变形有弹性变形、塑性变形和流变变形等，但是因为岩石内部的矿物组成和结构构造的复杂性，导致岩石的变形比较复杂，常通过单轴压缩试验来研究岩石的变形性质。

对岩样进行单轴压缩试验并绘制应力-应变曲线，可得到如图 5－1 所示的岩石单轴压缩应力-应变全过程曲线。可将岩石的变形划分不同的阶段。第一阶段：孔隙裂隙压密阶段，即图 5－1 中的 A 段。在该阶段，随着载荷的增加，岩石中的孔隙和裂隙逐渐闭合，岩石被压密，形成早期的非线性变形，曲线呈上凹型，曲线斜率随应力增大而逐渐增大。第二阶段：弹性变形至微破裂稳定发展阶段，即图 5－1 中的 B～C 段。该阶段呈近似直线关系，在弹性变形阶段，即 B 段，不但变形随应力成比例增加，而且在很大程度上表现为可恢复的弹性变形。其中 B 段的上界应力为弹性极限；在微破裂稳定发展阶段，即 C 段，岩石的变形主要表现为塑性变形，岩石内开始出现新的微破裂，并随着应力的增加逐渐发展，当载荷保持不变时，微破裂也停止发展。这一阶段的上界应力为屈服极限。第三阶段：非稳定破裂发展阶段，即图 5－1中的 D 段。进入该阶段后，微破裂的发展发生明显变化，不断增加和扩展，形成局部拉裂或剪裂面，体积变形由压缩转为

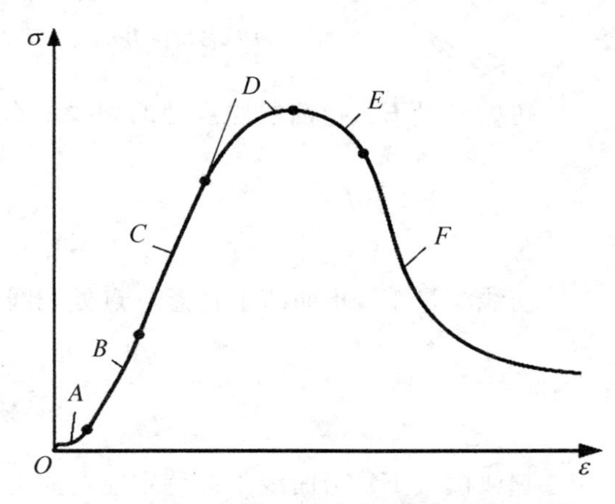

图 5－1 岩石单轴压缩应力-应变全过程曲线

膨胀，最终导致岩石结构完全破坏。本阶段的上界应力为峰值强度或单轴抗压强度。第四阶段：破坏后的阶段，图 5-1 中的 $E \sim F$ 段。在该阶段主要分为破坏阶段（E 段）和完全破坏阶段（F 段）。在 E 段，当岩石承载能力到达峰值后，其内部结构完全被破坏。裂隙快速发展、交叉且相互联合形成宏观断裂面。在 F 段，岩石的变形主要表现为沿着宏观断裂面滑移，岩石的承载力随着变形增大迅速下降，到达某一值稳定，称为残余强度。

根据应力-应变曲线，可以确定岩石的变形模量和泊松比等变形参数。变形模量指在单轴压缩条件下，轴向应力与轴向变形的比值。当岩石应力-应变为直线关系时[见图 5-2(a)]，岩石的变形模量为常量，又称为弹性模量，变形模量为

$$E = \frac{\sigma_i}{\varepsilon_i} \tag{5-1}$$

式中，E 为岩石的变形模量，单位为 MPa；σ_i 为应力-应变曲线上任意一点的轴向应力，单位为 MPa；ε_i 为对应的轴向应变。

当岩石应力-应变为非直线关系时，如图 5-2(b)所示，岩石的变形模量为一个变量。

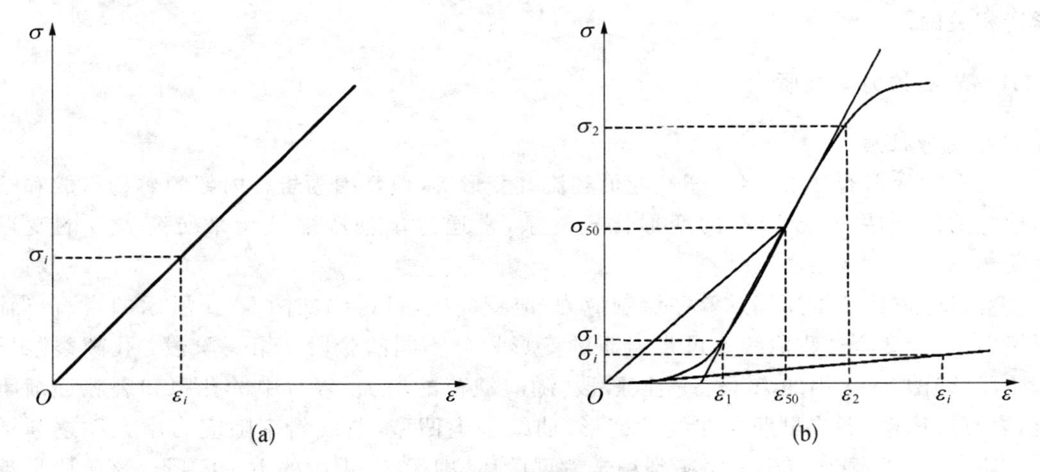

图 5-2　岩石变形模量确定方法示意

(a) 线性的应力-应变关系；(b) 非线性的应力-应变关系

初始模量 E_0，指曲线原点处的切线斜率，即

$$E_0 = \frac{\sigma_0}{\varepsilon_0} \tag{5-2}$$

切线模量 E_t，指曲线上任意一点处切线的斜率，特指中部直线段的斜率，即

$$E_t = \frac{\sigma_2 - \sigma_1}{\varepsilon_2 - \varepsilon_1} \tag{5-3}$$

割线模量 E_s，指曲线上某特定点与原点连线的斜率，通常采用抗压强度 50% 的点与原点连线的斜率，即

$$E_s = \frac{\sigma_{50}}{\varepsilon_{50}} \tag{5-4}$$

泊松比 μ，指在单轴压缩条件下，横向变形 ε_d 与轴向变形 ε_l 的比值，即

$$\mu = \frac{\varepsilon_d}{\varepsilon_l} \tag{5-5}$$

岩石的变形模量和泊松比受岩石的矿物组成、结构构造、风化程度、孔隙性、含水率、微结构面以及载荷方向等多种因素影响，变化较大。常见岩石的变形模量和泊松比的值如表 5-1 所示。

表 5-1 常见岩石的变形模量和泊松比的值

岩石名称	变形模量/($\times 10^4$ MPa)		泊松比
	初始	弹性	
花岗岩	2～6	5～10	0.2～0.3
流纹岩	2～8	5～10	0.1～0.25
闪长岩	7～10	7～15	0.1～0.3
安山岩	5～10	5～12	0.2～0.3
灰长岩	7～11	7～15	0.12～0.2
辉绿岩	8～11	8～15	0.1～0.3
玄武岩	6～10	6～12	0.1～0.35
石英岩	6～20	6～20	0.1～0.25
片麻岩	1～8	1～10	0.22～0.35
片岩	0.2～5	1～8	0.2～0.4
板岩	2～5	2～8	0.2～0.3
页岩	1～3.5	2～8	0.2～0.4
砂岩	0.5～8	1～10	0.2～0.3
砾岩	0.5～8	2～8	0.2～0.35
石灰岩	1～8	5～10	0.2～0.35
白云岩	4～8	4～8	0.2～0.35
大理岩	1～9	1～9	0.2～0.35

2. 强度性质

在外力作用下，当超过某一极限时，岩石发生破坏。而岩石抵抗外力破坏的能力称为岩石的强度。由于受力状态的不同，岩石的强度也不同，可分为单轴抗压强度、单轴抗拉强度、抗剪强度等。

1）单轴抗压强度

标准岩石试样在单向压缩时能承受的最大压应力称为单轴抗压强度或极限抗压强度，简称为抗压强度。岩石抗压强度在岩体工程分类、建筑材料选择、工程岩体稳定性评价中都是必不可少的。试验研究表明，岩块的抗压强度受一系列因素的影响和控制。这些因素主要包括两个方面：一是岩石本身性质方面的因素，如矿物组成、结构构造（颗粒大小、联结及微结构发育特征等）、密度及风化程度等；二是试验条件方面的因素，如岩样的几何形状及加工精度、加载速率、端面条件、湿度、温度、层理结构等。

2）单轴抗拉强度

岩石试样在单向拉伸时能承受的最大拉应力称为抗拉强度。在工程实践中，通常不允许拉应力出现，但拉断破坏仍是主要破坏方式之一。岩石的抗拉强度常通过室内试验间接测定，主要包括劈裂法、抗弯法以及点荷法，其中劈裂法和点荷法最常用。影响岩石抗拉强度的因素与抗压强度的影响因素基本相同，包括岩石本身性质和试验条件，但起决定性作用的是岩石本身性质方面的因素。

3）抗剪强度

岩石在剪切载荷作用下达到破坏前所能承受的最大剪应力称为岩石的抗剪强度。岩石的抗剪强度是大坝、边坡和地下洞室岩体稳定性分析的主要强度指标之一，常通过直剪试验和三轴试验测定。

表 5-2 所示为几种常见岩石的强度关系。岩石的抗压强度最大，抗剪强度次之，抗拉强度最小。

表 5-2　几种常见岩石的强度关系

岩 石 名 称	抗拉强度与抗压强度比值	抗剪强度与抗压强度比值
煤	0.009～0.06	0.25～0.50
页岩	0.06～0.325	0.25～0.48
砂岩	0.02～0.17	0.06～0.44
石灰岩	0.01～0.067	0.08～0.10
大理岩	0.08～0.226	0.272
花岗岩	0.02～0.08	0.08
石英岩	0.06～0.11	0.176

5.1.2 岩石工程地质特征的影响因素

影响岩石工程地质性质的因素主要有岩石的矿物成分、结构、构造、水和风化作用等。

1. *矿物成分*

岩石由一种或多种矿物组成，矿物成分对岩石的物理力学性质会产生直接的影响。例如，石英岩的抗压强度比大理岩的要高得多，这是因为石英的强度比方解石强度高。大多数岩石的强度都较高，因此在对岩石的工程地质性质进行分析和评价时，更应注意那些可能降低岩石强度的因素，如花岗岩中的黑云母含量，石灰岩和砂岩中黏土类矿物的含量，因为这类矿物易风化，易降低岩石的强度和稳定性。

2. *结构*

岩石的结构特征是影响岩石物理力学性质的一个重要因素。根据岩石的结构特征，可将岩石分为结晶联结的岩石和胶结联结的岩石两大类。结晶联结是由岩浆或溶液结晶或重结晶形成的，如大部分岩浆岩、变质岩和一部分沉积岩。结晶颗粒的大小对岩石的强度有明显的影响，如粗粒花岗岩的抗压强度一般为120～140 MPa，而有的细粒花岗岩抗压强度达200～250 MPa。

胶结联结是矿物碎屑由胶结物联结在一起形成的，如沉积岩中的碎屑岩。胶结联结的岩石强度和稳定性比结晶联结岩石低，其强度主要取决于胶结物的成分和胶结形式。就胶结物成分而言，硅质胶结的强度和稳定性最高，泥质胶结最差，而铁质和钙质胶结的强度和稳定性介于两者之间。如泥质胶结的砂岩抗压强度只有60～80 MPa，而硅质胶结的砂岩抗压强度高达170 MPa。胶结联结对岩石的强度有重要影响，主要有孔隙胶结、接触胶结和基底胶结三种类型，如图5-3所示。孔隙胶结是碎屑颗粒彼此接触，孔隙全部或大部分为胶结物所填充，岩石胶结坚固，强度高，透水性弱；接触胶结仅在碎屑颗粒的接触点上有胶结物，将松散的碎屑彼此胶结在一起，胶结程度低，在颗粒间留下孔隙，因此，这类岩石的强度不高，透水性强；基底胶结的碎屑颗粒存在于胶结物中，彼此不相接触，孔隙度小，岩石的强度和稳定性完全取决于胶结物的物理力学性质。

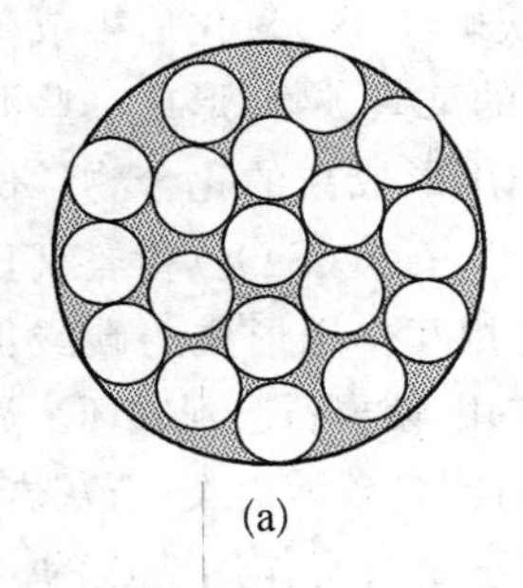
(a)

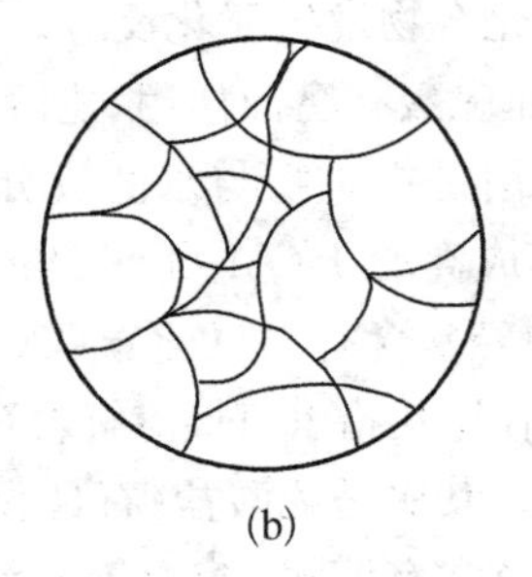
(b)

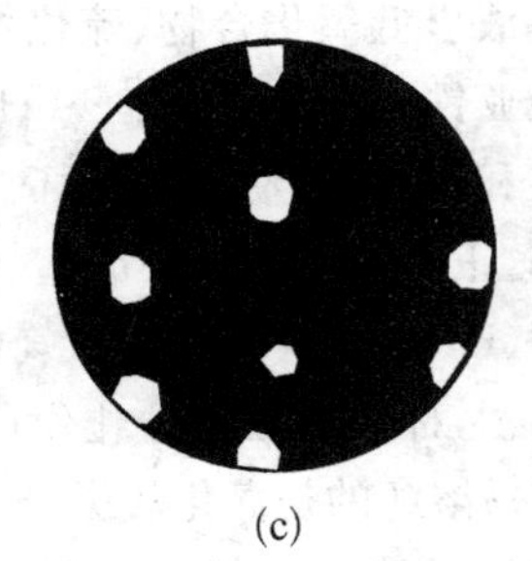
(c)

图5-3 常见沉积岩的胶结类型

(a) 孔隙胶结；(b) 接触胶结；(c) 基底胶结

3. *构造*

岩石的板状构造、片状构造、千枚状构造、片麻状构造和流纹构造等，往往使矿物成分在岩石中的分布很不均匀。一些强度极易风化的矿物，多沿一定方向富集形成条带状分布，从而使岩石的物理力学性质在局部发生很大变化；而岩石中存在的层理、裂隙和孔隙，往往使岩石结构的连续性和整体性受到影响，致使岩石的强度和透水性在不同方向上发生明显的差异，如垂直层面的抗压强度一般大于平行层面的抗压强度，平行层面的透水性大于垂直层面的透水性。

4. 水

当岩石受到水作用时，水将沿着孔隙或裂隙浸入，浸湿岩石自由表面上的矿物颗粒，削弱矿物颗粒间的联结，从而使岩石的强度受到影响，如砂岩被水饱和后，其抗压强度会降低 25%～45%。岩石饱水后会使岩石的强度降低。降低程度取决于岩石的孔隙度，当其他条件相同时，孔隙度大的岩石，被水饱和后其强度降低的幅度也大。

5. 风化作用

风化作用是指位于地壳表面或接近于地面的岩石经受着风、电、大气降水和温度等大气营力以及生物活动等因素的影响，岩石的结构、构造和整体性遭到破坏，强度和稳定性随之降低的地质作用。随着风化作用的加强，会引起某些矿物发生次生变化，从根本上改变岩石原有的工程地质性质。

引起风化作用发生的风化因素统称为风化营力。按风化营力的不同，风化作用可分为物理风化作用、化学风化作用和生物风化作用三大类型。物理风化作用是指岩石在风化营力的影响下，产生一种单纯的机械破坏作用。破坏后岩石的化学成分不改变，只是岩石发生崩解破碎，形成岩屑，岩石由坚硬变疏松。引起岩石物理风化作用的因素主要是温度变化和岩石裂隙中水分的冻结。当气温降到 0℃或 0℃以下时，在岩石裂隙中的水就会产生冰冻现象。水由液态变成固态时，体积膨胀约 9%，对裂隙两壁产生很大的膨胀压力，起到楔子的作用，称为“冰劈”，导致岩石崩解破碎。

化学风化作用是指岩石在水和各种水溶液的化学作用所引起的破坏作用。风化作用不仅会使岩石破碎，还会改变化学成分，产生新的矿物。化学风化作用有水化作用、氧化作用、水解作用和溶解作用四种类型。水化作用是水分和某种矿物质的结合，改变矿物原有的分子式，引起体积膨胀，使岩石破坏。例如，硬石膏（$CaSO_4$）遇水后变成普通石膏（$CaSO_4 \cdot 2H_2O$），其体积膨胀 70%，对岩石产生巨大压力，使岩石胀裂。氧化作用是在水溶液里低氧化合物、硫化物和有机化合物发生氧化反应。例如，黄铁矿（FeS_2）氧化后生成硫酸亚铁（$FeSO_4$）和硫酸（H_2SO_4），而硫酸有腐蚀作用，能溶蚀岩石中的某些矿物，形成一些洞穴和斑点，致使岩石破坏。水解作用是指矿物与水的成分起化学作用形成新的化合物。例如，正长石（$KAlSi_3O_8$）经水解后形成高岭土（$Al_2O_3 \cdot 2SiO_2 \cdot 2H_2O$）、石英（$SiO_2$）和氢氧化钾（$KOH$）。再例如，大气中和水中经常含有二氧化碳（$CO_2$）与矿物相互作用形成的碳酸化合物，称其为碳酸盐化作用。溶解作用是指水直接溶解岩石矿物的作用，使岩石遭到破坏。最容易溶解的是卤化盐类（岩盐、钾盐），其次是硫酸盐（石膏、硬石膏），再次是碳酸盐类（石灰岩、白云岩等）。例如，在石灰岩地区经常有溶洞、溶沟等岩溶现象，这正是溶解作用造成的。

生物风化作用是指岩石在动、植物及微生物影响下所起的破坏作用，包括生物的机械风化作用和生物化学作用。机械风化作用是指植物根部在岩石裂隙中生长，迫使裂隙扩大，引起岩石崩解的过程，也称为根劈作用。生物的化学作用是指生物通过新陈代谢及其遗体腐烂后生成有机酸、硝酸、氢氧化铵、腐殖酸等对岩石进行分解，从而改变岩石和矿物的性质、结构和成分。

根据岩石结构构造的破坏程度及其矿物成分的变化情况，将岩石的风化程度分为未风化、微风化、中等(弱)风化、强风化和全风化五级,如表 5-3 所示。

表 5-3　岩石风化程度的划分

风化程度	风 化 特 征
未风化	岩石结构构造未变,岩质新鲜
微风化	岩石结构构造、矿物成分和色泽基本未变,部分裂隙面有铁锰质渲染或略有变色
中等(弱)风化	岩石结构构造部分破坏,矿物成分和色泽较明显变化,裂隙面风化较剧烈
强风化	岩石结构大部分破坏,矿物成分和色泽较明显变化,长石、云母和铁镁矿物已风化蚀变
全风化	岩石结构构造完全破坏,已崩解和分解成松散土状或砂状,矿物全部变色,光泽消失,除石英颗粒外的矿物大部分风化蚀变为次生矿物

从地壳表层向下风化作用逐渐减弱以至消失,不同风化程度岩层由表及下呈带状分布。地壳表层岩石按其风化程度自表而下分为全风化、强风化、中等(弱)风化和微风化四个风化层,上述层带称为风化带。

5.2　岩石的工程分类

为了描述和评价岩石的工程地质性质,需在地质分类的基础上对岩石进行工程分类。岩石的坚硬程度是岩石(或岩块)在工程意义上的最基本的性质之一,是岩石在外载荷作用下,抵抗变形直至破坏的能力。岩石的坚硬程度主要取决于岩石的组成矿物成分、结构构造特征、风化程度以及受水软化程度等因素。目前岩石的坚硬程度的评价标准主要采用定性鉴定和定量指标两种方法。

1. 岩石坚硬程度的定性鉴定法

对于岩石坚硬程度的定性鉴定,按照表 5-4 进行划分,表中有关岩石风化程度内容可参考表 5-3。

表 5-4　岩石坚硬程度的定性划分

名	称	定 性 鉴 定	代 表 性 岩 石
硬岩石	坚硬岩	锤击声清脆、有回弹、震手、难击碎;浸水后,大多无吸水反应	未风化至微风化的花岗岩、正长岩、闪长岩、辉绿岩、玄武岩、安山岩、片麻岩、石英片岩、硅质板岩、石英岩、硅质胶结砾岩、石英砂岩、硅质石灰岩等
	较坚硬岩	锤击声清脆、有轻微回弹、稍震手、较难击碎;浸水后,有轻微吸水反应	(1) 中等(弱)风化的坚硬岩; (2) 未风化至微风化的熔结凝灰岩、大理岩、板岩、白云岩、石灰岩、钙质砂岩、粗晶大理岩等

（续表）

名称		定性鉴定	代表性岩石
软质岩石	较软岩	锤击声不清脆、无回弹、较易击碎；浸水后，指甲可刻出印痕	(1) 强风化的坚硬岩； (2) 中等(弱)风化的较坚硬岩； (3) 未风化至微风化的凝灰岩、千枚岩、砂质泥岩、粉砂岩、砂质页岩等
	软岩	锤击声哑，无回弹，有凹痕，易击碎；浸水后，手可掰开	(1) 强风化的坚硬岩； (2) 中等(弱)风化至强风化的较硬岩； (3) 中等(弱)风化的较软岩； (4) 未风化的泥岩、泥质页岩、绿泥石片岩、绢云母片岩等
	极软岩	锤击声哑，无回弹，有较深凹痕，手可捏碎；浸水后，可捏成团	(1) 全风化的各种岩石； (2) 强风化的软岩； (3) 各种半成岩

2. *岩石坚硬程度的定量指标法*

目前采用的定量指标有岩石单轴抗压强度、弹性(变形)模量、回弹值等。国内外选用的指标没有统一的方法，其中单轴抗压强度指标，代表性强，使用广，试验简单易得，因此，单轴饱和抗压强度(R_c)，常作为岩石坚硬程度的定量指标之一。

1) 迪尔和米勒的双指标分类

迪尔和米勒于1996年提出以岩石的单轴抗压强度和模量比作为分类指标。首先按照单轴抗压强度将岩石分为5类，如表5-5所示。然后再按照抗压强度与模量比将岩石分为3类，如表5-6所示。最后综合两者，将岩石划分为不同的类别。这一分类的优点是使用简便、较全面地反映岩石的变形与强度的性质。

表5-5　岩石单轴抗压强度分类

类别	岩石分类	单轴抗压强度/MPa	岩石类型举例
A	极高强度	＞200	石英岩、玄武岩、辉长岩
B	高强度	100～200	大理岩、花岗岩、片麻岩
C	中等强度	50～100	砂岩、板岩
D	低强度	25～50	煤、粉砂岩、片岩
E	较低强度	1～25	盐岩

表 5-6 岩石模量分类

类 别	抗压强度与模量比分类	抗压强度与模量比值
H	高模量比	>500
M	中等模量比	200～500
L	低模量比	<200

2）岩石坚硬程度按强度分类

国家标准《工程岩体分级标准》(GB/T 50218—2014)与《岩土工程勘察规范(GB 50021—2001)(2009 版)》中提出采用新鲜岩石单轴饱和抗压强度 R_c 的实测值进行分类，表 5-7 给出各类岩石坚硬强度的界限值。当无条件取得实测值时也可采用实测的岩石点载荷强度指数 $I_{s(50)}$ 的换算值，并按式(5-6)换算

$$R_c = 22.82 I_{s(50)}^{0.75} \tag{5-6}$$

式中，R_c 为新鲜岩石饱和单轴抗压强度，单位为 MPa。

表 5-7 岩石坚硬程度的分类

名称		饱和单轴抗压强度/MPa	代表性岩石
硬质岩	坚硬岩	>60	花岗岩、片麻岩、玄武岩
	较坚硬岩	30～60	石灰岩、大理岩、白云岩
软质岩	较软岩	15～30	千枚岩、泥灰岩、粉砂岩
	软岩	5～15	强风化的岩石
	极软岩	<5	全风化的岩石

5.3 岩体的工程地质特征

在各种复杂地质作用下，被各种地质界面(层面、断层面、节理面、不整合面等结构面)切割的单一或多种岩石构成的不连续地质体，称为岩体，也就是说岩体是由结构面及其周围的岩石块体所组成的统一的整体。岩体和岩石的工程性质是不同的，岩石是指完整的块体，其性质可以用岩块来表征，而岩体的工程性质与组成岩体的岩石与结构面的性质及其组合形式有关。岩体为各种结构面所切割，整体力学强度受结构面控制，而结构面的强度远低于岩石强度，因此岩体的工程性质尤其是力学性能要弱于其组成岩石。结构面密度、规模越大，则岩体的整体力学性质就越差，因此不能用岩石的力学特性来表征岩体的力学特征。岩体是工程影响范围内的地质体，是工程建设中主要的研究对象，大规模开发

地下矿藏、铁路向山区延伸、峡谷中修建水工建筑物等，都需要对岩体的工程地质性质进行深入的研究。

5.3.1 结构面

结构面

结构面是指地质历史发展过程中，在岩体内形成的具有一定的延伸方向和长度，厚度相对较小的地质界面或带，扫描二维码可查看结构面图片。结构面包括各种破裂面（如劈理、节理、断层面、顺层裂隙或错动面、卸荷裂隙、风化裂隙等）、物质分异面（如层理、层面、沉积间断面、片理等），以及软弱夹层或软弱带、构造岩、泥化夹层、填充夹泥（层）等面、缝、层和带状的地质界面。结构面会导致岩体力学性能的不连续性、不均匀性和各向异性。岩体的变形和破坏主要受各种结构面的性质及其组合形式的控制。

1. 结构面的类型

1）按地质成因分类

按结构面地质成因可将结构面划分为原生结构面、构造结构面和次生结构面三种类型，主要特征如表 5－8 所示。

（1）原生结构面是岩体在成岩过程中形成的结构面，其特征与岩体成因密切相关，可分为沉积结构面、岩浆结构面和变质结构面三类。

沉积结构面是沉积岩在沉积和成岩过程中形成的地质界面，包括层理、层面、软弱夹层、不整合面、假整合面和沉积间断面等。沉积结构面的特征与沉积岩的成层性有关，一般延伸性较强，常贯穿整个岩体，产状随岩层产状而变化。如在海相沉积岩中分布稳定而清晰。沉积间断面反映在沉积历史中的风化剥蚀过程，有古风化残积物，常常构成一个软弱带。如碳酸岩类岩层中的泥灰岩夹层、火山碎屑岩系中的凝灰质页岩夹层、砂岩砾岩中的黏土岩及黏土岩页岩夹层等原生软弱夹层，一般其力学强度低，遇水易软化，受构造应力作用，最易发生层间错动，甚至性质变为破碎泥化夹层。原生软弱夹层常常是岩体中最薄弱的环节，对岩体稳定起着极为重要的控制作用。

岩浆结构面是在岩浆侵入及冷凝过程中形成的结构面，包括岩浆岩体与围岩的接触面、各期岩浆岩之间的接触面和原生冷凝节理等。结构面的工程性质极不均一。侵入体与围岩的接触面通常延伸较远且较稳定，有时熔合得很好，有时则形成软弱的蚀变带或接触破碎带。岩浆岩的原生节理往往短小而密集，且多为张性破裂面，对岩体的透水性及稳定性都有着重要影响。

变质结构面可分为变余结构面和重结晶结构面。变余结构面主要是沉积岩经变质后，在层面上绢云母、绿泥石等鳞片状矿物富集并呈定向排列而形成的结构面，如千枚岩的千枚理面和板岩的板理面等。重结晶结构面主要有片理面和片麻理面等，是岩石发生深度变质和重结晶作用下，片状矿物和柱状矿物富集并呈定向排列形成的结构面，改变原岩的面貌，对岩体的物理力学性质常起控制性作用。在变质岩体中薄层云母片岩、绿泥石片岩和滑石片岩等，由于岩层软弱，片理极发育，易于风化，常构成软弱夹层。

各类原生结构面的共同特点是产状与岩体的生成条件有密切关系，其中层面结构面与岩层产状一致，延伸性一般较强，某些结构面虽延伸不长，但较密集；结构面有一定的抗剪强度，但易受后期构造及次生作用的影响而恶化；当结构面产状平缓且延续密集时，常成为岩体滑移的控制面。

表 5-8 结构面的地质成因类型及特征

成因类型		地质类型	主要特征			工程地质评价
			产状	分布	性质	
原生结构面	沉积结构面	① 层理、层面 ② 软弱夹层 ③ 不整合面、假整合面、沉积间断面	一般与岩层产状一致，为层间结构面	海相岩层中此类结构面分布稳定，陆相岩层中呈交错状、易尖灭	层面、软弱夹层较为平整；不整合面及沉积间断面多由碎屑泥质构成，且不平整	国内外较大的坝基滑动及滑坡很多是由此类结构面所造成的，如奥斯汀(Austin)坝、马尔帕塞(Malpasset)坝的破坏、瓦伊昂(Vajont)坝附近的巨大滑坡等
	岩浆结构面	① 侵入体与围岩的接触面 ② 岩脉、岩墙接触面 ③ 原生冷凝节理	岩脉受构造结构面控制、而原生节理受岩体接触面控制	接触面延伸较远、比较稳定，而原生节理往往短小密集	与围岩的接触面具有熔合及破坏两种不同特征，原生节理一般为张裂面，较粗糙不平	一般不造成大规模的岩体破坏，但有时与构造断裂配合，也可形成岩体的滑移，如有的坝肩局部滑移
	变质结构面	① 板理、千枚理、片理、片麻理 ② 片岩软弱夹层	产状与岩层或构造方向一致	片理短小，分布极密、片岩软弱夹层延展较远，具有固定层次	结构面光滑平直、片理在岩层深部往往闭合成隐蔽结构面，片岩软弱夹层具片状矿物，呈鳞片状	在变质较浅的沉积岩区、如千枚岩等路堑边坡常见塌方、片岩夹层有时对工程及地下洞室的稳定性有影响
构造结构面		① 节理(X形节理、张节理) ② 断层(冲断层、张性断层、横断层) ③ 层间错动 ④ 羽状裂隙、劈理	产状与构造线呈一定关系，层间错动与岩层一致	张性断裂较短小，剪切断裂延展较远，压性断裂规模巨大，有时受横断层切割成不连续状	张性断裂不平整，常具有次生填充，呈锯齿状；剪切断裂较平直，具有羽状裂隙；压性断裂具有多种构造岩，呈带状，往往含断层泥、糜棱岩	对岩体稳定影响很大，在许多岩体破坏过程中大多有构造结构面的配合作用、此外常造成边坡及地下工程的塌方、冒顶
次生结构面		① 卸荷裂隙 ② 风化裂隙 ③ 风化夹层 ④ 泥化夹层 ⑤ 次生夹泥层	受地形、原始结构面及临空面控制	分布上往往呈不连续状透镜体，延展性差，且主要在地表风化带内发育	一般为泥质物填充，水理性质很差	在天然及人工边坡上造成危害，有时对坝基、坝肩及浅埋隧洞等工程亦有影响，但一般在施工中予以清基或加固处理

(2) 构造结构面是岩体形成后在构造应力作用下形成的各种破裂面，包括断层、节理和层间错动面等。规模小者如节理、劈理等，多数短小而密集，一般无填充或只具有薄层填充，主要影响岩体的完整性和力学性质。断层为规模较大的构造结构面，多数有厚度不等、性质各异的填充物，并发育有由构造岩组成的构造破碎带，具有多期活动特征，是最不利的软弱构造面之一。工程地质性质很差，其强度接近于岩体的残余强度，常导致工程岩体的滑动破坏。层间错动常常沿着原生结构面产生，因而使软弱夹层形成碎屑状、片状或鳞片状，普遍分布在褶皱岩层地区和大断层的两侧。

(3) 次生结构面是岩体形成后在风化、卸荷及地下水等外营力作用下产生的结构面，包括卸荷裂隙、风化裂隙、次生夹泥层和泥化夹层等。卸荷裂隙面是因表部被剥蚀卸荷造成应力释放和调整而产生的，产状与临空面近于平行，并具有张性特征。如河谷岸坡内的顺坡向裂隙及谷底的近水平裂隙等，其发育深度一般达基岩面以下 5～10 m，局部可达数十米，谷底的卸荷裂隙对水工建筑危害很大。风化裂隙分布在地表风化带内，常沿原生结构面及构造结构面发育，一般延伸短、方向紊乱、连续性差，降低岩体的强度和变形模量。泥化夹层是原生软弱夹层在构造及地下水的作用下形成的，次生夹层则是地下水携带的细颗粒物质及溶解物质沉淀在裂隙中形成的。它们的性质都比较差，属软弱结构面。

2) 按力学成因分类

结构面按力学成因可分为张性结构面、剪性结构面和压性结构面三类。

(1) 张性结构面由拉应力形成，如羽状裂隙、纵张和横张破裂面及冷凝节理等。羽状裂隙是剪性断裂过程中的派生力偶形成的，它的张开度在邻近主干断裂一端较大，且沿延伸方向迅速变窄，乃至尖灭。纵张破裂面常发生在背斜轴部，走向与背斜轴近于平行，呈上宽下窄。横张破裂面走向与褶皱轴近于垂直，它的形成机理与单轴压缩条件下沿轴向发展的劈裂相似。一般来说，张性结构面具有张开度大、连续性差、形态不规则、表面粗糙等特征，因此，张性结构面利于地下水活动，导水性强，但一般规模较小。

(2) 剪性结构面是剪应力形成的，破裂面两侧岩体产生相对滑移，如逆断层、平推断层及多数正断层。剪性结构面的特点是连续性好，面较平直，延伸较长，并有擦痕、镜面等现象。

(3) 压性结构面简称为挤压面，是走向垂直主压应力方向，具有明显挤压特征的结构面，分为形式上的结构面和破裂的结构面，如单式或复式褶皱轴面即为形式上的结构面，而逆断层、区域片理面和一部分劈理面等为破裂的结构面。破裂的压性结构面，往往呈舒缓波状，附近常出现强烈的褶皱、地层倒转、构造挤压带和片理带等挤压现象。其实，纯粹挤压性结构面较少，多数是压扭性结构面，压性结构面往往规模比较大，形成区域性断裂。

3) 按填充物分类

结构面按有无填充物分为硬性结构面和软弱结构面两类。硬性结构面指没有填充物的结构面，如节理、层理、片理、劈理、卸荷裂隙等。软弱结构面是指有填充物的结构面，如断层破碎带、层间错动带、接触破碎带、软弱夹层、泥化夹层等。与两盘岩体相比，软弱结构面具有压缩性高、强度低、透水性好等特征，其中泥化夹层的性质最差。软弱结构面对岩体的变形、破坏和稳定性起控制作用。

软弱夹层是在坚硬岩层中夹有的力学强度低、泥质或炭质含量高、遇水易软化、延伸较长和厚度较薄的软弱岩层。一般是指泥质岩层、黏土质粉砂岩、层间蚀变带和常以夹层状态存在的构造黏土。我国的龙羊峡、李家峡等拱坝工程中都碰到软弱夹层的问题。软弱夹层对构筑物稳定以及边坡稳定、坝基防渗的影响都很大，所以对软弱夹层问题应当予以充分的重视。

泥化夹层由含泥质的软弱夹层（黏土岩类）经一系列的地质作用演化而成，如硬岩夹软岩（黏土岩），若发生层间错动，软岩破碎，为地下水提供良好的通道，而地下水的流动使破碎的岩石颗粒分散、含水量增大，岩石软化成塑性状态（泥化），同时水还使其中的可溶性盐类溶解、流失，其物理力学性质变得更差。泥化夹层的特点是具有泥质松散状结构或泥质定向结构，黏粒含量很高（大于 30%），含水量接近或超过塑限，密度比原岩小，具有膨胀性，强度低，压缩性高，抗冲刷能力差，易产生渗透变形。

2. 结构面的特征

结构面的特征包括结构面的规模、形态、密集程度、延展性及填充状况等，它们对结构面的物理力学性质具有决定性影响。

1）结构面的规模

实践证明，结构面的规模大小对岩体力学性质和岩体稳定具有重要影响，因此，应按规模对结构面进行分级，如表 5-9 所示。

表 5-9　结构面规模分级及特征

级别	分级依据	力学效应	力学属性	地质构造特征
Ⅰ级	结构面延展长达几千米至几十千米以上，破碎带宽达数十米	① 形成岩体力学作用边界 ② 岩体变形和破坏的控制条件 ③ 构成独立的力学介质单元	软弱结构面	较大的断层
Ⅱ级	延展规模与研究的岩体相当，破碎带宽度比较窄，几厘米到数米	① 形成块裂岩体边界 ② 控制岩体变形和破坏方式 ③ 构成次级地应力场边界	软弱结构面	小断层、层间错动带
Ⅲ级	延展长度短，从十几米至几十米，无破碎带，不夹泥，偶有泥膜	① 参与块裂岩体切割 ② 构成次级地应力场边界	少数属于软弱结构面	不夹泥、大节理或小断层开裂的层面
Ⅳ级	延展短，未错动，不夹泥，有的呈弱闭合状态	① 是岩体力学性质、结构效应的基础 ② 有的为次级地应力场边界	坚硬结构面	节理、劈理、层面、次生裂隙
Ⅴ级	延展短、连续性差	① 岩体内形成应力集中 ② 岩体力学性质、结构效应的基础	坚硬结构面	不连续的小节理及微层面、片理面

(1) Ⅰ级结构面，区域性的断裂破碎带，延展数十千米以上，破碎带的宽度从数米至数十米，有些区域性大断层往往具有现代活动性，给工程建设带来很大的危害，直接关系着建设地区的地壳稳定性，影响山体稳定性及岩体稳定性。所以，一般的工程应尽量避开。

(2) Ⅱ级结构面，指延展性较强的区域性地质界面，包括较大的断层、层间错动、不整合面及原生软弱夹层及大型接触破碎带等，其规模贯穿整个工程岩体，长度一般数百米至数千米，破碎带宽数十厘米至数米，常控制工程区的山体及工程岩体的破坏方式和滑动边界，影响工程布局，具体建筑物应避开或采取必要的处理措施。

(3) Ⅲ级结构面：包括长度数十米至数百米的断层、区域性节理、延伸较好的层面及层间错动等。宽度一般为数厘米至1 m左右，主要影响或控制工程岩体的破坏和滑移机理，常常是工程岩体稳定的控制性因素及边界条件，如地下洞室围岩及边坡岩体的稳定性等。

(4) Ⅳ级结构面，延展性差，包括层面、次生裂隙、小断层及较发育的片理、节理面等，长度一般为数十厘米至20～30 m，小者仅数厘米至十几厘米，宽度为零至数厘米不等，是构成岩块的边界面，破坏岩体的完整性，影响岩体的物理力学性质及应力分布状态。该级结构面数量多。分布具有随机性，主要影响岩体的完整性和力学性质，是岩体分类及岩体结构研究的基础，也是结构面统计分析和模拟的对象。

(5) Ⅴ级结构面，又称为微结构面，指延展性极差的一些微小裂隙，指微层面、微裂隙及不发育的片理等，其规模小，连续性差，常包含在岩块内，主要影响岩块的物理力学性质。由于微裂隙的存在，岩块的破坏具有随机性。

2) 结构面的形态

结构面的形态对岩体的力学性质有着明显影响，结构面的形态可以从侧壁的起伏形态以及粗糙度两个方面进行研究。结构面的侧壁起伏形态可以分为平直状、波状、锯齿状、台阶状和不规则状，如图5-4所示。

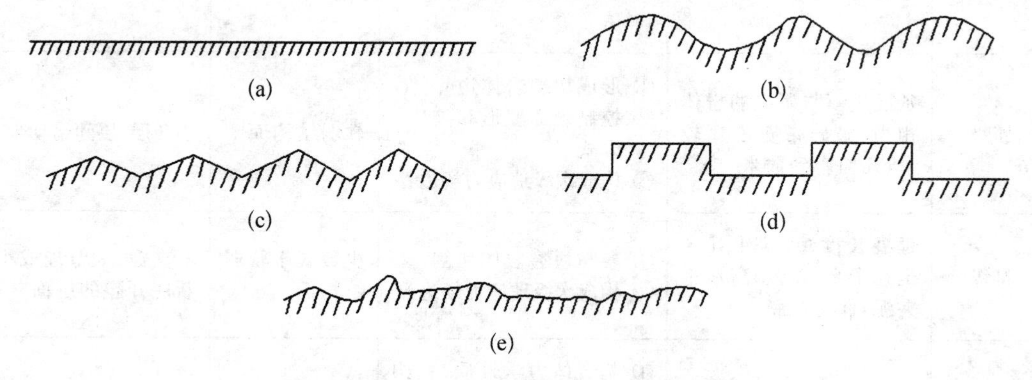

图5-4 不同起伏形态的结构面

(a) 平直状；(b) 波状；(c) 锯齿状；(d) 台阶状；(e) 不规则状

平直状结构面包括大多数层面、片理和剪切破裂面等。波状结构面包括有波痕的层面、轻度柔曲的片理、呈舒缓波状的压性及压扭性结构面等。锯齿状结构面一般呈锯齿状或不规则的弯曲状，如具有交错层理或龟裂纹的岩层面，沉积间断面，以及沿已有裂隙发育的次生结构面等。不规则结构面曲折不平，如沉积间断面、交错层理及沿原裂隙发育的次生结构面等。

一般用起伏度和粗糙度表征结构面的形态特征。起伏度用于衡量结构面总体起伏的程度，常用起伏角 i 和起伏高度 h 来描述(见图 5-5)，粗糙度表示结构面表面的粗糙程度，一般多根据手摸时的感觉而定，很难进行定量的描述，大致可分为极粗糙、粗糙、一般、光滑和镜面五个等级。结构面的形态对结构面的抗剪强度有很大影响。一般来说，平直光滑的结构面有较低的摩擦角，粗糙起伏的结构面则有较高的抗剪强度。

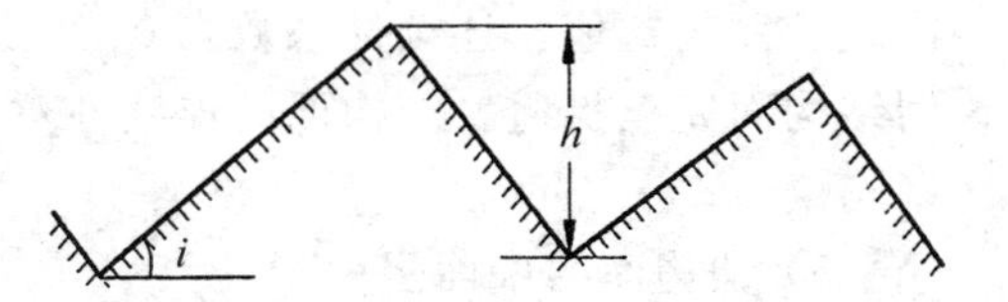

图 5-5 结构面起伏度的表示方法

3) 结构面的密集程度

结构面的密集程度反映岩体的完整性，决定岩体变形和破坏的力学机制。试验证明，岩体结构面越密集，岩体变形越大，强度越低，而渗透性越高。通常以线密度(单位：条/m)或结构面的间距表示。线密度是指结构面法线方向上单位测线长度上交切结构面的条数。间距是指同一组结构面法线方向上相邻结构面的平均距离。两者互为倒数关系。表 5-10 为我国适用的结构面发育分级情况。

表 5-10 结构面发育程度分级

分　　级	Ⅰ	Ⅱ	Ⅲ	Ⅳ
间距/m	>2	0.5～2	0.1～0.5	<0.1
发育程度	不发育	较发育	发育	极发育
岩体完整性	完整	块状	碎裂	破碎

4) 结构面的连通性

结构面的连通性是指在一定空间范围内的岩体中，结构面在走向、倾向方向的连通程度，如图 5-6 所示。结构面的抗剪强度与连通程度有关，其剪切破坏的性质亦有区别。常用连续性系数表示。线连续性系数指在沿结构面延伸方向上，结构面各段长度之和与

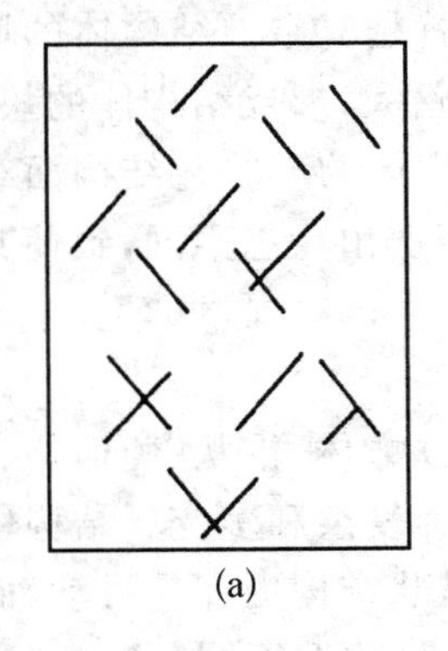
(a)

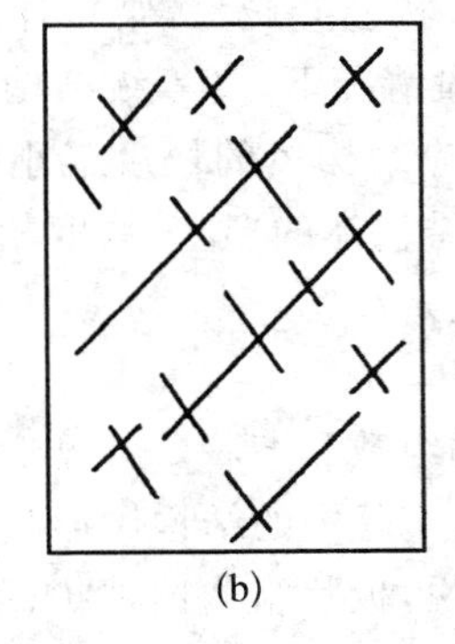
(b)

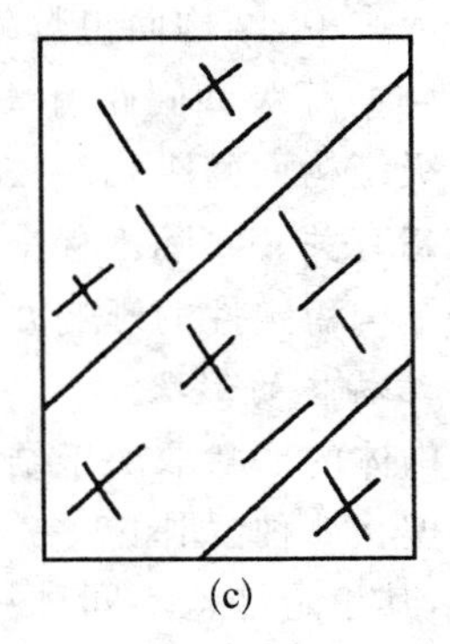
(c)

图 5-6 岩体中结构面的连通性

(a) 非连通；(b) 半连通；(c) 连通

测线长度的比值。连续性系数在0～1之间，越接近1，说明结构面连续性越好，为1时，说明结构面完全贯通。结构面的连续性对岩体的变形、破坏机理、强度及渗透性都有很大的影响。

5）结构面的壁面强度

结构面由两个相对的岩面组成，岩体长期受地质作用影响，一些结构面的壁面产生不同程度的磨平或风化效应，强度降低，进而影响岩体整体的力学性能。壁面的磨平通常由地质构造运动的反复作用引起，在Ⅰ级结构面中表现明显。岩体风化一般通过导水裂隙向内部扩展，因而裂隙壁面接受风化作用的时间最长、强度最大，力学性质自然低于内部岩块。而一些闭合性好的裂隙，外界风化营力很难侵入，力学强度降低不多。

6）结构面的张开度

结构面的张开度是指两壁间垂直距离的大小，据此可将结构面分为闭合型（张开度小于0.2 mm）、微张型（张开度为0.2～1.0 mm）、张开型（张开度为1.0～5.0 mm）和宽张型（张开度大于5 mm）四种。闭合结构面的力学性质取决于岩石成分与结构面的粗糙程度；微张型的结构面，由于壁面间存在点接触，其抗剪强度高于完全张开的结构面；完全张开的结构面抗剪强度取决于内部填充物的性质与胶结状况。

7）填充物特征

结构面经过胶结后，力学性质有所改善，根据填充物的厚度和连续性，结构面的填充可以分为四类：薄膜填充、断续填充、连续填充以及厚层填充。薄膜填充是结构面两壁附着一层极薄的矿物膜，厚度多小于1 mm，多为应力矿物和蚀变矿物等。这种填充厚度虽薄，但多是性质不良的矿物，因而明显地降低结构面的强度。断续填充物厚度小于结构面的起伏差，结构面的力学性质与填充物性质、壁面性质及结构面的形态有关。连续填充的结构面的力学性质主要取决于填充物性质。厚层填充物的厚度远大于结构面的起伏差，大者可达数十厘米以上，结构面的力学性质很差，岩体往往易于沿这种结构面滑移而失稳。

5.3.2 结构体

岩体中被不同级别、类型结构面切割成的岩石块体、集合体称为结构体，可用形状、块度、产状来表征。结构体的存在受结构面控制，结构体的形状取决于结构面的组数与产状。一般来说，结构面组数越多、产状差异越大，结构体形状就越复杂。结构体的块度大小与结构面等级和间距有关。一般情况下，高等级结构面间距大，形成结构体的块度大，而低等级结构面间距相对较小，对应结构体的块度就小。结构体的产状与结构面组合的空间状态有关。实际工程中，尽管结构体的形状、块度相同，但产出状态不同，致使其对特定工程结构稳定性的影响并不相同。

1. 结构体的形状

结构体的形状取决于结构面的组数和产状。常见形状有立方体、锥状、菱面体、板状、柱状及楔状6种，如图5-7所示。实际中的结构体形状要更为复杂和多变。结构体的形状不同，其稳定性也不同。一般来说，板状结构比柱状、菱面体状结构更容易滑动，而楔形结构体比锥状结构体稳定性差。结构体形状、大小、产状和所处位置不同，其工程稳定性大不一样。

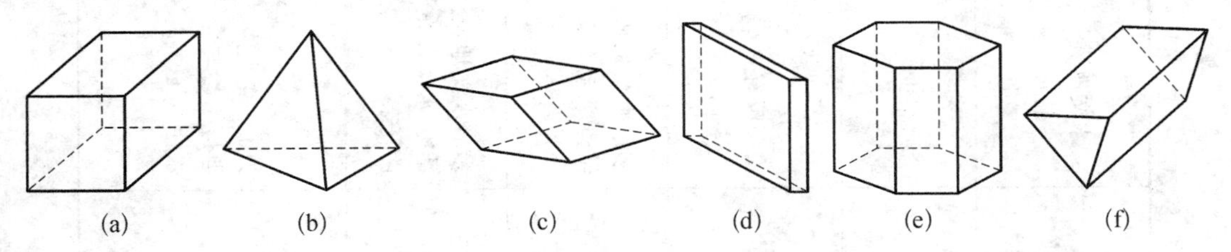

图 5-7 不同形状的结构体

(a) 立方体;(b) 锥状;(c) 菱面体;(d) 板状;(e) 柱状;(f) 楔状

在地壳岩体中,各类结构面的形成与空间分布受主导因素控制而呈现一定的规律性,由此形成的结构体形状也常具有一定的规律性。例如,对于构造作用形成的结构体而言,由于作用程度不同,主要结构体的形状也不相同。在轻微构造变形地区,岩体多发育棋盘格式节理,从而切割出广泛分布的立方体和菱面体结构体。而在强烈构造变形地区,岩体中结构面组数增多,能够切割出楔状、锥状、柱状等多种形状的结构体。在劈理与薄岩层发育地区,岩体一般呈板状结构。

结构体的产状一般用结构体的长轴方向表示。它对工程岩体稳定性的影响需要结合临空面及工程作用力的方向来分析。一般来说,平卧的板状结构体与竖向的板状结构体的稳定性不同,前者更容易产生滑动,后者更容易产生折断或者倾倒破坏。

2. 结构体的大小

结构体的大小可采用岩体体积结构面数 J_v 表示。它是岩体单位体积通过的总结构面数,单位为条/m^3,表达式为

$$J_v = S_1 + S_2 + \cdots + S_n + S_k \tag{5-7}$$

式中,S_n 为第 n 组结构面每米测线上的条数;S_k 为每立方米岩体非成组结构面条数。

根据 J_v 值的大小,可对结构体的块度(大小)进行分类,如表 5-11 所示。

表 5-11 结构体块度(大小)分类

块度描述	巨型块体	大型块体	中型块体	小型块体	碎块体
J_v/(条/m^3)	<1	1～3	3～10	10～30	>30

5.3.3 岩体结构类型

结构体和结构面不同,由岩块和结构面组成的岩体的性质不同,工程上采用岩体结构来反映岩体这种差异。结构面和结构体的成因、特征以及两者的排列组合关系,称为岩体结构。岩体结构是控制岩体基本特性和变形失稳的主导因素。

通常将岩体结构分为四大类,扫描二维码可查看岩体结构类型图片。各类结构岩体的基本特征如表 5-12 所示。

岩体结构类型

表 5-12 岩体结构类型及其力学特征

结构类型		地质条件	主要结构面特征				结构体特征		水文地质特征
大类	亚类		地质特征	tan φ	组数	间距/cm	形状与大小	抗压强度/（$\times 10^5$ MPa）	
整体块状结构	整体结构	构造变动轻微的巨厚层与大型岩体，岩性均一	主要节理延展性差，紧闭，粗糙，面间连接力强	⩾0.6	<2	>100	巨大块状	>600	含水很少
	块状结构	构造变动中等以下的厚层与大型岩体，岩性均一	主要节理多闭合，少量填充或带薄膜，面间有一定连接力	0.4～0.6	3	100～50	较大块状、柱状与菱面体	>300	沿裂隙有水
层状结构	层状结构	构造变动中等以下的中厚层岩体，单层>30 cm，岩性单一或互层	以层、片、面为主，带层间错动面，延展远，面间结合力较低	0.3～0.5	2～3	50～30	较大的厚板状、块状、柱状体	>300	多层水文地质结构，水动力条件复杂
	板状结构	构造变动稍强烈的中薄层岩体，单层厚度<30 cm	层片理发育，具有层间错动与小断层，多填充泥质，结合力差	0.3	2～3	<30	较大的薄板状	200～300	多层水文地质结构，水动力条件复杂
碎裂结构	镶嵌结构	压碎岩带	节理裂需发育，延展性差，面粗糙，闭合或填充少，彼此穿插切割	0.4～0.6	>3	数厘米至数十厘米	大小不一，形状多样，多具有棱角	>600	为统一含水体，但透水性与富水性不强

注：φ 为内摩擦角

（续表）

结构类型		地质条件	主要结构面特征				结构体特征		水文地质特征
大类	亚类		地质特征	tan φ	组数	间距/cm	形状与大小	抗压强度/（$\times 10^5$ MPa）	
碎裂结构 	层状碎裂结构	软硬相间，完整性好的与破碎带相间，前者为骨架，后者为松软带	主要结构面大致平行。骨架内具有裂隙	0.2～0.4	>4	<50	呈碎块状，形状多样	300	层状水文地质结构，松软带为隔水体，骨架为含水体
	碎裂结构	构造变动强烈，岩性复杂，具有明显风化	小断层与节理裂原发育，多填充泥质，而较平整，彼此切割得支离破碎	0.2～0.4	>4	<50	呈碎块状，形状多样	200～300	为统一含水体，地下水作用活跃
散体结构 		构造变动最强烈的断层破碎带，岩浆侵入破碎带，剧烈风化带	节理裂隙较多，分布杂乱无章，呈松散土体状	—	—	很小	碎块、岩粉与泥状	接近土体	起隔水作用，其两侧富含水

1. 整体块状结构

整体块状结构包括整体和块状结构两类，一般岩石坚硬，由单一或强度接近的岩石组合而成，结构面少，为 1～3 组，含有的原生结构面具有较强的结合力，间距大于 1m。岩体中不存在连续的软弱结构面，裂隙多呈闭合状态，未将岩体切割成分离的结构体。通常情况下，可视为均质的连续介质体。而对于构造活动强烈，存在明显结构面或破碎带的岩体，则为不连续介质。整体强度较高，岩体的变形、破坏受结构面控制，当结构面延展性较差时，岩石的抗剪强度可发挥作用。通常出现在厚层的碳酸盐岩、碎屑岩，原生节理不太发育的花岗岩、闪长岩、流纹岩、安山岩、玄武岩、凝灰角砾岩等中。在一般工程条件下，岩体较为稳定，在深埋或高应力洞室施工中，易于产生岩爆。

2. 层状结构

层状结构主要指岩层厚度较薄的沉积岩或变质岩岩体，岩性组合通常较复杂，有单一岩性组合也有软硬相间岩层的组合。结构面为 2～3 组、其中 1 组为连续性好、抗剪性能显著较低的软弱面，一般岩性不均一。可进一步分为层状(软弱面间距 50～30 cm)，板状(薄层状)(间距小于 30 cm)。此类岩体受层面构造影响，具有典型的各向异性性质，垂直与平行层面方向的力学性质差异较大，平行层面方向的抗剪强度往往远小于垂直层面方向的。在实际工程中，层状岩体受构造影响，存在不同程度的层间错动或扭动，通常构成黏结力小、强度低的软弱结构面。

3. 碎裂结构

碎裂结构指含有多组密集结构面的岩体，岩体被分割成碎块状，以某些动力变质岩为典型，如溪洛渡灰岩。结构体通常由呈闭合状态的节理、裂隙切割而成。在低围压情况下，呈现明显不连续性，岩体破坏主要受控于结构面的滑移；而在高围压条件下，结构面处于锁闭状态，力学性质接近岩石块体，岩体可视为连续介质。受结构面控制，整体上碎裂结构岩体的强度较低，在实际工程条件下，容易产生坍塌、滑移和压缩变形，且具有明显的流变特性。

4. 散体结构

该类结构岩体主要见于大型断裂破碎带、岩浆岩侵入破碎带及强烈风化带中，裂隙和节理发达，且无规则，主要特征是结构面的高度密集导致岩体松散解体，结构体呈颗粒状、鳞片状。散体结构的力学特征类似于松散连续介质，具有明显的塑性、流变性、高压缩性，遇水或泥化后强度更低，极易产生各类工程事故。

5.3.4 岩体的工程地质特征

岩体的力学性质一方面取决于受力条件，另一方面受岩体的地质特征及其赋存环境条件的影响，其主要影响因素包括组成岩体的岩石材料性质、结构面的发育特征及其性质和岩体的地质环境条件。在研究岩体稳定性的时候，除必须研究岩体的结构特征和软弱结构面的不良作用外，还必须研究岩体的变形特征和承载特征，从定性和定量两个方向全面评价工程岩体的稳定性。关于岩体变形与强度理论，在岩石力学中讲述。下面介绍一些基本的概念和岩体变形特征。

1. 岩体的变形性质

岩体的变形通常包括结构面变形和结构体变形两部分。实测的岩体应力-应变曲线是上述两种变形叠加的结果。图 5-8 所示为坚硬岩石、岩体和软弱结构面的应力-应变曲线。从图中可以看出这 3 条变形曲线的特征是不同的：坚硬岩石曲线的特点是变形初期的弹性关系特别显著；软弱结构面曲线的特征以塑性变形为主；而岩体的曲线比它们都复杂。

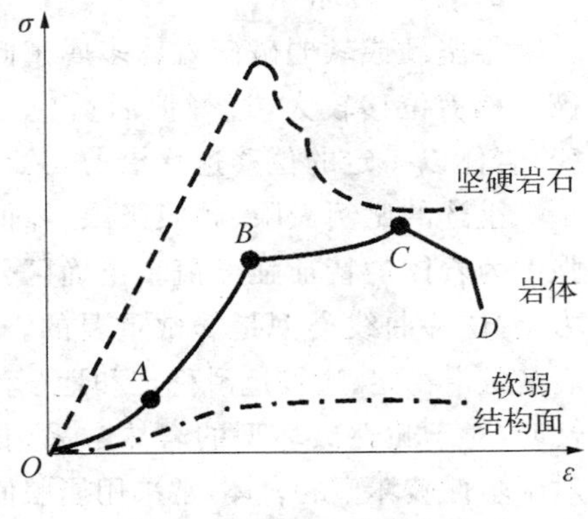

图 5-8　应力-应变曲线

岩体的应力-应变曲线可分为 4 个阶段：图 5-7 中的 OA 段曲线呈凹状缓坡，是由节理压密闭合造成的；AB 段是结构面压密后的弹性变形阶段；BC 段呈曲线形，表明岩体已产生微破裂或塑性变形；C 点的应力值就是岩体的峰值强度，过 C 点后产生应力下降，表明岩体进入全面的破坏阶段。

由于岩体结构类型的不同，实际的岩体应力-应变曲线也不同。如整体结构岩体的应力-应变曲线，其特点是弹性阶段明显，压密阶段没有或不显著；块状或层状结构岩体的变形曲线具有明显的上述 4 个阶段；碎裂结构和散体结构的岩体，其变形曲线中弹性阶段很短，塑性阶段很长，岩体破坏后的应力下降不显著。

2. *岩体的强度性质*

岩体强度是指岩体抵抗外力破坏的能力。岩体是由各种形状的岩块和结构面组成的地质体，因此其强度必然受到岩块和结构面强度及其组合方式（岩体结构）的控制。一般情况下，岩体的强度既不同于岩块的强度，又不同于结构面的强度。但是，如果岩体中结构面不发育，呈整体块状结构时，则岩体的强度大致与岩块强度接近；或者如果岩体将沿某一特定结构而滑动破坏时，则其强度取决于该结构面的强度；结构面切割的岩体的强度介于岩块与结构面强度之间。岩体与岩块一样，岩体强度也有抗压强度、抗拉强度和剪切强度之分。抗压强度最大，抗剪强度次之，抗拉强度最小。

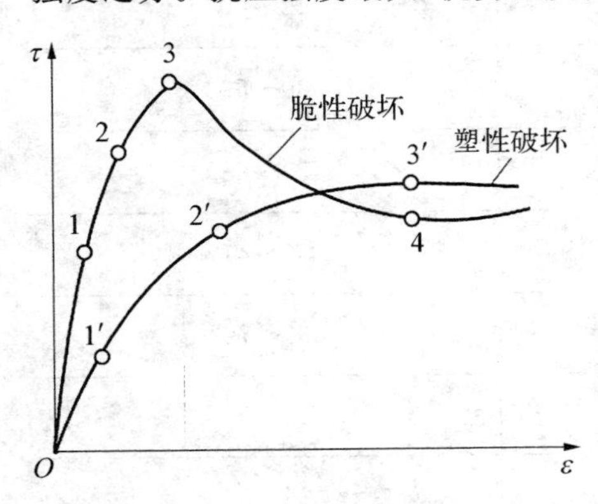

图 5-9　岩体剪应力-剪位移曲线

通常采用现场大型试验的方法测定岩体的抗剪强度（岩体抵抗外力剪切破坏的能力）。通过剪应力-剪位移曲线（见图 5-9）的分析，岩体的剪切破坏有脆性破坏和塑性破坏两种类型。

1）脆性破坏

坚硬完整的岩体多属于此种类型，其剪应力-剪位移曲线的主要特征是岩体在破坏前剪位移较小，破坏后有明显的应力陡降，变形曲线可分为如下 3 个阶段：

第一阶段应力-应变呈线性关系，该阶段终止于点 1，该点的应力值称为比例极限强度；剪力如果继续施加，即进入第二阶段。此时岩体部分出现微裂隙，位移曲线开始向横轴弯曲，该阶段终止于点 2，该点的应力值称为屈服极限；第三阶段位移速度明显增加，当剪应力达到峰值点 3 后，岩体全部剪断，应力骤然下降直至点 4 后才趋于一个定值。点 3 的应力值称为破坏极限或峰值强度。点 4 以后的应力值称为残余强度。

2）塑性破坏

半坚硬或软弱破碎岩体多属于此种类型，其剪应力-剪位移曲线的主要特征是在峰值破坏前剪位移较大，过峰值后剪应力基本保持不变，岩体以一定的位移速率沿剪切面滑移。

上述的比例极限、屈服极限、峰值强度及残余强度为岩体的特征强度值。正确区分岩体的剪应力-剪位移曲线类型是非常重要的。比如，在校核岩基抗滑稳定、边坡抗滑稳定和地下洞室围岩稳定性时，对于脆性破坏型的岩体常采用比例极限值；对于塑性破坏型的岩体，常采用屈服值或流变值。

由岩体的剪切强度曲线（见图 5-10）可得岩体剪切强度参数内聚力 c 和内摩擦角 φ。常见岩体的剪切强度参数如表 5-13 所示。

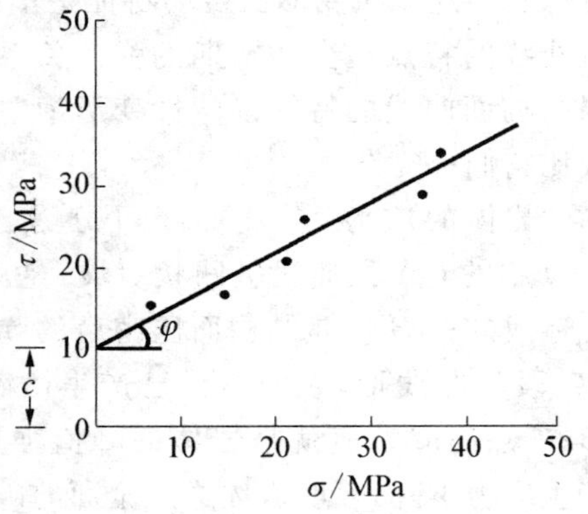

图 5-10 岩体剪切强度曲线

表 5-13 常见岩体的剪切强度参数

岩 体 名 称	内聚力 c/MPa	内摩擦角 φ/(°)
褐煤	0.014～0.03	15～18
黏土岩	0.002～0.18	10～45
泥岩	0.01	23
泥灰岩	0.07～0.44	20～41
石英岩	0.01～0.53	22～40
闪长岩	0.2～0.75	30～59
片麻岩	0.35～1.4	29～68
辉长岩	0.76～1.38	38～41
页岩	0.03～1.36	33～70
石灰岩	0.02～3.9	13～65
粉砂岩	0.07～1.7	29～59
玄武岩	0.06～1.4	36～61
花岗岩	0.1～4.16	30～70
大理岩	1.54～4.9	24～60

（续表）

岩 体 名 称	内聚力 c/MPa	内摩擦角 φ/(°)
安山岩	0.89～2.45	53～74
正长岩	1～3	62～66

一般而言，岩体的抗剪强度包络线不是一条简单的曲线，而是有一定上下限的曲线族，如图 5－11 所示。

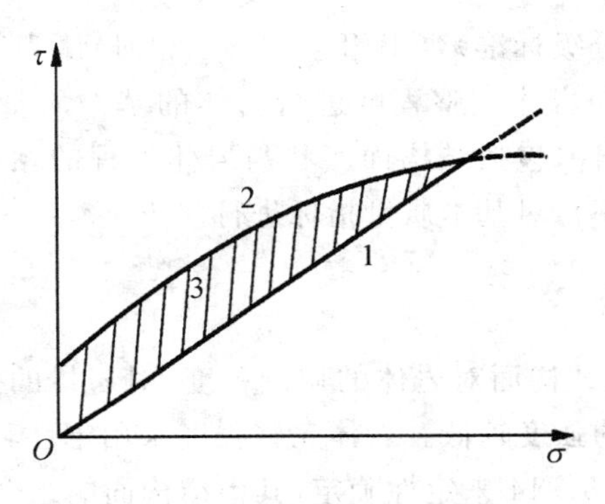

1—结构面强度线；2—岩石强度线；
3—岩体强度包络线变化范围。

图 5－11　岩体抗剪强度包络线

3. *岩体结构的控制论*

工程实践与试验研究表明岩体的变形破坏、岩体的力学性质等均受岩体结构控制，结构面是影响岩体力学性质、变形与破坏特征和岩体稳定性的重要因素。比如澜沧江小湾高边坡由坚硬的块状岩体结构的岩体组成，结构面较少，岩体较完整，但是由于发育有中-缓倾坡外的结构面，边坡岩体沿其产生蠕滑，通过陡倾节理向上传递变形，形成阶梯状蠕滑-拉裂变形体，在后缘形成深部裂缝，边坡出现失稳现象。所以，除了要考察岩体结构类型外，还要探查是否发育潜在可滑移的结构面。

岩体结构类型不同，岩体的变形破坏规律也不同。整体结构岩体的主要变形是岩石材料变形、微裂隙闭合、少量的错动变形及塑性变形，破坏形式为张性破坏和剪切破坏；块状和层状结构岩体主要的变形是结构体的变形，破坏形式为结构体沿结构面滑动，薄层状结构岩体为弯曲倾倒；碎裂岩体变形更为复杂，几乎包括结构面和结构体所有的变形成分，破坏形式为结构体滚动、结构体组合体倾倒、结构体组合体溃屈、结构体破裂和剪切破坏等；散体结构岩体主要为塑性变形和剪切破坏。

结构面的组合关系控制着可能滑移岩体的几何边界条件、形态、规模、滑动方向及滑移破坏类型，它是工程岩体稳定性预测与评价的基础。比如岩体边坡结构面倾向与边坡坡向一致，倾角小于坡角时，边坡会沿潜在的结构面发生滑动，属于潜在的平面破坏形式。若岩体边坡结构面倾向与边坡坡向相反，会发生倾倒破坏。若岩体中有多组结构面切割，形成楔形结构体，会发生楔形体下滑破坏。任何坚硬岩体的块体滑移破坏，都必须具备一定的几何边界条件。因此，研究岩体稳定性时，必须研究结构面之间及其与临空面之间的组合关系，确定可能失稳块体的形态规模和可能滑移方向。

5.4 岩体的工程分类

岩体的工程分类是以岩体稳定性或岩体质量评价为基础的分类，主要考虑岩石力学性质指标、岩体的指标（岩体结构）和岩体赋存条件方面的指标（地下水或地应力）等。一般地，岩体基本质量由岩石坚硬程度和岩体完整程度两个因素确定的，前者在岩石的工程分类中已经说明。

国家标准《工程岩体分级标准》（GB/T 50218—2014）认为工程岩体分级具有两个步骤，首先由岩石坚硬程度和岩体完整程度进行岩体的基本质量分级，然后结合专门工程（地下隧道）的工程地质条件（包括结构面产状与岩体工程的相对空间位置关系，地下水、地应力、自稳时间和位移率），对基本质量指标进行修正。

5.4.1 岩体完整程度分类

岩体的完整程度反映结构面对岩体的切割程度，对岩体的强度和工程稳定性的影响很大。岩体越破碎，岩体的强度越低。岩体完整程度采用定性和定量方法来确定。

岩体完整程度可按表 5－14 来定性确定，其中结构面的结合程度应根据结构面特征，按表 5－15 确定。

表 5－14 岩石完整程度的定性划分

名　称	结构面发育程度		主要结构面的结合程度	主要结构面类型	相应结构类型
	组数	平均间距/m			
完整	1～2	＞1.0	结合好或结合一般	节理、层面	整体状或巨厚层状结构
较完整	1～2	＞1.0	结合差	节理、层面	块状或厚层状结构
	2～3	1.0～0.4	结合好或结合一般		块状结构
较破碎	2～3	1.0～0.4	结合差	节理、裂隙、劈理、层面、小断层	中厚层状结构
	⩾3	0.4～0.2	结合好		镶嵌结构
			结合一般		板状结构
破碎	⩾3	0.4～0.2	结合差	各种类型结构面	层状碎裂结构
		⩽0.2	结合一般或结合差		碎裂结构
极破碎	无序		结合很差		散体结构

注：平均间距指主要结构面间距的平均值。

表 5-15　结构面结合程度的划分

名　称	结构面特征
结合好	张开度小于 1 mm,为硅质、铁质或钙质胶结,或结构面粗糙,无填充物；张开度 1～3 mm,为硅质或铁质胶结;张开度大于 3 mm,结构面粗糙,为硅质胶结
结合一般	张开度小于 1 mm,结构面平直,为钙泥质胶结或无填充物;张开度 1～3 mm,为钙质胶结;张开度大于 3 mm,结构面粗糙,为铁质或钙质胶结
结合差	张开度 1～3 mm,结构面平直,为泥质胶结或钙泥质胶结;张开度大于 3 mm,多为泥质或岩屑填充
结合很差	泥质填充或泥夹岩屑填充,填充物厚度大于起伏差

岩体完整程度采用岩体完整性系数 K_v 来定量确定。岩体完整性系数是采用不同的工程地质岩组或岩性段上代表性的点、段的岩体弹性纵波速度与同一岩体上的岩石弹性纵波速度的比值的平方来定义的,K_v 的公式为

$$K_v = \left(\frac{v_{mp}}{v_{rp}}\right)^2 \tag{5-8}$$

式中,v_{mp} 为岩体弹性纵波速度;v_{rp} 为岩石弹性纵波速度。

岩体的完整程度根据完整性系数划分,如表 5-16 所示。

表 5-16　岩体完整程度分类

完整程度	完整	较完整	较破碎	破碎	极破碎
K_v	>0.75	0.75～0.55	0.55～0.35	0.35～0.15	<0.15

当无条件取得 K_v 实测值时,也可用岩体体积结构面数(J_v),按表 5-17 确定对应的 K_v 值。

表 5-17　J_v 值与 K_v 值对照

系　数	数　值				
J_v/(条/m³)	<3	3～10	10～20	20～35	>35
K_v	>0.75	0.75～0.55	0.55～0.35	0.35～0.15	<0.15

5.4.2　岩体基本质量分级与基本质量指标的修正

1. 岩体基本质量分级

岩体基本质量是岩体的固有特性,也是影响工程岩体稳定的首要因素。岩体基本质

量的初步分类由岩石坚硬程度及岩体完整程度组成的定量指标来确定。定量指标指岩体基本质量指标BQ，根据定量指标R_c和K_v按式(5-9)计算：

$$BQ = 90 + 3R_c + 250K_v \tag{5-9}$$

式中，R_c为岩石饱和单轴抗压强度，单位为MPa；K_v为岩体完整性系数，由式(5-8)或表5-16获得。

运用式(5-9)进行计算时，应符合下列规定：

(1) 当$R_c > 90K_v + 30$时，应以$R_c = 90K_v + 30$和K_v代入计算BQ值。

(2) 当$K_v > 0.04R_c + 0.4$时，应以$K_v = 0.04R_c + 0.4$和R_c代入计算BQ值。

岩体的基本质量指标主要考虑组成岩体岩石的坚硬程度和岩体的完整性。按BQ值和岩体质量定性特征将岩体分为5级，如表5-18所示。岩体基本质量级别是工程岩体初步定级时的岩体级别。

表5-18 岩体基本质量分级

基本质量级别	岩体基本质量的定性特征	岩体基本质量指标BQ
Ⅰ	坚硬岩，岩体完整	>550
Ⅱ	坚硬岩，岩体较完整； 较坚硬岩，岩体完整	550～451
Ⅲ	坚硬岩，岩体较破碎； 较坚硬岩，岩体较完整； 较软岩，岩体完整	450～351
Ⅳ	坚硬岩，岩体破碎； 较坚硬岩，岩体较破碎～破碎； 较软岩，岩体较完整～较破碎； 软岩，岩体完整～较完整	350～251
Ⅴ	较软岩，岩体破碎； 软岩，岩体较破碎～破碎； 全部极软岩及全部极破碎岩	≤250

2. *岩体基本质量指标的修正*

对工程岩体进行详细定级时，应在岩体基本质量分级的基础上，结合不同类型工程的特点，考虑地下水状态、初始应力状态、工程轴线或走向线的方位与主要软弱结构面产状的组合关系等因素对岩体基本质量指标BQ进行修正，边坡岩体还应考虑地表水的影响，修正后的值按表5-18确定岩体级别。地下工程的岩体基本质量指标修正值[BQ]，可按式(5-10)计算

$$[BQ] = BQ - 100(K_1 + K_2 + K_3) \tag{5-10}$$

式中，K_1为地下水影响修正系数；K_2为主要软弱结构面产状影响修正系数；K_3为初始应力状态影响修正系数。K_1、K_2、K_3的取值，可分别按表5-19～表5-21确定。

表 5-19 地下水影响修正系数 K_1

地下水出水状态	BQ				
	>550	550～451	450～351	350～251	≤250
潮湿或点滴状出水，$p \leqslant 0.1$ 或 $Q \leqslant 25$	0	0	0～0.1	0.2～0.3	0.4～0.6
淋雨状或线流状出水，$0.1 < p \leqslant 0.5$ 或 $25 < Q \leqslant 125$	0～0.1	0.1～0.2	0.2～0.3	0.4～0.6	0.7～0.9
涌流状出水，$p > 0.5$ 或 $Q > 125$	0.1～0.2	0.2～0.3	0.4～0.6	0.7～0.9	1.0

注：① p 为地下洞室围岩裂隙水压，单位为 MPa；② Q 为每 10 m 洞室洞长出水量，单位为 L/min·10 m。

表 5-20 主要软弱结构面产状影响修正系数 K_2

结构面产状及其与洞轴线的组合关系	结构面走向与洞轴线夹角<30°，结构面倾角 30°～75°	结构面走向与洞轴线夹角>60°，结构面倾角>75°	其他组合
K_2	0.4～0.6	0～0.2	0.2～0.4

表 5-21 初始应力状态影响修正系数 K_3

围岩强度应力比 $\left(\frac{R_c}{\sigma_{max}}\right)$	BQ				
	>550	550～451	450～351	350～251	≤250
<4	1.0	1.0	1.0～1.5	1.0～1.5	1.0
4～7	0.5	0.5	0.5	0.5～1.0	0.5～1.0

注：σ_{max} 为围岩的最大主应力，单位为 MPa，当无实测资料时可以自重应力代替。

对于跨度不大于 20 m 的地下工程，岩体自稳能力可按表 5-22 确定。当其实际的自稳能力与表中相应级别的自稳能力不相符时，应对岩体级别做相应调整。对跨度大于 20 m 或特殊的地下工程岩体，除按规范标准确定基本质量级别外，在详细定级时，尚可采用其他有关标准中的方法，进行对比分析，综合确定岩体级别。

表 5-22 地下工程岩体的自稳能力

岩体级别	自稳能力
Ⅰ	跨度≤20 m，可长期稳定，偶有掉块，无塌方
Ⅱ	跨度为 10～20 m，可基本稳定，局部可发生掉块或小塌方； 跨度<10 m，可长期稳定，偶有掉块

（续表）

岩体级别	自稳能力
Ⅲ	跨度为 10～20 m，可稳定数日至 1 个月，可发生小～中塌方； 跨度为 5～10 m，可稳定数月，可发生局部块体位移及小～中塌方； 跨度＜5 m，可基本稳定
Ⅳ	跨度＞5 m，一般无自稳能力，数日至数月内可发生松动变形、小塌方，进而发展为中～大塌方埋深小时，以拱部松动破坏为主，埋深大时，有明显塑性流动变形和挤压破坏； 跨度≤5 m，可稳定数日至 1 个月
Ⅴ	无自稳能力

注：① 小塌方：塌方高度＜3 m，或塌方体积＜30 m^3；② 中塌方：塌方高度为 3～6 m，或塌方体积为 30～100 m^3；③ 大塌方：塌方高度＞6 m，或塌方体积＞100 m^3。

5.4.3 岩体按岩石质量指标（RQD）分类

美国迪尔公司（John Deere）根据钻孔中用 N 型（75 mm）金刚石钻头钻进的岩芯采取率，提出用岩石质量指标（rock quality designation，RQD）来评价岩石质量的优劣，反映岩石的完整性。RQD 值是指每回次钻孔进尺中大于或等于 10 cm 的柱状岩芯的累计长度与该回次钻孔进尺长度之比（以百分数表示），即

$$\text{RQD}=\frac{10\text{ cm 以上岩芯累计长度}}{\text{钻孔长度}}\times 100\% \tag{5-11}$$

根据岩石的 RQD 值可将岩体分为 5 类，如表 5－23 所示。

表 5－23 岩体按岩石的质量指标（RQD）分类

RQD/%	＞90	90～75	75～50	50～25	＜25
分级	Ⅰ	Ⅱ	Ⅲ	Ⅳ	Ⅴ
质量描述	好	较好	较差	差	极差

应当注意到，RQD 指标对岩体质量的评价仅考虑结构面密度对岩体的影响，而诸如结构面产状、形态、胶结度、填充、组合等因素未在指标中反映。因此这一指标并不能全面反映岩体质量的各方面要素。不过由于这一分类法简便易行，因此在实践中得到广泛的应用。

工程岩体分级是工程地质学中的一个重要研究课题，需要针对具体的工程进行具体分析，采用定性与定量相结合的方法，两者相互校核、验证，使划分更为全面、客观。工程地质研究者需要在实践中不断地总结经验，采用新的技术和方法，提出更加有效、准确的工程岩体分级方法。

例 某地下隧道岩体工程，岩石单轴饱和抗压强度 $R_c=42.5$ MPa，岩石较坚硬，但岩

体较破碎，岩石的弹性纵波速度为 4 500 m/s，岩体的弹性纵波速度为 3 500 m/s，工作面潮湿，有一组结构面，其走向与巷道轴线夹角大约为 25°、倾角为 33°，围岩强度应力比为 6 MPa。按我国工程岩体分级标准，请确定岩体基本质量级别和考虑工程基本情况后的级别。

解：(1) 计算岩体的基本质量指标为

$$K_v=\left(\frac{v_{mp}}{v_{rp}}\right)^2=\left(\frac{3\,500}{4\,500}\right)^2=0.6$$

$$90K_v+30=90\times0.6+30=84>R_c=42.5$$

所以，R_c取 42.5 MPa。

$$0.04R_c+0.4=0.04\times42.5+0.4=2.1>K_v=0.6$$

K_v取 0.6。

$$BQ=90+3R_c+250K_v=90+3\times42.5+250\times0.6=368$$

该岩体基本质量级别确定为Ⅲ级。

(2) 计算岩体的基本质量指标修正值。K_1为地下水影响修正系数，查表 5-19 得 0.1；K_2为主要软弱结构面产状影响修正系数，查表 5-20 得 0.5；K_3为初始应力状态影响修正系数，查表 5-21 得 0.5。

所以

$$[BQ]=BQ-100(K_1+K_2+K_3)=368-100\times(0.1+0.5+0.5)=258$$

查表 5-18，该岩体质量级别最终确定为Ⅳ级。

习 题 5

1. 选择题

(1) 岩体结构主要有整体块状结构、层状结构、碎裂结构和(　　)4 类。

A. 单粒结构　　B. 团聚结构　　C. 散体结构　　D. 结晶结构

(2) 卸荷裂隙属于岩体中的(　　)。

A. 原生结构面　　B. 次生结构面　　C. 构造结构面　　D. 风化结构面

(3) 控制岩体稳定性的重要因素为(　　)。

A. 岩体重量　　B. 透水性　　C. 岩石密度　　D. 岩体结构

(4) 岩石的强度(　　)岩体的强度。

A. 大于　　B. 小于　　C. 等于　　D. 大于等于

(5) 岩石在不同载荷下的强度关系是(　　)。

A. 抗剪强度＞抗拉强度＞抗压强度　　B. 抗拉强度＞抗剪强度＞抗压强度

C. 抗剪强度＞抗压强度＞抗拉强度　　D. 抗压强度＞抗剪强度＞抗拉强度

2. 计算题

对某地下隧道岩体工程进行勘察得知，岩石单轴饱和抗压强度 $R_c=40.5$ MPa，岩石较坚硬,但岩体较破碎,岩石的弹性纵波速度为4 200 m/s,岩体的弹性纵波速度为3 200 m/s,工作面线流状出水,地下洞室围岩裂隙水压为0.4 MPa,有一组结构面,其走向与巷道轴线夹角大约为65°、倾角为80°,围岩强度应力比为2 MPa。按我国工程岩体分级标准,请确定岩体基本质量级别和考虑工程基本情况后的级别。

3. 简答题

(1) 影响岩石工程性质的因素有哪些?

(2) 简述岩石的坚硬程度的分类。

(3) 什么是结构面? 结构面的主要特征有哪些?

(4) 什么是结构体? 其常见的基本形状是什么? 其大小是如何判别的?

(5) 岩体的变形和强度受什么控制? 与岩石和结构面的变形与强度有什么差别?

(6) 什么是岩体结构? 岩体结构有哪些主要类型? 它们的特征如何? 研究岩体结构有何工程意义?

(7) 简述岩石质量指标(RQD)的分类。

(8) 简述岩体的基本质量分级(BQ)的方法。

(9) 整体块状结构岩体具有结构面少、完整性好的特点,所以是长期稳定的岩体。请判断上述说法是否正确,并说明理由。

6　土的工程性质与分类

本章介绍土的物质组成、土的结构及构造、土的工程分类和一般土的工程地质特征，阐明特殊土的主要工程地质特征、特殊性的机理及工程处理措施，特殊土主要包括软土、黄土、冻土、膨胀土、红黏土及填土等。

6.1　土的物质组成和结构构造

土是岩石在风化作用后在原地或经搬运作用在异地各种环境下形成的堆积物。土的物质组成、结构和构造是决定土的工程地质性质的重要因素。

6.1.1　土的矿物组成和粒度成分

1. 土的矿物组成

土是由固体颗粒、颗粒间的孔隙水、气体组成的三相体系，即固相、液相和气相。固相为土颗粒，由大小不等、形态不一和成分不一的矿物碎屑和岩屑组成，液相为孔隙中的水溶液，气相是指孔隙中的气体。它们三者相互联系，共同制约着土的工程地质性质。

在土的三相组成中，固体颗粒(简称为土粒)是其最主要的组成部分，构成土的骨架主体，其矿物成分、颗粒大小、形状与级配是决定土的工程性质的最主要的内在因素之一，也是对土进行分类的主要依据。而组成土中的固体颗粒绝大多数为矿物质，也有一定数量的有机质。在自然界的一般土，特别是淤泥质土中，通常都含有机质，当其在黏性土中的含量达到或超过5%(在砂土中的含量达到或超过3%)时，就开始对土的工程性质具有显著的影响。

根据岩石风化的方式和矿物形成的先后，矿物可以分为两大类。一类是原生矿物，是由岩石经过物理风化生成的，如石英、长石和云母等。此类矿物成分的性质较稳定，由其组成的土具有无黏性、透水性较大、压缩性较低的特点。另一类是次生矿物，是由原生矿物经过化学和生物风化后形成的新的矿物成分，包含高岭石、伊利石和蒙脱石等黏土矿物、氧化物和可溶盐等。此类矿物组成的土体性质较不稳定，具有较强的亲水性，遇水易膨胀。比如膨胀土因含有亲水性黏土矿物而具有很强的胀缩性。

2. 土的粒度成分

固体颗粒的大小、形状以及不同尺寸颗粒所占的比例对土体的物理力学性质有重大影响。颗粒大小不同，比表面积不同，则表面能不同，导致土具有很多不同的性质。比如，粗颗粒的砾石具有很强的透水性，完全没有黏性和可塑性；而细颗粒的黏土透水性很小，黏性和可塑性较大。颗粒的大小通常以粒径来表示。在筛分试验中通常用通过最小筛孔的孔径表示颗粒的粒径大小。在工程上按照粒径大小进行分组，称为粒组，即某一级粒径的变化范围。表 6-1 表示国内常见的粒组划分以及各粒组的粒径范围。

表 6-1　土的粒组划分

<table>
<tr><th>粒组统称</th><th colspan="2">粒组名称</th><th>粒径 d 的范围/mm</th></tr>
<tr><td rowspan="2">巨粒组</td><td colspan="2">漂(块)石</td><td>＞200</td></tr>
<tr><td colspan="2">卵(碎)石</td><td>200～60</td></tr>
<tr><td rowspan="6">粗粒组</td><td rowspan="3">砾粒组</td><td>粗砾粒组</td><td>60～20</td></tr>
<tr><td>中砾粒组</td><td>20～5</td></tr>
<tr><td>细砾粒组</td><td>5～2</td></tr>
<tr><td rowspan="3">砂粒组</td><td>粗砂粒组</td><td>2～0.5</td></tr>
<tr><td>中砂粒组</td><td>0.5～0.25</td></tr>
<tr><td>细砂粒组</td><td>0.25～0.075</td></tr>
<tr><td rowspan="2">细粒组</td><td colspan="2">粉粒组</td><td>0.075～0.005</td></tr>
<tr><td colspan="2">黏粒组</td><td>≤0.005</td></tr>
</table>

3. 土中的水和气

1) 土中的水

天然状态土中的水以不同的形态存在于土中，并与土相互作用，是影响土的工程地质性质的重要因素之一。按土中水的存在形式、状态、活动性及水与土的相互作用分为结合水和自由水两类。结合水是指受颗粒表面电场作用力吸引而包围在颗粒四周的水，不会因自身重力的作用而流动，其中靠近颗粒表面的水分子，所受的电场作用力很大，几乎完全固定排列，失去液体的特性接近于固体，通常把这部分水称为强结合水；而离固体颗粒较远但仍在颗粒的电场控制范围内的水称为弱结合水。不受颗粒电场引力作用的水称为自由水，具体可以细分为毛细水和重力水。

2) 土中的气体

土中的气体主要为空气和水汽，有些土还含有较多的二氧化碳、沼气及硫化氢，这些气体大多由生物化学作用生成。气体以封闭气体和游离气体两种形式存在。

6.1.2　土的结构和构造

1. 土的结构

很多试验资料表明，同一种土，原状土和重塑土的力学性质有着很大的区别。也就是说，土的组成和物理状态不是决定土的性质的全部因素，土的结构对土的性质也有着很大的影响。土的结构是指土颗粒或者团粒(几个或者多个土颗粒联结而成的集合体)在空间的排布和它们之间的相互联结。一般分为单粒(散粒)结构和集合体结构两种类型。

单粒结构是由砂砾等粗粒($d>0.075$ mm)在水或空气中下沉而形成的。因其颗粒较大,比表面积小,在重力作用下保持较为稳定的状态,土粒间的分子引力相对很小,所以颗粒之间几乎没有联结。单粒结构可以是疏松的,也可以是紧密的,如图 6-1 所示。

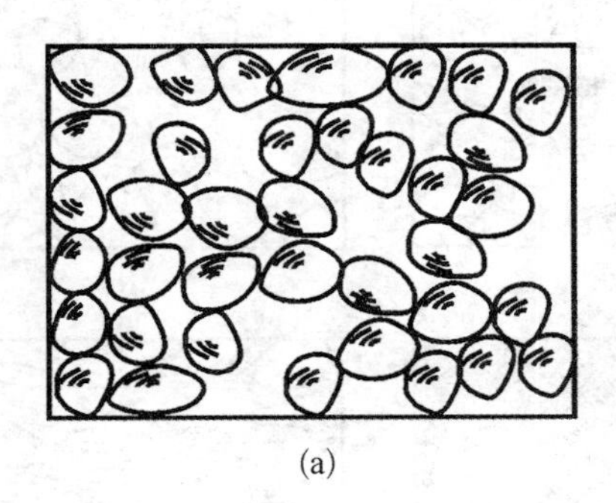
(a)

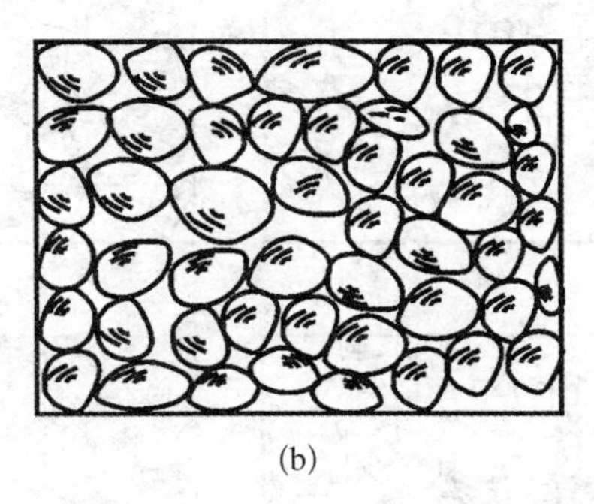
(b)

图 6-1　土的单粒结构

(a) 疏松状态;(b) 紧密状态

如果土粒沉积速度很快(如洪积土),常形成疏松的单粒结构,这种土孔隙大,土骨架是不稳定的,当受到振动及其他外力作用时,土粒易于发生相对移动,引起很大的变形。因此,这种土层如未经处理一般不宜作为建筑物的天然地基。如果土粒沉积缓慢或受振动,则会形成紧密状态的单粒结构,这种土颗粒排列紧密,强度较高,压缩性较小,是较为良好的天然地基。

集合体结构是黏性土具有的特点,根据颗粒组成、联结特点及性状的差异性又可分为骨架状结构、絮凝状结构、团聚状结构、凝块状结构、叠片状结构、蜂窝状结构、海绵状结构、基质状结构等。下面介绍几种常见的结构。

(1) 蜂窝状结构主要是由较细的土粒,如粉粒(0.075～0.005 mm)组成的结构。这些土粒在水中基本上是以单个土粒下沉,当碰到已经沉积的土粒时,由于土粒之间的分子引力大于土颗粒的重力,因而土粒就停留在最初的接触点上,不再下沉,并彼此接触形成链状体,呈多角环状,形成孔隙体积大的蜂窝状结构,如图 6-2(a)所示。从断面上看,小孔密集,形似蜂窝。该结构中黏土矿物主要为伊利石、蒙脱石,结构疏松,孔隙率较大,含水率常常超过液限。因此,具有这种结构的土,灵敏度高,强度低,压缩性大,工程地质性质无各向异性。

(2) 絮凝状结构是由黏粒集合体组成的结构。黏粒($d<0.005$ mm)能够在水中长期悬浮,不因重力而下沉。当悬浮液介质发生变化时,黏粒便凝聚成絮状的集粒絮凝体,并相继和已沉积的絮状集粒接触,从而形成孔隙体积很大的絮凝状结构,如图 6-2(b)所示。絮凝状结构土的孔隙更小、孔隙率更大,故该类土的压缩性大,含水量一般也很大,往往可超过 50%。但因以结合水为主,故排水困难,压缩变形过程缓慢。

(3) 骨架状结构主要以粉粒为骨架,构成松散而均匀、较大孔隙的结构,黏粒不均匀地分布在其中,有时黏粒呈薄膜状或者星点状覆盖在单粒表面,有时则位于粉粒接触点上起联结作用。结构联结力较弱,外界环境变化时原始结构易变化,如图 6-2(c)所示。

(4) 团聚状结构由团聚状的集粒靠颗粒间联结力和胶结作用的黏土质及游离氧化物把单粒和集粒聚合在一起的结构,颗粒主要以粉、黏粒为主,游离氧化物较少。强度不高,

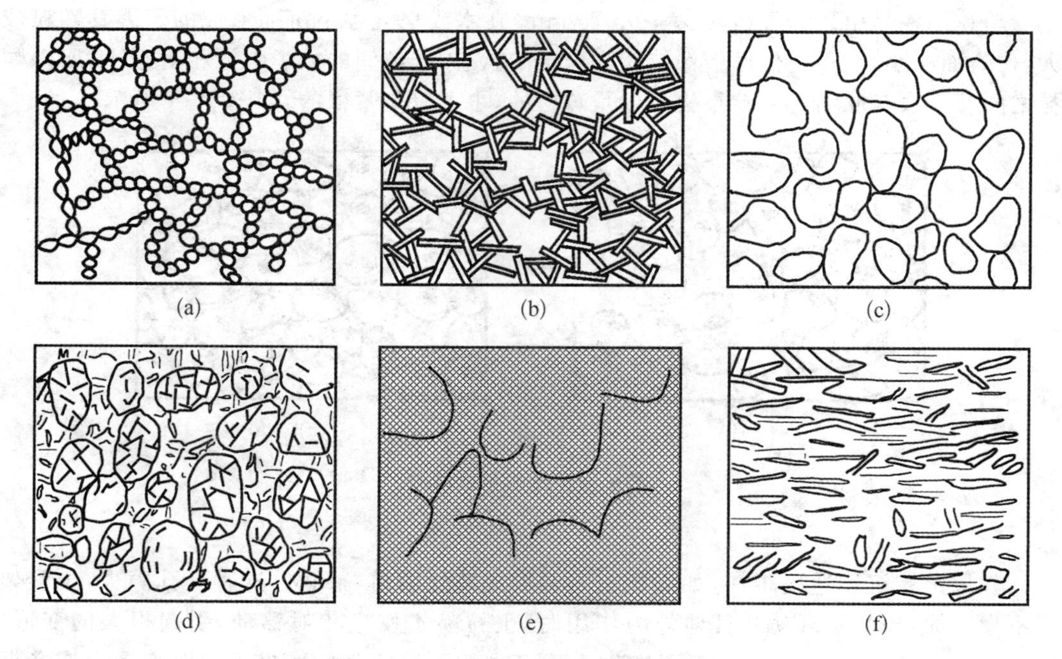

图 6－2　土的集合体结构

(a) 蜂窝状结构；(b) 絮凝状结构；(c) 骨架状结构；(d) 团聚状结构；(e) 凝块状结构；(f) 叠片状结构

分散性较大，如图 6－2(d)所示。

(5) 凝块状结构由胶结物(主要以游离氧化物为主)将结构单元体(单粒和集粒)覆盖在其内的结构，表面无法看清集粒内的结构状态，外表似整体团块状，集粒内的孔隙多呈封闭状态，如图 6－2(e)所示。每个单独凝块体之间的粒间联结力主要为游离物质、黏土质、结合水和化学联结力起作用。

(6) 叠片状结构是指黏土矿物以面-面的方式或者面-边的方式排列的结构，孔隙沿黏土片长轴方向呈延长状，有的呈裂隙状或楔状，如图 6－2(f)所示。由于集粒的高度定向，导致土的工程地质性质具有各向异性。

上述只介绍集合体结构的常见类型，随着试验手段的更新，会发现更多的土的结构类型。黏性土的聚合体结构决定土的力学性质，因此现代工程地质学会采用电镜扫描等微观试验手段研究其特点，从微观结构来解译土体的宏观特性。

2. 土的构造

在同一土层中，土层单元体的形态和组合特征，整个土层(土体)构成上的不均匀性特征的总和，称为土的构造。土的构造也是在其形成及变化过程中，与各种因素发生复杂的相互作用而形成的。土的构造反映土体在力学性质和其他工程性质的各向异性或土体各部位的不均匀性，是决定勘探、取样或原位测试布置方案和数量的重要因素之一。

每种成因类型的土都有其特有的构造，包括层状、夹层、透镜体、结核、裂隙构造和分散构造等。对于碎石土，粗石状构造和假斑状构造是最普遍的；对于砂土和砂质粉土，各种不同形式的夹层、透镜体或交错层构造较为普遍；在黏性土中，常见有层理、显微层理构造及各种裂隙构造。现介绍常见的几种构造。

(1) 层理构造是指在土的生成过程中,由于不同阶段沉积的物质成分、颗粒大小或颜色不同,而沿竖向呈现的成层特征。成层性是土的最重要的特征。常见的有水平层理构造和交错层理构造,并常带有夹层、尖灭及透镜体等,如图 6-3 所示。层理构造是细粒土的一个重要特征。平原地区的层理通常为水平层理,比如上海的软土地层就具有水平层理。

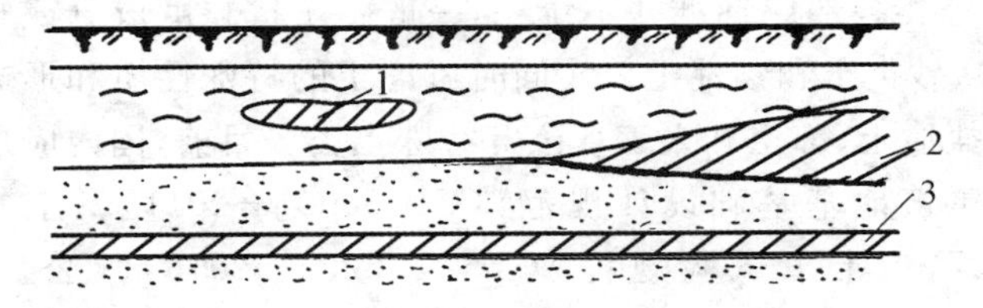

1—淤泥夹黏土透镜体;2—黏土尖灭层;3—砂土夹黏土层。

图 6-3 土的层理构造

(2) 裂隙构造是因土体被各种成因形成的不连续裂隙切割而形成的,如图 6-4(a)所示。裂隙中常填充各种盐类沉积物。裂隙的存在会降低土体强度和稳定性,增大透水性,对工程不利,如黄土柱状裂隙。

(3) 分散构造是指颗粒在其搬运和沉积过程中,经过分选的卵石、砾石、砂等因沉积厚度较大而不显层理的一种构造,如图 6-4(b)所示。土粒分布均匀,性质相近,分散构造土比较接近理想各向同性体。

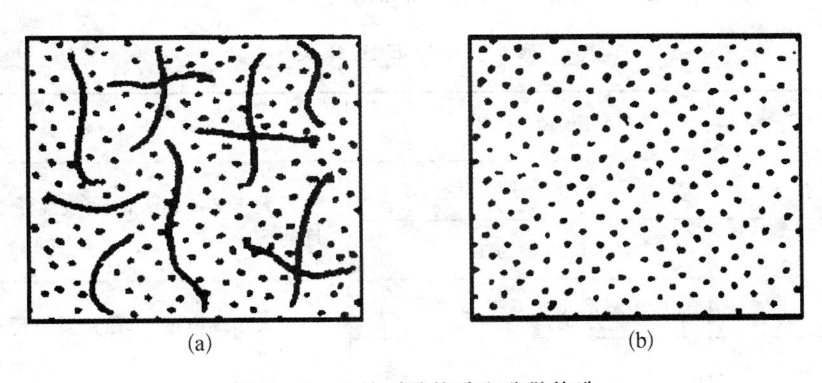

图 6-4 土的裂隙构造和分散构造

(a) 裂隙构造;(b) 分散构造

(4) 结核状构造是指在细粒土中掺有粗颗粒或各种结核的构造,如含姜石的粉质黏土,含砾石的冰碛土等。工程性质取决于细粒土部分。

此外,也应注意土中腐殖质、贝壳等包裹物以及天然或人为洞穴的存在,这些构造特征都会造成土的不均匀性。

6.2 土的工程地质分类

土是在自然地质历史时期经过各种地质作用形成的地质体,它的工程地质性质与土的成因类型和形成的地质历史有关。土的工程分类就是根据土的工程性质差异、成因和地质年代、分类指标便于测定等原则把土划分成各个类型。根据土的类别初步判断土的基本工程特性，初步评价地基的稳定性，确定不同类型土的研究方法和地基处理方法，采用工程地质类比法确定试验数量和内容。

6.2.1 我国土的工程分类

我国土的工程分类各部门标准并不统一，一般将土按粒度成分或塑性指数划分为砾石类土（碎石类土）、砂类土和黏性土等。同时考虑土的特殊性质和形成条件，分为黄土、淤泥类土、膨胀土、盐渍土、冻土和人工填土等特殊土类。目前，国内应用较广的土的工程分类标准主要有《建筑地基基础设计规范》(GB 50007—2011)、《土的工程分类标准》(GB/T 50145—2007)、《土工试验规程》(YS/T 5225—2016)、《公路土工试验规程》(JTG 3430—2020)等。

1. 设计规范中的分类

《建筑地基基础设计规范》(GB 50007—2011)中的分类体系将土分为碎石土、砂土、粉土、黏性土和人工填土五大类，因为人工填土形成的原因与其他四类不同，故把天然土分为四大类，即碎石土、砂土、粉土、黏性土，其中碎石土和砂土属于粗粒土，粉土和黏性土属于细粒土。粗粒土按照颗粒级配分类，细粒土按照塑性指数分类。

1）碎石土

碎石土指粒径大于 2 mm 的颗粒质量超过总质量 50%的土。根据颗粒级配和颗粒形状按表 6-2 分为漂石、块石、卵石、碎石、圆砾和角砾。

表 6-2 碎石土分类

土的名称	颗粒形状	颗粒级配
漂石	圆形及次圆形为主	粒径大于 200 mm 的颗粒质量超过总质量的 50%
块石	棱角形为主	
卵石	圆形及次圆形为主	粒径大于 20 mm 的颗粒质量超过总质量的 50%
碎石	棱角形为主	
圆砾	圆形及次圆形为主	粒径大于 2 mm 的颗粒质量超过总质量的 50%
角砾	棱角形为主	

注：定名时应根据颗粒级配由大到小以最先符合者确定。

2）砂土

砂土指粒径大于 2 mm 的颗粒质量不超过总质量的 50%，且粒径大于 0.075 mm 的颗粒质量超过总质量 50%的土。根据颗粒级配可分为砾砂、粗砂、中砂、细砂和粉砂，如表 6-3 所示。

3）粉土

粉土指粒径大于 0.075 mm 的颗粒质量不超过总质量的 50%，且塑性指数等于或小于 10 的土。

表 6-3　砂土分类

土的名称	颗粒级配
砾　砂	粒径大于 2 mm 的颗粒质量占总质量 25%～50%
粗　砂	粒径大于 0.5 mm 的颗粒质量占总质量 50%
中　砂	粒径大于 0.25 mm 的颗粒质量占总质量 50%
细　砂	粒径大于 0.075 mm 的颗粒质量占总质量 85%
粉　砂	粒径大于 0.075 mm 的颗粒质量占总质量 50%

注：定名时应根据颗粒级配由大到小以最先符合者确定。

4）黏性土

黏性土是塑性指数大于 10 的土。根据塑性指数 I_p分为粉质黏土（$10<I_p\leqslant17$）和黏土（$I_p>17$）。

2. 国家标准和试验规程中的分类

《土的工程分类标准》（GB/T 50145—2007）和《公路土工试验规程》（JTG 3430—2020）等中的分类法首先根据土中有机质的含量（W_u）将土分为有机土和无机土两类。其中有机土分为有机质土、泥炭质土和泥炭 3 种，具体情况如表 6-4 所示。

表 6-4　土按有机质含量分类

分类名称	有机质含量 W_u（%）	现场鉴别特征
无机土	$W_u<5$	—
有机质土	$5\leqslant W_u\leqslant10$	深灰色，有光泽，味臭，除腐殖质外尚含少量未完全分解的动植物体，浸水后水面出现气泡，干燥后体积收缩
泥炭质土	$10<W_u\leqslant60$	深灰或黑色，有腥臭味，能看到未完全分解的植物结构；浸水体胀，易崩解，有植物残渣浮于水中，干缩现象明显
泥炭	$W_u>60$	除有泥炭质土特征外，结构松散，土质很轻，暗无光泽，干缩现象极为明显

对于无机土又分为巨粒土、粗粒土和细粒土。其中，粒径大于 60 mm 的颗粒质量大于总颗粒质量 50%的土称为巨粒土；小于 0.075 mm 的颗粒质量大于总颗粒质量 50%的土称为细粒土；颗粒在巨粒土和细粒土之间的土称为粗粒土，具体的粒组划分如表 6-1 所示。

1）巨粒土和含巨粒土

试样中巨粒组（$d>60$ mm）的质量大于总质量 50%的土称为巨粒类土。其中，巨粒组的质量为总质量的 75%～100%的土称为巨粒土；巨粒含量小于 75%，大于 50%的土为混合巨粒土；巨粒含量为15％～50％的土称为巨粒混合土，如表6-5所示。

表6-5 巨粒土和含巨粒土的分类

土类	粒组含量		土代号	土名称
巨粒土	巨粒含量 75％～100％	漂石粒＞50％	B	漂石
		漂石粒≤50％	Cb	卵石
混合巨粒土	巨粒含量 50％～75％	漂石粒＞50％	BSI	混合土漂石
		漂石粒≤50％	CbSI	混合土卵石
巨粒混合土	巨粒含量 15％～50％	漂石＞卵石	SIB	漂石混合土
		漂石粒≤卵石	SIC	卵石混合土

2）粗粒土

粗粒土又可以分为砾石类土和砂类土。其中粗粒土中砾粒组的质量占粗砾组的50％以上，则属于砾石类土；砾粒组小于或等于50％，则属于砂类土，具体分类如表6-6和表6-7所示。

表6-6 砾石类土的分类

土类	粒组含量		土代号	土名称
砾	细粒含量 ＜5％	级配 $C_u \geq 5$，$C_c=1\sim3$	GW	级配良好砾
		级配不同时满足上述条件	GP	级配不良砾
含细粒土砾	细粒含量 5％～15％		GF	含细粒土砾
细粒土质砾	细粒含量 15％～50％	细粒为黏土	GC	黏土质砾
		细粒为粉土	GM	粉土质砾

注：细粒粒组包括粉粒（0.005 mm＜d＜0.075 mm）和黏粒（d≤0.005 mm）。

表6-7 砂类土的分类

土类	粒组含量		土代号	土名称
砂	细粒含量 ＜50％	级配 $C_u \geq 5$，$C_c=1\sim3$	SW	级配良好砂
		级配不同时满足上述条件	SP	级配不良砂

（续表）

土　　类	粒　组　含　量		土 代 号	土 名 称
含细粒土砂	细粒含量 5%～15%		SF	含细粒土砂
细粒土质砂	细粒含量 15%～50%	细粒为黏土	SC	黏土质砂
		细粒为粉土	SM	粉土质砂

3）细粒土

细粒土按塑性土分类。塑性图是以液限 W_L 为横坐标，塑性指数 I_p 为纵坐标的一幅分类图，如图 6-5 所示。塑性图中有 A、B 两条界限线。A 线方程为 $I_p=0.73(W_L-20)$，A 线上侧为黏土，下侧为粉土。B 线方程为 $W_L=50\%$。B 线左侧为低液限，右侧为高液限。图中虚线之间区域为黏土粉土过渡区。细粒土根据其在塑性图上的位置确定土名，如表 6-8 所示。

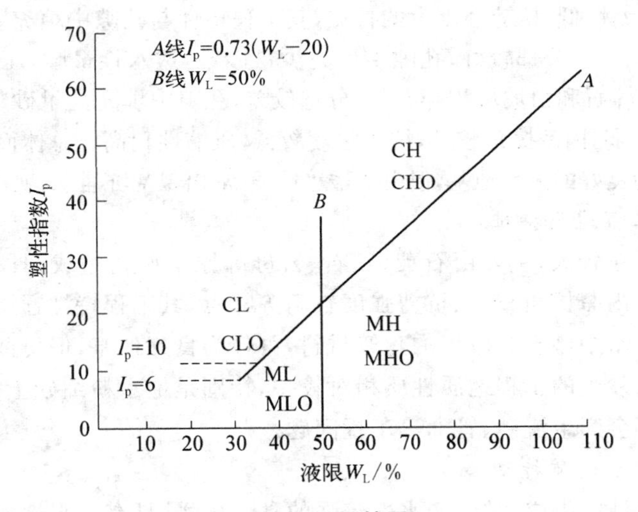

图 6-5　塑性图

表 6-8　细粒土的分类

土的塑性指标在塑性图中的位置		土 代 号	土 名 称
塑性指数 I_p	液限 W_L/%		
$I_p\geqslant0.73(W_L-20)$ 和 $I_p\geqslant10$	≥50	CH	高液限黏土
		CHO	有机质高液限黏土
	<50	CL	低液限黏土
		CLO	有机质低液限黏土

（续表）

土的塑性指标在塑性图中的位置		土代号	土名称
塑性指数 I_p	液限 W_L/%		
$I_p<0.73(W_L-20)$ 和 $I_p<10$	$\geqslant 50$	MH	高液限粉土
		MHO	有机质高液限粉土
	<50	ML	低液限粉土
		MLO	有机质低液限粉土

6.2.2　一般土的工程地质特征

1. 砾石类土/碎石土的工程地质特征

砾石类土/碎石土一般颗粒粗大，主要由岩石碎屑或石英、长石等原生矿物组成，具有孔隙大、透水性强、压缩性低、抗剪强度大的特点，其工程特性与孔隙中填充物的性质和数量有关。流水沉积的碎石土，分选较好，孔隙中填充少量砂粒，透水性最强，压缩性最低，抗剪强度最高。基岩风化碎石和山坡堆积碎石土，分选较差，孔隙中填充大量砂粒和粉黏粒等细小颗粒，透水性相对较弱，内摩擦角较小，抗剪强度较低，压缩性稍高。总体而言，砾石类土一般承载力较高，可作为良好的天然地基，但由于透水性强，常出现基坑涌水、坝基渠道渗漏等现象。

2. 砂类土的工程地质特征

砂类土一般颗粒较大，主要由石英、长石、云母等原生矿物组成，具有透水性强、压缩性低、压缩速度快、内摩擦角较大、抗剪强度较高等特点，其工程特性通常与砂粒大小和密实程度有关。一般粗中砂土为较好的建筑材料，可作为良好地基，但可能产生涌水或渗漏等工程问题。粉细砂土的工程地质性质相对较差，特别是饱水粉细砂土受振动后易液化，在动水压力作用下会产生流砂、管涌等工程问题。

3. 黏性土的工程地质特征

黏性土主要由黏粒组成，常含亲水性较强的黏土矿物，具有透水性弱、压缩速度小、压缩性高、强度较高等特点。黏性土的工程地质性质主要取决于黏粒含量、稠度和孔隙比。黏粒含量增多，黏性土的塑性指数、胀缩量和黏聚力逐渐变大，而渗透系数和内摩擦角变小。稠度对黏性土性质的影响较大，近流态和软塑态的土，有较高压缩性和较低的抗剪强度；而固态或硬塑态的土则相反，压缩性较低，抗剪强度较高。

4. 粉土的工程地质特征

粉土介于砂类土和黏性土之间，密实的粉土为良好地基，饱和稍密的粉土为不良地基。在工程上表现出较差的力学性质，容易出现液化、流砂、湿陷、冻胀、易被冲蚀等现象。

6.2.3　土的堆积时代与成因类型

在工程上遇到的大多数土都是在第四纪地质历史时期内形成的。第四纪地质年代的土又可以分为更新世和全新世两类，如表 6-9 所示。其中，第四纪晚更新世及其以前堆积的土层为老堆积土，一般呈超固结状态，具有较高的结构强度；第四纪全新世（人类文化期以前）堆积的土层为一般堆积土；人类文化期以来新近堆积的土层为新近堆积土，一般呈欠压密状态，结构强度较低。

表 6-9 土的生成年代

纪	世		年代
第四纪(Q)	全新世(Q_4)	晚期	<0.25 万年
		中期	0.25～0.75 万年
		早期	0.75～1.3 万年
	更新世(Q_p)	晚更新世	1.3～12.8 万年
		中更新世	12.8～77 万年
		早更新世	77～258 万年

第四纪土由于其搬运和堆积方式的不同，分为残积土、坡积土、洪积土、冲积土、湖泊沼泽沉积土、海相沉积土、冰积土、风积土等类型。

(1) 残积土。残积土是指母岩表层经风化作用破碎成为岩屑或细小颗粒后，未经搬运，残留在原地的堆积物。颗粒表面粗糙、多棱角、粗细不均、无层理，如图 6-6 所示。

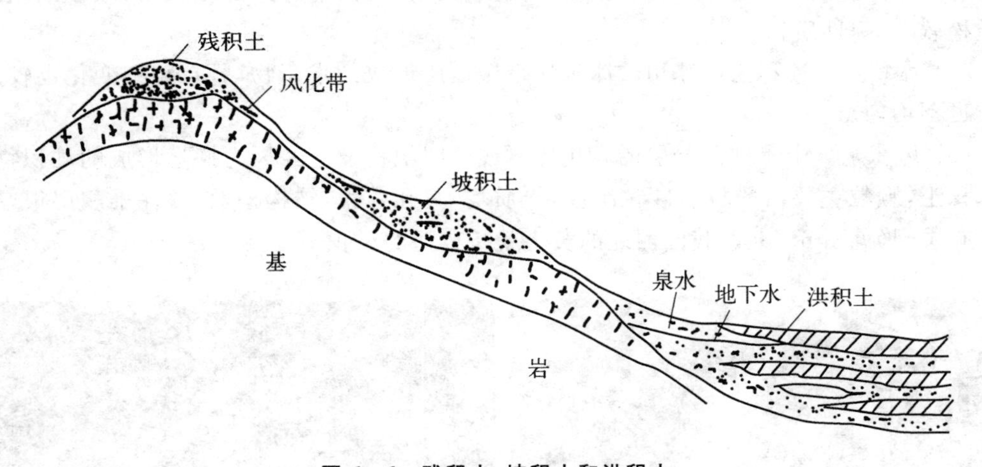

图 6-6 残积土、坡积土和洪积土

(2) 坡积土。坡积土是指受重力和短期性水流（如雨水和雪水）的作用，被挟带到山坡或坡脚处聚积起来的堆积物（见图 6-6）。由于坡积土的搬运距离短，来不及在土粒和石块尺寸上分选，因而土中各种组成物的尺寸相差很大，土粒粗细不均，性质很不均匀。

(3) 洪积土。碎屑物质经暴雨或大量融雪骤然集聚而成的暂时性山洪急流挟带在山沟的出口处或山前倾斜平原堆积形成的洪积土体（见图 6-6），称为洪积土。山洪携带的大量碎屑物质流出沟谷口后，因水流流速骤减而呈扇形沉积体，称为洪积扇（见图 6-7）。洪积土有一定的分选性，近山前洪积土沉积颗粒较粗，具有较高的承载力，压缩性低；远山地带，洪

图 6-7 洪积扇

积物颗粒较细、成分较均匀、厚度较大，力学性质较差，常具有不规则的交替层理构造，并具有夹层、尖灭或透镜体等构造。

洪积土一般可作为良好的建筑地基，但应注意中间过渡地带可能力学性质较差，因为粗碎屑土与细粒黏性土的透水性不同而使地下水溢出地表形成沼泽地带，且存在尖灭或透镜体。

(4) 冲积土。冲积土是由碎屑物质经河流的流水作用搬运到河谷中坡平缓的地段堆积而形成的，分布在山谷、河谷和冲积平原上。根据河流冲积物的形成条件，可分为河床相、河漫滩相、牛轭湖相及河口三角洲相。由于经过较长距离的搬运，浑圆度和分选性都更为明显，常形成砂层和黏性土层交叠的地层。分布广，表面坡度比较平缓，多数大、中城市都坐落在冲积层上。冲积层中的砂、卵石、砾石层常被选用为建筑材料。

(5) 湖泊沼泽沉积土。在极为缓慢的水流或静水条件下沉积形成的堆积物称为湖泊沼泽沉积土。除了含有细小的颗粒外，常伴有不同含量的由生物化学作用所形成的有机物，成为具有特殊性质的淤泥、淤泥质土或泥炭土，其工程性质一般都较差。

(6) 海相沉积土。海相沉积土指由水流挟带到大海沉积起来的堆积物，颗粒细，表层土质松软，工程性质较差。

(7) 冰积土。冰积土由冰川或冰水挟带搬运所形成的堆积物，颗粒粗细变化也较大，土质也不均匀。

(8) 风积土。干旱地区岩层的风化碎屑或第四纪松散土经风力搬运形成的堆积物称为风积土，颗粒主要由粉粒或砂粒组成，土质均匀，孔隙大，结构松散，往往堆积层很厚而不具有层理(见图 6-8)。我国西北的黄土就是典型的风积土。

(a)

(b)

图 6-8 风积土

(a) 风成黄土；(b) 风成砾石

6.3　特殊土的主要工程地质特征

特殊土指地表在一定分布区域或工程意义上具有特殊的物质组成、结构构造及特殊的工程地质性质的土。常见的特殊土包括软土、湿陷性黄土、膨胀土、红黏土、冻土、盐渍土和填土等，扫描二维码可查看特殊土的图片。

特殊土

6.3.1　软土

软土又称为淤泥类土，一般指在静水或缓慢水流环境微生物作用下沉积形成的，天然含水率大于液限，天然孔隙比大于或等于1，含较多的有机质疏松软弱的土，颜色一般呈灰、灰绿、灰蓝和灰黑色。在软土地区进行工程建设时常出现大的沉降问题和地基失稳问题。

我国软土分布很广，按区域分为沿海软土、内陆软土和山区软土。沿海软土主要有以湛江、香港、厦门、舟山、宁波、连云港、塘沽、大连湾等地区为代表的滨海相沉积，以温州、宁波地区为代表的潟湖相沉积，以福州、泉州地区为代表的溺谷相沉积以及以上海地区、珠江下游的广州地区为代表的三角洲相沉积。内陆软土有以长江中下游、珠江下游、淮河平原、松辽平原等地区为代表的河漫滩相沉积和以洞庭湖、洪泽湖、太湖、鄱阳湖四周以及昆明的滇池地区为代表的湖相沉积。山区软土主要有以内蒙古，东北大、小兴安岭，西南森林地区为代表的沼泽相沉积和以广西、贵州、云南等地区为代表的山地型沉积。

1. 软土的分类

软土（淤泥类土）可分为淤泥和淤泥质土两种，如表 6－10 所示。天然孔隙比大于1.5的称为淤泥，小于1.5而大于等于1的称为淤泥质土，淤泥质土根据塑性指数 I_p 划分为淤泥质黏土和淤泥质粉质黏土。当软土中的有机质含量为5%～10%时，称为有机土。有机质含量为10%～60%时，称为泥炭质土；超过60%时，称为泥炭。泥炭的含水量极高，可达百分之几百甚至百分之几千，孔隙比可达9～25，这是因为腐殖质吸水能力很强以及泥炭固态物质密度小。透水性与腐殖质的分解程度及含量有关，分解程度高的泥炭不易排水。物理性质和含水量关系很大，泥炭干燥后体积收缩10%～75%，干燥压实的泥炭处于坚硬状态，饱和泥炭多呈流动状态，承载力极低。

表 6－10　软土的分类

土　名	淤泥质土	淤　泥	泥炭质土	泥　炭
天然孔隙比 e	$1.0 \leqslant e < 1.5$	$1.5 \leqslant e < 2.4$	$e > 2.0$	$e > 2.0$
含水率 w/%	$36 \leqslant w < 55$	$55 \leqslant w < 85$	$w \geqslant 40$	$w \geqslant 40$
有机质含量 W_u/%	$5 \leqslant W_u \leqslant 10$	$5 \leqslant W_u \leqslant 10$	$10 < W_u \leqslant 60$	$W_u > 60$

2. 软土的物理成分及结构构造

软土的粒度成分主要为粉粒和黏粒，黏粒含量达30%～60%，其矿物成分主要为石英、长石、白云母及大量蒙脱石、伊利石等黏土矿物，并含有少量水溶盐，特别是含有大量的有机质，具有臭味。

软土疏松多孔，具有蜂窝、絮凝状结构。厚度不大的软土常是淤泥质黏土、粉砂土、淤泥或泥炭交互成层或呈透镜体，具有层理构造。例如三角洲相、河漫滩相软土常夹有粉土或粉砂薄层，具有明显的层理构造，水平向渗透性比垂直向渗透性好。湖泊相、沼泽相软土常在淤泥或淤泥质土层中夹有厚度不等的泥炭或泥炭质土薄层或透镜体。

3. 软土的工程地质性质

软土结构疏松软弱，具有不良的工程地质性质。

(1) 高含水率和高孔隙比。我国淤泥类土孔隙比 e 常见值为 1.0～2.0，有的可达 2.3 或 2.4，含水率大于液限，含水率为 50%～70%，液限为 40%～60%，饱和度一般都超过 95%。

(2) 弱透水性。渗透系数为 $1\times10^{-8}\sim1\times10^{-6}$ cm/s，在自重或载荷作用下固结速率很慢。在加载初期地基中常出现较高的孔隙水压力，影响地基的强度，延长建筑物的沉降时间。

(3) 高压缩性。一般压缩系数 $a_{1-2}=0.5\sim1.5$ MPa^{-1}，且随天然含水率的增加而增大。软土地基常常会出现大的沉降问题。

(4) 低抗剪强度。软土的天然不排水抗剪强度一般小于 20 kPa，其变化范围为 5～25 kPa，有效内摩擦角为 12°～35°，固结不排水剪内摩擦角为 10°～20°，软土地基的承载力常为 40～80 kPa。

(5) 显著的触变特性。原状土受到扰动（振动、搅拌、挤压或搓揉等）后，导致原有的结构破坏，强度降低或变成流动状态，而当扰动停止后，强度能逐渐恢复的性能称为触变性。工程上常用灵敏度表示触变性的大小（灵敏度是指原状土的强度与扰动土强度的比值），一般软土的灵敏度常为 3～4，属于中灵敏土，软土地基在振动载荷下，易产生侧向滑动、沉降及基底向两侧挤出等现象。

(6) 蠕变（流变）性。在长期恒定的应力作用下，土的剪切变形随时间增长的特性称为蠕变性，蠕变使土体变形量增加，抗剪强度降低。蠕变对地基沉降有较大影响，对斜坡、堤岸、码头及地基稳定性不利。

(7) 不均匀性。由于物质来源、沉积环境的改变，软土层常局部夹有厚薄不等的粉土层、砂土层，使其水平与垂直方向的工程性质差异显著，易于产生差异沉降，导致工程失稳。

由于我国幅员辽阔，各地区所处的水文地质、工程地质环境存在差异，各地区的软土虽具有共性，但又有各自的特性，工程上需要对具体场地进行具体的分析。

4. 软土地基的处理措施

根据软土高含水率、高压缩性、低抗剪强度且具有蠕变性和触变性的特点，采用排水、地基加固和建筑物及基础设计的处理措施。

(1) 排水措施。采用砂垫层、砂井和塑料排水板等作为排水通道，采用预压或真空排水固结法加强孔隙水的排出，提高土的强度和减小沉降量；基坑开挖时采用井点降水法排水，保证基坑在无水时施工。

(2) 地基加固措施。软土层厚度小于 2 m 时，可采用换土垫层法，厚度较大时，采用石灰砂桩、水泥搅拌桩、水泥粉煤灰碎石（cement fly-ash gravel, CFG）桩等复合地基法增强地基的刚度。

(3) 建筑物和基础设计措施。提高建筑物的刚度,基础采用深基础。多层建筑物及大型构筑物采用箱、筏形基础或桩基础,高层或超高层建筑采用桩筏或桩箱基础,比如位于上海市浦东新区的高度为632 m的超高层建筑上海中心大厦采用桩筏基础。高速公路可采用刚性桩承式路基,基坑支护采用注浆锚杆、排桩加内支撑或地下连续墙加内支撑等侧向约束地基土的方式来处理。

6.3.2　黄土

黄土是在第四纪形成的一种特殊的陆相疏松堆积物,颗粒成分以粉粒为主,颜色一般呈黄、褐黄或灰黄色等。世界范围内的分布面积大约有 1.3×10^{7} km^2,集中在干旱和半干旱地区。黄土在我国分布广泛,分布面积大约有 6.3×10^{5} km^2,主要分布于西北、华北和东北等地,这些地区干旱少雨,具有大陆性气候特点。

1. 黄土的分类

我国黄土从早更新世开始堆积,经历整个第四纪,直到目前还没有结束。按地层时代及其基本特征,黄土可分为三类,各类黄土的主要特征如表6-11所示。形成于早更新世的午城黄土和中更新世的离石黄土称为老黄土。午城黄土主要分布在陕甘高原,覆盖在古近纪-新近纪红土层或基岩上。离石黄土分布广,厚度大,是构成黄土高原的主体。老黄土一般无湿陷性,承载力较高。晚更新世的马兰黄土及全新世早期的现代黄土称为新黄土。新黄土广泛覆盖于老黄土之上,在北方各地分布较广,其分布面积占我国黄土分布面积的60%,尤以马兰黄土分布最广,一般都具有湿陷性。近几百年至近几十年形成的黄土称为新近堆积黄土。新近堆积黄土分布于局部地方,厚度仅数米,土质松散,压缩性高,湿陷性不一,承载力较低。

表6-11　黄土地层的划分

<table>
<tr><th colspan="2">年　代</th><th colspan="3">黄 土 名 称</th><th colspan="2">成　因</th><th>备　注</th></tr>
<tr><td rowspan="2">全新世 Q_4</td><td>近期</td><td>—</td><td rowspan="2">新黄土</td><td>新近堆积黄土</td><td rowspan="2">次生黄土</td><td rowspan="2">水成为主</td><td>一般具有湿陷性、高压缩性</td></tr>
<tr><td>早期</td><td>—</td><td rowspan="2">一般湿陷性黄土</td><td rowspan="2">一般具有湿陷性</td></tr>
<tr><td colspan="2">晚更新世 Q_3</td><td>马兰黄土</td><td rowspan="3">老黄土</td><td rowspan="3">原生黄土</td><td rowspan="3">风成为主</td></tr>
<tr><td colspan="2">中更新世 Q_2</td><td>离石黄土</td><td rowspan="2">非湿陷性黄土</td><td rowspan="2">一般无湿陷性</td></tr>
<tr><td colspan="2">早更新世 Q_1</td><td>午城黄土</td></tr>
</table>

根据黄土的形成原因,可以分为原生黄土和次生黄土两类。原生黄土指由风力堆积,又未经次生挠动,不具有层状构造。次生黄土指由风力以外其他原因而成,常具有层理或砾石、砂类层。

2. 黄土的物质成分与结构构造

黄土的物质成分是以石英和长石组成的粉粒(粒径为0.05～0.005 mm)为主,一般占

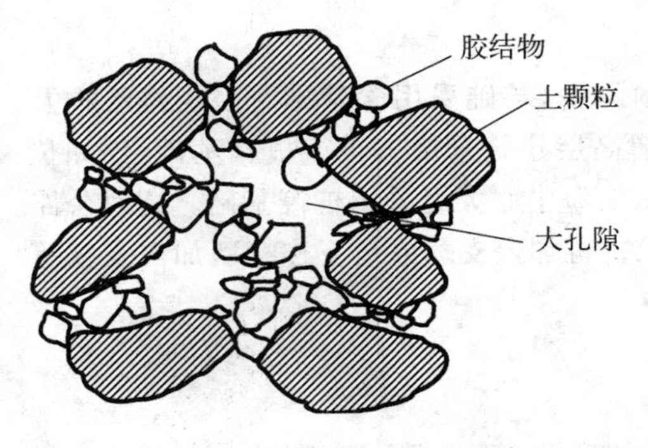

图 6-9　黄土的典型结构示意

总质量的50%～75%，小于0.005 mm的黏粒含量较少，大于0.1 mm的细砂颗粒含量在5%以内，很少有大于0.25 mm的颗粒，粒度细而均一。

黄土的结构疏松多孔。黄土形成初期，长期的干旱使水分不断蒸发，黏土颗粒及溶于水中的盐类都集中到较粗颗粒的表面和接触点处，逐渐浓缩沉淀而成为胶结物，形成以粗粉粒为主体骨架的大孔隙骨架状结构，如图6-9所示。可溶盐主要包括碳酸盐、硫酸盐和氯化物等。

黄土富含碳酸钙，含量为10%～20%，雨季时降水使碳酸钙等盐类物质富集形成钙质结核，结核构造是黄土的一个重要构造特征。黄土在干旱季节因失去大量水分而体积收缩，形成许多竖向裂隙，使黄土具有垂直节理。原生黄土无层理，但是次生黄土常具有层理构造。

3. 黄土的工程地质性质

黄土具有较强的结构性，工程地质性质如下。

（1）密度小，孔隙率大。黄土的干密度较小，一般为1.3～1.5 g/cm^2。孔隙较大，一般有肉眼可见的大孔隙、虫孔等，孔隙率高，常为45%～55%(孔隙比为0.8～1.1)。

（2）含水较少。含水率一般为10%～25%，常处于半固态或硬塑状态，饱和度一般为30%～70%。

（3）塑性较弱。黄土的液限一般为23%～33%，塑限常为15%～20%，塑性指数为8～13。

（4）透水性较强。由于大孔隙和垂直节理发育，黄土的透水性比粒度成分相类似的一般细粒土要强得多，渗透系数可达1 m/d以上，且各向异性明显，垂直方向比水平方向要强得多，渗透系数大数倍甚至数十倍。

（5）结构性。黄土在一定条件下具有保持土的原始基本单元结构形式不被破坏的能力，这是由于黄土在沉积过程中的物理化学因素促使颗粒相互接触处产生固化联结键，这种固化联结键构成土骨架，具有一定的结构强度。黄土在其结构强度未被破坏或软化的压力范围内，表现出压缩性低、强度高等特性，但结构性一旦遭受破坏，其力学性质将呈现屈服、软化、湿陷等性状。

（6）压缩性中等，抗剪强度较高。天然状态下的黄土，压缩系数一般为0.2～0.5 MPa^{-1}，内摩擦角φ值一般为15°～25°，黏聚力c值一般为0.03～0.06 MPa。随着含水率增加，黄土的压缩性急剧增高，抗剪强度显著降低。新近堆积的黄土，土质松软，强度低，压缩性高。

（7）湿陷性。具体见以下小节的内容。

4. 黄土的湿陷性

黄土在一定压力作用下受水浸湿后，结构迅速破坏而产生显著附加沉陷的性能，称为湿陷性。它是黄土特有的工程地质性质，往往导致建筑下沉、路基开裂破坏等工程地质问题和灾害。

黄土产生湿陷的最根本原因是其特殊成分和结构。颗粒间接触的胶结物为可溶盐类或者中等亲水性的伊利石等黏土颗粒，水浸入时胶结物将被软化和溶解，结构联结被削弱，从而使土颗粒在压力作用下发生位移以达到新的平衡状态，宏观上表现为土在压力作用下因浸水而发生的体积变化。所以，湿陷性黄土具有明显的遇水联结减弱，结构趋于紧密的倾向。湿陷性黄土一般具有3个特征：① 黄土的微观结构具有大量孔隙，尤其是大孔隙，这是具有湿陷性的基础；② 颗粒间的联结因水分增加而易于削弱和破坏；③ 黏粒含量低，尤其是具有活动晶格的黏土矿物含量低。

黄土湿陷性强弱与黄土的微结构特征、颗粒组成、化学成分等内部因素及浸水程度和压力等外部因素相关。从微观结构看，如果骨架颗粒多，粒间孔隙大，胶结物少，粒间联结脆弱，则湿陷性强；相反，如果骨架颗粒较细，胶结物多，颗粒被完全胶结，粒间联结牢固，结构致密，则湿陷性弱或无湿陷性。黄土中黏土粒的含量多，均匀分布在骨架颗粒之间，则具有较大的胶结作用，土的湿陷性弱。如果黄土中的胶结物主要为较难溶解的碳酸钙，则湿陷性弱，如果主要为石膏及易溶盐，则湿陷性强。此外，当其他条件相同时，黄土的天然孔隙比愈大，则湿陷性愈强。实际资料表明：西安地区的黄土孔隙比 $e<0.9$，则一般不具有湿陷性或湿陷性很小；兰州地区的黄土孔隙比 $e<0.86$，则湿陷性一般不明显。黄土的湿陷性随其天然含水率的增加而减弱。

黄土的湿陷性又分为自重湿陷和非自重湿陷两种类型。前者指黄土浸水后，在上覆土自重作用下发生湿陷的现象；后者指黄土浸水后，在附加载荷作用下(大于上覆土自重压力)发生湿陷的现象。在两种不同湿陷性黄土地区进行建筑时，采用的各项措施及施工要求均有较大差别。野外无载荷试坑浸水试验资料表明，我国兰州地区的黄土具有明显或强烈的自重湿陷性，而西安和太原地区的黄土，往往是非自重湿陷性黄土或仅在局部地区有自重湿陷性。

5. 黄土的湿陷性指标与评价

工程上常采用湿陷性指标来评价黄土的湿陷性。湿陷性指标有湿陷系数、自重湿陷系数、计算自重湿陷量、总湿陷量和湿陷起始压力等。

1）湿陷性评价

湿陷系数是评价黄土湿陷性的主要指标之一，由室内压缩实验测定。黄土试样在某压力 p 作用下稳定的湿陷变形值与试样原始高度的比值(见图6-10)，称为湿陷系数 δ_s，即

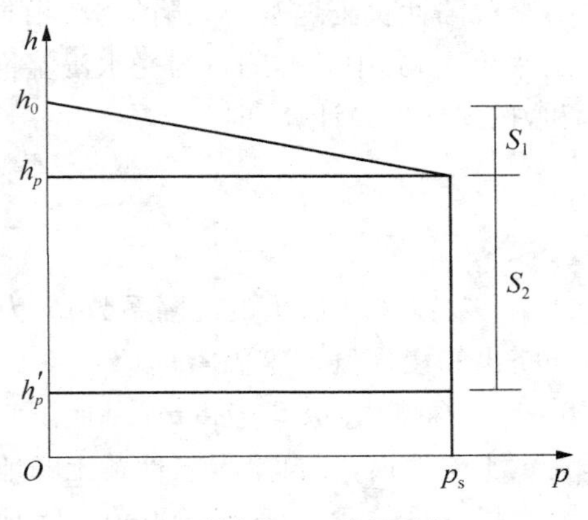

h—土样高度；p—作用压力；S_1—加荷变形；S_2—湿陷变形。

图6-10　湿陷系数

$$\delta_s=\frac{h_p-h'_p}{h_0} \tag{6-1}$$

式中，h_p 为保持天然的湿度和结构的土样，施加一定压力时，压缩稳定后的高度，单位为cm；h'_p 为在浸水作用下沉降稳定后的高度，单位为cm；h_0 为土样的原始高度，单位为cm。

δ_s 值越大，说明黄土的湿陷性越强烈，但在不同压力下，黄土的 δ_s 是不一样的。测定湿陷系数的压力，应自基础底面(初步勘察时，自地面下1.5 m)算起，10 m之内的土层应

用 200 kPa 压力，10 m 以下至非湿陷性土层顶面，应用其上覆土的饱和自重压力（当大于 300 kPa 时，仍应用 300 kPa）。

判定黄土湿陷性的标准：$\delta_s < 0.015$，为非湿陷性黄土；$\delta_s \geqslant 0.015$，为湿陷性黄土。

根据湿陷系数的大小，可以判断湿陷性黄土湿陷的强弱：$\delta_s \leqslant 0.03$，为弱湿陷性；$0.03 < \delta_s \leqslant 0.07$，为中等湿陷性；$\delta_s > 0.07$，为强湿陷性。

2）场地的湿陷类型判定

黄土场地的湿陷类型判定可以采用的指标是实测自重湿陷量和计算自重湿陷量。实测自重湿陷量一般根据现场试坑浸水试验确定。计算自重湿陷量按式(6－2)计算，即

$$\Delta_{zs} = \beta_0 \sum_{i=1}^{n} \delta_{zsi} h_i \tag{6-2}$$

式中，δ_{zsi} 为第 i 层土在上覆土的饱和自重压力下的自重湿陷系数；h_i 为第 i 层土的厚度，单位为 cm；β_0 为因地区土质而异的修正系数，在缺乏实测资料时，可按下列规定取值：对陇西地区可取 1.5，对陇东-陕-晋西地区取 1.2，对关中地区可取 0.9，对其他地区可取 0.5。

计算自重湿陷量的累计，应自天然地面（当挖、填方的厚度和面积较大时，自设计地面）算起，至其下部全部湿陷性黄土层的底面为止，其中，自重湿陷系数小于 0.015 的土层不应累计。当 $\Delta_{zs} \leqslant 70$ mm 时，为非自重湿陷性黄土场地，$\Delta_{zs} > 70$ mm 时为自重湿陷性黄土场地。

3）地基湿陷等级判定

湿陷性黄土地基的湿陷等级，根据基底下各土层应根据自重湿陷量 Δ_{zs} 和总湿陷量 Δ_s 来确定，其中总湿陷量为受水浸湿饱和至下沉稳定为止的湿陷性黄土地基的湿陷量总和，按式(6－3)计算，即

$$\Delta_s = \sum_{i=1}^{n} \alpha \beta \delta_{si} h_i \tag{6-3}$$

式中，δ_{si} 为第 i 层土的湿陷系数；h_i 为第 i 层土的厚度，单位为 cm；β 为考虑地基土的侧向挤出和浸水概率等因素的修正系数，在缺乏实测资料时，可按下列规定取值：基底下 0～5 m 深度内，取 $\beta=1.5$ m；基底下 5～10 m 深度内，取 $\beta=1.0$；基底 10 m 以下至非湿陷性黄土层顶面，在自重湿陷性黄土场地，可按式(6－2)中的 β_0 取值。α 为不同深度地基土浸水概率系数，按地区经验取值。无地区经验时如地下水上升至湿陷性土层内，或侧向浸水影响不可避免的区段，取 $\alpha=1$。

总湿陷量应自基础底面（如基底标高不确定时，自地面下 1.5 m）算起。在非自重湿陷性黄土场地，累计至基底下 10 m（或地基主要压缩层）深度止；在自重湿陷性黄土场地，对甲、乙类建筑，应按穿透湿陷性土层的取土勘探点，累计至非湿陷性土层顶面止，对丙、丁类建筑，当基底下的湿陷性上层厚度大于 10 m 时，其累计深度可根据工程所在地区确定，但陇西、陇东和陕北地区不应小于 15 m，其他地区不应小于 10 m。湿陷系数或自重湿陷系数小于 0.015 的土层不应累计。

湿陷性黄土地基的湿陷等级根据基底下土层自重湿陷量 Δ_{zs} 和总湿陷量 Δ_s 来确定，如表 6－12 所示。

表 6-12 黄土地基湿陷等级

<table>
<tr><td rowspan="2">Δ_s/mm</td><td>湿陷类型</td><td>非自重湿陷性场地</td><td colspan="2">自重湿陷性场地</td></tr>
<tr><td>Δ_{zs}</td><td>$\Delta_{zs}\leqslant 70$</td><td>$70<\Delta_{zs}\leqslant 350$</td><td>$\Delta_{zs}>350$</td></tr>
<tr><td colspan="2">$50<\Delta_s\leqslant 100$</td><td rowspan="2">Ⅰ(轻微)</td><td>Ⅰ(轻微)</td><td rowspan="2">Ⅱ(中等)</td></tr>
<tr><td colspan="2">$100<\Delta_s\leqslant 300$</td><td>Ⅱ(中等)</td></tr>
<tr><td colspan="2">$300<\Delta_s\leqslant 700$</td><td>Ⅱ(中等)</td><td>Ⅱ(中等)或Ⅲ(严重)</td><td>Ⅲ(严重)</td></tr>
<tr><td colspan="2">$\Delta_s>700$</td><td>Ⅱ(中等)</td><td>Ⅲ(严重)</td><td>Ⅳ(很严重)</td></tr>
</table>

注：当总湿陷量 $\Delta_s>600$ mm，自重湿陷量 $\Delta_{zs}>300$ mm 时，可判定为Ⅲ级，其他情况可判为Ⅱ级。

4）黄土湿陷特性曲线

在一定的天然孔隙比和天然含水率情况下，黄土的湿陷变形量将随着浸湿程度和压力的增加而增大，但当压力增加到某一个定值以后，湿陷量却又随着压力的增加而减少。根据室内浸水侧限压缩试验结果，以湿陷压力 p 为横坐标，相应的湿陷系数 δ_s 为纵坐标，绘制得出不同湿陷压力作用的湿陷系数曲线，即黄土的湿陷特性 $p-\delta_s$ 曲线。湿陷起始压力、湿陷终止压力和湿陷压力区间都可以从曲线上得到，如图 6-11 所示。

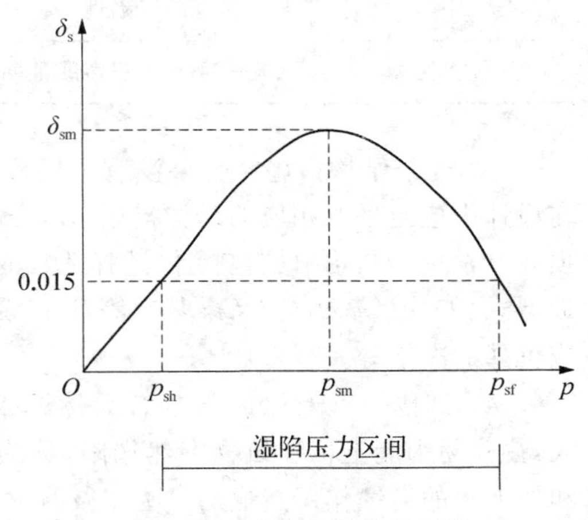

图 6-11 黄土湿陷特性曲线

湿陷性黄土受水浸湿后，如作用在其上的压力不大时，则只产生压密变形。当压力达到一定数值时，土的结构发生剧烈破坏，变形速度和数量都突然剧增，此时即为湿陷变形。黄土出现明显湿陷所需的最小外部压力，称为湿陷起始压力 p_{sh}。曲线上与 $\delta_s=0.015$ 相对应的压力，即为黄土的湿陷起始压力。

饱和自重压力 $p_z<p_{sh}$时，则为非自重湿陷性黄土；饱和自重压力 $p_z>p_{sh}$时，则为自重湿陷性黄土。在非自重湿陷性黄土场地上，当地基内各土层的湿陷起始压力大于其附加压力与上覆土的饱和自重压力之和时，各类建筑可按非湿陷性黄土地基设计。

在 δ_s-p 曲线上最大的湿陷系数峰值，为峰值湿陷系数 δ_{sm}，与峰值湿陷系数相应的压力为峰值湿陷压力 p_{sm}。湿陷性黄土湿陷系数$\geqslant$0.015 的最大湿陷压力，为湿陷终止压力 p_{sf}。当湿陷压力大于湿陷终止压力时，相应湿陷系数将减小至 0.015 以下。只有当湿陷压力超过湿陷起始压力而又不大于湿陷终止压力时浸水饱和，才能产生湿陷变形。这个压力区段称为湿陷压力区间。湿陷压力区间、黄土湿陷起始压力、湿陷峰值压力和湿陷终止压力都随着土的初始含水率的增大而减小。

6. 黄土地基的处理措施

针对黄土的湿陷性问题，可采用防排水、地基加固和建筑结构等措施，具体如下：

（1）防排水措施。湿陷性黄土产生湿陷的条件是地基土浸水，建筑物建设和使用期间需采用防排水工程。例如，储水构筑物和输水管道需离开建筑物一定距离，以免漏水殃及建筑物地基，或增设防止漏水和检查漏水的专门设施等。

（2）地基加固措施。采用垫层法、强夯法、挤密法、预浸水法对湿陷性黄土进行处理，各方面的适用条件如表6-13所示。

表6-13 黄土的湿陷性处理措施

名　称	适 用 范 围	可处理的湿陷性黄土层厚度/m
垫层法	地下水位以上，局部或整片处理	1～3
强夯法	地下水位以上，局部或整片处理	3～12
挤密法	地下水位以上，湿陷性黄土	5～15
预浸水法	自重湿陷性黄土场地，地基湿陷等级为Ⅲ级或Ⅳ级，可消除地面下6 m以下湿陷性黄土层的全部湿陷性	6 m以上，浸水后还需采用垫层或其他方法处理
其他方法	经试验研究或工程实践证明行之有效	

（3）建筑结构措施。如果没有采用地基处理从根本上解决地基的浸水湿陷问题时，在设计中应当采取相应的结构措施，以利于抑制地基不均匀沉降，减轻或避免上部结构的损坏。常见的结构措施包括① 选择适宜的结构体系；② 采用有利于抗衡不均匀沉降的基础型式（如片筏基础、交叉梁基础等）；③ 设置圈梁等以增强建筑物的整体刚度；④ 预留适应沉降的净空等。

（4）其他。黄土地区常常有天然或人工洞穴，由于这些洞穴的存在和不断发展扩大，往往易引起上覆建筑物突然塌陷，称为陷穴。黄土陷穴的发展主要是由于黄土湿陷和地下水的潜蚀作用造成的。为了及时整治黄土洞穴，必须查清黄土洞穴位置、形状及大小，然后有针对性地采取有效处理措施。

例1　关中地区某场地基础底面以下分布的黄土厚度为7.5 m，按厚度平均分3层取样进行自重湿陷性试验，其自重湿陷系数分别为0.026、0.035和0.022。如果已计算的场地湿陷量$\Delta_s = 750$ mm，请说明该地基的湿陷等级。

解：关中地区取$\beta_0 = 0.9$，则

$$\Delta_{zs} = \beta_0 \sum_{i=1}^{n} \delta_{zsi} h_i = 0.9 \times 2\,500 \times (0.026 + 0.035 + 0.022) = 187(\text{mm})$$

$\Delta_{zs} > 70$ mm，属于自重湿陷性黄土，又因为$\Delta_s > 700$ mm，属于Ⅲ级自重湿陷性场地。

6.3.3　冻土

冻土是一种温度低于0℃，且含有冰的特殊土。根据冻土存在的时间可将冻土分为

瞬时冻土、季节性冻土和多年冻土。瞬时冻土是指数小时、数日至半月冻结的土。季节性冻土指受季节影响，冬冻夏融，呈周期性冻结和融化的土。多年冻土指持续两年及两年以上处于冻结而不融化的土。

冻土分布于地球高纬度地带和高海拔地区。地球上多年冻土面积占陆地面积的25%，主要分布在亚欧大陆和北美洲北部，我国多年冻土面积占全国面积的22.3%，主要分布在东北大、小兴安岭等高纬度地区、青藏高原和喜马拉雅山、祁连山、天山和长白山等高山地区。我国季节性冻土主要分布在长江流域以北、东北多年冻土南界以南和高海拔多年冻土下界以下的广大地区，面积为5.14×10^6 km^2。

1. 冻土的结构构造

冻土是由矿物颗粒、冰、未冻水、气体组成的多相体系，如图6-12所示。冻土中的冰以冰晶或冰层的形式存在，在冻土中形成各种冻土结构，共分为三种：冰在矿物颗粒的接触处存在，称为接触胶结结构；冰已完全包裹矿物颗粒，但尚未充满大部分孔隙，称为薄膜胶结结构；冰已完全充满土的孔隙，称为基底胶结结构。

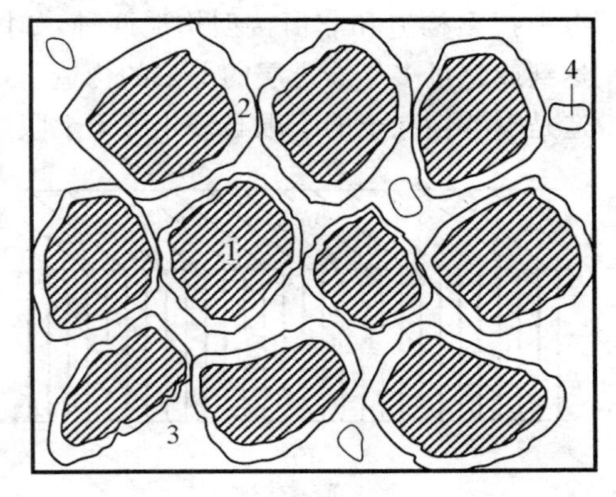

1—矿物颗粒；2—未冻水；3—冰；4—气体。

图6-12 冻土

冻土的构造是指冻土中矿物和冰层及冰包裹体在空间的分布特征。一般可分为整体构造、网状构造、层状构造，砾岩状或包裹状构造、裂隙状构造、斑状构造和基底状构造等，如图6-13所示。整体构造是指冻结时水分没有迁移，在原地冻结且均匀分布，冰晶对颗粒起胶结作用（胶结冰），冰与土形成一个整体，融化后仍能保持原骨架、孔隙度及强度，对建筑物影响

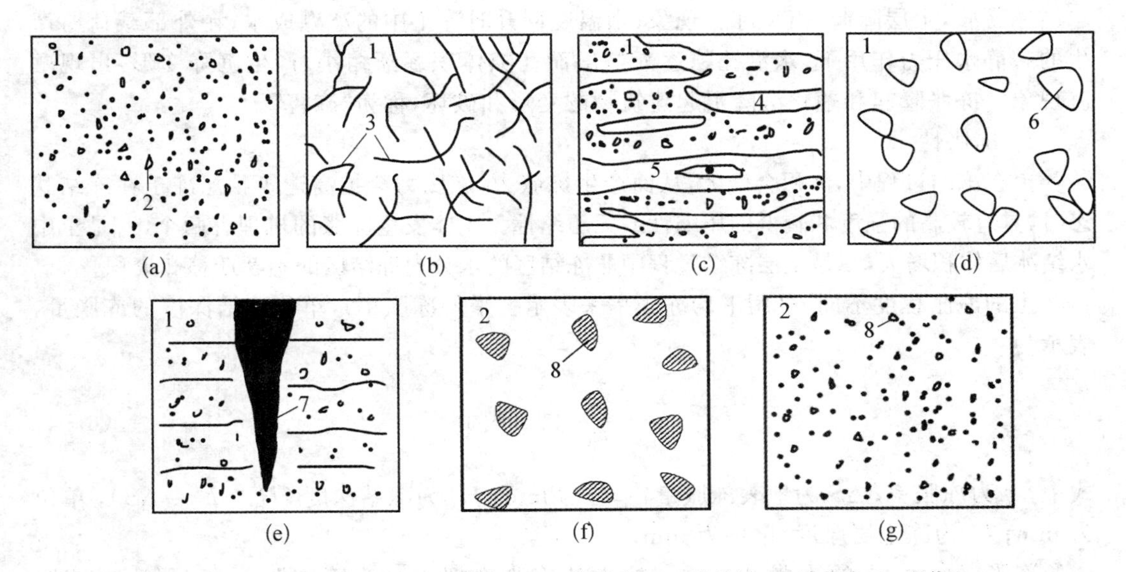

1—土；2—冰；3—网状冰晶；4—冰透镜体；5—薄冰层；6—砾岩状冰；7—脉状冰；8—斑状土。

图6-13 多年冻土的主要构造类型

(a) 整体构造；(b) 网状构造；(c) 层状构造；(d) 砾岩状构造；(e) 裂隙状构造；(f) 斑状构造；(g) 基底状构造

较小。网状构造是在冻结过程中，由于水分迁移和集中，在土中形成网状交错冰晶，融冻后土呈软塑或流塑状态，对建筑物稳定性有不良影响。层状构造是在冻结速度较慢的条件下，伴随水分迁移和外界水的充分补给，形成土层、冰透镜体和薄冰层相间的构造，原有土结构完全被分割破坏，融化时产生强烈融沉。有的冰晶充满砾石、碎石间的孔隙，或呈冰壳将石块包起来，称为砾岩状或包裹状构造，有的冰体填充在岩石裂隙里，水的冻结呈脉状，称为裂隙状构造。在冰层中夹有斑状土的构造，称为斑状构造。冰为基底、斑状土少而小的构造，称为基底状构造。

多年冻土区垂直方向的构造是指多年冻土层与季节性冻土层之间的接触关系，主要有衔接型构造和非衔接型构造两种，如图 6-14 所示。衔接型构造是指季节冻土的下限，达到或超过多年冻土层的上限的构造。这是稳定和发展的多年冻土区的构造。非衔接型构造是季节性冻土的下限与多年冻土上限之间有一层不冻土，这种构造属退化的多年冻土区。

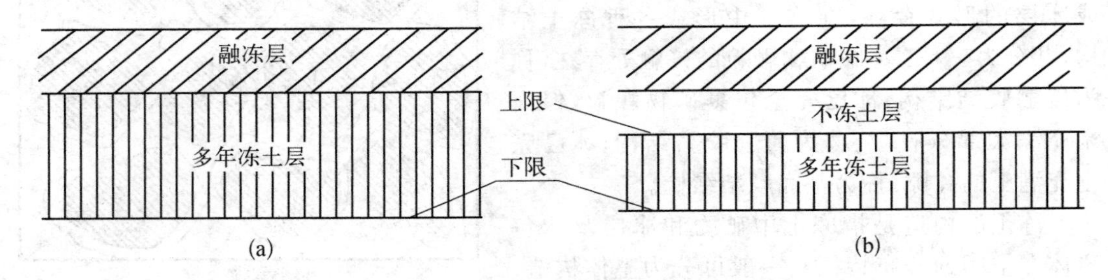

图 6-14 多年冻土区垂直方向的构造类型

(a) 衔接型构造；(b) 非衔接型构造

2. 冻土的工程地质特性

冻土是对温度十分敏感且性质不稳定的土。当地层温度降至 0℃ 以下冻结时，土中水结冰膨胀，土层隆起，出现冻胀现象；当温度回升时冻土中的冰融成水，在外部载荷所产生的超静水压力作用下，水沿孔隙逐渐挤出而孔隙体积逐渐缩小，产生沉降变形，出现融沉现象。冻胀隆起和融化沉降引起建筑物的变形和破坏，称为“冻害”。

1）冻胀性

土在冻结过程中，体积会增大，从而产生冻胀力，冻胀力会抬高建筑物。冻土在冻结状态时，具有较高的强度和较低的压缩性或无压缩性。土体发生冻胀的机理有两个，一是土中水结冰后体积增大，二是土层冻结过程中非冻结区的水分向冻结区的不断迁移和聚积。

土的冻胀程度不同，可用平均冻胀率来表示。平均冻胀率是单位冻结深度的冻胀量，表示为

$$\eta=\frac{\Delta S}{H_{\mathrm{f}}}\times 100\% \tag{6-4}$$

式中，η 为冻胀率；ΔS 为地表冻胀量，单位为 mm；H_{f} 为冻结深度（$H_{\mathrm{f}}=h'-\Delta S$），单位为 mm；$h'$ 为冻土层厚度，单位为 mm。

冻胀率愈大，土的冻胀性愈强。按土的冻胀率把土分为不冻胀（$\eta\leqslant 1\%$）、弱冻胀（$1\%<\eta\leqslant 3.5\%$）、冻胀（$3.5\%<\eta\leqslant 6\%$）、强冻胀（$6\%<\eta\leqslant 12\%$）和特强冻胀（$\eta>12\%$）五级。

2）融沉性

冻土融沉后，其承载能力大为降低，压缩性急剧增高。融沉的程度一般通过冻土融化压缩试样，采用冻土的平均融沉系数来判定，表示为

$$\delta_0 = \frac{h_1 - h_2}{h_1} \times 100\% = \frac{e_1 - e_2}{1 + e_1} \times 100\% \tag{6-5}$$

式中，δ_0为融沉系数；h_1、e_1分别为冻土试样融化前的高度（单位为 mm）和孔隙比；h_2、e_2分别为冻土试样融化后的高度（单位为 mm）和孔隙比。

根据融化下沉系数的大小，多年冻土可分为不融沉（$\delta_0 \leqslant 1\%$）、弱融沉（$1\% < \delta_0 \leqslant 3\%$）、融沉（$3\% < \delta_0 \leqslant 10\%$）、强融沉（$10\% < \delta_0 \leqslant 25\%$）和融陷（$\delta_0 > 25\%$）五级。

冻土的冻结与融化是土体温度降低与升高的反映，冻土与融土是对立的统一，在不同的气候条件下相互转化。土的冻胀性和融沉性除与气温条件有关外，还与土的粒度成分、冻前土的含水量以及地下水位等有密切关系。当温度降低缓慢时，土中水分有充分的时间迁移、冻结，形成厚层状或透镜体冰体，土体发生严重冻胀；当温度降低很快时，水分来不及迁移，在原地冻结，形成整体构造冻土，冻胀比较轻微。细粒土（粉土和粉质黏土等）的冻胀和融沉性比粗粒土的大，这是因为细粒土的颗粒表面能大，能吸附较多的结合水，从而在冻结时水分向冻结区大量迁移和积聚，融化时则向非冻结区大量迁移；同时细粒土的毛细孔隙通畅，毛细作用显著，为水分向冻结区或者非冻结区的快速、大量迁移创造条件。初始含水量大或者有地下水补给条件时，由于含量多的水冻结和迁移聚积作用，土的冻胀和融沉性严重。

3. 冻土地基的等级判定

根据冻土的物理性质、构造及冻胀和融沉性的强弱，把冻土地基划分为 5 个等级（见表 6-14），具体情况如下。

表 6-14　冻土地基等级的划分

综合冻土工程类别	Ⅰ	Ⅱ	Ⅲ	Ⅳ	Ⅴ
含水率 w/%	$w < w_p$	$w_p \leqslant w < w_p + 7$	$w_p + 7 \leqslant w < w_p + 15$	$w_p + 15 \leqslant w < w_p + 35$	$w > w_p + 35$
冻土类别	少冰冻土	多冰冻土	富冰冻土	饱冰冻土	含土冰层
构造类别	整体状	微层、网状	层状	斑状	基底状
融沉等级	不融沉	弱融沉	融沉	强融沉	融陷
融沉系数 δ_0/%	$\delta_0 \leqslant 1$	$1 < \delta_0 \leqslant 3$	$3 < \delta_0 \leqslant 10$	$10 < \delta_0 \leqslant 25$	$\delta_0 > 25$
冻胀等级	不冻胀	弱冻胀	冻胀	强冻胀	特强冻胀
冻胀系数 η/%	$\eta \leqslant 1$	$1 < \eta \leqslant 3.5$	$3.5 < \eta \leqslant 6$	$6 < \eta \leqslant 12$	$\eta > 12$
强度等级	中	高	高	中低	低

注：w_p 为土的液限，单位为%。

（1）Ⅰ级为少冰冻土，大多为碎石类土、砂类土和坚硬状态黏性土，是除基岩之外最好的地基土，在冻胀或融化后，变形较小，对建筑物基本无危害。

（2）Ⅱ级为多冰冻土，为较良好的地基，冻结或融化后土的性质变化不大，导致地表隆起或下沉不明显，一般当基底最大融深控制在3.0 m之内时，建筑物均未遭受明显的破坏，最不利的情况是可能产生地表细小裂缝，但不影响建筑物安全。

（3）Ⅲ级为富冰冻土，地表有明显隆起，融化时土的结构扰动，含水很多，融沉变形明显。基础深度过浅的建筑物，可能产生裂缝而损坏。冻结深度较大的地区，对非采暖房还会因切向冻胀力而产生变形。因具有较大融沉量，一般基底融深不得大于1.0 m。

（4）Ⅳ级为饱冰冻土，土中形成较多冰夹层，地表有明显隆起。融化时土的结构常被扰动，甚至处于流态，下沉明显，对浅埋的建筑物产生严重破坏。

（5）Ⅴ级为含土冰层，地表有明显隆起，出现融陷现象，对建筑物产生严重破坏。

冻土中的冻胀与融沉随昼夜和季节更迭而反复出现，极易引起路面翻浆、沉陷，建筑物地基不均匀沉降等工程问题。多年冻土地区的冰丘、冰锥以及与多年冻土层中的冰消融活动有关的热融滑塌等，严重威胁建筑物和道路工程的安全和稳定，基坑工程和路堑应尽量绕避。

4. 冻土地基的处理措施

针对冻土冻胀和融沉问题，采用防排水、地基加固、温度控制和基础设计方面的处理措施。

（1）防排水措施。水是冻胀、融沉产生的决定性因素，故应严格控制土中水分。措施包括降低地下水位、降低季节冻结层范围内土体的含水量、隔断外来水补给这三个方面。具体的措施是在地面设置一系列排水沟、排水管，用以拦截地表周围流向建筑物地基水，在地下修建截水盲沟、渗沟等拦截周围地下来水，人工降低地下水位，防止地下水向地基汇集。

（2）地基加固措施。可采用三种途径改善冻土的土质：换土垫层法、强夯法与化学改性。采用换土垫层法处理浅部薄层冻土（1～3 m），运用砂、砾石、卵石等不冻胀土代替天然地基的细颗粒冻胀土，是最常用的冻害防治措施。强夯法可使土骨架压缩，孔隙率减小，含水量及渗透能力降低，在一定程度上延缓甚至阻止冻结过程中水的自由移动。化学改性可以通过以下三种途径实现：① 在土中加入NaCl、$CaCl_2$和KCl等盐类，以降低水的冰点，减轻冻害；② 采用柴油等化学表面活性剂作为疏水物质改良土体，减少地基含水量；③ 利用顺丁烯聚合物等使土粒聚集起来，以降低冻胀影响。

（3）温度控制措施。应用聚苯乙烯泡沫保温板或EPS保温板等保温隔热材料，防止地基土温度受建（构）筑物的影响，最大限度地减小冻胀和融沉。采用通风路堤设置护道、埋设热棒、片石护坡等温度调节控制措施，有效防止地基的温度升高，保护冻土地基基本稳定。

（4）基础设计措施。严重冻胀地区可采用桩基础，比如青藏铁路建设采用“以桥代路”的方式解决冻土的主要问题，高架桥大面积采用桩基础，桥梁达156.7 km，占多年冻土段的四分之一。

例2 某季节性冻土地基，冻前原地面标高为195.426 m，冻后实测地面标高为195.586 m，冻土层底部标高为193.586 m，请确定冻土的冻胀等级。

解： 地表冻胀量：$h=195.586-195.426=0.16(\mathrm{m})$

冻结深度：$195.426-193.586=1.84(\mathrm{m})$

平均冻胀率：$\eta=\dfrac{0.16}{1.84}\times 100\%=8.7\%$

$\eta>6\%$，因此该冻土属于强冻胀土。

6.3.4　膨胀土

膨胀土是一种含有较多亲水性黏土矿物，吸水膨胀，遇水崩解或软化，失水收缩，抗冲刷性能差，具有较明显的胀缩性的高塑性黏土，颜色一般呈灰白、灰绿、灰黄、棕红、褐黄色等。这种对干湿气候变化异常敏感的特性容易引起建筑物的开裂、边坡的失稳、渠道桥梁等结构物的破坏，给工程建设的安全性带来隐患。

膨胀土在我国分布范围很广，广西、云南、湖北、安徽、四川、河南、山东等20多个省、自治区均有膨胀土。国外如美国、印度、澳大利亚、南美洲、非洲和中东广大地区，都有不同程度的分布。大多数是上更新世及以前的残坡积、冲积、洪积物和晚第三纪至第四纪的湖泊沉积和风化层。

1. 膨胀土的物质成分和结构构造

膨胀土中黏粒（$<2\ \mu\mathrm{m}$）含量超过30%，黏土矿物中伊利石、蒙脱石和高岭石等强亲水性矿物占主导地位，尤其是蒙脱石。黏粒含量越大，比表面积越大，吸水能力越强，胀缩性越大。

从微观结构（矿物成分在空间上的分布排列及联结状态）看，膨胀土主要有片状、扁平状集聚体及粒状三种颗粒单元，其中扁平状集聚体是由颗粒彼此叠聚而成的（见图6-15）。这三种颗粒单元相互组合而构成的结构主要为絮凝结构、紊流结构、团状结构和叠片状结构等，其中集聚体面-面连接的叠片状结构是膨胀土典型的结构形式之一。

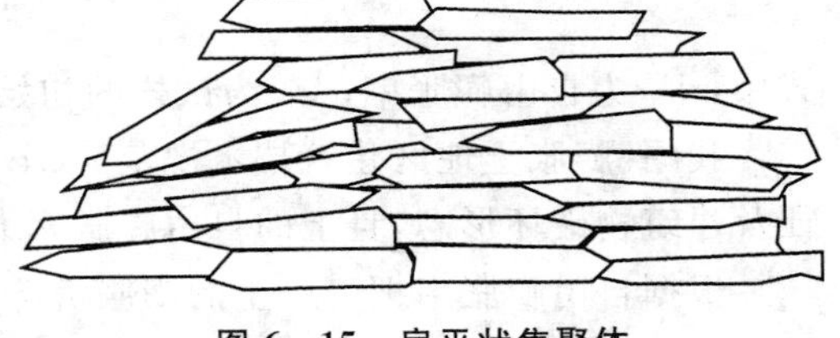

图6-15　扁平状集聚体

膨胀土最重要的构造特征是裂隙和结核构造。近地表部分常有不规则的网状裂隙。裂隙分为风化裂隙和胀缩裂隙两类，风化裂隙普遍分布于膨胀土的表层，深度一般不超过10 m，裂隙呈无序排列，纵横交错；胀缩裂隙主要沿近垂直和水平方向延伸，有时也有斜裂隙，但近垂直的裂隙密度最高。裂隙壁上常填充灰白色黏土（主要为蒙脱石或伊利石矿物），构成膨胀土中的软弱面，膨胀土边坡失稳滑动常沿灰白色软弱面发生。膨胀土含有零星分布或富集成层的钙质结核和铁锰结核，呈结核状构造，因铁质浸染土层呈花斑状构造。

2. 膨胀土的工程地质性质

膨胀土富含裂隙和高胀缩性，具有不良工程地质性质。

(1) 高塑性。高塑性是膨胀土的明显特性，其液限一般都大于40%，塑限为17%～35%，塑性指数为16～33。膨胀土的天然含水率通常为20%左右，呈坚硬或硬塑状态。

(2) 高抗剪强度和高弹性模量。天然状态下膨胀土的抗剪强度和弹性模量比较高，但遇水后强度显著降低，黏聚力一般小于0.05 MPa，摩擦角亦普遍偏高，压缩性属中偏低，故常被误认为是良好的天然地基。

(3) 超固结性。超固结性是指膨胀土在历史上曾受到过比现在的上覆自重压力更大的压力,因而孔隙比小,压缩性低,一旦被开挖外露,卸载回弹,会产生裂隙,遇水膨胀,强度降低,造成破坏。

(4) 胀缩性。吸水膨胀,失水收缩。在环境干湿交替的作用下,长期反复胀缩,使土体强度衰减,性质极不稳定,素有“工程癌症”之称。

影响膨胀土胀缩性的内部因素为物质成分与微观结构。亲水性矿物的黏粒含量越大,比表面积越大,吸水能力越强,胀缩性越大。面-面连接的叠片状结构具有很大的吸水膨胀和失水收缩的能力,膨胀土中扁平状集聚体越多,胀缩性就越大。土的孔隙比小时,浸水膨胀强烈而失水收缩小;反之孔隙比大时,浸水膨胀微弱而失水收缩大。

影响胀缩性的关键外部因素是水的迁移。如果含水量保持不变,黏土矿物即便有膨胀潜力也不会发生体积变化。当初始含水量大,与胀后含水量接近时,膨胀性小而收缩性大;当初始含水量小,与胀后含水量差值大时,膨胀性大而收缩性小。

3. 膨胀土的判别

膨胀土的胀缩性对建设工程有很大的危害,需正确区分膨胀土与非膨胀土。我国一般根据土的自由膨胀率、场地的工程地质特征和建筑物破坏形态进行综合判定。

自由膨胀率指磨细烘干土样经充分吸水膨胀稳定后,增加的体积与原体积的比值,用百分数表示为

$$F_t = \frac{V - V_0}{V_0} \times 100\% \tag{6-6}$$

式中,F_t 为自由膨胀率;V_0 为试样的初始体积,V 为膨胀稳定后土的体积。

我国《膨胀土地区建筑技术规范》(GB 50112—2013)规定,场地具有下列工程地质特征及建筑物破坏形态,且土的自由膨胀率大于等于40%的黏性土,应判为膨胀土。

根据自由膨胀率把膨胀土的膨胀潜势分为强、中、弱三类:当 $40\% \leqslant F_t < 65\%$时,膨胀潜势弱;当 $65\% \leqslant F_t < 90\%$时,膨胀潜势中等;当 $F_t \geqslant 90\%$时,膨胀潜势强。

膨胀土的工程地质特征及建筑物破坏形态具有下面的特点。

(1) 土的裂隙发育,常有光滑面和擦痕,有的裂隙中填充灰白、灰绿等杂色黏土。自然条件下呈坚硬或硬塑状态。

(2) 多出露于二级或二级以上阶地、山前丘陵地带和盆地内岗。地形较平缓,无明显的陡坎。

(3) 常见有浅层滑坡、地裂。新开挖坑(槽)壁易发生坍塌等现象。

(4) 建筑物多呈倒八字形、X形或水平裂缝,裂缝随气候变化张开或闭合。

4. 膨胀土地基的处理措施

针对土的胀缩性,采用防水保湿措施、地基加固措施、建筑物布置和基础设计方面的处理措施。

(1) 防水保湿措施。通过防止地表水下渗和土中水分蒸发,保持地基土湿度稳定,可控制胀缩变形。在建筑物周围设置散水坡,设水平和垂直隔水层;加强上、下水管道防漏措施及热力管道隔热措施;建筑物周围合理绿化,防止植物根系吸水造成地基土不均匀收缩;选择合理的施工方法,基坑不宜暴晒或浸泡,应及时处理夯实。

(2) 地基加固措施。浅部薄层膨胀土,采用换土垫层法,也可采用水泥、石灰等无机类及中性无毒液性有机化学改良剂对膨胀土进行改良,提高土的强度和抗水性。

(3) 建筑物布置和基础设计措施。选择地形平坦地段,避免引起湿度变化;增加基础附加载荷克服土的膨胀;加大基础的埋深,采用支墩板基础或桩基等;加强结构刚度及增设沉降缝等。

6.3.5 红黏土

红黏土是指碳酸盐类岩石(如石灰岩、白云岩等)在湿热气候条件下,经强烈风化作用而形成的高塑性黏土,颜色一般呈棕红、褐红、黄褐色。红黏土广泛分布在我国云贵高原、四川东部、湖北与湖南、广东与广西北部的地区,一般存在于高原夷平面、台地、盆地、洼地、山麓、山坡、谷地或丘陵地区。覆盖于碳酸盐岩系之上,其液限大于或等于50%的高塑性黏土,为原生红黏土。原生红黏土经搬运、沉积后仍保留其基本特征,且其液限大于45%的黏土,为次生红黏土。

1. 红黏土的物质成分和结构构造

红黏土的矿物成分主要是高岭石、伊利石和绿泥石,具有稳定的结晶格架,碎屑矿物主要是石英。由于长期而强烈的淋滤作用,红黏土中水溶盐和有机质含量都很低,一般均小于1%。黏粒含量为60%~80%,其中小于0.002 mm的黏粒含量占40%~70%,其酸碱度较低,pH值通常小于7。

红黏土常呈蜂窝状和海绵状结构,颗粒之间具有牢固的铁质和铝质胶结。红黏土的构造特征主要表现为裂隙(网状裂隙)、结核和土洞存在。发育的裂隙以垂直为主,也有斜交和水平的,裂隙发育深度一般为2~4 m,有些可达7~8 m。裂隙壁上有灰白、灰绿色黏土物质和铁锰质渲染。土中铁锰质结核呈零星状普遍存在。由于基岩溶洞的塌陷和地下水冲刷等原因,红黏土中有土洞发育。

2. 红黏土的工程地质性质

红黏土分布不均匀,具有高孔隙比和高收缩性,具有不良的工程地质性质。

(1) 上硬下软。从红黏土地区天然竖向剖面上看,土的天然含水率和天然孔隙比随着深度的增加而增大,力学性质随深度的增加而减弱。红黏土表层属于良好的地基地层,处于坚硬或硬塑状态,具有低压缩性和高强度的特点,随着深度增加逐渐变软,接近下伏基岩面的红黏土成为可塑、软塑甚至流塑状态,强度明显降低。

(2) 高收缩性和低膨胀性。红黏土的天然含水率较高,一般为30%~60%,孔隙处于饱水状态,饱和度一般为88%~96%。红黏土组成的矿物亲水性不强,在天然状态下膨胀量很小,失水后干硬收缩,收缩性很高。

(3) 高塑性和高孔隙比。颗粒细而均匀,孔隙比大,一般为1.4~1.7。塑限、液限和塑性指数都很大,塑性指数一般为25~50,一般处于坚硬或硬可塑状态。

(4) 高强度和低压缩性。由于黏粒间胶结力强,因此红黏土强度较高、压缩性较低。固结快剪内摩擦角为8°~18°,内聚力为40~90 kPa;压缩系数为0.1~0.4 MPa^{-1}。

(5) 性质不均匀。红黏土的物理力学指标变化幅度很大,如液限为50%~100%,塑限为25%~55%,天然含水率为30%~60%,三轴不排水剪切的内聚力为50~160 kPa等。土中裂隙的存在,使土块与土块的力学参数尤其是抗剪强度指标相差很大。

(6) 土层分布不均匀。红黏土的分布与原始地形、下伏基岩起伏和风化层深度的关系密切。红黏土具有水平方向厚度变化大的特点。在盆地或洼地的红黏土大多是边缘较薄、中间较厚;当下伏基岩的溶沟、溶槽和石芽等发育时,上覆红黏土的厚度变化极大,常出现咫尺之隔厚度相差 10 m 以上的现象。

3. 红黏土地基的处理措施

由于红黏土的不均匀分布,当水平方向厚度变化大时,极易引起不均匀沉降而导致建筑破坏。因此在红黏土地区的工程建设中,要注意地基土厚度的不均匀性、地基土的裂隙性和胀缩性、岩溶和土洞现象以及高含水量红黏土的低强度等问题。

(1) 防排水措施。采用综合排水体系,保证地面水、地下水排出。设置截水沟和防渗设施,截断流向工程场地的水源,疏干地表水。

(2) 地基加固措施。对于岩面起伏大、易产生不均匀沉降的地基,对外露的石芽可用褥垫,对土层厚度、状态不均匀的地段可置换,即换土垫层法。其他的地基处理法还有晾晒法、深层搅拌法、土工合成材料加固法、石灰、水泥固化法和强夯法等措施。

(3) 基础设计措施。建筑物外围做混凝土散水坡,稳定基底土体含水量的作用,减少收缩变形;增加基础埋深,以减少浅层大裂隙的影响。基础上部设置圈梁,以增加建筑物整体性,减少不均匀沉降。采用桩基础,对基岩面起伏大、岩质硬的地基,可采用大直径嵌岩桩或墩基,穿越红黏土层。

6.3.6 填土

填土是在一定的地质、地貌和社会条件下由人类生产、生活堆填而成的一类特殊土。填土因其堆填方式、组成成分、分布特征等的复杂性,其工程性质也具有一定的特殊性。古老城市的地表面都分布着各种类型的填土。填土的工程评价应考虑填土成分、分布和堆积年代,并结合填土的均匀性、压缩性和密实度等情况综合进行。由于填土堆积情况极为复杂,在评价过程中有时还应按厚度、强度和变形特性分层或分区开展。

1. 填土的分类

填土根据物质组成和堆填方式可分为素填土、杂填土、冲填土以及压实填土。压实填土是素填土按一定标准控制材料成分、密度、含水量,进行分层压实或夯实而成的,主要应用于各类路基工程中。这里对前三种填土进行说明。

(1) 素填土。素填土由天然土经人工扰动和搬运堆积而成,不含杂质或含杂质很少,一般由碎石、砂或粉土、黏土等一种或几种材料组成。按主要组成物质可分为碎石素填土、砂性素填土、粉性素填土、黏性素填土等。

(2) 杂填土。杂填土为含有大量建筑垃圾、工业废料或生活垃圾等杂质的填土。按其组成物质成分和特征又可分为① 建筑垃圾土,主要由碎砖、瓦砾、朽木、混凝土块等建筑垃圾夹杂土类组成,有机质含量较少;② 工业废料土,由现代工业生产的废渣、废料堆积而成,如矿渣、煤渣、电石渣以及其他工业废料夹杂少量土类组成;③ 生活垃圾土,填土由大量从居民生活中抛弃的诸如炉灰、布片、菜皮、陶瓷片等废物夹杂土类组成,通常含较多有机质和未分解的腐殖质。

(3) 冲填土。冲填土又称为吹填土,是由水力冲填泥砂形成的填土,是沿江、沿海地区常见的人工填土类型,主要是由于整治、疏通江河航道或因工农业生产需要,用挖泥船和高压泥浆泵把江河和港口底部的泥砂通过水力吹填而形成的沉积土。上海、天津、广州等地河流两岸及滨海地段都不同程度地分布着此类土。

2. 填土的工程地质性质

一般来说，填土，特别是新近堆积的填土，由于物质组成复杂，堆积时间短，往往具有显著的不均匀性、低强度以及高压缩性。而短期内堆积的填土处于欠固结状态，在干燥和半干燥地区，干或稍湿的填土往往具有湿陷性。

(1) 不均匀性。填土由于物质来源、组成成分的复杂和差异，分布范围和厚度变化缺乏规律性，所以，不均匀性是填土的突出特点，并在杂填土和冲填土中表现更加显著。例如，冲填土在冲填过程中，由于泥砂来源的变化，造成冲填土在纵横方向上的不均匀性，故冲填土层多呈透镜体状或薄层状出现。

(2) 湿陷性。填土由于堆填时未经压实，孔隙发育，当浸水后会产生附加下陷，即湿陷。通常，新填土比老填土湿陷性强，含有炉灰和变质炉灰的杂填土比素填土湿陷性强，干旱地区填土的湿陷性比气候潮湿、地下水位高的地区的湿陷性强。

(3) 重压密性。填土属欠固结土，在自重和大气降水下渗的作用下有自行压密的特点，压密所需的时间随填土的物质成分不同而有很大的差别，例如，由粗颗粒组成的砂和碎石类素填土，一般回填时间在 2～5 年即可达到自重压密基本稳定，而粉土和黏性土质的素填土则需 5～15 年才能达到基本稳定。建筑垃圾和工业废料填土的基本稳定时间为 2～10 年，而含有大量有机质生活垃圾填土的自重压密稳定时间可长达 30 年以上。冲填土的自重压密稳定时间更长，可达几十年甚至上百年。

(4) 高压缩性和低强度。填土由于密度小，孔隙度大，结构性很差，故具有高压缩性和较低的强度。在密度相同的条件下，填土的变形模量比天然土低，并且随着含水率的增大，压缩模量急剧降低。对于杂填土而言，建筑垃圾土和工业废料土的性能优于含大量有机质的生活垃圾土。

3. 填土地基的处理措施

为解决填土的不均匀性、低强度和高压缩性等问题，采用建筑结构措施与地基加固措施。

(1) 建筑结构措施。提高和改善建筑物对填土地基不均匀沉降的适应能力。如使建筑形体尽可能简单、上部结构刚度和强度大，适应不均匀沉降，采用面积大、刚性好的片筏、十字交叉、箱形基础和桩基础等形式。

(2) 地基加固措施。换土垫层法适用于地下水位以上的填土，减少和调整地基的不均匀沉降。对于浅埋的松散低塑性或无黏性填土，宜采用机械碾压、重锤夯实和强夯的处理办法。挤密土桩、灰土桩适用于地下水位以上填土的处理，而砂、碎石桩则适用于地下水位以下填土的处理，两者的处理深度一般为 6～8 m；此外，还可用 CFG 桩、柱锤冲扩桩等地基处理方法，以提高填土地基承载能力，减小地基变形。

习题 6

1. 选择题

(1) 下列关于冻土叙述正确的是(　　)。

A. 只含冰不含水的土　　B. 具有湿陷性
C. 具有高压缩性　　D. 具有融沉性

(2)（　　）属于砂土的结构类型。

A. 絮凝结构　　B. 蜂窝结构　　C. 单粒结构　　D. 分散结构

(3) 下列关于膨胀土的叙述中，（　　）是错误的？

A. 膨胀土地基上建筑物多呈正八字形、X 形或水平裂缝。
B. 膨胀土的蒙脱石和伊利石含量越高，胀缩量越大。
C. 膨胀土的初始含水量越高，其膨胀量越小，而收缩量越大。
D. 膨胀土表层有网状裂缝。

(4) 首选（　　）土层作为地基持力层。

A. 砂土　　B. 耕植土　　C. 填土　　D. 软土

(5)（　　）地基具有钙质结核和垂直节理。

A. 砂土　　B. 黄土　　C. 膨胀土　　D. 软土

2. 计算题

黄土试样原始高度为 20 mm，分别在天然湿度和浸水饱和两种情况下进行分级加荷。天然湿度下压力为 100 kPa 时试样高度为 19.53 mm，载荷为 150 kPa 时试样高度为 19.25 mm；浸水饱和后，压力为 100 kPa 时试样高度为 19.26 mm，载荷为 150 kPa 时试样高度为 18.92 mm。请判断黄土是否具有湿陷性？如果有，在哪个压力下具有湿陷性？

3. 简答题

(1) 请简述土的结构类型和土体的构造特征。
(2) 请初步评价砾石类土、砂类土、黏性土及粉土的工程地质特征。
(3) 请简述黄土的湿陷特性曲线。
(4) 请简述黄土的湿陷性类别及湿陷性评价的方法。
(5) 请简述影响膨胀土胀缩性的内在因素及膨胀土的判别方法。
(6) 请简述冻土的冻胀性和融沉性。
(7) 请简述特殊土的工程地质特征及在特殊土的治理中排水问题至关重要的原因。

7 地下水

本章介绍地下水的存在形态、含水层与隔水层的特点，阐明岩土的水理性质、地下水的类型与特征以及地下水的物理性质和化学成分，揭示地下水对工程建设的影响。

7.1 地下水的存在形态和渗透定律

7.1.1 地下水的存在形态

地下水是存在于地壳表面岩土空隙(如岩石裂隙、溶穴、土孔隙等)中的水。根据岩土中水的物理力学性质可将地下水分为气态水、结合水、毛细水、重力水、固态水、结晶水和结构水，其中毛细水和重力水对地下水的工程特性有很大的作用。

受毛细作用控制的地下水称为毛细水。毛细水主要存在于直径为 0.002～0.5 mm 的空隙中。毛细水上升的快慢及高度取决于土颗粒的大小。土颗粒愈细，毛细水上升高度愈大，上升速度愈慢。土颗粒愈粗，毛细水上升高度愈小，上升速度愈快。粗砂中的毛细水上升速度较快，几昼夜就可达到最大高度，而黏性土要几年才会达到最大高度。毛细水会在土颗粒间产生毛细压力，砂性土特别是细砂、粉砂，由于毛细压力作用使砂性土具有一定的黏聚力(称为假黏聚力)。毛细水对土中气体的分布与流通有一定影响，常常导致封闭气体的产生。当地下水位埋深变浅时，由于毛细水上升，可导致地下室潮湿、冻土区地基土的冰冻，也可促使土的沼泽化和盐渍化。

重力水也称为自由水，是受重力控制的地下水。当岩石、土层的空隙完全被水饱和时，除结合水以外的水都是重力水，不受静电引力的影响，在重力作用下运动，可传递静水压力，产生浮托力，具有动水压力，对岩土产生化学潜蚀的溶解能力。后面会具体介绍重力水对工程的不利影响。

7.1.2 含水层与隔水层

地下水是地质发展过程中的必然产物，因此地下水的形成与岩土性质、地质、地貌和气候等条件有关。

岩土层的孔隙或裂隙是地下水形成的先决条件，地下水的储存和运动与孔隙、裂隙的大小、数量多少及连通情况有关。能够给出并透过相当数量重力水的岩土层称为含水层。含水层一般是具有大而多的孔隙和裂隙、透水性强的岩土层，如松散沉积物、半固结而富有孔隙的砂砾岩层、裂隙和溶隙发育的岩层等。不能给出并透过水，或者给出与透过水数量微小的岩土层，称为隔水层。隔水层是具有少而小的孔隙和裂隙、弱透水性的岩土层，例如黏土层、页岩、泥岩及裂隙不发育的结晶岩石等。

构成含水层的3个条件是储水空间、储水构造和充足的补给来源。储水空间是指岩土层的空隙大，连通性好，透水性能强，外部水能渗入并在岩土空隙中自由运动。储水构造是指具有保存地下水不致流走的聚集和储存地下水的地质条件，如透水层下存在弱透水层或隔水层时能把水聚集储存起来。充足的补给来源是指具有充足的补给水量，补给量大于排泄量。要构成含水层，以上3个条件缺一不可，比如黄土地层具有大孔隙和竖向裂隙，大气降水等补给水会通过孔隙和裂隙渗入，如果黄土下部没有隔水层和弱透水层，即没有储水构造，水会从黄土层排出，此条件下的强透水性黄土层不能成为含水层。

不同地貌单元具有不同的含水层。平原地区较厚的第四纪冲积层是良好的含水层。山前倾斜平原的顶部和中上部地带，多由洪积、冲积的粗大碎屑颗粒组成，是地下水形成和埋藏的有利地带。河谷地带，当河流经透水性良好的冲积层时，河谷两岸分布着丰富的地下水。山岭地区，一般不易聚集大量地下水，而在山岭顶部因风化强烈或裂隙发育，岩体松散、破碎，也能储存来自大气的降水或冰雪融水。

地质构造常对岩层的裂隙发育起着控制作用，影响着含水层与隔水层的不同组合。致密不透水岩层位于褶曲轴附近时因裂隙发育而强烈透水成为含水层，向斜构造及张裂性断裂构造都是良好的储水构造。

含水层与隔水层是相对而言的，两者之间并无截然的界限和绝对的定量指标。在水源丰富的地区，只有供水能力强的岩层，才能作为含水层。而在缺水地区，某些岩层虽然只能提供较少的水量，但也可视为含水层。

7.1.3 地下水的渗透定律

地下水在岩土体空隙中的运动称为渗流。地下水在岩土中运动的空隙，无论大小、形状还是连通情况都各不相同，因此地下水质点在这些空隙中的运动速度和方向是不相同的。如果按实际情况研究地下水的运动，无论在理论上或实际上都将遇到很大困难。目前采用连续充满整个含水层(包括颗粒骨架和孔隙)的假想水流来代替仅在岩土空隙中流动的真实水流。垂直渗流方向的含水层截面称为过水断面，包括岩土层的空隙和颗粒骨架在内的全部截面积。实际过水断面是该断面中地下水流动的空隙面积。

1. 线性渗透定律

1856年，法国水力学专家达西(Darcy)通过大量的室内试验揭示渗流的基本规律，并提出达西渗透定律。试验装置如图7-1所示，在两支流体压力计的玻璃管中填满试验砂样，两端用塞子堵上，分别插进入流管与出流管，水自上端注入，由下端流出，流出量等于流入量。由此得到以下关系式：

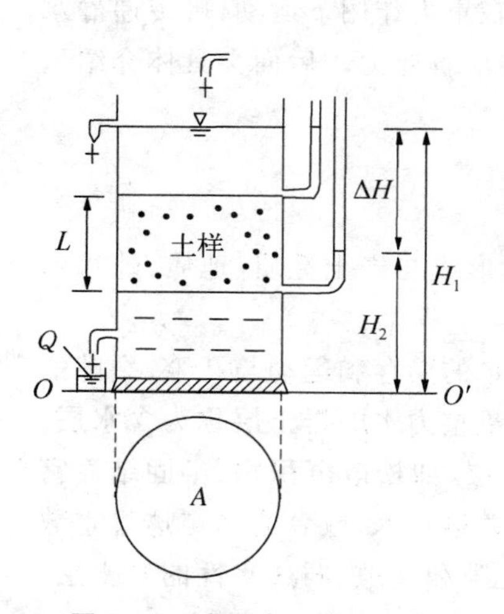

图7-1 达西渗透试验示意

$$Q = kA\frac{H_1 - H_2}{L} = kA\frac{\Delta H}{L} = kAI \quad (7-1)$$

$$v = \frac{Q}{A} = kI \quad (7-2)$$

式中，A 为过水断面面积，单位为 m^2 或 cm^2；Q 为渗流量，单位为 m^3/d 或 cm^3/s；H_1为土样上端的初始水头，单位为 m 或 cm；H_2为土样下端的水头，单位为 m 或 cm；ΔH 为水头损失，单位为 m 或 cm；L 为渗流距离，单位为 m 或 cm；k 为渗透系数，单位为 m/d 或 cm/s；v 为渗流（渗透）速度，单位为 m/d 或 cm/d；I 为水力坡度，用小数或百分数表示。

需要说明的是，由于过水断面不是真正的水流断面，渗流速度是一个假想的流速，比实际流速小；水力坡度是指沿渗流途经的水头损失与相应渗透距离的比值。地下水在空隙中运动时，受到空隙壁以及水质点自身的摩阻力，为保持一定流速，就要消耗能量克服这些阻力，从而出现水头损失。渗透系数是表示岩土允许重力水渗透的能力，即岩土的透水性的参数。砂性土的渗透系数（$2\times10^{-2}\sim6\times10^{-2}$ cm/s）大于黏性土的渗透系数（小于 1×10^{-4} cm/s）。渗透系数可以用室内渗透试验和野外抽水试验测定。

式(7-2)表明，渗流速度与水力坡度的一次方成正比，故达西渗透定律又称为线性渗透定律。此规律适用于地下水的层流运动。在天然条件下，绝大多数地下水流速较小，在各种砂层、砂砾石层，甚至砂卵石层中的地下水流都属于层流运动，服从达西渗透定律。

2. 非线性渗透定律

地下水在较大的空隙中运动，其流速相当大时，水流呈紊流状态，此时符合

$$v=k_m I^{\frac{1}{2}} \tag{7-3}$$

式中，k_m为紊流运动时的渗透系数，单位为 m/d 或 cm/s。

在较大裂隙、孔隙中，地下水的渗流速度与水力坡度的 1/2 次方成正比，故称为非线性渗透定律。

7.2 地下水的类型及其特征

地下水的分类方法有很多，本节仅介绍按地下水埋藏条件和含水层空隙性质的分类。

7.2.1 地下水埋藏类型及其特征

根据地下水埋藏条件，地下水可分为包气带水、潜水和承压水三类。

1. 包气带水

地壳表层富含气体和水的岩土层，称为包气带。包气带岩土层存在的地下水，处于地表面以下、潜水位以上的称为包气带水，包括土壤水、沼泽水、上层滞水以及基岩风化壳（黏土裂隙）中季节性存在的水，受气候控制，季节性明显，雨季水量多，旱季水量少，甚至干涸。包气带水在地表埋藏浅，容易被腐蚀和盐碱化，其中对工程影响较大的是上层滞水，即储存于包气带中局部隔水层之上的重力水（见图 7-2）。上层滞水接近地表，接受大气降水补给，以蒸发形式或向隔水底板边缘排泄，水量不大，动态变化显著。上层滞水常突然涌入基坑，危害基坑施工安全，仅能用作季节性的小型供水，但应注意其污染情况。

2. 潜水

埋藏在地表以下，第一个稳定隔水层之上具有自由表面的重力水，称为潜水。一般是存在于第四纪松散堆积物的孔隙中（孔隙潜水）及出露于地表的基岩裂隙和溶洞中（裂隙潜水及岩溶潜水）。

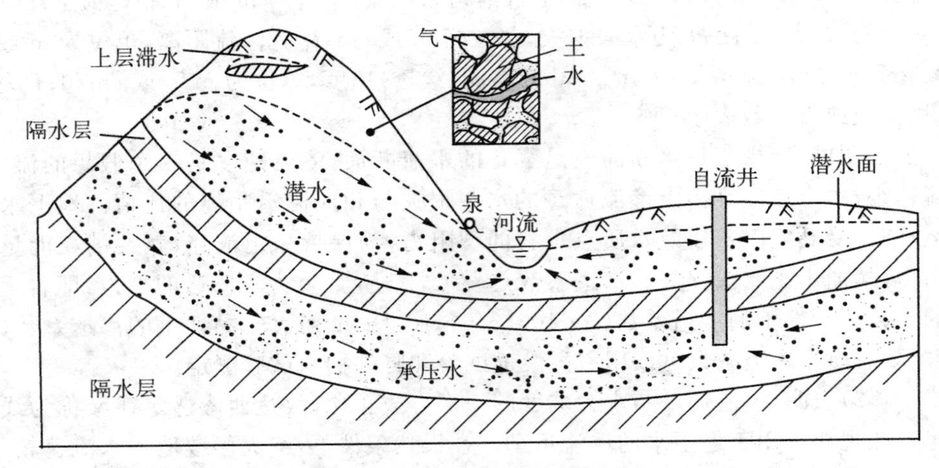

图 7-2 地下水埋藏类型

1）潜水面形态的变化规律

潜水的自由水面称为潜水面，潜水面随时间而变化，潜水面的形状主要受地形控制，也与含水层的透水性及隔水层底板形状有关。潜水面一般呈倾斜的各种形态的曲面，潜水面的起伏经常与地形倾斜一致，但比地形平缓一些，潜水面与地表面的形态具有相似性。当含水层厚度变大时，潜水面坡度变缓；当岩层透水性变好时，潜水面坡度变缓，如图 7-3 所示。

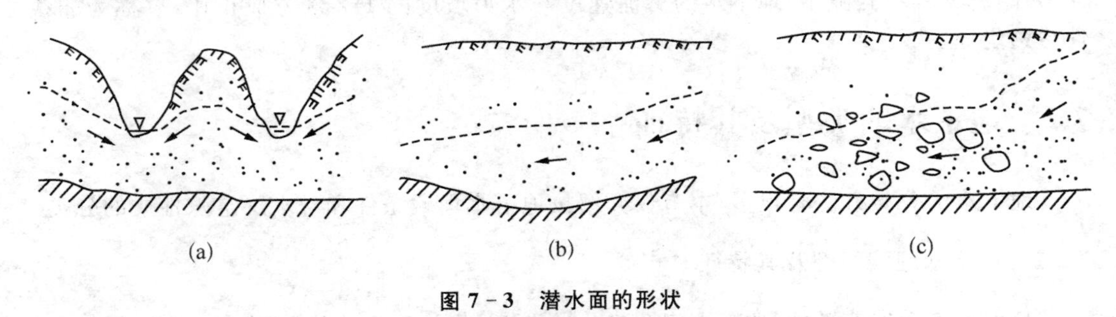

图 7-3 潜水面的形状

(a) 潜水面形状与地形关系；(b) 潜水面形状与厚度关系；(c) 潜水面形状与岩层透水性关系

2）潜水特征

潜水埋藏条件决定潜水的特征，潜水与大气相通，具有自由表面。潜水水位（潜水面的高程）、埋藏深度（潜水面至地表的距离）、水量、水温等受气候影响大，具有明显的季节性变化特征。夏季雨季潜水水位上升、埋藏深度减小、水量增大和水温上升，而冬季枯水期潜水水位下降、埋藏深度增大、水量减小和水温下降。潜水埋藏浅，农业用药、生活和工业垃圾等化学物质容易渗入潜水中，水质易受污染。

3）潜水的补给、径流与排泄

含水层中从外部获得大量补充的过程称为地下水的补给。潜水的补给方式包括大气降水、凝结水、地表水、含水层和人工补给。大气降水的渗入是潜水的主要补给来源。由于地面至潜水面之间无隔水层存在，或仅有局部不连续的隔水层，因此在潜水整个分布区几乎都可得到降水的补给。干旱地区，大气降水很少，潜水的补给只能靠大气凝结水。地表水也是潜水的补给来源之一,河流中下游,由于河床高于地面,所以河水经常补给潜水。如果其他含水层的地下水位较潜水位高,地下水会通过构造破碎带或导水断层补给潜水,也可通过弱透水层越流补给潜水。农业灌溉及井点注水等也是潜水补给的方式。比如有些地区为控制过量开采潜水引起的地面沉降,就采用井点注水的方式对潜水补给。一个地区的潜水可以由一种或几种来源补给。

地下水由补给区流向排泄区的过程称为径流。地下水由补给区,经过径流区,流向排泄区的整个过程构成地下水循环的全过程。潜水在重力作用下由高处向低处流动,属无压流动。地下水补给区与排泄区的相对位置与高差决定着地下水径流的方向与径流速度。地面坡度越大,切割越强烈,径流条件就越好。

含水层失去水量的过程就是地下水的排泄。潜水的排泄方式有蒸发、地表水、泉和人工排泄。在适当地形处,以泉、渗流等形式泄出地表或流入地表水,也可通过包气带不断蒸发,成为水蒸气而逸入大气中。人工排泄就是抽取地下水为供水水源或者降低地下水位等排泄方式。新疆等干旱地区历史上较早出现的坎儿井就是用来抽取潜水的。

4) 潜水的等水位线图

潜水面上标高相等各点的连线图称为潜水面的等水位线图,如图 7-4(a)所示。等水

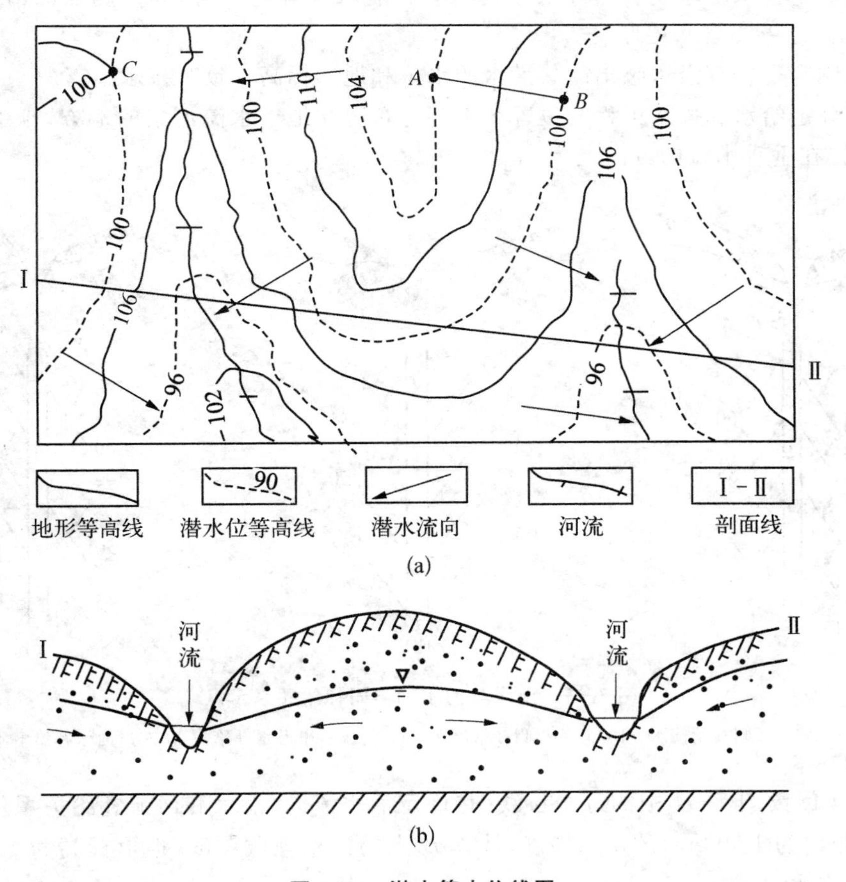

图 7-4 潜水等水位线图

(a) 潜水等水位线图;(b) I-II 水文地质剖面图

位线图是在大致相同时间内测量各水文地质点(井、钻孔、试坑和泉等)潜水面的水位标高,进而编制而成的等高线图。在代表性的剖面方向上根据各水文地质点的地层柱状图资料绘制的潜水剖面图,称为水文地质剖面图,如图 7-4(b)所示,可以反映潜水面与地形、含水层岩性及厚度、隔水层底板等的变化关系。

潜水等水位线图的主要用途如下:

(1) 确定潜水流动方向。潜水的流向垂直于等水位线,箭头指向低水位。

(2) 确定水力坡度。沿水的流向方向取一线段,A、B 点的水位差值与该段水平距离之比即为该线段间的平均水力坡度。AB 段的平均水力坡度 I_{AB} 为

$$I_{AB}=\frac{H_A-H_B}{AB} \tag{7-4}$$

式中,AB 为 A 点和 B 点的水平距离;H_A 为 A 点的水位;H_B 为 B 点的水位。

(3) 确定潜水和河水的补给关系。若潜水流向指向河流,则潜水补给河水,反之则河水补给潜水。潜水与河水的不同补给关系如图 7-5 所示。

(4) 确定潜水埋藏深度。潜水面的埋藏深度等于该点的地形标高减去潜水位。

(5) 确定含水层厚度。当等水位线图上有隔水层等高线时,同一测点的潜水水位与隔水层标高之差为含水层厚度。

(6) 判定是否有潜水泉出露。潜水的水位和地形标高一致时泉水出露。

(7) 确定给水和排水工程的位置。水井应布置在地下水流汇集的地方,排水沟(截水沟)应布置在垂直水流的方向上。

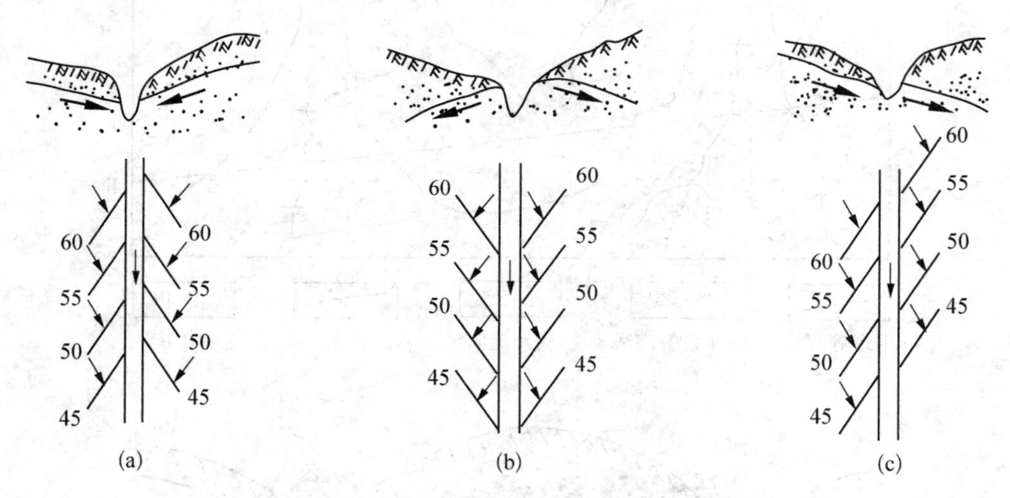

图 7-5 潜水与河水的不同补给关系示意

(a) 潜水双侧补给河水;(b) 河流双侧补给潜水;(c) 河流右岸潜水补给河水,左岸河水补给潜水

例 1 阅读图 7-4 中的等水位线图,确定潜水流向、潜水和河流补给关系,计算 AB 间(水平距离为 1 000 m)的水力坡度,计算 B 点的潜水埋藏深度(地形标高为 108 m),判断是否有泉水出露。

解: 潜水流向垂直于等水位线,箭头指向低水位,见各带箭头的流线所示的方向。

潜水双侧补给河流。

AB 段水位差为 $H_A-H_B=104-100=4(\mathrm{m})$，水平距离为1 000 m，平均水力坡度为 $4/1\,000=0.004$。

B 点地形标高为108 m，水位为100 m，潜水埋藏深度为 $108-100=8(\mathrm{m})$。

C 点的潜水水位与地形标高一致，所以有泉水出露。

3. 承压水

地表以下充满两个稳定连续分布的隔水层之间的重力水称为承压水。上部隔水层称为隔水顶板，下部隔水层称为隔水底板，隔水顶板与底板间的垂直距离称为含水层厚度。因地下水限制在两个隔水层间，所以承压水有一定的压力。

1）承压水形成的地质条件

承压水的形成与地质构造及沉积条件具有密切关系。适宜形成承压水的地质构造大致有两种：一种为向斜构造或盆地，后者称为承压或自流盆地；另一种为单斜构造，又称为承压或自流斜地。完整的自流盆地可分为补给区、承压区和排泄区三部分(见图7－6)。补给区多处于地形上较高的地区，承压区分布在自流盆地中央部分。当钻孔打穿隔水顶板时，地下水的高程即为该承压含水层的初见水位，承压水沿钻孔上升到某一高度后稳定不再上升，此时的高程称为承压水位或测压水位。地形高程与承压水位间的距离称为承压水位的埋深。承压水位到隔水层顶板间的垂直距离，即承压水上升的最大高度，称为承压水头。含水层底板和顶板间的距离称为含水层的厚度。当地表标高低于承压水位时，地下水会沿钻孔上升喷出地面形成自流，此地区称为自流区，此区的钻孔都形成自流井。自流盆地的承压水的水位受到气候及地形的控制，往往具有较好的径流条件。

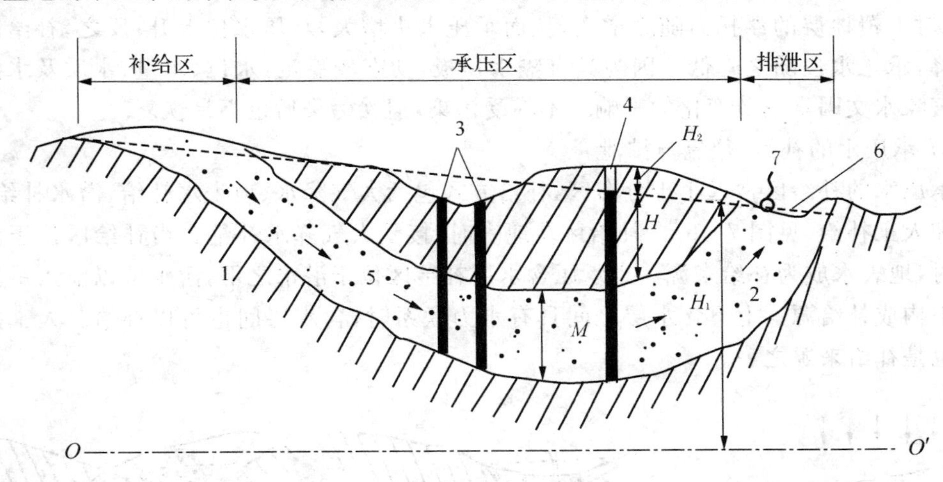

1—隔水层；2—含水层；3—喷水钻孔；4—不自喷钻孔；5—地下水流向；6—承压水位线；7—泉；H—承压水头；H_1—承压水位；H_2—承压水位埋深；M—含水层厚度；OO'—水准0线。

图7－6　承压水分布示意

自流斜地在地质构造上有两种情况。一种是单斜构造的含水层在深处尖灭(岩性变化形成)，如图7－7(a)所示。含水层出露地表的一端是补给区。当补给量超过含水层能容纳的水量时，因下部被隔水层隔断，水只能在含水层出露地带的地势低洼处以泉的形式排泄，故补给区与排泄区是相邻的。

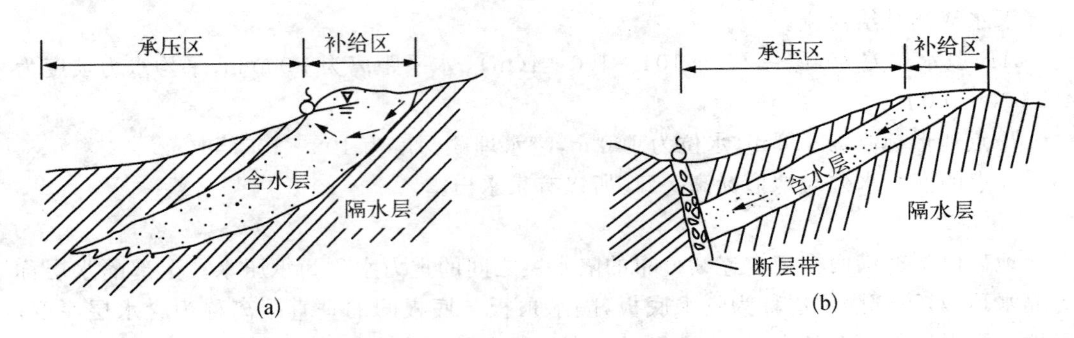

图 7－7　承压斜地

(a) 岩性变化形成；(b) 断裂构造形成

另一种是单斜构造的含水层在深处被断裂构造切断(断裂构造形成)，断层另一侧为隔水层。出露于地表的一端为补给区，如图 7－7(b)所示。当断层带岩性破碎能够透水时，含水层中的承压水沿断层带上升，若断层带出露地表端的标高低于含水层出露地表的标高，承压水沿断层带喷出地表形成自流，以泉水的形式排泄，断层带成为这种自流斜地的排泄区。

2）承压水的特征

承压水的埋藏条件决定承压水的特征。承压水不具有自由水面，并承受一定的静水压力。承压水承受的压力来自补给区静水压力和上覆地层压力。由于上覆地层压力是恒定的，故承压水压力的变化与补给区水位变化有关。当补给导致水位上升时，静水压力增大，水对上覆地层的浮托力随之增大，从而承压水头增大，承压水位上升；反之，补给区水位下降，承压水位随之降低。因为具有隔水顶板，动态较稳定，水位、水量、水质及水温等不受气象水文因素季节变化的影响。不易受污染，但受污染后也不易恢复。

3）承压水的补给、径流与排泄

承压水的补给区常远小于分布区，补给方式包括大气降水、地表水补给、潜水补给、含水层和人工补给(见图 7－8)。补给区在地表时，接受大气降水补给。当补给区位于河床地带时，地表水成为补给来源。当承压含水层补给区位于潜水之下，潜水可以泄入承压含水层中构成补给源。上下含水层之间具有水力联系时，含水层间也可以补给。人工井点注水也是补给来源之一。

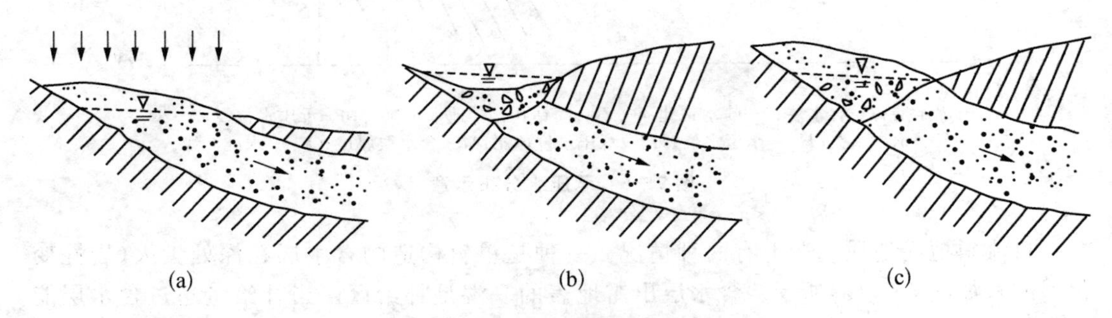

图 7－8　承压水的补给方式

(a) 大气降水；(b) 地表水补给；(c) 潜水补给

承压水的径流是否通畅取决于地形、含水层的透水性、地质构造及补给区与排泄区的承压水位差。一般情况下,分布广、埋藏浅、厚度大、孔隙率高的承压含水层,水量就较丰富且稳定。

承压水的排泄主要方式为泉、其他含水层和人工排泄,如图 7－9 所示。适当地形地质条件下以泉的形式排泄(具体内容见 7.2.3 节)。河谷下切至含水层,承压水位高于潜水位时,承压水向地表水排泄。断层将几个含水层同时切割,或存在弱隔水层(天窗),使各含水层有水力联系,压力高的承压水补给其他含水层。承压水成为供水水源或降低地下水位时会采用井点取水或降水。

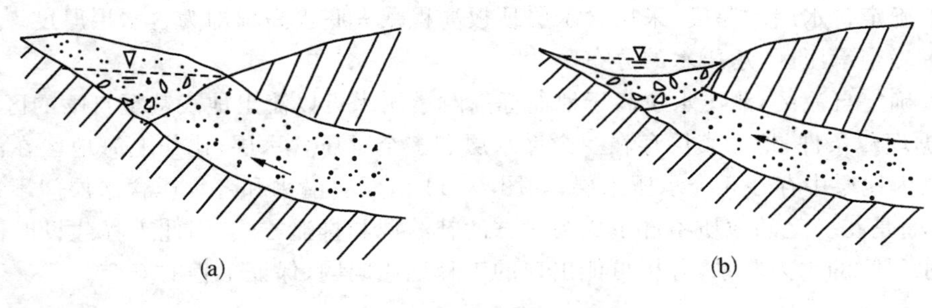

图 7－9 承压水的排泄方式

(a) 潜水排泄;(b) 地表水排泄

4) 等水压线图

等水压线图是承压水面上高程相等点的连线图(见图 7－10)。承压水面不是真正的地下水面,而是各井点承压水位连成的面。等水压线图上会有地形等高线、顶板(或者初见水位)等高线和底板等高线等信息。

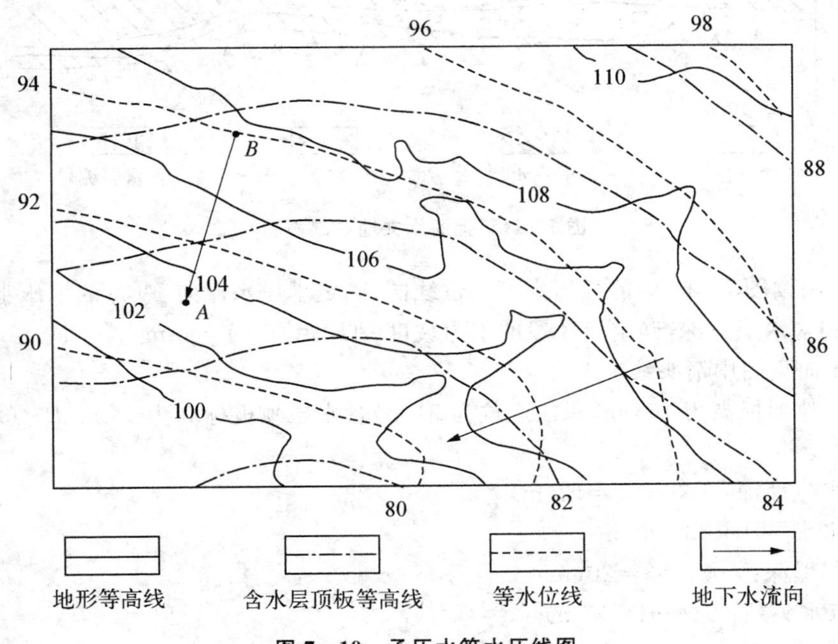

图 7－10 承压水等水压线图

承压水等水压线图的用途如下：

(1) 判断承压水的流向及计算水力坡度，其方法与潜水等水位线图一致。

(2) 确定承压水位的埋深，用地面高程减去承压水位即为埋深。可根据埋深来确定开采承压水的地点。当埋深小时，易于开采利用。当埋深为负值时，水会自流于地表。

(3) 确定承压含水层的埋藏深度，用地面高程减去含水层顶板高程即为埋藏深度。

(4) 确定初见水位，钻孔打穿含水层顶板时所测得的地下水的高程就是初见水位。

(5) 确定承压水头的大小，承压水位与含水层顶板高程之差，即为承压水头大小。据此，可以预测开挖基坑和洞室时的水压力。

(6) 确定含水层的厚度，采用含水层顶板高程减去底板高程即为含水层厚度。

(7) 确定承压区，承压水的分布区。

(8) 确定自流区，测压水位高于地面标高时承压水可以流出地表甚至自喷的区域。

根据埋藏条件，地壳表层存在一个潜水层和多个承压含水层，比如上海地区在深度为 300 m 以内地层中存在 5 个承压水层，如图 7 - 11 所示。潜水和各承压含水层间不是各自独立的，而是在一定的地质条件下成为对方的补给源和排泄方式，因此工程建设时需要关注各含水层间的水力联系，分析可能出现的工程地质问题，保证工程的安全。

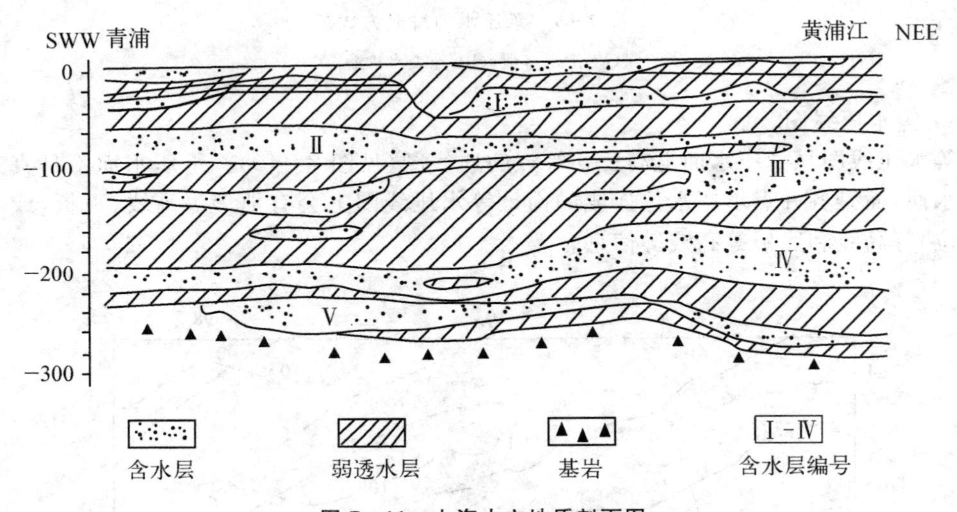

图 7 - 11　上海水文地质剖面图

例 2　阅读图 7 - 10 中的承压水等水位线图，确定承压水流向、A 点的承压水位埋深、承压水头和含水层埋深，确定 AB 段的水力坡度（AB 距离 = 1 000 m）。

解：流向见图中箭头线。

A 点：地形标高为 103 m，承压水位为 91 m，含水层顶板标高为 83 m，B 点承压水位为 94 m。

承压水位埋深：103 − 91 = 12(m)

承压水头：91 − 83 = 8(m)

含水层埋深：103 − 83 = 20(m)

AB 点水头差：94 − 91 = 3(m)

水力坡度：3/1 000 = 0.003

7.2.2 地下水含水层空隙性质类型及其特征

含水层的空隙是地下水储存的场所和运移的通道。含水层空隙的性质不同，地下水在其中的储存、运移和富集特点也不同。地下水根据含水介质类型划分为孔隙水、裂隙水和岩溶水。

1. 孔隙水

孔隙水分布于第四系各种不同成因、大型的松散沉积物或者胶结程度不好的碎屑沉积岩等孔隙度较高、孔隙较大的基岩。地下水呈均匀连续层状分布。含水层的孔隙性对孔隙水影响最大。比如砂砾石含水层颗粒粗大而均匀，孔隙较大，透水性好，则孔隙水水量大、流速快、水质好。孔隙水由于埋藏条件不同，可形成孔隙上层滞水、孔隙潜水或孔隙承压水。

2. 裂隙水

裂隙水是指储存于不可溶基岩裂隙中的地下水。岩石中裂隙的发育程度和力学性质影响着地下水的分布和富集。在裂隙发育较好的地区，含水丰富；反之，含水甚少。裂隙发育的不均匀，导致水运动复杂，水量变化较大。在同一构造单元或同一地段内，富水性有很大变化，裂隙水分布不均一，相距很近的钻孔，水量相差达数十倍。

裂隙水按基岩裂隙成因分为风化裂隙水、成岩裂隙水和构造裂隙水三类。风化裂隙水多为层状裂隙水，分布在山区或丘陵区的基岩风化带中，一般在浅部发育，在一定范围内是相互连通的水体。水平方向透水性均匀，垂直方向随深度而减弱。多属潜水，有时也存在上层滞水。大气降水是主要补给来源，有明显季节性循环交替性，常以泉的形式排泄于河流中。

成岩裂隙水分布在成层的脆性岩层（如砂岩、硅质岩及玄武岩等）中。该类岩层发育柱状节理或层面节理，裂隙均匀密集，张开性好，常形成储水丰富、导水畅通的含水层。成岩裂隙水多呈层状，在一定范围内相互连通。成岩裂隙水多为潜水，在具有成岩裂隙的岩体为后期地层覆盖时可构成承压含水层。

构造裂隙水发育程度取决于岩石的性质、边界条件及构造应力分布等因素。当构造应力分布比较均匀且强度足够时，岩体中形成比较密集、均匀且相互连通的张开性构造裂隙，赋存层状构造裂隙水，可形成潜水和承压水；当构造应力分布相当不均匀时，岩体中张开性构造裂隙分布不连续，则赋存脉状构造裂隙水（见图 7-12），如断裂破碎带和岩浆岩体的侵入接触带中，可形成承压水。

裂隙水的分布和运动等受裂隙发育程度、性质及成因控制，因裂隙分布的不连续和不均匀性，裂隙水具有自己独立的系统、补给源及排泄方式，水位不一致。因此深入研究裂隙发生和发展规律，才能掌握裂隙水的规律性。

3. 岩溶水

赋存和运移于可溶岩的溶隙溶洞（洞穴、管道、暗河）中的地下水称为岩溶水。岩溶水的分布主要受岩溶发育和分布规律控制，岩溶水在空间分布变化很大。在岩溶发育均匀、无黏土填充的地区，各溶洞之间的岩溶水有水力联系，水位一致；而在岩溶发育不均匀有黏土等物质填充的区域，各溶洞之间没有水力联系，岩溶水在局部区域汇集形成暗河，并有群泉出现，而在另一些区域则无水。

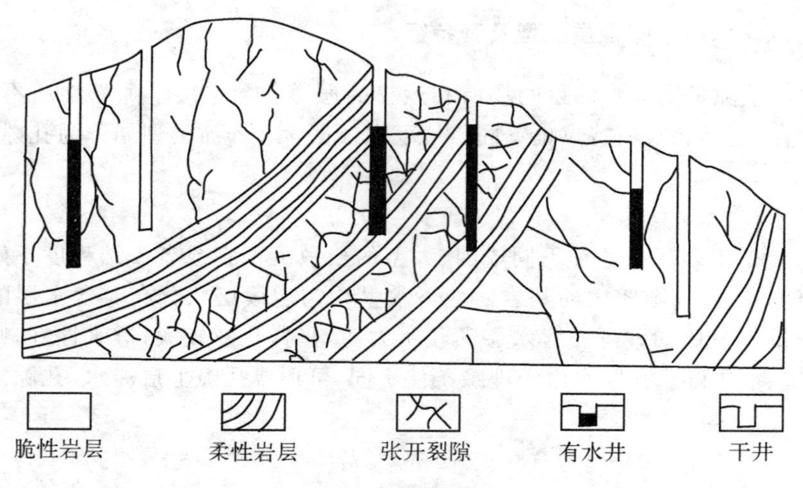

图 7－12 脉状构造裂隙水

岩溶水的分布与岩溶地貌有很大关系。例如，在分水岭地区，常发育着一些岩溶漏斗、落水洞等，常是岩溶水的补给区。岩溶水径流条件好，埋藏深度大，很少出露地表低洼地形。

按其埋藏条件，可分为岩溶包气带水（主要是上层滞水）、潜水和承压水。在厚层灰岩的包气带中，常有局部不可溶的起着隔水作用的岩层，在其上部形成岩溶上层滞水。在厚层灰岩等可溶岩地区广泛分布着岩溶潜水。岩溶潜水的动态变化很大，岩溶水的动态与主要补给源大气降水关系十分密切，有明显的季节性变化，水位变化幅度可达数十米，水量的最大值可达最小值的几百倍。岩溶地层被覆盖或岩溶层与透水性差的泥页岩互层分布时，形成岩溶承压水，岩溶承压水动态较稳定。岩溶承压水的补给主要取决于承压含水层的出露情况；岩溶承压水的排泄多数靠导水断层，经常形成大泉或群泉，也可补给其他地下水。

7.2.3 泉

泉是地下水的天然露头，是地下水的主要排泄方式之一。泉可用作供水水源，也可用于温泉浴等医疗休闲活动。

泉的形态各异，可根据温度、水流特征和补给源等特征进行分类。根据泉水温度，泉水可为冷泉和温泉。冷泉的泉水温度大致相当于或略低于当地年平均气温。温泉的泉水温度高于当地年平均气温，吉林长白山的温泉一般在 60℃以上，有的高达 82℃。温泉多由深层承压水补给，与岩浆活动和地下深处地热的影响有关。根据泉水的水流特征分为上升泉和下降泉。上升泉为承压水补给，在出露口附近是自下而上运动的。下降泉为潜水及上层滞水补给，在出露口附近是自上而下运动的。

按补给源可分为包气带泉、潜水泉和自流泉。包气带泉主要是上层滞水补给，水量小，季节变化大，动态不稳定。有的泉雨季有水流出，而枯水期无水。潜水泉主要靠潜水补给，动态较稳定，有季节性变化规律。当河谷、冲沟侵蚀下切含水层时，地下水涌出地表为侵蚀泉。因地形切割含水层隔水底板时，地下水从两层接触处出露成泉，称为接触泉。

当岩石透水性变弱或由于隔水底板隆起，使地下水流动受阻时，地下水便溢出地面成泉，称为溢出泉，比如“天下泉城”济南的泉就是溢出泉。不同类型的潜水泉如图7-13所示。自流水泉为上升泉，主要靠承压水补给，动态稳定，年变化不大，主要分布在自流盆地及自流斜地的排泄区和构造断裂带上。侵蚀面下切承压含水层顶板时形成侵蚀承压泉，导水断层切断含水层时，沿着断层破碎带形成断层泉，如图7-14所示。

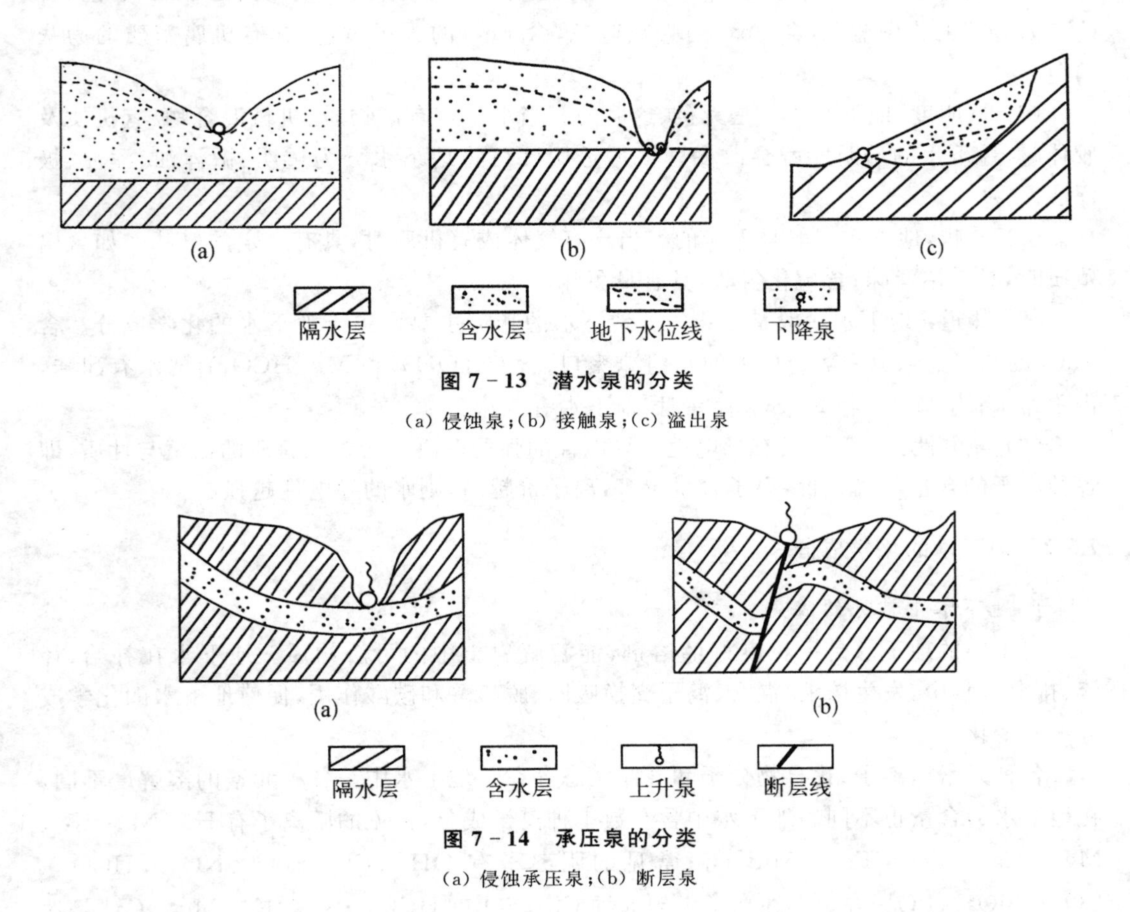

图7-13 潜水泉的分类

(a) 侵蚀泉；(b) 接触泉；(c) 溢出泉

图7-14 承压泉的分类

(a) 侵蚀承压泉；(b) 断层泉

7.3 地下水的物理性质和化学成分

地下水在水循环过程中与各种岩石相互作用，携带和溶解多种物质。地下水的性质受周围自然地理环境、地质条件和水文地质条件所控制。研究地下水的物理性质和化学成分，对于了解地下水的成因与动态、确定地下水对岩土体的影响等，都有着实际的意义。

7.3.1 地下水的物理性质

地下水的物理性质包括温度、颜色、透明度、气味、味道和导电性等。不同地质条件下物理性质也不同，地下水的物理性质能够初步反映地下水的形成环境、污染情况及化学成分。

(1) 温度,地下水的温度变化范围很大,受气候和地质条件控制。埋藏越深,水温越高;井水冬暖夏凉。根据温度将地下水分为过冷水<0℃、冷水 0~20℃、温水 20~42℃、热水 42~100℃和过热水>100℃。

(2) 颜色,取决于水的化学成分及水中悬浮物。例如,含 H_2S 的水为翠绿色,含 Ca^{2+}、Mg^{2+}的为微蓝色,含 Fe^{2+} 的为灰蓝色,含 Fe^{3+} 的为褐黄色,含有机腐殖质的为灰暗色。

(3) 透明度,地下水一般是无色、透明的。当水中含有矿物质、机械混合物、有机质及胶体时,地下水的透明度就会改变。根据透明度可将地下水分为透明、微浑浊、浑浊、极浑浊。

(4) 气味,地下水一般是无味的。当含有气体或有机质时,具有一定的气味。如含腐殖质时,具有沼泽味;含硫化氢时,具有臭蛋味。

(5) 味道:地下水一般是无味的。地下水的味道主要取决于地下水的化学成分。含 $NaCl$ 的水具有咸味;含 $CaCO_3$ 的水清凉爽口;含 $Ca(OH)_2$ 和 $Mg(HCO_3)_2$ 的水有甜味,俗称甜水;当 $MgCl_2$ 和 $MgSO_4$ 存在时,地下水有苦味。

(6) 导电性:地下水具有导电性。导电性的强弱取决于所含电解质的数量与性质,即各种离子的含量与离子价,离子含量越多,离子价越高,则水的导电性越强。

7.3.2 地下水的化学成分

1. 地下水中常见的成分

岩土中的地下水是一种良好的溶剂,能溶解岩土中的可溶物质。地下水在补给、径流、排泄过程中,发生浓缩、混合、离子交换吸附、脱硫酸和碳酸作用,促使地下水的化学成分不断变化。

各种元素以离子、化合物分子和气体状态存在于地下水中。各种元素的溶解度不同,在地下水的含量也不同。地下水中含有数十种离子成分,常见的阳离子有 H^+、Na^+、K^+、Mg^{2+}、Ca^{2+}、Fe^{2+}、Fe^{3+}、Mn^{2+} 等;常见的阴离子有 OH^-、Cl^-、SO_4^{2-}、NO^{2-}、HCO_3^-、CO_3^{2-}、SiO_3^{2-}、PO_4^{3-} 等。上述离子中的七种 Cl^-、SO_4^{2-}、HCO_3^-、Na^+、K^+、Mg_2^+、Ca_2^+ 是地下水的主要离子成分,分布最广,在地下水中占绝对优势,它们决定了地下水化学成分的基本类型和特点。

地下水中含有多种气体成分,常见的有 O_2、N_2、CO_2、H_2S。气体成分能够很好地反映地球化学环境。以 C、H、O 为主的有机质,经常以胶体方式存在于地下水中。大量有机质的存在,有利于进行还原作用,从而使地下水化学成分发生变化。很难以离子状态溶于水的化合物也往往以胶体状态存在于地下水中,其中分布最广的是 $Fe(OH)_2$、$A1(OH)_3$ 及 SiO_2。

2. 地下水的 pH 值

地下水的 pH 值指的是水中氢离子浓度,即水的酸碱度。根据 pH 值大小,可将水分为五类(见表 7-1)。地下水的氢离子浓度主要取决于水中 HCO_3^-、CO_3^{2-} 和 H_2CO_3 的数量。自然界中大多数地下水的 pH 值为 6.5~8.5。

表 7-1 地下水按 pH 值的分类

水的类别	强酸性水	弱酸性水	中性水	弱碱性水	强碱性水
pH 值	＜5	5～7	7	7～9	＞9

3. *矿化度*

水中离子、分子和各种化合物的总量称为矿化度，以 g/L 表示。通常以在 105～110℃温度下将水蒸干后所得干涸残余物的含量来确定，也可通过阴阳离子含量相加，求得理论干涸残余物总量。由于在蒸干时有将近一半的 HCO_3^- 分解生成 CO_2 和 H_2O 而逸失，因此阴阳离子相加时，HCO_3^- 只取总量的 50%。

地下水中盐类的溶解度与矿化度之间有密切的关系。氯盐的溶解度最大，硫酸盐次之，碳酸盐较小，钙的硫酸盐很小，特别是钙、镁的碳酸盐溶解度最小，因此，高矿化水中便以易溶的氯和钠占优势。根据矿化程度不同，可将水分为五类(见表 7-2)。

表 7-2 地下水按矿化度的分类

水的类别	淡水	微咸水 (低矿化水)	咸水 (中等矿化水)	盐水 (高矿化水)	卤水
矿化度 (干涸残余物含量，g/L)	＜1	1～3	3～10	10～50	＞50

淡水和微咸水常以 HCO^- 为主要成分，称为碳酸盐水；咸水常以 SO_4^{2-} 为主要成分，称为硫酸盐水；盐水和卤水则往往以 Cl^- 为主要成分，称为氯化物水。

4. *水的硬度*

水中 Ca^{2+}、Mg^{2+} 的总含量称为总硬度。将水煮沸后，水中一部分 Ca^{2+}、Mg^{2+} 的重碳酸盐因失去 CO_2 而生成碳酸盐沉淀，致使水中 Ca^{2+}、Mg^{2+} 的含量减少，由于煮沸而减少的 Ca^{2+}、Mg^{2+} 的含量称为暂时硬度。总硬度与暂时硬度之差称为永久硬度，相当于煮沸时未发生碳酸盐沉淀的 Ca^{2+}、Mg^{2+} 的含量。我国采用的硬度表示法有两种：一种是德国度，每一度相当于 1 L 水中含有 10 mg 的 CaO 或 7.2 mg 的 MgO；另一种是每升水中 Ca^{2+}、Mg^{2+} 的毫克当量数。1 mg 当量的硬度＝2.8 德国度。根据硬度可将水分为五类(见表 7-3)。

表 7-3 地下水按硬度的分类

水的类别		极软水	软水	微硬水	硬水	极硬水
硬度	Ca^{2+}、Mg^{2+} 的毫克当量/L	＜1.5	1.5～3.0	3.0～6.0	6.0～9.0	＞9.0
	德国度	＜4.2	4.2～8.4	8.4～16.8	16.8～25.2	＞25.2

5. 侵蚀性

工程上地下水的侵蚀主要是指地下水对硅酸盐水泥的侵蚀。地下水的侵蚀类型有溶出侵蚀、碳酸侵蚀、硫酸盐侵蚀、镁盐侵蚀和一般酸性侵蚀。

硅酸盐水泥遇水后硬化，会生成熟石灰 $Ca(OH)_2$、水化硅酸钙 $2CaO \cdot SiO_2 \cdot 12H_2O$（简称 C_2S）和水化铝酸钙 $3CaO \cdot Al_2O_3 \cdot 6H_2O$（简称 C_3A）等。地下水在流动过程中，特别是有压流动时，混凝土中的 $Ca(OH)_2$，C_2S 和 C_3A 中的 CaO 不断地发生溶解，使混凝土强度下降，称为溶出侵蚀；地下水中以分子形式存在的游离 CO_2 与混凝土接触时，会发生化学反应生成可溶解的 $Ca(HCO_3)_2$，使混凝土崩解，称为碳酸侵蚀；SO_4^{2-} 与混凝土 $Ca(OH)_2$ 及 C_3A 作用生成含水硫酸盐（如石膏），体积会膨胀而使混凝土胀裂，称为硫酸盐侵蚀；地下水中的镁盐（$MgCl_2$、$MgSO_4$ 等）可与混凝土中的 $Ca(OH)_2$ 生成易溶于水的 $CaCl_2$ 和易产生硫酸盐侵蚀的 $CaSO_4$，使混凝土遭到破坏，称为镁盐侵蚀。pH 值低的酸性水可与混凝土中的 $Ca(OH)_2$ 生成各种钙盐，称为酸性侵蚀。

7.4 地下水对工程建设的影响

地下水与建筑工程密切相关且相互影响。一方面，地下水对建筑工程存在着各种不良作用（如降低岩土强度、流砂、管涌、腐蚀等）影响；另一方面，各种工程建设活动又会诱发和加剧地下水的活动。在地下水发育、丰富的情况下，如何有效、合理地控制地下水的作用与影响，是建筑工程建设中必须解决的重大问题。

7.4.1 地下水对地基承载力的影响

丰水年大量降雨或者温室效应导致南北极冰雪的消融、海平面上升等自然因素，以及含水层回灌、水库渗漏等人类工程活动都会诱发地下水位上升。

地下水位上升使岩土层含水量增加甚至饱和，改变岩土的物理力学性质、破坏岩土体的结构。比如黄土出现湿陷现象、膨胀土发生膨胀，岩体中软弱夹层泥化，还会使某些岩土（如石膏、岩盐等）产生溶解现象。据试验，泥质页岩等易膨胀岩体遇水后膨胀体积增大的量可超过原体积的 20%～30%。地下水会使岩土地基软化、强度降低，承载力降低，地基承载力不能满足建设要求，导致建筑物发生不均匀沉降，甚至地基失稳。

为消除地下水的影响，一方面采用排水措施降低地下水水位，比如盲沟、明沟、排水井等排水方法；另一方面对岩土地基进行加固处理，提高其承载能力，比如加筋、注浆、锚杆等方法。

7.4.2 地下水对地基沉降的影响

地下水水位下降是由自然因素和人类活动造成的。自然条件下，枯水年及枯水期水量减少，导致水位下降。人类活动也会引起地下水位下降，如大量开采地下水、矿山排水疏干、地下工程（商场、仓库、停车场等）排水疏干、基坑工程降水、城市地下排水管网排水等。当地下水位大面积下降时，可造成地面沉降、海水倒灌和淹没低洼地区，而地下水位局部下降时，易引起地面塌陷以及基坑坍塌等工程事故。我国上海、天津、北京、西安、太原等城市以及世界其他地方，如日本东京、泰国曼谷、美国加利福尼亚的长滩等城市或地区，都出现由于大量开采地下水，使得地下水位大幅度下降而导致的大面积地面沉降。上海由于抽水使市区形成一个碟形洼地，其中心处的最大沉降量达 2.63 m，历史上最高的年均沉降量是 110 mm。

地面沉降是地下水位下降导致土层中孔隙水压力降低，颗粒间有效应力增加，地层压密超过一定限度而出现的现象。如果是采用抽水井，则会在井附近出现漏斗形的沉降区，造成邻近建筑物或地下管线的不均匀沉降，进一步导致建筑物开裂，危及安全使用。

为防止地下水对地面沉降的影响，需对地下水资源进行严格管理，对地下水动态和地面沉降观测，确定地下水资源的合理开采方案（在地面沉降量最小的条件下实现最大可能的地下水开采量）。对地下水过量开采、沉降严重的地区，向含水层进行人工回灌，如上海因人工回灌，年均地面沉降量低于 6 mm。在沿海低平原地带修筑或加高挡潮堤、防洪堤，防止海水倒灌、淹没低洼地区。在工程建设时，采用适当的建筑措施，并避免在沉降中心或严重沉降地区建设一级建筑物。在进行房屋、道路、水井等规划设计时，预先对可能发生的地面沉降量做充分评价和预测。

7.4.3 地下水压力的影响

1. 地下水的浮托作用

当建筑物基础底面位于地下水位以下时，地下水对基础底面产生静水压力，即产生浮托力。地下水不仅对建筑物基础产生浮托力，还对其水位以下的岩石、土体产生浮托力。在地下水位埋深浅的地区，通常采用人工降水的方法进行基础工程施工，以克服地下水浮托力的作用。

通常，如果基础位于粉土、砂土、碎石土和节理裂隙发育的岩石地基上，则按地下水位 100%计算浮托力；如果基础位于节理裂隙不发育的岩石地基上，则按地下水位 50%计算浮托力；如果基础位于黏性土地基上，其浮托力较难准确确定，应结合地区的实际经验考虑。

《建筑地基基础设计规范》(GB 50007—2011)规定在确定地基承载力设计值时，无论是基础底面以下土的天然重度或是基础底面以上土的加权平均重度，地下水位以下都取有效重度。地下基础抗浮措施一般采用桩基、锚杆等技术。

2. 基坑突涌

当基坑下伏有承压含水层时，如果开挖后基坑底部所留隔水层支持不住承压水压力的作用，承压水的水头压力会冲破基坑底板，发生冒水、冒砂等事故，这种工程现象称为基坑突涌（见图 7－15）。基坑突涌的形式主要为基底顶裂，出现网状或树枝状裂缝，地下水从裂缝中涌出，并带出下部土颗粒；基坑底发生流砂现象，从而造成边坡失稳和整个地基悬浮流动；基底发生类似于“沸腾”的喷水冒砂现象，使基坑积水，地基土扰动。

设计基坑时，为避免基坑突涌的发生，必须验算基坑底部隔水层的安全厚度 H_a。通常用压力平衡概念进行验算：

$$\gamma H_a = \gamma_w H \tag{7-5}$$

式中，γ、γ_w 分别为隔水层的重度和地下水的重度；H 为相对于含水层顶板的承压水头值；H_a 为基坑底隔水层厚度。

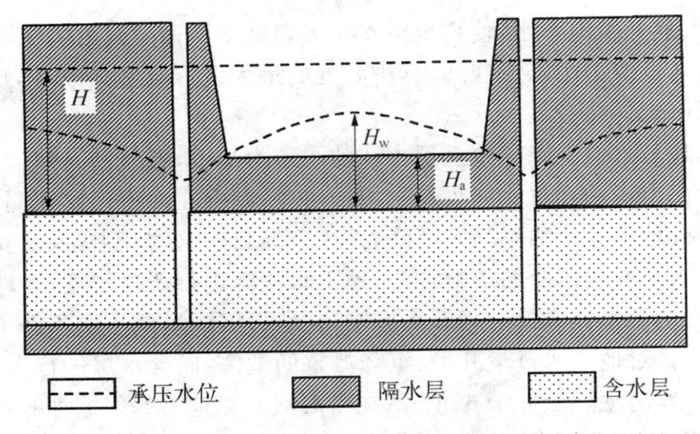

H—承压水头；H_a—基坑底隔水层厚度；H_w—基坑降水后的承压水头。

图 7-15 基坑突涌示意

基坑底隔水层的厚度必须满足：

$$H_a > \frac{\gamma_w H}{\gamma} \tag{7-6}$$

当建筑工程施工开挖基坑后保留的隔水层厚度 H_a 小于安全厚度，即式(7-6)右项时，为防止基坑突涌，则必须在基坑周围布置抽水井，对承压含水层进行预先排水，局部降低承压水位。基坑降水后承压水头 H_w 必须满足：

$$H_w < \frac{\gamma H_a}{\gamma_w} \tag{7-7}$$

还需注意，一些地区当承压含水层埋藏较浅且承压水压力较大时，地下构筑物可能破坏承压水压力与上覆地层压力的平衡关系，承压水压力可使基础抬起，导致房屋向上隆起变形，甚至开裂。

7.4.4 地下水的渗流影响与控制

地下水渗流会产生流砂、管涌等不良地质作用，对建筑工程建设产生不良影响，甚至引起地基、边坡失稳等灾害。

1. 潜蚀

潜蚀是指地下水流在一定的水力梯度下产生比较大的动水压力，冲刷、挟走岩土中细小颗粒或溶蚀岩土体，使其内空隙逐渐增大，形成洞穴，导致岩土结构松散或破坏的现象。岩土体在地下水的潜蚀作用下，破坏地基土体的结构，形成空洞，严重时会产生地裂缝、塌陷等现象，影响土木工程的稳定与安全。

地下水对岩土体的潜蚀作用分为机械潜蚀和化学潜蚀。机械潜蚀是靠水力搬运方式冲刷、挟走岩土体中的细小颗粒，破坏土的结构，形成洞穴的作用。产生机械潜蚀的条件包括岩土体有适宜的颗粒组成和足够的水动力条件。颗粒细小、均匀的松散状粉细砂，极易遭受机械潜蚀。化学潜蚀是地下水溶解岩土体或与岩土体发生化学作用，使土粒间结合力和土的结构被破坏，土粒被水带走，形成洞穴作用。化学潜蚀作用的强弱取决于岩土体可溶性、地下水化学成分和地下水流动性等因素。

2. 管涌

地基土在具有某种渗透速度(或梯度)的渗透水流作用下,其细小颗粒被冲走,岩土的空隙逐渐增大,慢慢形成一种能穿越地基的细管状渗流通路,从而掏空地基或坝体,使地基或斜坡变形、失稳,此现象称为管涌,如图7-16所示。

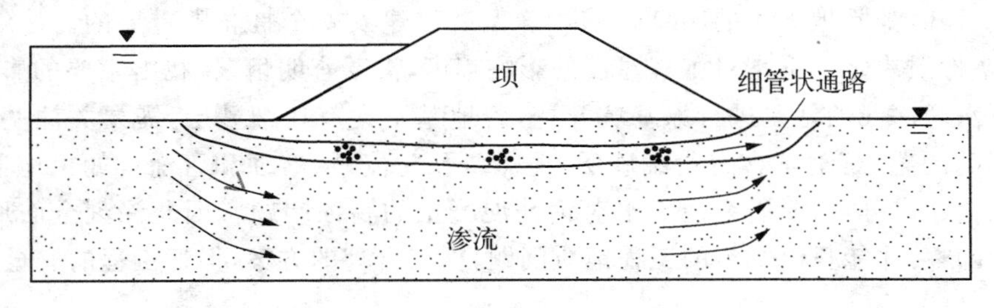

图7-16 管涌破坏示意

管涌多发生在非黏性土中,颗粒大小比值差别较大,往往缺少某种粒径,磨圆度较好,空隙直径大而互相连通,细粒含量较少,不能全部充满空隙。颗粒由密度较小的矿物构成,易随水流移动,有较大的和良好的渗透水流出路等。

3. 流砂

地下水自下而上渗流时在动水压力的作用下,土颗粒之间的有效应力等于零,土粒悬浮流动,称为流砂。流砂的特点是突发性强,几秒钟内即可涌出大量流砂,且流砂事故发生之前往往没有明显征兆,并且一旦发生事故,难以及时组织抢险,因此,流砂对土木工程的危害极大。

流砂的形成条件取决于岩土性质和地下水的水动力条件。土层由粒径均匀的松散状细颗粒组成(一般粒径在0.01 mm以下的颗粒含量为30%~35%)。土中含有较多的片状、针状矿物(如云母、绿泥石等)和附有亲水胶体矿物颗粒,增加岩土的吸水膨胀性,降低土粒重量。因此,在不大的水流冲力下,细小土颗粒即悬浮流动。地下水的动水压力大于土粒的浮容重或地下水的水力坡度大于临界水力坡度,也是流砂形成条件之一。出现流砂时的水力坡度称为临界水力坡度,用I_{cr}表示,则有

$$I_{cr}=(G-1)/(1+e) \tag{7-8}$$

式中,G为土粒比重;e为空隙比。

4. 地下水渗流灾害的防治

潜蚀作用会使地基形成空洞、破坏地基的结构,管涌会缓慢地、由少到多地带走细小颗粒,形成细管状渗流通路,流砂则突发地大量带走岩土颗粒。潜蚀、流砂与管涌是导致坝基失稳、斜坡滑动和基坑坍塌的重要原因,因此应采用合理可靠的措施,预防地下水渗流灾害的发生。

地下水渗流灾害与水动力条件和岩土性质紧密相关,工程上可采用针对改善上述条件的防治措施:改变渗透水流的水动力条件,降低水力坡度;改善地下水的径流条件,增长渗流途径,使水力坡度小于临界水力坡度;堵截地表水流入土层,阻止地下水在土层中流动,设反滤层,减小地下水的流速等。尽量避免水下大开挖施工,如利用流砂层上面的土层作为天然地基,或采用桩基穿过流砂层,或者将地下水位降至可能产生流砂的地层以

下。为防止在地下水位以下开挖时发生渗流，修建截水墙，且截水墙应贯入地下相当深度，满足截水墙的抗管涌或抗隆起要求。

改善土的性质，增强其抗渗能力，增加土体稳定性，如采用爆破、压密、冻结法、化学加固处理等方法增加岩土密实度，降低土层的渗透性能，如设置地下连续墙、水泥搅拌桩等构成防水帷幕，防止地下水流入，增加坑壁土体稳定性。

综上可知，消除地下水的不良影响对确保工程建设安全是非常重要的。建筑工程的类型、地基性质决定地下水对工程建设的影响程度，需要查明情况，找出主要的影响因素。比如地下水埋深浅的地区进行深基坑开挖，若地基不含有粉细砂层，需要关注基坑突涌、地面沉降的问题；若地基含有粉细砂层，还需要预防流砂、潜蚀和管涌。如果地下水含有高侵蚀性化学成分，需要研究地下水对钢筋混凝土的腐蚀问题。因此深刻全面地对实际工程进行勘察，才能找出主要的工程地质问题，提出合理的方案，保证工程的安全。

习题 7

1. 选择题

(1) 地下水中含有多种气体成分，常见的有O_2、(　　)、CO_2和H_2S。

A. O　　B. HCl　　C. SO_2　　D. N_2

(2) 上层滞水属于(　　)。

A. 包气带水　　B. 潜水　　C. 承压水　　D. 结合水

(3) 地下水按水层的空隙性质分类的水为(　　)。

A. 岩溶水　　B. 潜水　　C. 承压水　　D. 包气带水

(4) 地下水按其埋藏条件可分为(　　)三大类。

A. 岩溶水、潜水和承压水　　B. 孔隙水、潜水和承压水

C. 包气带水、潜水和承压水　　D. 包气带水、裂隙水和承压水

(5) 对地下结构物产生浮力的地下水是(　　)。

A. 气态水　　B. 重力水　　C. 毛细管水　　D. 结合水

2. 阅读某地区潜水等水位线图(见图1)，图中的数字单位为 m，试确定：

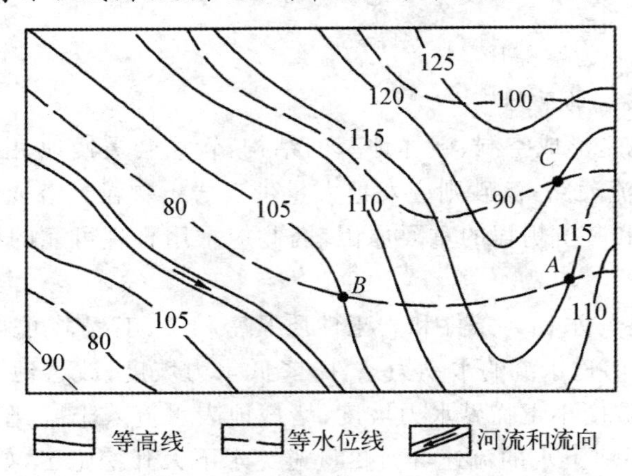

图1　潜水等水位线图

(1) 河水和地下水的补给关系。

(2) A、C 两点间的平均水力坡度
(A、C 两点间的水平距离为 1 000 m)。

(3) 若在 B 点处凿水井,至少打多深才能见到水?

3. 简答题

(1) 地下水按埋藏条件可以分为哪几种类型?它们有何不同?

(2) 地下水按含水层空隙性质可以分为哪几种类型?它们有何不同?

(3) 试分别说明潜水和承压水的工程地质特征。

(4) 裂隙水的分类和基本特征是什么?

(5) 地下水的物理性质有哪些?

(6) 简述地下水化学成分的类别及常见的化学成分。

(7) 简述地下水的渗透规律及水力坡度的计算。

(8) 泉水的类别和各自的特点是什么?

(9) 简述确定基坑底隔水层厚度的方法和基坑突涌的防治措施。

(10) 试说明地下水与工程建设的关系。

8　不良地质现象的工程地质问题

本章介绍不良地质现象的发生条件、发展规律以及对工程建设的影响规律，阐述滑坡、崩塌、泥石流、岩溶和地震等不良地质现象的特征及防治措施。

8.1　滑坡

8.1.1　滑坡的定义及滑坡形态要素

滑坡是斜坡上土体或岩体在重力作用下沿滑动面(或滑动带)整体向下滑动的现象。滑坡易发生在铁路、公路和水库区的斜坡上，河流冲刷、地下水、地震、人工削坡等是滑坡的主要影响因素。大规模滑坡会阻塞河流，形成堰塞湖。滑坡对交通设施、工程建设和人民生命财产安全会造成巨大危害。

典型的发育完全的滑坡形态构造如图 8-1 所示，三峡库区曾发生的千将坪滑坡实例如图 8-2 所示。扫描二维码可查看滑坡相关图片。

滑坡

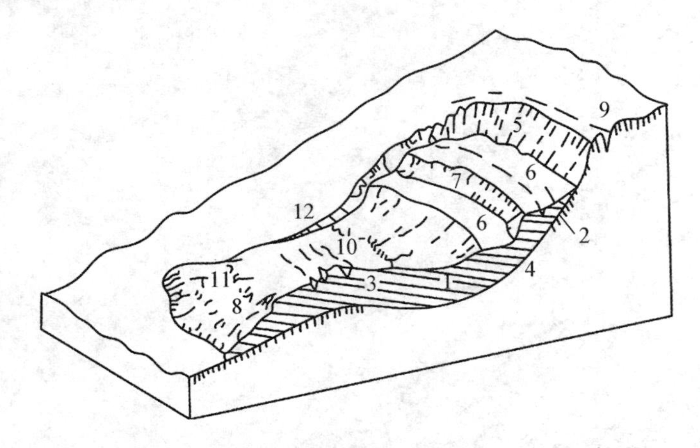

1—滑坡体；2—滑动面；3—滑动带；4—滑坡床；5—滑坡后壁；6—滑坡台地；7—滑坡台地陡坎；8—滑坡舌；9—拉张裂缝；10—滑坡鼓丘；11—扇形张裂缝；12—剪切裂缝。

图 8-1　典型的发育完全的滑坡形态构造示意

1. 滑坡体

滑坡体是沿斜坡滑动面向下滑动的岩土体，尽管滑坡体受到扰动，但其仍保持原始地层和结构构造的特征。滑坡体和周围未发生滑动的原岩土体在平面上的分界线称为滑坡周界。滑坡周界可圈定滑坡的范围。

图 8-2　三峡库区千将坪滑坡照片

2. 滑动面、滑动带和滑坡床

滑动面是滑坡体沿其滑动的面，是滑坡体与滑坡床之间的界面。对于均质岩土体，滑动面大多为弯曲或近似圆弧形；而对于非均质或层状岩土体沿层面或接触面滑动，其滑动面为直线型滑面；节理岩体中为折线型滑面，如图 8-3 所示。滑动面以上被揉皱的、厚数厘米至数米的结构扰动带，称为滑动带。有些滑坡的滑动面(带)可能不止有一个，在最后滑动面以下稳定的岩土体称为滑坡床。

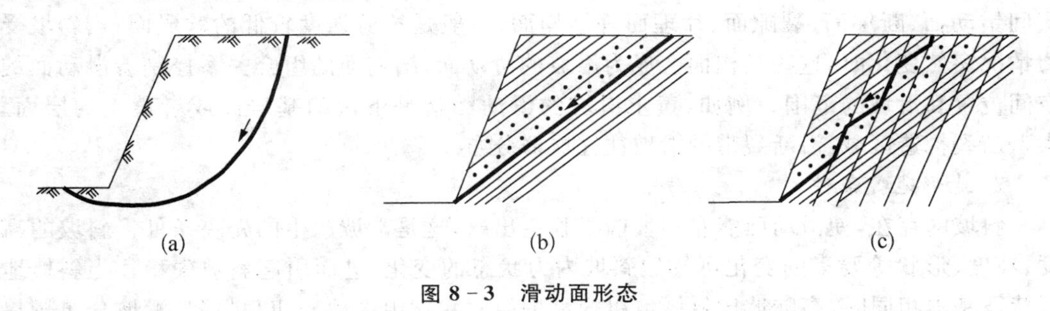

图 8-3　滑动面形态

(a) 圆弧形；(b) 直线；(c) 折线形

3. 滑坡主轴

滑坡主轴也称为主滑动线，是滑坡体滑动速度最快的纵向线，代表滑坡的滑动方向。滑动轨迹可以是直线或折线。

4. 滑坡后壁

滑坡体滑落后，滑坡后部和斜坡未滑动部分之间形成的一个坡度较大的陡壁称为滑坡后壁。滑坡后壁实际上是滑动面在上部的露头部分，常常因滑坡体移动产生擦痕。滑坡后壁的左右呈弧形向前延伸，其形态呈“圈椅”状，称为滑坡圈谷，也称为圈椅地貌。

5. 滑坡台地

由于滑坡各部位的运动速度和幅度不同，形成阶梯状地面，称为滑坡台地。滑坡台地的台面往往向着滑坡后壁倾斜。滑坡台地前缘比较陡的破裂壁称为滑坡台坎。有两个以上滑动面的滑坡或经过多次滑动的滑坡,经常形成多个滑坡台地。

6. 滑坡鼓丘、滑坡舌

滑坡鼓丘是指当移动的滑坡体遇到障碍物时隆起的小丘。滑坡体前缘向前伸出如舌头状的凸出部分称为滑坡舌。

7. 滑坡裂缝

在滑坡运动时,由于滑坡体各部分的移动速度不均匀,在滑坡体内及表面所产生的裂缝称为滑坡裂缝。当斜坡滑动时,由于拉力的作用,在滑动体的后部会产生一些张开的弧形裂缝,其中与后部陡坎重合的拉张裂纹称为主裂缝。主裂缝是滑坡发生的标志。滑坡体前部因滑动受阻而隆起形成的张裂缝,称为鼓胀裂缝。当滑坡体向下滑动时,滑舌向两侧扩展,形成径向张开裂缝,称为扇形裂缝。位于滑坡中下部的两侧,因滑坡体与两侧不动体间发生剪切位移而形成的裂缝称为剪切裂缝,它形成滑坡的两侧边界。

8.1.2 滑坡形成的条件

滑坡的形成和发展是自然因素和人为因素综合作用的结果。滑坡形成的内部条件包括地质构造、地形地貌和岩土体性质等,外部因素包括水文地质条件、地震作用和人为因素等。其中,水的作用是影响斜坡稳定最重要、最活跃的外在因素。在滑坡发生和发展的每个阶段,往往是几个条件起主导作用。因此,在对滑坡进行分析研究时,应尽量找出起主导作用的条件和因素,并据此采取合理正确的治理手段。

1. 地质构造条件

埋藏于土体或岩体中倾向与斜坡一致的层面、夹层、基岩顶面、古剥蚀面、不整合面、层间错动面、断层面、裂隙面、片理面等结构面,一般是抗剪强度较低的软弱面,当斜坡受力情况突然变化时,这些结构面会成为滑坡的滑动面,结构面的组合关系控制着滑动面的空间位置和滑坡的范围。例如,黄土滑坡的滑动面就是下伏的基岩面或者黄土的层面。大型断裂构造区域,沿断裂带的滑坡往往成群分布。

2. 地形地貌条件

斜坡的存在,使滑动面能在斜坡前缘临空出露,这是滑坡产生的先决条件。斜坡的高度、坡度、形状等要素的变化可导致斜坡内力状态的变化,进而引起斜坡失稳。当斜坡地质特征基本相同时,高陡坡比低缓坡更容易失稳。我国山区地形切割强烈,滑坡分布较集中,形成的规模较大,危害很严重;而在低山丘陵区,滑坡形成的规模一般比山区小。

3. 岩土体性质

岩土体性质不同,发生滑坡的可能性也不同。坚硬岩层中发生滑坡的可能性较低,但当岩体中含有向坡外倾斜的软弱夹层或软弱结构面,且倾角小于坡面能够形成贯通滑动面时,坚硬岩体也会形成滑坡。

各种易于亲水软化的土层和一些软质岩层组成的斜坡则容易发生滑坡。容易产生滑坡的土层有胀缩黏土、黄土和黄土类土以及黏性的山坡堆积层等。有的土层与水作用容易膨胀和软化,有的土层结构疏松,透水性好,遇水容易崩解,强度和稳定性容易受到破坏。容易产生滑坡的软质岩层有页岩、泥岩、泥灰岩等遇水易软化的岩层。此外,千枚岩、片岩等在一定的条件下也容易产生滑坡。

4. 水文地质条件

滑坡区地下水和渗入滑坡体的地表水都能促进滑坡的形成和发展。水会增加滑坡体的重力，湿润滑动带使其抗剪强度降低，地下水的流动和水位的升降还会产生很大的静水和动水压力。这些作用都有助于滑坡的产生。滑坡区地下水和渗入滑坡体的地表水都受降雨的补给。因此，降雨是滑坡产生的重要诱因之一。

5. 地震作用

地震会破坏和松动岩石和土体，使粉砂层液化，从而降低岩土体的抗剪强度，使滑坡更容易发生。地震波在岩土体内传递，使岩土体承受地震惯性力，增加滑坡体的下滑力，会促进滑坡的发生。

6. 人为因素等其他作用

人工开挖斜坡，以及在斜坡上部施加载荷(如路堤施工、材料堆放、废渣等)，会改变斜坡的形态和应力状态，增加滑动力，同时降低支撑力，导致滑坡的产生。地下采空区的沉陷，会造成土坡倾斜坡角增大和地面不均匀变形，激发滑坡发生。大型古、老滑坡在项目建设期间会被频繁激活。斜坡植被和覆盖层的破坏、地下水排水系统的破坏、水库蓄水以及大量生活用水的倾倒都可能导致斜坡滑动。爆破、重型运输等引发的动力振动也会诱发滑坡的发生。

8.1.3 滑坡的分类

滑坡分类的目的是研究滑坡地段的地质环境、地貌特征和形成因素，反映各种滑坡的工程地质特征、孕育和演化规律，有效地预测和治理滑坡。由于自然地质环境和滑坡作用的复杂性，以及各种工程分类的目的和要求，滑坡分类体系众多。按滑坡形成的年代可分为古滑坡(全新世以前发生)、老滑坡(全新世以来发生)和新滑坡(正在反复活动或者停止活动不久，仍然存在滑动危险的)。按滑坡的规模大小分为小型滑坡(滑坡体体积小于 $3\times10^4\ m^3$)、中型滑坡(滑坡体体积为 $3\times10^4\sim5\times10^5\ m^3$)、大型滑坡(滑坡体体积为 $5\times10^5\sim3\times10^6\ m^3$)和巨型滑坡(滑坡体体积大于 $3\times10^6\ m^3$)。按滑坡体的厚度分为浅层滑坡(滑坡体厚度小于 6 m)、中层滑坡(滑坡体厚度为 6～20 m)、深层滑坡(滑坡体厚度为 20～50 m)和超深层滑坡(滑坡体厚度大于 50 m)。还有特殊滑坡，比如融冻滑坡、陷落滑坡等。下面介绍根据岩土体类型、与地质结构的关系及力学性质的分类情况。

1. 按滑坡体的岩土体类型分类

(1) 黏性土滑坡。均质或非均质黏性土层中的滑坡称为黏性土滑坡。滑动带为软塑状，滑动面多为弧形，黏土具有明显的干湿效应，干燥时会收缩并形成拉伸裂纹，当它与水接触时，又会变成软塑状，其剪切强度急剧下降。黏性土滑坡多为中浅层滑坡，是长期降雨或其他水源水长期作用的结果。

(2) 黄土滑坡。黄土滑坡主要发生在不同地质时期的黄土层中，多发于高阶地面前缘斜坡上，并且经常成簇出现。在滑动过程中，大多数深部和中部滑坡变形迅速、速度快、规模大、动能大、破坏力强、危害大。黄土裂缝的发育和湿陷性都与滑坡的出现有重大的关系。

(3) 岩质滑坡。在不同基岩地层中的滑坡称为岩质滑坡，又称为岩层滑坡。岩质滑坡大多沿岩层层面、断裂破碎带、节理裂隙密集带以及强度较低、塑性变形较强的软弱夹层发生滑动,以软硬相间的层状、薄层状沉积岩以及片理化岩石分布区最为发育。

(4) 堆积层滑坡。各种松散堆积体中发生的滑坡称为堆积层滑坡。堆积层滑坡主要见于河谷缓坡或山麓崩积层、斜坡沉积或其他重力沉积体中,其形成通常与地下水和地表水活动有关。大多数滑坡体的滑动发生在下伏基岩顶面或不同地质年代和成因沉积物的接触面,滑坡体的厚度从几米到几十米不等。

2. 按滑坡与地质结构的关系分类

(1) 均质滑坡,是发生在均质岩土体中且无明显层理的滑坡,如图 8-4(a)所示。斜坡的应力状态和岩土体的抗剪强度控制着均质滑坡的滑动面,滑动面的形状多为圆弧状。黏土岩、黏性土和黄土都较常发生均质滑坡。

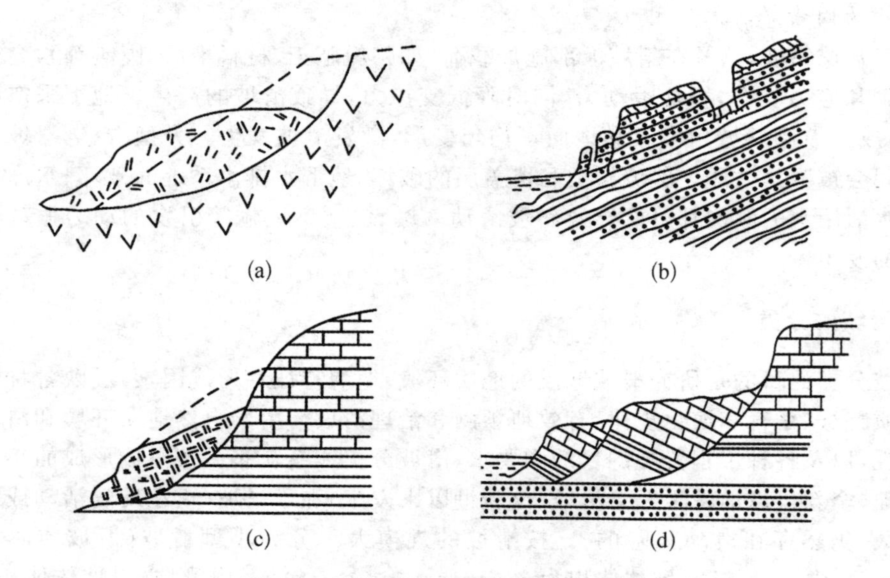

图 8-4 按滑坡与地质结构的关系分类

(a) 均质滑坡;(b) 顺层滑坡;(c) 沿坡积层与基岩交界面滑坡;(d) 切层滑坡

(2) 顺层滑坡,指沿岩层层面滑动形成的滑坡,尤其是坡体中存在软弱岩层易滑动,如图 8-4(b)所示。滑动面的形态视岩层面的形态而定,可以是平直状、圆弧状或折线状。

(3) 沿坡积层与基岩交界面滑坡,滑坡体滑动发生在下伏基岩顶面,如图 8-4(c)所示。

(4) 切层滑坡,滑动面相切于层面的滑坡,这类滑坡的滑动面切割不同岩层,并形成滑坡台阶,如图 8-4(d)所示。在破碎的风化岩层中所发生的切层滑坡常与崩塌类似,这类滑坡比较少见。

3. 按滑坡的力学性质分类

根据滑坡的力学性质,可分为推移式滑坡、牵引式滑坡、平移式滑坡、混合式滑坡,如图 8-5 所示。

(1) 推移式滑坡,由于斜坡上部张开裂缝的发育、斜坡上部重物堆积和工程建设,或地表水沿张开裂隙渗入滑坡体,以及滑坡体的局部渗透导致滑坡体上部局部破坏,上部滑

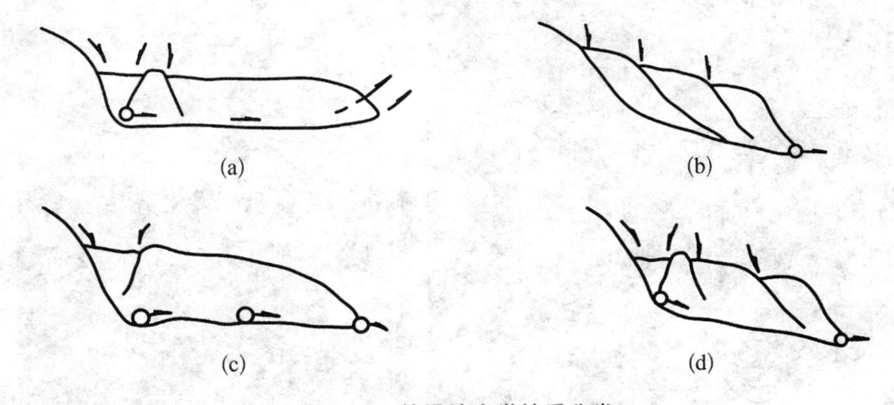

图 8-5　按滑坡力学性质分类

(a) 推移式;(b) 牵引式;(c) 平移式;(d) 混合式

动面局部贯通向下挤压下部滑坡体,最终使整个坡体失稳而产生推移式滑坡。

(2) 牵引式滑坡,指滑坡体下部失稳向下滑动,导致上部滑坡体受牵引并随之滑动而发生的滑坡。河流冲刷斜坡底部或人工开挖坡底是最常见的牵引式滑坡形成的原因。

(3) 平移式滑坡,这种滑坡的滑动面一般较平缓,始滑部位分布于滑动面的许多点,多点同时滑移,然后逐渐发展贯通为整体滑动。

(4) 混合式滑坡,指始滑部位上、下结合,共同作用而形成的滑坡,是比较常见的滑坡形式。

8.1.4　滑坡的发育过程及判别标志

1. 滑坡的发育过程

滑坡的发育是一个长期的变化过程,可分为 3 个阶段:蠕动变形阶段、滑动破坏阶段和渐趋稳定阶段。对滑坡的发育过程有透彻的了解,有利于正确选择滑坡的防治措施。

1) 蠕动变形阶段

当斜坡稳定性被破坏时,由于剪切强度小于剪切力,一部分斜坡体发生小的变形,发生轻微移动。随着斜坡变形的发展,斜坡后缘的拉伸裂缝继续加宽,两侧都有羽毛状的剪切裂纹,滑坡出口附近渗水较浑浊。大部分滑动面已形成,但尚未完全贯通。

2) 滑动破坏阶段

当滑坡整体下滑时,后缘迅速下沉,滑坡壁越露越高,滑坡体分为若干块体,地面形成阶梯状地形。滑坡体上的树木向各个方向倾斜,形成"醉汉林",如图 8-6(a)所示。滑坡体上的构筑物将严重变形,甚至可能发生坍塌。滑坡体向前滑动时向前延伸,形成滑坡舌。

3) 渐趋稳定阶段

由于滑动面的摩擦阻力、克服前进阻力以及岩土变形产生能量消耗,滑坡最终停止滑动,岩土体趋于重新稳定。滑坡停止后,滑坡体上的松散岩土体逐渐压实,地表裂缝逐渐闭合或填充,靠近滑动面的岩土体因压实固结而强度再次提高,使得滑坡整体稳定性提高,这一阶段可能持续数年才能完成。滑坡体上的东倒西歪的"醉汉林"又重新垂直向上

(a) (b)

图 8-6 醉汉林和马刀树

(a) 醉汉林；(b) 马刀树

生长，形成下部弯、上部直的树干称为“马刀树”，如图 8-6(b)所示。滑坡前缘无水渗出或流出清凉的泉水时，表示滑坡已基本趋于稳定。

如果导致滑坡的主要因素已经消除，滑坡将不再滑动，并将转向长期稳定；如果造成滑坡的主要因素没有完全消除并继续积累，积累到一定程度后可能会再次引发滑坡。

2. 滑坡的判别标志

野外识别滑坡，可以从地形地貌、地层及构造特征、水文地质特征、裂缝等方面进行判别，具体如下：

(1) 地形地貌及地物标志。滑坡在斜坡上常出现圈椅状的陡坎或陡壁[见图 8-7(a)]，滑坡后壁上有顺坡擦痕。滑坡两侧常以沟谷或裂面为界，形成双沟同源现象。前缘土体常被挤出或呈舌状凸起，斜坡坡脚侵占河床(如河床凹岸反而稍微凸出或有残留的大孤石)。滑坡体上常有鼻状鼓丘或多级平台。滑坡床常具有塑性变形带，多由黏性物质或黏粒夹磨光角砾组成；滑动面很光滑，其擦痕方向与滑动方向一致。有的滑坡体上还有积水洼地、醉汉林、马刀树和房屋倾斜、开裂等现象。

(2) 地层及构造标志。滑坡范围内的岩土体常有扰动松散现象[见图 8-7(b)]。基岩层位、产状特征与周边不连续，有时局部地段新老地层呈倒置现象，常与断层混淆。构造不连续，如断层不连贯、发生错位等。常有泥土、碎屑填充或未被填充的多种裂缝[见图 8-7(c)]，普遍存在小型坍塌。

(3) 水文地质标志。斜坡含水层的原有状况常被破坏，滑坡体成为复杂的单独含水体，潜水位不规则、流向紊乱。在滑动带前缘常有成排的泉水溢出，井泉水水质变浑浊，形成滑坡湖等[见图 8-7(d)]。

上述标志是滑坡后出现的必然地质现象，各地质现象有着紧密的内在联系。在实践过程中应当对多种地质现象进行考察和分析，相互印证，进行综合判断，切忌采用单一标志得出结论。

图 8－7 滑坡的特征

(a) 滑坡边界-圈椅地貌；(b) 岩土体松散；(c) 拉裂缝；(d) 滑坡湖

8.1.5 边坡稳定性分析

边坡稳定性分析是论证边坡变形与破坏的形式、发展趋势与规模，主要包括两方面任务：一方面要对与工程建设有关的天然边坡或已建成的人工边坡的稳定性做出评价，另一方面要为设计合理的人工边坡和边坡的治理提出设计依据。

边坡稳定性分析方法可归纳为三种：定性分析方法、定量分析方法和模型试验法。定性分析方法包括自然历史分析法、工程地质比拟法和图解法，定量分析方法包括刚体极限平衡计算法及有限元、边界元和离散元数值计算方法等，模型试验法是将实际边坡作为原型，遵循相似定理制作一定比例尺的模型，在分析岩土体破坏模式、边坡的变形破坏过程的方法。实际工程中采用多种方法互为补充、综合分析。

1. *自然历史分析法*

自然历史分析法就是通过研究边坡形成的地质历史、自然地质环境、边坡外形、地质结构和变形破坏迹象，以及对边坡稳定性有影响的各种因素特征和相互关系，从而对边坡的演变阶段和稳定状况做出评价和预测。

自然历史分析法是一种定性的地质学分析方法，不仅能判定边坡稳定现状，还能预测边坡的演变规律，并能为定量分析确定边界条件和选用参数，为工程地质比拟法提供比拟依据，是各种分析方法的基础。

2. 工程地质比拟法

该方法指应用自然历史分析法了解已有边坡的工程地质条件，将其与要研究的边坡工程地质条件做对比，把已有边坡的研究或设计经验应用于条件相似的边坡中。

对比边坡的原则是边坡具有相似性。相似性包括两个方面：一是边坡岩土体性质、结构和地质构造的相似性，二是边坡类型的相似性。岩土体性质与成因有关，所以要重视岩土体的成因及形成年代等因素的对比。

一般情况下，工程地质比拟法考虑的主要因素有岩土体性质、地质构造、岩土体结构、水的作用和风化作用，次要因素有坡面方位、地震和气候条件等。

3. 刚体极限平衡计算法

边坡稳定性分析的定量分析方法主要是利用土力学、岩石力学、弹塑性力学、断裂损伤力学等多种力学和数学计算方法，对边坡稳定性做定量评价。定量分析方法的可靠性取决于计算参数的选择和边界条件的确定，特别是对滑动面抗剪强度指标的选择。因此，定量计算方法必须以正确的地质分析为基础。下面介绍常用的刚体极限平衡计算法。

刚体极限平衡计算法是采用极限平衡理论进行滑动面上的抗滑力与滑动力的力学分析，计算边坡稳定系数。采用这种方法的前提条件如下：① 只考虑滑动面上的极限平衡状态，而不考虑岩土体的变形，即视岩土体为刚体；② 破坏面（滑动面）上的强度服从摩尔-库仑强度准则，由内聚力和内摩擦角控制；③ 滑体中的应力以正应力与剪应力的方式集中作用于滑动面上，即均为集中力；④ 实际情况简化为平面（二维）问题来处理。

边坡稳定系数（K）是滑动面上的抗滑力与滑动力的比值。理论上，$K>1$ 时，边坡是稳定的；$K=1$ 时，边坡处于极限平衡状态；$K<1$ 时，边坡不稳定。在实际工作中，常根据边坡工程的重要性及具体情况，用一个安全系数 K_0 来保证计算的安全度，一般规定 $K_0=1.1\sim1.5$，即计算所得的边坡稳定系数 K 大于安全系数 K_0 是安全稳定的，否则是不安全的。

影响岩土体边坡稳定性的主要因素是结构面，自然界的大多数边坡均发育有多组结构面，它们相互切割，分布复杂，形成复杂的滑动体。下面介绍传统的边坡稳定性计算方法和矢量和分析方法。

1）单一滑动平面的稳定性计算

假设坡角为 β 的边坡中不稳定滑动体由单一滑动平面控制，常见于岩质边坡、均质砂性土坡及成层的非均质砂性土坡。根据静力平衡原理，潜在滑动面上的岩土体在重力作用下沿着滑动面产生两个分力：下滑力 $W\sin\alpha$ 和垂直于滑动面的压力 $W\cos\alpha$，如图 8－8 所示。滑体发生滑动或有滑动的趋势时，滑动体受到抗滑阻力的作用。抗滑阻力由滑动面上的摩擦力和岩土体的内聚力组成，前者为垂直滑动面的压力和摩擦系数 $\tan\varphi$ 的乘积，后者为内聚力 c 和滑动面长度 l 的乘积。边坡的稳定性主要由下滑力与抗滑阻力之间的大小关系来确定，采用稳定系数 K 来表征，稳定系数等于抗滑阻力与下滑力之比：

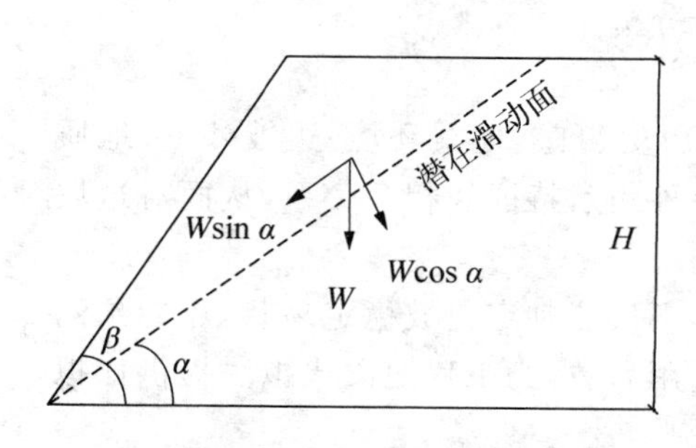

图 8－8　单一滑动平面受力图

$$K=\frac{F}{P}=\frac{W\cos\alpha\tan\varphi+cl}{W\sin\alpha} \tag{8-1}$$

式中,W 为滑动体重量;F 为滑动体抗滑阻力;P 为滑动体下滑力;α 为滑动面与水平面的夹角;φ 为岩土体的内摩擦角(滑动面摩擦角);c 为岩土体内聚力(滑动面黏聚力);H 为边坡的高度;l 为滑动面长度,$l=\frac{H}{\sin\alpha}$。

2) 单一滑动弧面的传统稳定性计算

若边坡中的不稳定滑动体由单一滑动弧面控制,常见于土质边坡中,尤其是黏性土坡中,边坡稳定性的定量分析多采用瑞典条分法,又称为费伦纽斯(Fellenius)条分法。其基本假定如下:① 边坡稳定属于平面应变问题,取某一横剖面为代表进行分析计算;② 滑动面的滑动体为刚体,计算中不考虑单个条块间的相互作用力;③ 定义稳定系数 K 为滑动面上产生的抗滑力总和与下滑力总和之比。

如图 8-9 所示,设土质边坡坡面为 BC,圆弧滑动面为 AD,其圆心为 O,半径为 R,将滑动体在水平方向上分成若干等份,每一等份的土条宽度设为 b_i,一般取圆弧半径 R 的 1/10,重量为 W_i,弧长为 l_i,土条 i 与弧段法线的夹角为 α_i,对每一土条进行编号,以圆心 O 正下方的土条为 0 号,向上依次为 $i=1, 2, 3, \cdots$,向下依次为 $i=-1, -2, -3, \cdots$,φ 为岩土体的内摩擦角,c 为岩土体内聚力。

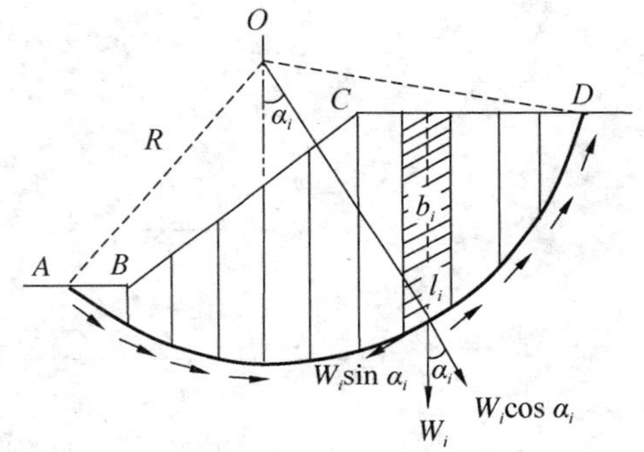

图 8-9 单一滑动弧面受力图

每一土条在滑动面上的下滑力为 $W_i\sin\alpha_i$ 和垂向滑动面的压力为 $W_i\cos\alpha_i$,摩擦力为 $W_i\cos\alpha_i\tan\varphi$,岩土体内聚力阻止滑动的力为土条弧段上的内聚力 c 与弧长 l_i 的乘积,始终与滑动体滑动方向相反,故滑动弧面的稳定系数 K 为

$$K=\frac{\sum_{i=1}^{n}F_i}{\sum_{i=1}^{n}T_i}=\frac{\sum_{i=1}^{n}(W_i\cos\alpha_i\tan\varphi+cl_i)}{\sum_{i=1}^{n}W_i\sin\alpha_i} \tag{8-2}$$

式中,F_i 为土条 i 的抗滑阻力;T_i 为土条 i 的下滑力。

在实际情况中,边坡上的潜在滑动面可能存在多个,此时需分别进行试算,K 值最小的滑动面便是边坡中的最危险的滑动面。

3) 单一或多滑面的矢量和分析方法

根据边坡的整体滑动趋势方向确定稳定系数的计算方向,在此方向上由抗滑力与滑动力的矢量和定义稳定系数,称为矢量和分析法。矢量和分析法稳定系数的定义以力的矢量分析为基础,具有明确的物理和力学意义,计算过程简便,便于工程应用。

基本假定条件如下:① 边坡稳定为二维问题,通过地质勘察获得各潜在滑动面的空间形态及滑体、滑带、滑床等要素的物理力学参数;② 边坡的载荷、边界条件、岩土体的基本物理力学参数已通过勘察获得，用有限元法等数值方法可计算出边坡内的应力分布状况；③ 以边坡的整体抗滑稳定性为研究目的，稳定系数的计算方向由边坡的整体滑动趋势确定；④ 矢量和分析法稳定系数定义为滑动面上提供抗滑力的各力沿计算方向 θ 投影的代数和与提供滑动力的各力沿此方向投影的代数和的比值。

如图 8-10 所示，稳定系数计算方向与 x 轴正向的夹角分别为 θ，滑动面上任意一点 i 处的一微弧段为 Δl_i，点 i 处滑动面的切线与总体坐标系 x 轴正向的夹角为 α_i，岩土体的内聚力为 c_i，内摩擦角为 φ_i，滑体作用于潜在滑动面上的载荷为正应力 σ_i 和剪应力 τ_i。

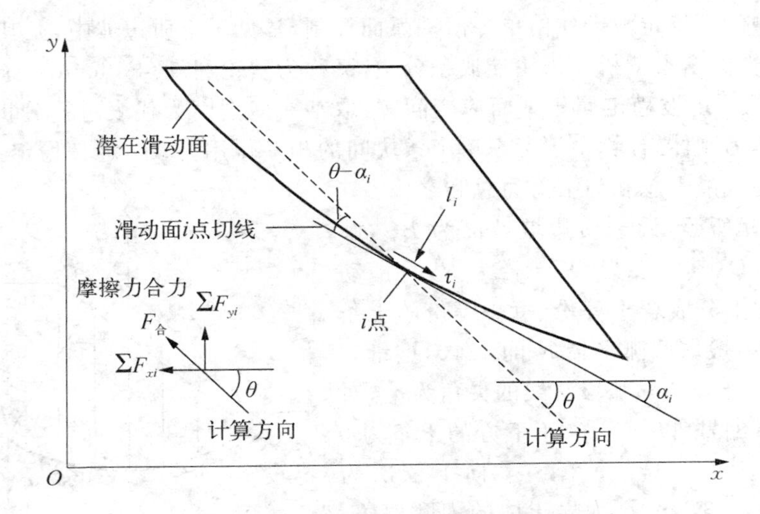

图 8-10　矢量和分析法稳定系数的求解示意

矢量和分析法稳定系数计算方向 θ 是滑体的整体滑动趋势方向，也是滑裂面各点处静滑动摩擦力合力方向的反方向，由式(8-3)确定：

$$\theta = \arctan \frac{\sum_{i=1}^{n} F_{yi}}{\sum_{i=1}^{n} F_{xi}} = \frac{\int_l \tau_i \sin \alpha_i \mathrm{d}l}{\int_l \tau_i \cos \alpha_i \mathrm{d}l} \tag{8-3}$$

式中，F_{xi} 为静滑动摩擦力在 x 轴的投影；F_{yi} 为静滑动摩擦力在 y 轴的投影。

分别对抗滑力 $F(\theta)$ 和滑动力 $T(\theta)$ 在计算方向 θ 上求和及求积分，得到平面问题矢量和分析法稳定系数 $K(\theta)$ 为

$$K(\theta) = \frac{\sum_{i=1}^{n} F(\theta)}{\sum_{i=1}^{n} T(\theta)} = \frac{\int_l [(c_i + \sigma_i \tan \varphi_i)\cos(\theta - \alpha_i) + \sigma_i \sin(\theta - \alpha_i)]\mathrm{d}l}{\int_l [\tau_i \cos(\theta - \alpha_i) + \sigma_i \sin(\theta - \alpha_i)]\mathrm{d}l} \tag{8-4}$$

8.1.6　滑坡的防治

滑坡防治的原则：以防为主，整治为辅；工程建设选址时，应绕避大型滑坡所影响的位置；整治最危险、最先滑的部位；做好排水工程；进行综合治理。我国对滑坡的防治工程

措施较多，主要为排水工程、削坡减载、支挡结构、改善滑动面(带)上的岩土性质和坡面护坡等措施。

1. 排水工程

水对滑坡的影响非常大，在滑坡防治上需要设置立体的排水系统，防止地表水和地下水对斜坡稳定性的不良影响。

1）地表排水

消除地表水是治理滑坡的首要和长期性的措施。设置截水沟和排水明沟系统，拦截或引流滑坡区附近的地表水，避免地表水流入滑坡区。截水沟用来截排来自滑坡体外的坡面径流；排水明沟系统汇集坡面径流引导出滑坡体外，如图 8－11 所示。

2）地下排水

从滑坡中清除地下水时，必须全面考虑滑坡类型、埋藏条件、施工条件等因素，图 8－12 为地下排水示意。对于埋深较浅的地下水，可采用斜坡渗水沟、截水盲沟、具有支护功能的支护盲沟等措施；对于埋藏较深的地下水，可采用集水井、排水管道、水平(垂直)排水钻孔等措施。

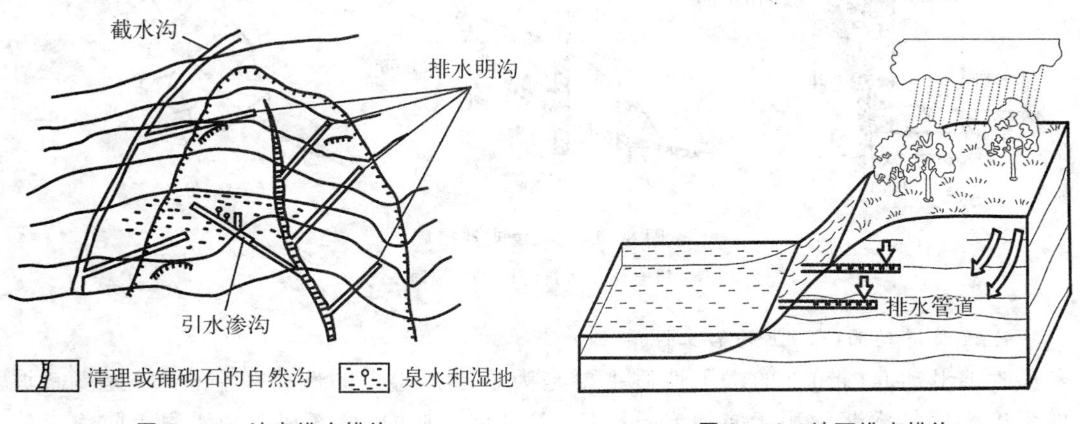

图 8－11　地表排水措施　　　　图 8－12　地下排水措施

2. 削坡减载

削坡减载主要通过削减坡角或降低坡高，移除斜坡不稳定部位的岩土体和重物等措施，来减小滑坡体的自重，从而减少滑坡上部的下滑力，并将移除的岩土体堆放在坡脚，提供反压和防滑[见图 8－13(a)]，如拆除坡顶处房屋和搬走重物等。开挖后斜坡稳定性和

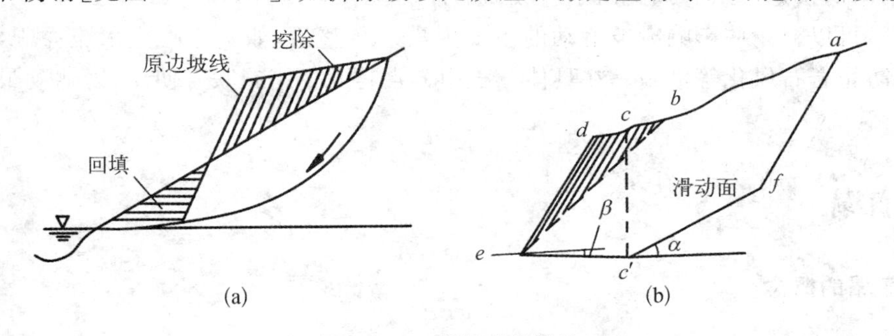

图 8－13　削坡减载措施

(a) 正确的削坡减载方法；(b) 错误的削坡减载方法

表面条件会发生变化，因此需要评估是否存在潜在的滑动面或者出现新的潜在滑动面。图 8-13(b)所示的削坡移除 $cdec'$ 的岩土体，消除 be 的滑动面，但是会激发斜坡土体沿潜在的滑动面 afc' 的滑动，所以是错误的方法。如果滑动体的规模和深度较小，则可以清除不稳定岩土体，彻底消除隐患。如果滑坡规模大且坡度较陡，需要进行稳定性计算。该措施施工方便，工艺简单，是滑坡防治的常用措施之一。

3. 支挡结构

修建抗滑挡土墙、抗滑桩和锚固系统等支挡结构增强斜坡的抗滑力，如图 8-14 所示。工程上常采用由锚杆(索)、抗滑桩和抗滑挡土墙组成联合支护系统。需要注意的是挡土墙的基础、抗滑桩的桩端和锚杆的锚固段必须在滑动面以下稳定的岩土体中。挡土墙体中设置排水口，以消散墙后的水压力。抗滑桩常采用混凝土桩、钢筋混凝土桩或钢管钻孔桩等。锚固系统采用锚杆和锚索。

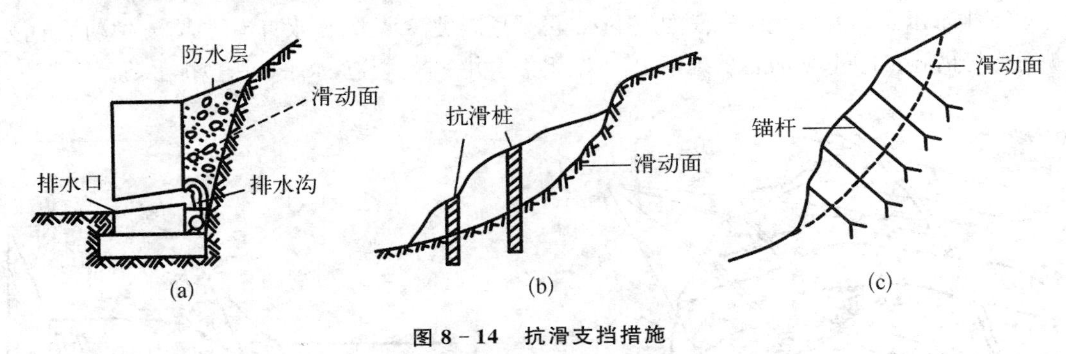

图 8-14　抗滑支挡措施

(a) 挡土墙；(b) 抗滑桩；(c) 锚固系统

4. 改善滑动面(带)上的岩土性质

改善滑动面(带)上的岩土性质主要是为了改善岩土的性质和结构，以提高斜坡的强度。固结灌浆常用于防治岩石滑坡，而电化学加固、冷冻和焙烧法用于防治土体滑坡。

5. 坡面护坡

坡面护坡是对坡面进行防护的工程措施。采用喷射混凝土、钢筋混凝土或砌石的方式对坡面进行防护；采用坡面植草绿化和土工网垫等合成材料植草等生态防护措施，防止或减缓雨水的快速渗入和减少雨水对坡面的冲刷。

此外，可以对一些影响滑坡滑动的主要因素进行整治，如实施防止水流冲刷、降低地下水位、防止岩石风化等措施。在具体工程中常常是几个措施联合使用，以达到最安全的水平。

8.2　崩塌

8.2.1　崩塌的概念

陡峻或极陡斜坡上，一些大型的岩石或土块突然崩落或滑落，顺山坡猛烈地翻滚跳跃，岩块相互撞击破碎，最后堆积于坡脚，这一过程称为崩塌。比如盐池河磷矿崩塌，如图

8-15 所示。巨型崩塌多发生在块体状斜坡中，而对于平缓的层状或互层状斜坡，则以小型崩塌或危石坠落为主。崩塌可按照崩塌体的岩石性质划分为岩崩和土崩两大类；按照崩塌的规模和特点分为剥落、坠石和崩落。在山区，崩塌是一种较为常见的地质灾害，会导致河流堵塞形成堰塞湖，或使河流改道及改变河流性质、造成急湍地段，会砸毁、掩埋房屋和公路铁路等工程设施，严重危害人类生命财产安全。

图 8-15　磷矿崩塌照片

8.2.2　崩塌产生的条件

影响崩塌产生的因素有内部和外部两方面。内在条件包括地形地貌、地层岩性、地质构造；外部因素包括降雨、地下水、地震、风化和人类活动等。

1. 地形地貌条件

高陡的斜坡是崩塌形成的必要条件之一。高度超过 30 m、坡度大于 45°(尤其是大于 60°)的陡坡上，大规模崩塌最为常见。斜坡高差越大，地形切割越强烈，崩塌的可能性越大。斜坡的表面形状对崩塌的形成也有影响，表面呈凹凸不平的形状时，凸出的部位更易发生崩塌，如图 8-16 所示。

2. 地层岩性条件

斜坡的岩土性质对崩塌的形成有明显的控制作用。强度高的坚硬岩石和土体会形成高陡的斜坡，容易发生崩塌，比如石灰岩、砂岩、花岗岩、石英岩和致密黄土等。柔软、易风化的岩石通常形成低缓的斜坡，不易发生崩塌。软硬岩层互层构成的高陡坡，由于风化程度的差异会使硬岩层局部悬空，容易发生崩塌，如图 8-17 所示。

图 8-16　崩塌照片

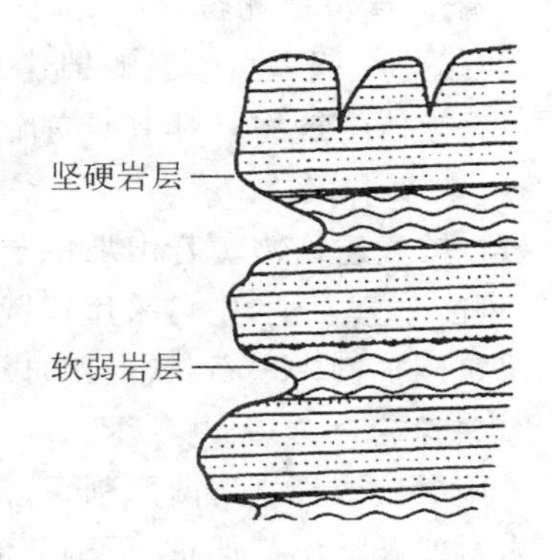

图 8-17　软硬岩相间的崩塌

3. 地质构造条件

斜坡通常由被各种结构面切割的不同性质和产状的岩层组成。岩土体完整性好的斜坡很难发生崩塌，而岩土体完整性差的斜坡易发生崩塌。岩层层面、节理、断层面和

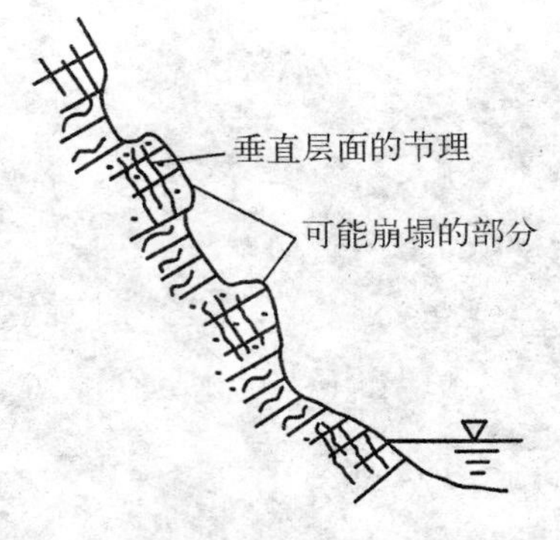

图 8－18 结构面与崩塌的关系示意

软弱夹层等结构面顺山坡发育且倾角较大，当斜坡应力状态突然变化时，不稳定岩块会沿着结构面崩塌，如图 8－18 所示。

4. 气候与水文条件

温差大、降水多、风大风多、融冻作用及干湿变化强烈等条件下易导致崩塌的发生。崩塌最普遍的诱发因素是水的地质作用。80％的崩塌发生在雨季，降雨的强度越大，时间越长，崩塌的风险就越大。此外，地下岩体裂隙中的地下水会软化岩体强度，在岩体裂隙中产生动静水压力，导致潜在崩塌体发生崩塌。

5. 其他因素

由于地震引起的强烈振动使得斜坡岩体突然承受巨大的惯性载荷，降低斜坡岩体各结构面的强度；同时，水平地震力的作用会大幅度降低斜坡岩体的稳定性，导致崩塌发生。此外，风化作用、人工爆破、不合理的斜坡开挖、采矿等人为因素也常常是诱发崩塌的原因。

8.2.3 崩塌的防治

根据崩塌的规模和危险程度，采用不同的防治措施。对于大规模崩塌地段，无法采用工程措施根治，必须设法绕避。对于中小型的崩塌，采取斜坡加固、修筑拦挡建筑物、清除危险岩石、排水工程等措施。

1. 斜坡加固

易风化的陡坡采取涂抹砂浆、挂网、喷锚等措施；对裂缝或孔洞区域，采取碎石衬砌、水泥砂浆衬砌和灌浆等措施；对于悬垂危险体或底部失去支撑的危险岩体，采取与其地形相适应的支护和混凝土柱支顶等支撑建筑物；在软弱岩石出露处修筑挡土墙或采用锚固方法对斜坡进行加固，对坡面深凹部分进行嵌补。

2. 修筑拦挡建筑物

对中、小型崩塌可修筑遮挡建筑物和拦截建筑物。

(1) 遮挡建筑物。对中型崩塌地段，如绕避不经济时，可采用明洞和御塌棚等遮挡建筑物(见图 8－19)。

(2) 拦截建筑物。若山坡的岩石风化严重，崩塌物质来源丰富，或崩塌规模虽然不大，但可能频繁发生，则可采用拦截建筑物，如落石平台、落石槽、拦石堤或拦石墙等措施，或者修筑围护栅(木、石、铁丝网)以阻挡坠落石块。

3. 清除危险岩石

采用爆破或打楔将陡崖削缓，清除易坠的岩石。若山坡上部可能的崩塌物数量不大，并且岩石的破坏不甚严重，可全部清除。清除后，对岩石进行适当的防护加固。

4. 排水工程

因为地表水和地下水是崩塌的诱因，应在潜在崩塌区域上方修建截水沟，以防止周围地表水流入坡体。在可能发生崩塌的区域，用黏土或水泥砂浆填充表面接缝和裂缝，以防止雨水侵入，并且可以用排水孔将坡体的地下水排出。

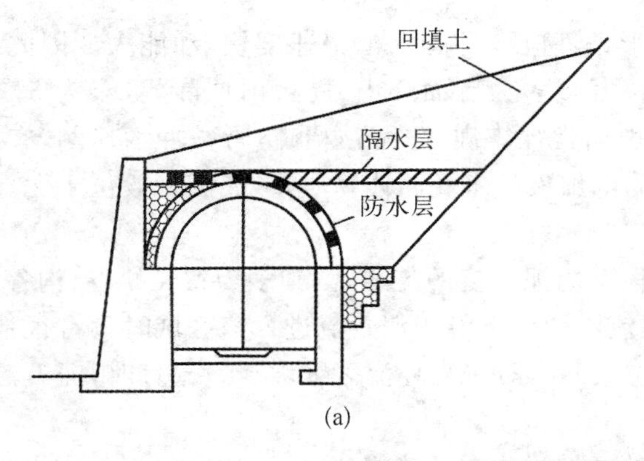

(a)

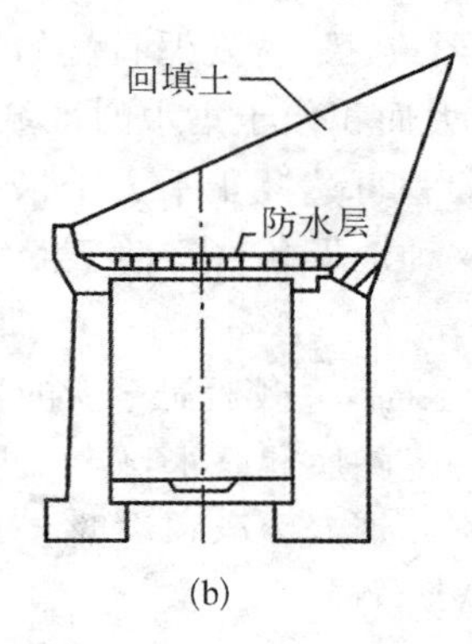

(b)

图 8-19 明洞和御塌棚

(a) 明洞;(b) 御塌棚

8.3 泥石流

泥石流是指在山区沟谷中,由暴雨、水雪融水等水源激发的,含有大量泥砂、石块的特殊洪流。泥石流往往突然暴发,浑浊的流体沿着陡峻的山沟前推后拥,奔腾咆哮,使得地面震动、山谷犹如雷鸣,流体横冲直撞、漫流堆积,常常给人类生命财产造成重大危害。

8.3.1 泥石流的形成条件

泥石流的形成必须同时具备 3 个条件：地形地貌条件、松散物质来源条件和水源条件。

1. 地形地貌条件

山坡陡峻且便于集水、集物的地形是泥石流形成的必要条件之一。山高沟深,地形陡峻,沟床纵度降大,流域形状便于水流汇集。在地貌上,泥石流的地貌一般可分为形成区、流通区和堆积区三部分,如图 8-20 所示。

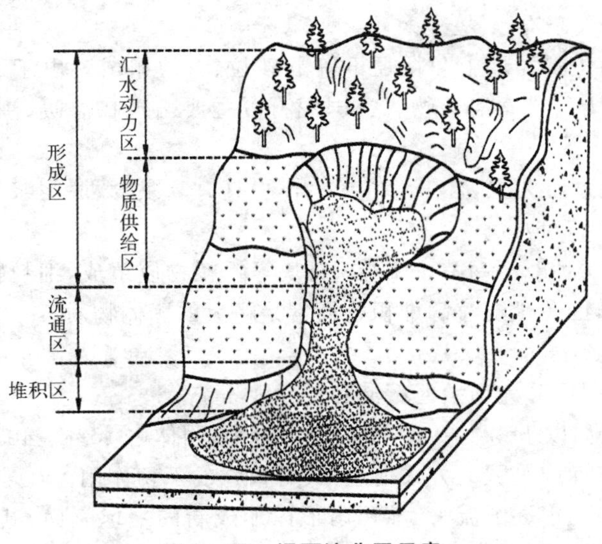

图 8-20 泥石流分区示意

(1) 形成区：诱发泥石流的地形条件应该是降水汇集速度快，动能大。因此，流水沟上游应有大面积便于集水的区域，该区域多为三面环山、周边山坡陡峭，多为 30°～60°的陡坡，其面积可达几十平方千米。坡面常裸露破碎，植被稀疏，常被冲沟切割，有崩塌、滑坡发育，这种地形条件有助于汇集周围斜坡的水和固体物质，形成区一般位于泥石流沟的上中游。

(2) 流通区：搬运泥石流的地段称为泥石流的流通区，其多为狭长峡谷，沟谷陡峭，坡度大，有许多陡崖和跌水，位于泥石流沟的中下游。泥石流进入该区域时具有很强的冲刷能力，冲刷并带走沟床和沟壁上的土壤和岩石。当环流区纵坡陡、长、直时，泥石流直接排出，造成极大的危害。

(3) 堆积区：泥石流物质堆积的区域称为泥石流堆积区，通常在山口外或山间盆地地形相对平坦的位置。随着地形的开阔和逐渐平坦，泥石流的动能急剧降低，最终停止流动而堆积，形成扇形、锥形或带状堆积体，统称为洪积扇。当洪积扇稳定且不再膨胀扩展时，泥石流破坏力减小直至消失。

2. 松散物质来源条件

泥石流的形成需具备丰富的松散固体物质。松散固体物质来源取决于地质条件和人类活动。松散固体物质主要包括山坡表层岩石风化破碎后形成的残积物、坡积物，滑坡、崩塌发生后在坡脚和沟床上形成的松散堆积物，沟谷中各种沉积物及人工开山采石、采矿、隧道施工、筑路开挖和水利水电站等工程建设的弃渣。

3. 水源条件

水既是泥石流的重要组成部分，又是泥石流的激发条件和搬运介质。泥石流的形成需要大量充足的水源，在短时间内形成强大的降水。水源可能是超高强度的暴雨、冰川和融雪、高山湖泊和大坝决堤等。

8.3.2 泥石流的分类

泥石流的种类很多，可根据物质组成、流体性质和地貌特征进行分类。

1. 按照物质组成分类

(1) 泥石流，由大量黏性土和粒径不等的砂粒、石块组成。由于黏土具有黏聚力，经常形成具有强黏结力的土石混合物。我国泥石流主要出现在温暖、潮湿和化学风化的南方地区。

(2) 泥流，以黏性土为主，含少量砂粒、石块，具有高黏度、厚泥浆和高密度的特征，主要发生于黄土和火山灰地区。

(3) 水石流，由水和大小不一的砂粒、石块等粗粒物质组成，细粒物质的含量很少，在运动中极易被冲走，因此水石流的堆积物通常是粗大的固体物质。

2. 按流体性质分类

按流体性质不同可分为稀性泥石流和黏性泥石流。

(1) 稀性泥石流，以水为主要成分，黏土含量小，固体占 10%～40%，分散性大。水是运输介质，石块以滚动或跳跃的方式前进，具有很强的下切作用。在堆积区呈扇形散流状堆积，停止堆积后水泥浆逐渐流失，堆积扇形区形成新的平坦表面，其中的堆积物结构较松散，层次不明显，且沿泥石流的运移途径呈现出一定的分选性。

(2) 黏性泥石流，包含大量细粒黏土材料，固体占40%～60%。水、淤泥和岩石结合形成高黏度的黏性物质，具有很大的重量、很高的浮力，可以移动大卵石，流速高、冲击力强，具有极强的破坏性。

3. 按地貌特征分类

按泥石流发生的地貌特征，可将其分为河谷型泥石流、沟谷型泥石流和山坡型泥石流。

(1) 河谷型泥石流。河谷型泥石流流域是一个长条形的地带，多形成于河流冲沟的上游。松散固体物质来源分散，沟壑中常有水，因此水源充足。泥石流沿沟壑汇集、冲刷和转移，形成逐次搬运的"再生式泥石流"。

(2) 沟谷型泥石流。沟谷型泥石流为典型的泥石流类型，流域面积较大且呈扇形，形成区、流通区和堆积区可以明显地被划分出来。

(3) 山坡型泥石流。山坡泥石流的流域面积很小，流域内无明显流通区，呈漏斗状，由于形成区域与堆积区域直接相连，因此堆积作用迅速。汇水面积小，供水往往不足，从而形成的泥石流大多规模较小。

8.3.3　泥石流的防治

泥石流是水、泥和石的混合物，冲击力猛、冲刷力强、破坏力强，有掩埋和破坏工程的危险。泥石流防治的原则是预防为主，兼设工程措施。泥石流的防治可以采取预防、拦挡和排导方法。

1. 预防

在上游汇水区应优先考虑水土保持措施，如植树造林和草坪种植等。为降低流量，调整地表径流，在斜坡上修建导流堤和排水沟系统，以防止水沿着较大坡度处流动。为防止岩土冲刷和崩塌，加固岸坡并尽量减少固体物质来源。

2. 拦挡

在中游流通区，因地制宜设置拦挡构筑物，如格栅坝、拦挡墙、栏栅或溢流坝等，阻挡泥石流所裹挟的固体物质，降低其流速。

3. 排导

在下游设置排导措施引导泥石流通过。目的是防止泥石流流出山口后改道，减少冲刷和淤积，并使泥石流在特定方向和位置顺利排出。排导工程主要包括排导沟、导流堤、渡槽和泄洪渠等措施。

8.4　岩溶

岩溶是指地表水和地下水将可溶解岩石溶解侵蚀而形成的一系列地质现象，见3.3.8节。岩溶区的工程建设中常出现很多工程地质问题。在岩溶地区修建隧道时，经常遇到暗河、溶洞和高压含水层等，容易产生大规模的突水、突泥等灾害，岩溶会导致基岩表面起伏不平，建筑物地基出现不均匀沉降问题，洞穴顶板的坍塌也会导致基础悬空、结构开裂，出现岩溶地面塌陷问题，水利工程建设中常出现岩溶渗漏问题。因此，必须深入了解岩溶发育的基本条件和分布规律，才能做好岩溶地区工程结构的设计和施工。

8.4.1 岩溶的形成条件

岩溶形成的条件是具有可溶于水且透水的岩体和流动的有溶蚀力的水。

1. 可溶于水且透水的岩体

岩石具有溶解性是岩溶形成和发展的必要基础。根据岩石的溶解度，能造成岩溶的岩石可分成三大组：① 碳酸盐类岩石，如石灰岩、白云岩和泥灰岩；② 硫酸盐类岩石，如石膏和硬石膏；③ 卤素岩，如岩盐。其中碳酸盐岩是分布最广的，因此碳酸盐岩中的岩溶发育最为典型和常见。

岩体必须具有透水性能，透水性强的岩石有助于岩溶作用。岩体的透水性取决于可溶岩石本身的透水性和岩体内的裂隙。岩石中裂隙的形成情况往往决定岩溶发育，因此在断层破碎带、背斜轴等地段的岩溶发育得更充分。由于风化裂缝的增加，岩溶通常在地表附近比深层发育得更充分。

2. 流动且有溶蚀力的水

天然水是有溶解能力的，这是由于水中含有一定量的侵蚀性 CO_2。当含有游离 CO_2 的水与围岩为碳酸盐类岩石的碳酸钙($CaCO_3$)作用时，碳酸钙被溶解，这时其化学作用如下：

$$CaCO_3 + CO_2 + H_2O = Ca^{2+} + 2HCO_3^- \quad (8-5)$$

溶蚀力在很大程度上取决于 CO_2 含量。水中含侵蚀性 CO_2 越多，则水的溶蚀能力越大。水中 CO_2 的主要来源是雨水溶解空气中的 CO_2 和地表强烈的生物化学作用产生的 CO。

水在可溶岩体中流动是造成岩溶的主要原因，主要表现为水在岩体中流动，地表水或地下水不断循环交替。只有不断移动的水流才可能对可溶岩层进行腐蚀。在地壳表层，因岩石裂隙的发育好，地下水的循环交替作用强，而深层地下水的循环作用较弱，所以溶蚀能力随深度而减弱。

气候、地形和地下水的分布都会影响岩溶地下水的循环，我国南方地区岩溶发育充分，原因是高温、雨量充沛、地下水丰富、溶蚀能力强；在干旱的北方地区，由于温度低、降雨量少，地下水无法补充，从而溶蚀能力低。

8.4.2 岩溶的垂直分带

岩溶地区的地下水为包气带水、潜水和承压水，具有垂直分带现象，岩溶水循环的分带决定岩溶作用的垂直分带。岩溶发育的程度取决于水的循环交替强度和水的溶蚀性两个因素，地下水的循环交替强度随着深度的加大而减小，水的溶蚀性也是随着深度的加大、渗透途径的加长而逐渐减少，因此岩溶作用会随着深度增加而递减，因此岩溶具有垂直分带现象。从地表到地下，岩溶可分为垂直循环带、季节循环带、水平循环带和深循环带 4 个带，如图 8-21 所示。

(1) 垂直循环带，或称为包气带，平时无水，只有大气降水时有水渗入，岩溶水以垂直运动为主，发育的岩溶多以垂直形态为主。大量的漏斗和落水洞等多发育于本带内。

(2) 季节循环带，或称为过渡带，位于地下水最低水位和最高水位之间，受季节性影

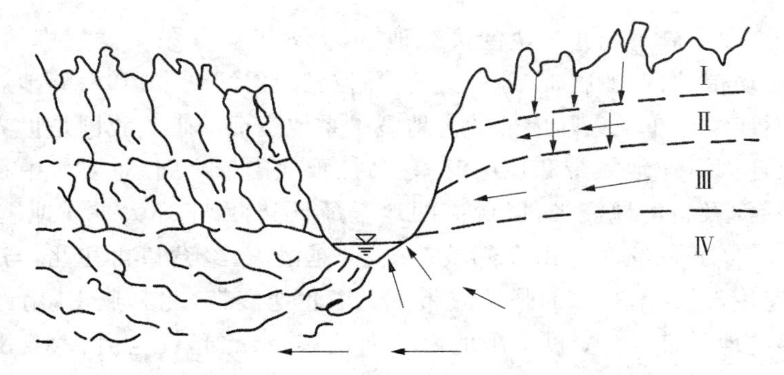

Ⅰ—垂直循环带；Ⅱ—季节循环带；Ⅲ—水平循环带；Ⅳ—深循环带。

图 8－21　岩溶的垂直分带

响，在本带形成的岩溶通道是水平形态与垂直形态交替。

(3) 水平循环带，或称为饱水带，位于最低地下水位之下，常年充满着水，地下水做水平流动或往河谷排泄。岩溶以水平形态为主，形成水平的通道，如溶洞、地下暗河等。

(4) 深循环带，地下水的流动方向取决于地质构造和深循环水。这一带中水的循环交替强度极小，岩溶发育速度与程度很小，一般为蜂窝状小洞，或称为溶孔。

8.4.3　岩溶的防治

岩溶常常给工程建设带来许多不利的影响。例如在水利工程中，溶洞经常在大坝和水库区域造成渗漏，危及大坝的结构安全；在开采地下矿床或挖掘隧道时，出现涌水灾害。岩溶的发育常常导致建筑场地和地基的工程地质条件恶化。因此，在岩溶地区进行各种工程建设时，需防止岩溶引起的各种工程地质问题的出现。对大型的发育良好的岩溶区应首先设法绕避，对于发育较差的岩溶区，应采用有效的工程措施。

1. 排水和控水措施

对自然降雨和生产用水应防止下渗，采用截排水措施，将水引导至他处排泄。在洪涝严重的低洼地区，要建坝筑堤，防止洪水涌入岩溶洞。在浅层岩溶发育且有与覆盖层相连的地区开采地下水时，应开采深层地下水，并封闭浅层水，以避免地面塌陷。

2. 工程结构措施

对于裸露的浅埋隧道缝隙可采用开挖填埋置换方法，也就是挖除软弱填充物，采用碎石、块石或混凝土等回填，并分层夯实。有小的溶孔等物质的岩溶区可采用跨盖方法，即采用长梁式基础或刚性基础等(筏形基础、箱形基础)跨越。岩溶裂隙可采用水泥或水泥黏土混合浆进行灌注。上部结构可采用结构加固措施，如加强砌体结构中的圈梁，将单层厂房的基础梁与柱连成一体，加强柱间支撑体系等。基础也可采用桩基提高承载能力和改变地下水渗流条件。

8.5　地震

地震，又称为地球运动或地球振动，是由于地球的内力作用，地壳快速释放能量过程中造成的地壳振动、产生地震波的一种自然现象。地震主要发生在近代造山运动区和地球的大断裂带上，即形成于地壳板块的边缘地带，世界上有3条全球规模的地震活动带：环太平洋地震活动带、欧亚地震带(地中海-喜马拉雅地震活动带)和海岭地震带。此外还有规模最小且不连续分布于大陆内部的大地裂谷系地震活动带。我国是世界上最大的大陆地震区，地处环太平洋地震带和地中海-喜马拉雅地震带之间，主要集中在以下5个地震带：① 东南沿海及台湾地震带，以台湾的地震最频繁，属于环太平洋地震带；② 郯城-庐江地震带，自安徽庐江往北至山东郯城一线，并越渤海，经营口再往北，与吉林舒兰、黑龙江依兰断裂连接，是我国东部的强地震带；③ 华北地震带，北起燕山，南经山西到渭河平原，构成S形的地震带；④ 横贯中国的南北向地震带，北起贺兰山、六盘山，横越秦岭，通过甘肃文县，沿岷江向南，经四川盆地西缘，直达滇东地区，为一规模巨大的强烈地震带；⑤ 西藏-滇西地震带，属于地中海-喜马拉雅地震带。此外，还有河西走廊地震带、天山南北地震带以及塔里木盆地南缘地震带等。据统计，地球上每年发生500多万次地震，其中造成很大破坏的强震约10次以上。2008年汶川发生的8.0级地震，是新中国成立以来破坏性最强、波及范围最广、救灾难度最大的一次地震，受灾总人口4 625余万人。由于地震的破坏力巨大，世界各国非常重视地震和抗震措施的研究。

8.5.1 地震的基本概念

1. 地震常用术语

图8-22所示为地震常用术语，具体内容如下。

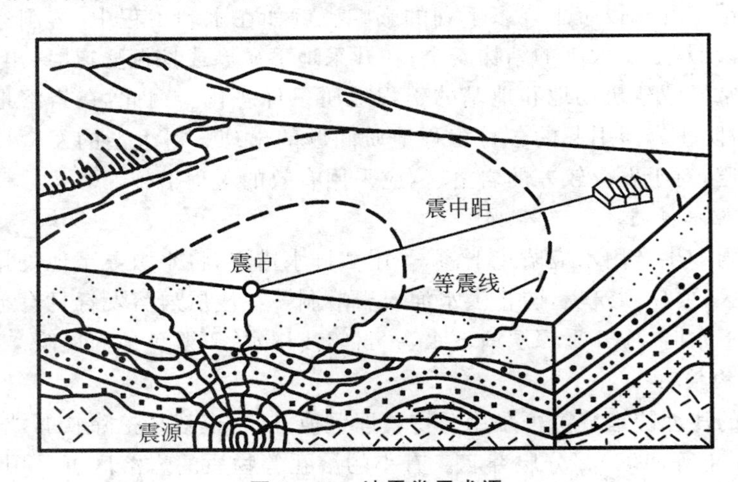

图8-22 地震常用术语

(1) 震源，又称为震中区，是地球内部发生地震的地方，在此地震能量积累和释放，实际为一个区域，但对地震进行研究时，为了方便起见常常将其简化为一个点。

(2) 震中距，震中是震源在地面的垂直投影位置。震中和震源之间的距离称为震中距。按震中距地震分为地方震(＜100 km)、近震(100～1 000 km)和远震(＞1 000 km)。

(3) 震源深度，将震源简化为一个点，这个点到地面的垂直距离即为震源深度。震源深度越浅，往往其破坏性越大。据震源深度分为浅源地震(＜60 km)、中源地震(60～300 km)和深源地震(＞300 km)。浅源地震基本上属于破坏性地震。

(4) 等震线，指地震烈度相等各点的连线或不同烈度区的分界线，通常为环绕震中大致呈同心圈状分布的封闭曲线。震中区烈度最高，向四周逐渐降低，等震线之间的距离与震级及震源深度有关，一般震源深度越大、间距越大。

2. 地震震级和烈度

1）地震震级

地震的震级是指地震大小的尺度，由地震释放的能量总和来确定。随着释放能量的增加，震级也随之增加。每次地震只有一个震级，因为一次地震所释放的能量是恒定的，地震波记录图的最大振幅用于确定地震释放能量的大小。根据古登堡-里克特震级定义，震级是距震中 100 km 的标准地震仪（周期 0.8 s，阻尼比 0.8，放大倍率 2 800 倍）记录单位为微米的最大振幅（A）的对数值，公式为

$$M=\lg A \tag{8-6}$$

据历史记录，地震最高震级是 9.5 级，于 1960 年发生在智利，并引发海啸和火山爆发。根据震级（M）可分为小震（小于 4 级）、中强震（5～6 级）和强震（大于 7 级）3 个类型，其中 8 级以上的地震又称为特大地震。

2）地震烈度

地震中地面和建筑物受地震影响和破坏的程度称为地震烈度。地震的烈度因地理位置而异。震中烈度最大，离震中越远，烈度越低。为工程建设需要，采用烈度等级来进行评价。烈度等级是基于人的感觉、家具和物体振动、房屋、道路和地面损坏等其他因素进行综合划分的。世界各国的地震烈度水平不尽相同，中国采用 12 级地震烈度表，如表 8-1 所示。

表 8-1　中国采用的地震烈度表

烈度	人的感觉	房屋震害		其他震害现象	合成地震动的最大值	
		震害程度	平均震害指数		加速度/(m/s^2)	速度/(m/s)
Ⅰ(1)	无感	—	—	—	1.80×10^{-2}	1.21×10^{-3}
Ⅱ(2)	室内个别静止人有感觉，个别较高楼层中的人有感觉	—	—	—	3.69×10^{-2}	2.59×10^{-3}
Ⅲ(3)	室内少数静止中的人有感觉，少数较高楼层中的人有明显感觉	门窗轻微作响	—	悬挂物微动	7.57×10^{-2}	5.58×10^{-3}
Ⅳ(4)	室内多数人、室外少数人有感觉，少数人睡梦中惊醒	门窗作响	—	悬挂物明显摆动，器皿作响	1.55×10^{-1}	1.20×10^{-2}

（续表）

烈度	人的感觉	房屋震害		其他震害现象	合成地震动的最大值	
		震害程度	平均震害指数		加速度/（m/s^2）	速度/（m/s）
Ⅴ(5)	室内绝大多数、室外多数人有感觉，多数人睡梦中惊醒，少数人惊逃户外	门窗、屋顶、屋架颤动作响，灰土掉落，个别房屋墙体抹灰出现细微裂缝，个别老旧房屋墙体出现轻微裂缝或原有裂缝扩展，个别屋顶烟囱掉砖，个别檐瓦掉落	—	悬挂物大幅度晃动，少数架上小物品、个别顶部沉重或放置不稳定器物摇动或翻倒，水晃动并从盛满的容器中溢出	3.19×10^{-1}	2.59×10^{-2}
Ⅵ(6)	多数人站立不稳，少数人惊逃户外	少数或个别轻微破坏，绝大多数基本完好	≤0.17	少数轻家具和物品移动，少数顶部沉重的器物翻倒；河岸和松软土地出现裂缝，饱和砂层出现喷砂冒水；个别独立砖烟囱轻度裂缝	6.53×10^{-1}	5.57×10^{-2}
Ⅶ(7)	大多数人惊逃户外，骑自行车的人有感觉，行驶中的汽车驾乘人员有感觉	少数中等破坏，多数轻微破坏和基本完好	0.04～0.44	物体从架子上掉落，多数顶部沉重的器物翻倒；河岸出现塌方，饱和砂层常见喷水冒砂，松软土地上地裂缝较多；大多数独立砖烟囱中等破坏	1.35	1.20×10^{-1}
Ⅷ(8)	多数人摇晃颠簸，行走困难	少数严重破坏和毁坏，多数中等和轻微破坏	0.14～0.62	干硬土上亦出现裂缝，饱和砂层绝大多数喷砂冒水；大多数独立砖烟囱严重破坏	2.79	2.58×10^{-1}
Ⅸ(9)	行动的人摔倒	少数毁坏，多数严重破坏和中等破坏	0.25～0.90	干硬土上多处出现裂缝，可见基岩裂缝、错动，滑坡、塌方常见；独立砖烟囱多数倒塌	5.77	5.55×10^{-1}

(续表)

烈度	人的感觉	房屋震害		其他震害现象	合成地震动的最大值	
		震害程度	平均震害指数		加速度/(m/s^2)	速度/(m/s)
Ⅹ(10)	骑自行车的人会摔倒,处不稳状态的人会摔离原地,有被抛起感	大多数严重破坏和毁坏	0.46～1.00	山崩和地震断裂出现,基岩上拱桥破坏;大多数独立烟囱从根部破坏	1.19×10^1	1.19
Ⅺ(11)	—	绝大多数毁坏	0.84～1.00	地震断裂延续很长,大量山崩滑坡	2.47×10^1	2.57
Ⅻ(12)	—	几乎全部毁坏	1.00	地面剧烈变化,山河改观	$>3.55\times10^1$	>3.77

注1:"—"表示无内容

注2:震害指数是用于评定震害的一个数值,震害指数0.00表示完好无损,1.00表示全部倒塌,其余介于两者之间。

根据地震烈度的不同将地震划分为Ⅰ～Ⅻ度,每一度都有其相对应的地震系数和地震加速度,以便在工程上应用。在地震烈度小于Ⅴ度的地区,一般安全系数的建筑物可以保持足够的稳定。Ⅵ度地区地震可能对建筑物造成影响,但一般不需要进行加固。当地震烈度达到Ⅶ～Ⅸ度时,会造成建筑物的损坏,必须按照工程规范进行工程地质勘察,采取有效的抗震措施。Ⅹ度以上的地震将造成很大的灾害,一般情况下建筑物的建造应该避开此类区域。

3) 地震震级与烈度的关系

"震级"和"烈度"这两个术语既有联系又有区别,不能混淆。震级是指地震本身的大小,只是与释放的能量有关,而烈度是指对地面的影响和破坏程度。一次地震只有一个震级,烈度因地点不同等级不同。烈度不仅与其震级有关,还与其震源深度、震中距以及地震波所经过的介质条件(如地质构造、地形和岩土类型等)有关。地震震级与烈度的关系如表8-2所示。

表8-2 震级与烈度的关系

震级	<3	3	4	5	6	7	8	>8
震中烈度	1～2	3	4～5	6～7	7～8	9～10	11	12

3. 地震波

地震发生时,震源释放的能量以波的形式向四周传播,此波称为地震波。地震波是一种具有振幅和周期的弹性波,离震源越远,振动越小。

地震波在地球内部传播时,称为体波。体波分为纵波和横波。纵波又称为压缩波或

P 波,岩土质点振动方向与地震波传播方向一致。纵波振幅小,周期短,传播速度快,可以在固体或液体中传播。横波又称为剪切波或 S 波。岩土质点振动方向与地震波传播方向垂直,振幅大,周期长,传播速度较小,因液体能抵抗剪切变形,所以,横波不能在液体传播。

体波到达地面,经过反射、折射而沿地面传播时称为面波(L)。它是体波到达地表面时激发的次生波,仅限于地面运动,向地面以下迅速消失。面波有两种,一种是在地面滚动前进的瑞利波(R),质点沿平行于波传播方向的垂直平面内做椭圆运动,长轴垂直地面。另一种是在地面做蛇形运动的勒夫波(Q),质点在水平面内垂直于波传播方向做水平振动。面波传播速度比体波慢,如瑞利波波速是横波波速的 90%。

地震时,纵波总是最先到达,其次是横波,然后是面波。纵波引起地面上下颠簸,横波引起地面水平摇摆,面波则引起地面波状起伏。横波和面波振幅较大,所以造成的破坏也最大。

8.5.2 地震的成因和破坏程度

地震的成因和破坏程度是人类工程活动需要关注的内容。

1. 成因

地震根据成因可以分为以下四类。

1) 构造地震

构造地震是由于地下岩层的快速破裂和错动所造成的地震。地壳运动使构成地壳的岩层产生倾斜、褶皱、断裂、错位和大规模岩浆活动。在此过程中,应力释放和断层错动产生地壳振动。构造地震约占全世界地震的 90%以上,这类地震破坏力最强,发生次数也最多。

2) 火山地震

火山地震是指由于火山运动而引发的地震。受震范围小、强度大,只占地震总数的 7%左右。火山地震都发生在活火山地区,伴随着大量的气体和水蒸气,喷发迅速猛烈,引起地壳运动,地震前有火山喷发作为征兆,一般震级不大。

3) 陷落地震

陷落地震是指因为地层陷落而引起的地震。此类地震约占地震总数的 3%,多发生在矿区或岩溶地区,且震级相对较小。矿区最大沉降地震可达 5 级左右,虽然陷落地震的震源较浅,但仍会对矿井上下部分造成严重破坏,威胁矿工的生命安全,所以应该引起足够的重视。

4) 诱发地震

诱发地震是某种地壳外界因素诱发的地震,如陨石坠落或者人类工程活动。后者如工业爆破或地下核爆炸产生的振动,深井高压注水和大型水库蓄水增加地壳压力会诱发地震。诱发地震的特点是震级低、小震多、震动次数多。人工诱发地震较少,但由于现代人类活动的日益加剧,使得该类地震引起人们的关注和重视。

2. 破坏程度

我国地震根据破坏程度可以分为以下 4 类。

(1) 一般破坏性地震,造成数人至数十人死亡,或直接经济损失在 1 亿元人民币以下(含 1 亿元)的地震。

(2) 中等破坏性地震，造成数十人至数百人死亡，或直接经济损失在1亿元人民币以上(不含1亿元)、5亿元人民币以下的地震。

(3) 严重破坏性地震，人口稠密地区发生的7级以上地震、大中城市发生的6级以上地震，或者造成数百人至数千人死亡，或直接经济损失在5亿元人民币以上、30亿元人民币以下的地震。

(4) 特大破坏性地震，大、中城市发生的7级以上地震，或造成万人以上死亡，或直接经济损失在30亿元人民币以上的地震。

8.5.3 地震效应

当地震发生时，地面上会出现许多震害和破坏现象，也称为地震效应，包括地震力效应、地震破裂效应、地震液化效应和地震激发的地质灾害效应，扫描二维码可查看地震效应图片。

地震效应

1. 地震力效应

地震波直接对建筑物产生的惯性力称为地震力。当建筑物不能承受这种地震力的作用时，就会发生变形、开裂甚至倒塌，即产生地震力效应。地震力对地面建筑物的作用分为两种类型的振动力——垂直力和水平力。垂直力使建筑物上下颠簸，水平力使建筑物被剪切，造成变形或开裂。这两种力共存并共同作用，但水平力对建筑物的危害更大。地震造成建筑物损坏也与振动周期有关，如果建筑物的自振周期与地震振动周期相同或接近，就会发生共振，从而增加建筑物的振幅，损坏更为严重。

2. 地震破裂效应

地震以地震波的形式在周围地层上传播，导致附近的岩石振动，这种类型的振动具有很大的能量，对岩石施加很大的动力，当力超过岩石强度时，岩石破裂和位移，导致构筑物变形和损坏，此效应称为地震破裂效应。地震破裂效应主要包括断层错动、地倾斜和地裂缝。

断层错动是发震断层错动引起上覆土层的破裂，导致附近或跨越断裂带的建筑物变形或破坏，形成地表破裂带。1933年四川叠溪地震，附近山上产生一条上下错动很明显的断层，构成悬崖绝壁；1976年河北唐山地震，断层错动导致公路和桥梁被错断，最大垂直位移达0.7 m，水平位移超过1 m。2008年汶川地震，形成两条近于平行的叠瓦状地表破裂带和一条起联结作用的次级地表破裂带，最大垂直位移为5.0 m，最大水平位移为4.9 m。

地倾斜是指地震时面波导致地面呈现波状起伏现象。1906年美国旧金山大地震，街道变成波浪起伏的形状，变形主要发生在土、砂和砾、卵石等地层中，地面倾斜对建筑物有很大的破坏力。

地裂缝是由于地震引起的构造应力使岩土体发生破裂的现象。通常裂缝通过处的建筑物全部倒塌。构造活动和地震波的传播都会产生地裂缝，但两者明显不同。构造型地裂缝受活动断裂带控制，沿发震断层及其邻近地段呈带状分布，具有明显的方向性。比如1973年四川炉霍地震，沿发震断层的主裂缝带长约90 km，带宽为20～150 m。而地震波的传播则通过产生地震力而使岩土体破裂，由地震波产生的地裂缝受地形地貌影响较大，与地震波的传播方向和能量有关。

3. 地震液化效应

饱和无黏性土在地震作用下,孔隙水压力上升,有效应力降为零,土粒悬浮于水中,土体完全丧失强度和承载能力,由固态转化到液态,这种现象称为地震液化。

1）地震液化的地质灾害

地震液化的地质灾害宏观表现为喷水冒砂、地基失效、岸坡滑塌、地面沉降及地面塌陷等。

(1) 喷水冒砂,涌出的砂掩盖农田,压死农作物,使沃土盐碱化、砂质化,同时造成河床、渠道、径井筒等淤塞,使农业灌溉设施受到严重损害。

(2) 地基失效,随粒间有效正应力的降低,地基土层的承载能力也迅速下降,甚至砂体呈悬浮状态时地基的承载能力完全丧失。建筑物就会产生强烈沉陷、倾倒以至倒塌。例如,1964 年日本新潟地震引起的砂土液化,由于地基失效使建筑物倒塌 2 130 所,严重破坏 6 200 所,轻微破坏 31 000 所。1976 年唐山地震时,天津市新港望河楼建筑群,地基失效突然下沉 38 cm,倾斜度达 30%。

(3) 滑坡,由于下伏砂层或敏感黏土层震动液化和流动,可引起大规模滑坡。1960 年智利大地震时,圣佩德罗河上,最大的一个滑坡体是由于黏土层中大量粉砂土透镜体的液化所致。

(4) 地面沉降及地面塌陷,饱水疏松砂或粉土因振动而变密,导致地面下沉。低平的滨海湖平原可因下沉而受到海湖及洪水的浸淹,使之不适于作为建筑物地基。例如 1964 年美国阿拉斯加地震时,波特奇市即因震陷量大而受海潮浸淹,迫使该市迁址。地下砂体大量涌出地表,使地下的局部地带被掏空,则往往出现地面局部塌陷,例如 1976 年唐山地震后宁河县富庄村全村下沉 2.6～2.9 m,塌陷区边缘出现大量宽 1～2 m 的环形裂缝,全村变为池塘。

2）地震液化的形成条件

从地震液化机制讨论中得出,其形成取决于土体特征和地震特征两个条件。

(1) 土体特征。

a. 土的基本物理性质,结构疏松的粉细砂和粉土在饱和状态下容易发生液化,而密实的砂和黏土或者疏松的粗砂、砾石等不易发生液化。分析邢台、通海和海城砂土液化时喷出的 78 个砂样表明,粉、细砂占 57.7%,塑性指数小于 7 的粉土占 34.6%,另外,中粗砂及塑性指数为 7～10 的粉土仅占 7.7%,而且全发生在Ⅺ度烈度区。因此,土体具有疏松(相对密度低)、小颗粒粒径和一定的级配是重要的液化条件,具体的指标:相对密度不大于 75%,平均粒径小于 1.0 mm 或者级配不连续的土粒径小于 1 mm 的颗粒含量大于 40%,黏粒(粒径<0.005)含量不大于 10%或 15%,不均匀系数不大于 10,塑性指数不大于 10。

b. 饱和液化土层埋藏条件,主要指地下水埋深及砂层上的非液化黏性土层厚度。地下水埋深越浅,非液化盖层越薄,则越易液化。一般认为液化判别应在地下 15 m 深度范围内,最大液化深度可达 20 m,但对一般浅基础而言,即使 15 m 以下液化,对建筑物影响也极轻微。喷砂冒水严重的地区,地下水埋深一般不超过 3 m,甚至不足 1 m,深为 3～4 m 时喷砂冒水现象少见,超过 5 m 没有喷砂冒水实例。

c. 饱和液化土层的成因和时代,主要是近代河口三角洲、近期河床堆积非黏性土体。已有的大区域地震液化实例表明,河口三角洲砂体是造成区域性液化的主要土体,属于历史时期或全新世形成的疏松沉积物。

(2) 地震特征(强度及持续时间)。

引起土体液化的动力是地震加速度,显然地震越强、加速度越大,则越容易引起液化。液化最低烈度为Ⅵ度,最低震级为5级。

4. 地震激发的地质灾害效应

强烈地震会使得斜坡上的岩土体松动和不稳定,导致滑坡、崩塌和泥石流等地质灾害。如果地震前有较长时期的降雨,那么上述灾害发生的概率会更大。地震产生的滑坡、崩塌和泥石流在山区造成的灾害和损失往往比地震直接造成的灾害和损失更大,这些地质灾害可以摧毁交通、堵塞河道甚至掩埋村庄,造成人民生命财产的巨大损失。

8.5.4 工程抗震措施

由于地震的不可避免性和突发性,因此建筑工程的抗震应该以预防为主,基本的设防目标可以概括为"小震不坏、中震可修、大震不倒"。

1. 建筑场地的选择

选择建筑场地时,需通过工程地质勘察研究场地的水文及工程地质特征,分析其对建筑物抗震性能的影响。比如当烈度为6度以上,且存在粒径小于1 mm的颗粒含量大于40%的饱和粉土或饱和粉细砂的场地时,需判断是否会发生地震液化;当烈度为8度,并在建筑物的岩石地基附近存在构造断裂时,应该判断是否属于发震断层。根据工程勘察成果,综合考虑地形地貌、岩土性质、地下水埋藏条件等因素,可对建筑场地进行建筑物抗震的有利、不利和危险地段划分。

(1) 有利地段:一般地形平坦或地貌单一的平缓地段,地基为稳定的基岩或坚硬土,地下水埋藏较深地段。这些地段受地震影响较小,应该优先考虑作为建筑场地。

(2) 不利地段:一般为非岩质陡坡、陡坎、带状突出山脊、高耸孤立的山丘、多种地貌的交汇处、河岸和河床的边缘;小倾角发震断裂带上盘;地基在平面上软硬不均地段,地下水埋藏较浅或具有承压水;地表存在结构性裂缝等地段,地震时建筑物易受破坏,施工场地及地基选择时应避开。

(3) 危险地段:为地震断裂带及地震时可能发生滑坡、崩塌、地陷、地裂、泥石流等的地段,这些地段不应进行工程建设。

2. 抗震设计原则

场地选定后,应开展详细的岩土工程勘察,查明场地地层分类和地基稳定性,对重要工程则应做场地地震反应分析。抗震设计原则有以下几项:

(1) 建筑物不应以液化土层作为持力层,可采用增加盖重、换土来提高可液化砂土层密实程度、加速孔隙水压力消散和液化土层截断封闭等方法对液化土层进行处理。

(2) 建筑设计时要考虑上部结构与地基基础的共同作用,加强整体刚度。同一建筑物的基础不要跨越在性质显著不同或厚度变化很大的地基土上,基础具有整体性好、刚度大的特点,如筏形基础、箱形基础和桩基础,确保建筑物具有很高的抗震性能。

(3) 适当加大基础埋深。基础埋深加大不仅可以增加地基土对建筑物的约束作用,从而减小建筑物的振幅,减轻震害,还可以提高地基的强度和稳定性,有助于减小建筑物的整体倾斜,防止滑移及倾覆。高层建筑箱形基础在地震区埋深不宜小于建筑物高度的1/10。

(4) 通过结构抗震构造措施提高工程结构抗震能力。采用橡胶垫隔震、滑动摩擦隔震、滚动隔震层、支承式摆动隔震、滚轴隔震、阻尼隔振等新的抗震技术应用到医院、军事等重要工程中。

习 题 8

1. 选择题

(1) “马刀树”是用于判断(　　)地质现象的。

A. 崩塌　　B. 滑坡　　C. 地面沉降　　D. 地震

(2) 岩体在重力作用下,脱离陡峭的山坡向下坠落或滚动的现象称为(　　)。

A. 错落　　B. 滑坡　　C. 崩塌　　D. 塌陷

(3) 洪积扇沉积是(　　)地质作用造成的。

A. 河流　　B. 泥石流　　C. 滑坡　　D. 风

(4) 下列可以形成岩溶的岩石是(　　)。

A. 页岩　　B. 黏土岩　　C. 砂岩　　D. 碳酸盐岩

(5) 易发生地震液化的土体是(　　)。

A. 粉细砂　　B. 黏土　　C. 冻土　　D. 软土

2. 简答题

(1) 简述滑坡的形态要素、分类及滑坡的发育过程。

(2) 简述影响滑坡的因素和滑坡治理措施。

(3) 简述滑坡的野外识别方法。

(4) 简述崩塌的形成条件及其防治措施。

(5) 泥石流的形成必须具备哪些条件?

(6) 泥石流的防治措施有哪些?

(7) 岩溶的形成条件是什么? 垂直分带特征是什么?

(8) 简述地震的基本概念、主要类型及其特点。

(9) 简述地震液化的形成条件及危害类型。

(10) 简述地震效应的基本内容和工程抗震的原则。

9　工程地质勘察

本章介绍工程地质勘察的基本原理和方法，包括工程地质测绘、工程地质勘探、工程地质试验等内容，最后阐述工程地质勘察报告的撰写和图件的绘制。

9.1　概述

在工程兴建之前，必须根据基本建设规范进行工程地质勘察。工程地质勘察是为工程建设服务的地质调查，了解拟建场地的自然环境、区域和场地的稳定性条件，工程地质和水文地质条件，岩土体在工程载荷作用下及工程活动条件下的稳定性、强度及变形规律。工程地质勘察工作的详细程度取决于项目类型、规模和重要性、地质条件的复杂性以及设计阶段的要求。工程地质勘察方法包括工程地质勘察测绘、工程地质勘探与取样（坑探，钻探）、工程地质室内试验、现场原位试验、工程地质现场观测和工程地质调查资料整理等。

9.1.1　工程地质勘察的目的和任务

工程地质勘察的目的是为工程建筑的规划、设计、施工和使用提供工程区域的地质资料，分析工程地质环境的建筑适宜性，同时研究存在的不利地质条件和潜在的工程地质问题，并提出解决问题的方法。充分利用有利的自然地质条件，避开或改造不良的地质因素，既要保证建筑工程的安全性、经济性和耐久性，又要避免工程建设破坏地质环境，要正确处理工程建筑物与地质环境的关系，保证工程建设可持续发展。

工程地质勘察的任务可归纳为以下几点：

（1）调查工程建设区域地形地貌，即地形地貌的形态特征，地貌成因类型及地貌单元的划分。

（2）调查工程建设区域的地层条件，包括岩土的性质、成因类型、地质年代、厚度分布范围，测定岩土的物理力学性质。对岩层应查明风化程度及地层的接触关系；对土层应着重区分新近沉积黏性土、特殊土的分布范围及其工程地质特征。

（3）调查工程建设区域的地质构造，包括岩层产状及褶曲类型，裂隙的性质、产状、数量及填充胶结情况，断层的位置、类型、产状、断距、破碎带宽度及填充情况，新近地质时期的构造活动形迹。评价其对工程建设的不良和有利的工程地质条件。

（4）查明工程建设区域的水文地质条件，即调查含水层的埋藏条件、地下水类型、补给排泄条件、各层地下水位，调查其变化幅度，必要时应设置长期观测孔，监测水位变化；当需要绘制地下水等水位线图时，应根据地下水的埋藏条件和层位，统一测量地下水位；

当地下水可能浸湿基础时，应采取水试样进行腐蚀性评价。

(5) 确定工程建设区域内有无不良地质现象，如滑坡、泥石流、岸边冲刷和地震等。对工程区域内可能发生的不良地质现象进行评价，做出定性分析，在此基础上进行定量分析，为工程的设计和施工提供可靠的地质结论，并提出改善不良工程地质条件的措施和建议。

(6) 测定岩土的物理力学性质指标，包括岩土的天然密度、密度、含水量和抗剪强度等。

以上 6 项任务是相互联系、密不可分的。工程地质条件的调查研究是最基本的工作，如果没有查明工程地质条件，会导致其他任务不能顺利完成。做好工程地质勘察工作可以保障工程建筑的安全运营。相反，忽视工程区域内的工程勘察，就会给工程建设带来不同程度的影响，轻则修改设计方案、增加投资和延误工期，重则建筑物不能正常使用，甚至发生破坏。

9.1.2 工程地质勘察阶段

在我国建筑工程中，工程地质勘察可分为可行性研究勘察、初步勘察、详细勘察和施工勘察 4 个阶段。

1. 可行性研究勘察阶段

符合选址和确定场地要求，对拟建场地的稳定性和适宜性做出评价。宜避开下列地区或地段：不良地质现象发育且对场地稳定性有直接危害或潜在威胁的、地基土性质严重不良的、对建(构)筑物抗震危险的、洪水或地下水对建(构)筑场地有严重不良影响的、地下有未开采的有价值矿藏或未稳定的地下采空区的区域。本阶段的工程地质工作需要搜集区域地质、地形地貌、地震、矿产和附近地区的工程地质资料及当地的建筑经验。在搜集和分析已有资料的基础上，通过踏勘，了解场地的地层、构造、岩石和土的性质、不良地质现象及地下水等工程地质条件。对工程地质条件复杂、已有资料显示不符合要求、但其他条件较好且倾向于选取的场地，应根据具体情况进行工程地质测绘及必要的勘探工作。

2. 初步勘察阶段

符合初步设计要求，对场地内建筑地段的稳定性做出岩土工程评价。本阶段的工程地质勘察工作需要搜集本项目的可行性研究报告、场址地形图、工程性质、规模等文件资料，初步查明地层，构造，岩土性质，地下水埋藏条件，冻结深度，不良地质现象的成因、分布及其对场地稳定性的影响和发展趋势。当场地条件复杂，应进行工程地质测绘与调查。对抗震设防烈度大于或等于 6 度的场地，应初步判定场地和地震效应。

3. 详细勘察阶段

符合施工图设计要求，结合技术设计或施工图设计，按不同建(构)筑物或建筑群提出详细工程地质资料和设计所需的岩土技术参数，对建筑地基做出岩土工程分析评价，为基础设计、地基处理、不良地质现象的防治等具体方案做出论证、结论和建议。

4. 施工勘察阶段

对工程地质条件复杂或有特殊要求的重要工程，应进行施工勘察。进行地基验槽、桩基工程与地基处理的质量和效果的检验，施工中的岩土工程监测和必要的补充勘察等，解决与施工有关的岩土工程问题,并为施工阶段地基基础设计变更提出相应的地基资料。

9.1.3 岩土工程勘察等级

建筑物的岩土工程勘察等级的划分是根据工程重要性、场地复杂程度及地基复杂程度3个方面因素综合确定的。根据勘察等级可以确定勘察的工作量、勘察点的布置和工作任务。

1. 岩土工程重要性等级的划分

根据工程的规模、特征,以及由于岩土工程问题造成工程破坏或影响正常使用所产生的后果,将工程分为3个重要性等级,如表9-1所示。

表9-1 岩土工程重要性等级划分

岩土工程重要性等级	工程性质	破坏后引起的后果
一级工程	重要工程	很严重
二级工程	一般工程	严重
三级工程	次要工程	不严重

2. 场地等级划分

根据场地的复杂程度,场地等级可按规定分为3个等级,如表9-2所示。

表9-2 场地等级划分

<table>
<tr><th>场地等级</th><th>特征条件</th><th>条件满足方式</th></tr>
<tr><td rowspan="5">一级场地
(复杂场地)</td><td>对建筑抗震危险的地段</td><td rowspan="5">满足其中一条及以上者</td></tr>
<tr><td>不良地质作用强烈发育</td></tr>
<tr><td>地质环境已经或可能受到强烈破坏</td></tr>
<tr><td>地形地貌复杂</td></tr>
<tr><td>有影响工程的多层地下水、岩溶裂隙水或其他复杂的水文地质条件,需专门研究的场地</td></tr>
<tr><td rowspan="4">二级场地
(中等复杂场地)</td><td>对建筑抗震不利的地段</td><td rowspan="4">满足其中一条及以上者</td></tr>
<tr><td>不良地质作用一般发育,地质环境已经或可能受到一般破坏</td></tr>
<tr><td>地形地貌较复杂</td></tr>
<tr><td>基础位于地下水位以下的场地</td></tr>
</table>

（续表）

场 地 等 级	特 征 条 件	条件满足方式
三级场地 （简单场地）	抗震设防烈度等于或小于6度，或对建筑抗震有利的地段	满足全部条件
	不良地质作用不发育	
	地质环境基本未受破坏	
	地形地貌简单	
	地下水对工程无影响	

注：不良地质作用强烈发育，是指存在泥石流沟谷、崩塌、滑坡、土洞、塌陷、岸边冲刷、地下水强烈潜蚀等；不良地质作用一般发育，是指虽有上述不良地质作用，但并不十分强烈，对工程安全影响不严重；地质环境受到强烈破坏，是指人为因素引起的地下采空、地面沉降、地裂缝、化学污染、水位上升等因素对工程安全或其正常使用构成直接威胁，如出现地下浅层采空、横跨地裂缝、地下水位上升以至发生沼泽化等情况；地质环境受到一般破坏，是指虽有上述情况存在，但并不会直接影响工程安全及正常使用。

3. 地基复杂程度划分

根据地基复杂程度，地基等级可按规定分为3个等级，如表9－3所示。

表9－3　地基复杂程度等级划分

场 地 等 级	特 征 条 件	条件满足方式
一级地基 （复杂地基）	岩土种类多，很不均匀，性质变化大，需特殊处理	满足其中一条及以上者
	多年冻土，严重湿陷、膨胀、盐渍、污染的特殊性岩土，以及其他情况复杂、需做专门处理的岩土	
二级地基 （中等复杂地基）	岩土种类较多，不均匀，性质变化较大	满足其中一条及以上者
	除一级地基中规定的其他特殊性岩土	
三级地基 （简单地基）	岩土种类单一，均匀，性质变化不大	满足全部条件
	无特殊性岩土	

注：严重湿陷、膨胀、盐渍、污染的特殊性岩土是指自重湿陷性土、三级非自重湿陷性土、三级膨胀性土等。以上对于场地复杂程度及地基复杂程度的等级划分，应从第一级开始，向第二、三级推定，以最先满足者为准。

4. 岩土工程勘察等级划分

根据工程重要性等级、场地复杂程度等级和地基复杂程度等级，岩土工程勘察等级分为甲级、乙级和丙级。在工程重要性、场地复杂程度和地基复杂程度等级中，有一项或多项为一级的岩土工程勘察等级为甲级（建筑在岩质地基上的一级工程，当场地复杂程度和地基复杂程度等级均为三级时，岩土工程勘察等级可定为乙级）。工程重要性、场地复杂程度和地基复杂程度等级均为三级的岩土工程勘察等级为丙级。除勘察等级为甲级和丙级的勘察项目外，岩土工程勘察等级为乙级。

9.2 工程地质测绘

工程地质测绘是工程地质勘察中最重要、最基本的勘察方法之一，是其他方法应用的前提和基础。运用工程地质理论，对与工程建设有关的各种地质现象进行详细的观察和描述，以初步确定拟建施工区工程地质条件各要素的空间分布及各要素之间的内在联系，并如实反映在拟建施工区的地形设计图上。通过工程地质测绘可以深入了解地面地质情况，并且准确判断地下地质条件，初步掌握工程地质测绘所要研究的一些地质规律和问题。高质量的测绘可以帮助指导测量和其他工作，同时减少工作量。在做工程地质测绘的同时辅以勘探及试验的配合才能更加全面地把握一个地区的工程地质情况。

9.2.1 工程地质测绘的比例尺

工程地质测绘的比例尺主要取决于勘察阶段，建筑类型与等级、规模和工程地质条件的复杂程度。工程地质测绘一般采用以下比例尺。

1. 踏勘及路线测绘

比例尺为 1∶500 000～1∶200 000，这种比例尺主要用于了解区域工程地质条件，以便能够初步估计建筑物对区域地质条件的适宜性。

2. 小比例尺测绘

比例尺为 1∶100 000～1∶50 000，多用于公路、铁路、水利水电工程等可行性研究阶段的工程地质勘察，而在房屋建筑、地下建筑工程中，此阶段多采用的比例尺为 1∶50 000～1∶5 000，主要查明规划地区的工程地质条件。

3. 中比例尺测绘

比例尺为 1∶50 000～1∶5 000，多用于公路、铁路、水利水电工程等初步设计阶段的工程地质勘察，而在房屋建筑、地下建筑工程中，此阶段多采用的比例尺为 1∶5 000～1∶2 000，其目的是查明工程建筑场地工程地质条件，初步分析区域稳定性等工程地质问题，为建筑区的选择提供地质依据。

4. 大比例尺测绘

比例尺大于 1∶5 000，多用于公路、铁路、水利水电建筑工程等详细勘察阶段的工程地质勘察，而在房屋建筑、地下建筑工程中，此阶段多采用的比例尺为 1∶2 000～1∶500，主要用来详细查明建筑场地的工程地质条件，为选定建筑形式或解决专门工程地质问题提供地质依据。

9.2.2 工程地质测绘方法

实地测绘法和航空照片成图法是最常用的工程地质测绘手段，当今遥感技术也普遍应用于工程地质测绘。

1. 实地测绘法

实地测绘的工作方法又可分为路线法、布点法和追索法三种。

(1) 路线法。路线法沿特定路线穿越测绘场地，在地形图上准确绘制路线，仔细观察沿途地质条件，标出各种地质界线、地貌界线、构造线、岩层产状、不良地质作用以及地形图上的地质灾害。路线形状有S形和直线形两类，路线方向应大致与岩层走向、构造线方向及地貌单元相垂直。路线法通常用于中小比例尺图纸的绘制。

(2) 布点法。布点法需要在地形图上预先规划一组观测线和观测点，同时考虑地质条件的复杂性以及测绘比例尺的要求。观测线上的观测点位置必须具有特定功能，如不良地质现象、地质边界、地质构造等，点分布法适用于大中比例尺的测绘。

(3) 追索法。沿地层走向、地质构造线延伸方向或不良地质现象边界线布点称为追索法，其主要目标是确定给定位置的工程地质问题。追索法以路线法和布点法为基础，是一种辅助测绘技术。

2. 航空照片成图法

首先，在一张照片上根据室内的识别标志，结合地面摄影或卫星摄影所获得的区域地质数据，描述识别的地层岩性、构造地貌、水系和不良地质现象。然后，以图像为指导，选择几个地点和路线进行调查，实地调查、校对修正并设计底图。最后，将结果转换为工程地质图。

3. 遥感技术

遥感技术是从人造卫星、飞机或其他飞行器上收集远距离物体发射的电磁波信息并将其传输到地面接收站，再根据电磁辐射理论完成目标的探测和识别的综合技术。将卫星和航空影像解译应用于工程地质测绘和勘察，可以大大减轻地面测绘和勘察的负担，节省时间，提高质量和效率，减轻劳动强度，降低工程勘察费用。将遥感资料应用于工程地质测绘和调查中需经过初步解译、野外踏勘和验证以及成图三个阶段。

(1) 初步解译。在初步解译阶段，根据摄影照片上地质体的光学和几何特征，对卫星照片和航空照片进行系统的三维观测，以解译地形和第四纪地质，划分松散沉积物和基岩的边界。

(2) 野外踏勘和验证。由于气候、地形、植被等因素的变化，各地的地质信息会有所不同。同时，由于视场覆盖范围和遥感图像特征的影响，一些数据难以获取。因此，需在野外对遥感照片进行验证和补充，核实照片上的每个典型地质体的位置，并选择一些剖面进行重点研究；还需要按一定间隔穿越一些路线，制作一些测量地质剖面，并收集必要的岩性地层标本。现场地质观测点数量应为工程地质测绘点数量的30%～50%。

(3) 成图阶段。在绘制阶段，将通过解译、现场验证等方法获得的数据转绘到地形底图上，如果有任何不合理的现象，必须予以纠正和重新解译。如有必要，应到现场重新检查，直到整个图纸的结构合理为止。

9.3.3 工程地质测绘内容

工程地质测绘用于确定工程现场和邻近或相关区域的工程地质条件，以及预测工程与地质环境的相互作用。因此，工程地质测绘内容主要包括全部的工程地质条件、与工程相关的自然地理环境以及已修筑建筑物的资料等。

1. 地形地貌

地形地貌能反映地层岩性、地质构造和第四纪沉积物特征，可用于了解不良地质现象的分布和演化特征，其工程地质测绘内容包括① 地貌特征、分布及成因；② 地貌单元划分、地貌单元与岩性、地质构造及不良地质现象的关系；③ 地貌形态和地貌单元的发展演变史。

2. 地层岩性

地层岩性的识别是研究各种地质现象和评价工程地质的基础。因此，应调查岩层的性质、成因、年代、厚度和分布，确定岩层的风化程度，区分新近沉积的土体和土层中的各种特殊土体。

3. 地质构造

主要研究调查测区内各种构造痕迹的产状、分布、形态、规模及结构面位置，分析其所属的构造体系，界定各种构造岩的工程地质特征。为了分析其对地形、水文地质条件和岩体风化的影响，还应关注新构造活动的特征及其与地震活动的关系。

4. 水文地质条件

水的存在不仅会影响建筑物的设计、施工与运营，还可能触发场地周围的地质灾害，威胁工程安全，因此需要对水文地质条件进行勘察，要查明地下水的类型、补给来源、排泄条件，含水层的岩性特征、埋藏深度、水位变化等情况。

5. 不良地质现象

了解岩溶、土洞、滑坡、泥石流、崩塌、冲沟、断裂、地震破坏、河岸冲刷等情况，以及它们的成因、分布、形式、规模和发展程度，判断它们对工程建设的影响。检查人类工程对场地稳定性的影响，如人工洞穴、地下洞穴、抽水和排水、水库引发的地震等；密切关注建筑物的变形情况，并从附近的项目中收集施工经验。

9.3.4 工程地质测绘的技术要求

在工程地质测绘中，不仅要弄清各种地质事件的成因和性质，还要注意定量指标的获取。例如，在分析工程地质问题时，应当考虑断层带的宽度和构造岩的性质，软弱夹层的厚度和性质，地下水位的升高，裂缝的发育程度，物理地质现象的规模，基岩的埋深，等等。工程地质测绘应做到以下几点：① 充分收集和利用现有资料，全面分析、认真研究，对重大地质问题进行现场查证；② 测绘、整理时，确保第一手资料正确可靠；③ 注意点线面之间的有机联系。建筑要求应是工程地质测绘中地质现象研究的重点。对影响建筑物安全、经济和正常使用的不良地质现象的分布、规模、形成机理和影响因素进行详细研究，定性和定量分析其对建筑物的影响，预测其发展演变趋势，必须落实预防对策和措施。

9.3 工程地质勘探

工程地质勘探是以工程地质测绘为基础，确定地表以下工程地质问题，收集地下岩土层工程地质资料。工程地质钻探、坑探和地球物理勘探是最常用的工程地质勘探方法。

9.3.1 钻探

钻探是指使用钻机在地层中钻孔以识别地层，并沿钻孔深度采集样本以测量岩石和土层物理和力学性质，还可以在钻孔中进行原位测试。

钻机有各种形状和尺寸，分类标准也各不相同。在工程中，钻探过程按照钻进方式通常分为两类：回转式和冲击式。钻机的旋转器用于驱动钻具,钻具旋转并研磨井底地层进行钻进。通常使用管状钻具,并可采集圆柱形岩芯样品。冲击式钻机借助钻具的质量进行上下反复冲击使得岩土体破碎形成钻孔,但这种钻进方式只能进出岩石碎块或者扰动土。

钻探应符合以下规定：

(1) 钻进深度和岩土分层深度测量精度不应低于±5 cm。

(2) 应严格控制非连续取芯钻进的回次进尺,使分层精度符合要求。

(3) 对于需要确定地层天然含水量的钻孔,应在地下水位以上进行干钻;当必须加水或使用循环液时,应使用双层芯管进行钻井。

(4) 对于完整和相对完整的岩体,取芯钻孔的取芯率不应低于80%;对于较为破碎的岩体,不应小于65%;对于存在软弱带、软弱夹层等部位应使用双层芯管连续取芯。

(5) 当要确定岩石质量指标 RQD 值时,应采用 75 mm 口径(N 型)双层岩芯管和金刚石钻头。

钻孔试样可以用于检验岩土的工程质量。其中土样分为两类：扰动土样和原状土样。扰动土样的原状结构已被破坏,只能测定土体的颗粒组成、含水量、可塑性等。原状土样是一种结构、密度和含水量与原位土体相差不大的样品,能够满足室内各项试验的要求。根据土样的受扰动程度,将土样的质量等级分为四级,从而进行相应的试验,如表 9-4 所示。

表 9-4　土样质量等级

级　别	扰 动 程 度	试　验　内　容
Ⅰ	不扰动	土类定名、含水量、密度、强度试验、固结试验
Ⅱ	轻微扰动	土类定名、含水量、密度
Ⅲ	显著扰动	土类定名、含水量
Ⅳ	完全扰动	土类定名

9.3.2　坑探

坑探是从地表到深处挖掘探槽、探坑或探井,以便直接观察岩土层的天然状态以及各地层之间的接触关系,并能取出接近实际的原状结构岩土样。坑探的突出特点是勘探者可以直接查看矿坑中的地质结构,并不受限制地采集样本,可以进行大规模现场研究。这对于研究断层破碎带、软弱泥质夹层和滑坡滑动面等构造的空间分布和工程特征至关重要。然而,自然地质因素(如地下水)限制其应用,且投资成本高,勘探时间长,尤其是重型坑探工程应谨慎对待。图 9-1 为常见的坑

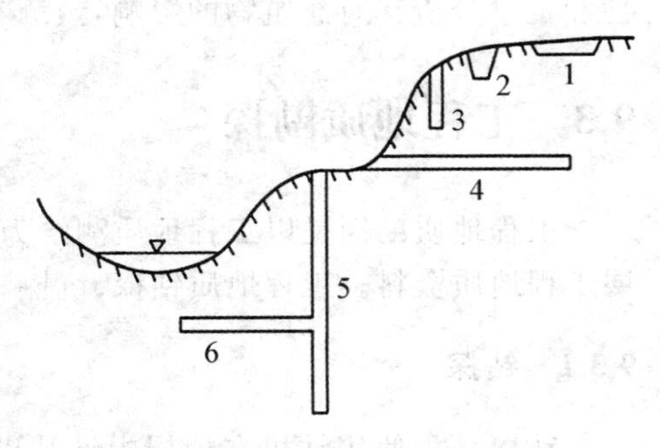

1—探槽;2—试坑;3—浅井;4—平硐;5—竖井;6—石门。

图 9-1　坑探类型示意

探类型。

以上各坑探类型的特点和适用条件如表 9－5 所示。

表 9－5 各种坑探工程的特点和适用条件

名 称	特 点	适 用 条 件
探槽	由地表向下，深度为 3～5 m 的长条形坑槽	剥除地表覆土，揭露基岩，划分地层岩性，研究断层破碎带；探查残坡积层厚度、物质组成及结构
试坑	由地面铅直向下，深度为 3～5 m 的圆形或方形坑槽	局部剥离覆土，揭露基岩；进行原位试验；采取原状岩、土样本
浅井	由地面铅直向下，深度为 5～15 m 的圆形或方形井	确定覆盖层及风化层岩性及厚度，进行原位试验，采取原状岩、土样本
竖井（斜井）	形状与浅井相同，深度较大，可超过 20 m；通常布设在平缓山地、漫滩、阶地等平缓地段；有时需支护	了解覆盖层厚度、性质；揭露风化壳与软弱层分布、断层破碎带及岩溶发育状况，滑坡体结构及滑动面等；开展原位试验，测量地应力；采取原状岩、土样本
平硐	在地面有出口的水平坑道，深度较大；通常布设于地形较缓的山坡地段；有时需支护	调查斜坡地层结构，查明河谷地段地层岩性、软弱夹层、破碎带、风化岩层等；进行岩体力学原位试验，进行地应力测量；采取原状岩、土样本
石门（平巷）	不出露地面且与竖井相连的水平坑道，石门垂直岩层走向，平巷	调查河底地质结构，进行原位试验

9.3.3 地球物理勘探

地球物理勘探是通过研究和观测各种地球物理场的变化，例如电场、重力场、磁场、弹性波应力场、辐射场等，发现地层岩性和地质构造等地质条件的一种方法。由于构成地壳的各种岩石介质具有不同的密度、柔韧性、导电性、磁性、放射性和导热性，这些差异将在地球物理场中产生局部变化。通过监测这些物理场的分布和变化特征，并结合已知地质数据进行分析和研究，可以实现推断地质特征的目标。与钻探相比，地球物理勘探具有许多优势，例如设备便携、低成本、高效率和工作空间广等。但由于不是直接取样观察，因此经常与工程地质钻探方法结合使用。地球物理勘探方法有很多，大体可分为电法、磁法、地震波法和地球物理测井法，下面简要介绍电法和地震波勘探方法。

1. 电法勘探

电法勘探是根据地壳中各类岩石或矿体的电磁学性质（如导电性、导磁性、介电性）和电化学特性的差异，通过对人工或天然电场、电磁场或电化学场的空间分布规律和时间特性的观测和研究，确定地下地质情况的地球物理勘探方法。当地层之间存在一定的导电差异时，被测地层有一定长度、宽度和厚度，相对埋深不太深；地形相对平坦，杂散电流和工业电流等干扰问题较小时电法勘探可以取得良好的效果。电法勘探可以采取多种形式,根据电场的性质,可以分为人工电场法和自然电场法。人工电场法又可分为直流电场法和交流电场法。我国常用的电法勘探方法有电阻率法、充电法、激发极化法、自然电场法、大地电磁测深法和电磁感应法等。

2. 地震波勘探

地震波勘探是根据土、石的弹性性质的差异,通过人工激发的弹性波的传播快慢,来探测地下地质情况的一种物探方法,分为直接波法、反射波法和折射波法。直接波法是利用地震仪记录每一波传播到地面上每个接收点的时间和距离,以确定地基土的动态参数,如动弹性模量、动剪切模量和动态泊松比;反射波和折射波法用于确定地质界面埋深、产状和岩石性质。

勘探时应根据探测对象的埋深和规模,探测对象与周围介质的物性差异,以及各种物探方法的适用范围,选择相应的方法。表 9-6 是常用的地球物理勘探方法的适用范围和原理。

表 9-6　常用的地球物理勘探方法的适用范围及原理

方法名称		适用范围	基本原理
电法勘探	自然电场法	探测隐伏断层、破碎带;测定地下水流速、流向测定基岩埋深,划分松散沉积层序和基岩风化带	利用地壳岩土体电学性质的差异来探测地质体分布情况,涉及的电学性质主要有电阻率、磁导率、极化特征、介电常数等
	电阻率法	探测隐伏断层、破碎带、地下洞室、地下或水下隐伏物体;测定潜水面深度和含水层分布测定基岩埋深,划分松散沉积层序和基岩风化带	
	地质雷达	探测隐伏断层、破碎带、地下洞室、潜水面深度和含水层分布、地下或水下隐伏物体、地下管线;测定河床水深和沉积泥砂厚度	
	地下电磁波法	探测隐伏断层、破碎带、地下洞室、地下或水下隐伏物体、地下管线	
地震波勘探	折射波法	测定基岩埋深,划分松散沉积层序和基岩风化带;测定潜水面深度和含水层分布、河床水深和沉积泥砂厚度	根据弹性波在不同介质中的传播速度的差异,以及弹性波在不同介质交界面处的反射、折射特征进行勘探
	反射波法	测定基岩埋深,划分松散沉积层序和基岩风化带;探测隐伏断层、破碎带、地下洞室、地下或水下隐伏物体、地下管线;测定潜水面深度和含水层分布、河床水深和沉积泥砂厚度	
	瑞利波法	测定基岩埋深,划分松散沉积层序和基岩风化带;探测隐伏断层、破碎带、含水层、地下或水下隐伏物体、地下洞室、地下管线	
	声波法	测定基岩埋深,划分松散沉积层序和基岩风化带;探测隐伏断层、破碎带、含水层、地下洞室、地下管线、水下隐伏物体、滑坡体滑动面	

（续表）

方法名称	适用范围	基本原理
地球物理测井	划分松散沉积层序和基岩风化带；探测地下洞室、地下或水下隐伏物体；测定潜水面深度和含水层分布	在探井中对被探测层进行各项地球物理测量，掌握其各项物性差异

9.3.4 工程地质勘探的布置

地质勘探作业的一般需要是以最少的工作量收集尽可能多的地质数据。因此，在设计之前，必须熟悉在勘探区收集的地质数据，并明确勘探的目的和任务。每个勘探工程应该设立在关键区域，以最大限度地发挥其综合价值。

1. 勘探布置的一般原则

(1) 勘探工作应在工程地质测绘的基础上进行。通过工程地质测绘，可以在一定程度上判断地下地质情况，进而明确勘探工作中需要进一步解决的地质问题，取得良好的勘探效果。否则，由于勘探目的不明确，勘探工作将在一定程度上受到盲目性的影响。

(2) 无论是勘探总体布置还是单个勘探点的设计，都必须考虑综合利用。既要突出重点，又要兼顾各方面，点面有机结合，使勘探点在整体布局下发挥最大的作用。

(3) 勘探布置应与勘察阶段相适应。在勘察的不同阶段，勘探的总体布置、勘探点的密度和深度、勘探方法的选择和要求等都有所不同。从勘察初期到后期，勘探总体布置由线形到网状，范围由大到小，勘探点线间距由疏到密。

(4) 勘探布置应考虑地质地貌、水文地质等条件。一般勘探线应沿地质条件变化最大的方向布置。勘探点的密度取决于工程地质条件的复杂程度，而不是平均分布。为控制场地工程地质条件，应设置一定数量的基准坑(控制坑)，其深度应大于一般坑孔。

(5) 勘探布置应随建筑物的类型和规模而异。不同类型的建筑具有不同的总体轮廓、载荷特征和相应的岩土工程问题，勘探布置也应不同。道路、隧道、管道等线形工程通常采用勘探线的形式，沿线路一定距离布置与之垂直的勘探段。建筑物和构筑物应按照勘察项目的地基轮廓排列，通常为方形、矩形、丁字形或工字形；勘探项目的具体布置因不同类型的基础而异；建筑物越大、越重要，勘探点(线)的数量越多，密度越大。同一建筑物不同部分的重要性不同，在安排勘探工作时应分开处理。

2. 勘探孔的布置

布置勘探孔时，应根据建筑类型、勘察阶段、地质条件的复杂程度综合考虑布孔深度和间隔，一般按工程地质勘察规范规定，但也应考虑设计要求、工程地质评价的需要。初步勘察勘探线、勘探点间距可按表 9-7 确定，局部异常地段应予加密。初步勘察勘探孔的深度可按表 9-8 确定。

详细勘察勘探点布置和勘探孔深度，应根据建筑物的特性和岩土工程条件确定。对岩质地基，根据地质构造、岩体特性、风化情况等，结合建筑物对地基的要求，按地方标准或当地经验确定；对土质地基勘察勘探点的间距可按表 9-9 确定，勘探深度自基础底面算起，勘探孔深度应能控制地基主要受力层和地基变形计算深度。当基础底面宽度不大

表 9-7　初步勘察勘探线、勘探点间距

单位：m

地基复杂程度等级	勘探线间距	勘探点间距
一级(复杂)	50～100	30～50
二级(中等复杂)	75～150	40～100
三级(简单)	150～300	75～200

注：表中间距不适用于地球物理勘探；控制性勘探点宜占勘探点总数的 1/5～1/3，且每个地貌单元均应有控制性勘探点。

表 9-8　初步勘察勘探孔的深度

单位：m

工程重要性等级	一般性勘探孔	控制性勘探孔
一级(重要工程)	≥5	≥30
二级(一般工程)	10～15	15～30
三级(次要工程)	6～10	10～20

注：勘探孔包括钻孔、探井和原位测试孔等，特殊用途的钻孔除外。

表 9-9　详细勘察勘探点的间距

单位：m

地基复杂程度等级	勘探点间距	地基复杂程度等级	勘探点间距
一级(复杂)	10～15	三级(简单)	30～50
二级(中等复杂)	15～30		

于 5 m 时，条形基础勘探孔的深度不应小于基础底面宽度的 3 倍，单独柱基础不应小于1.5倍，且不应小于 5 m；高层建筑的一般性勘探孔应达到基底下 0.5～1.0 倍的基础宽度，并深入稳定分布的地层。对中、低压缩性土可取附加压力等于上覆土层有效自重压力20%的深度；对于高压缩性土层可取附加压力等于上覆土层有效自重压力 10%的深度；当需进行地基整体稳定性验算时，控制性勘探孔深度应根据具体条件满足验算要求；当需确定场地抗震类别而邻近无可靠的覆盖层厚度资料时，应布置波速测试孔，其深度应满足确定覆盖层厚度的要求；大型设备基础勘探孔深度不宜小于基础底面宽度的 2 倍；当需进行地基处理时，勘探孔的深度应满足地基处理设计与施工要求；当采用桩基时，勘探孔的深度应满足桩基础岩土工程勘察的有关要求。

不同的工程地质问题，所要求的勘探深度是不同的。例如，对滑坡的稳定分析需穿过潜在滑动面，对坝基渗漏则应达到相对隔水层，对地下洞室应达其底板高程以下 10 m 左右。有时根据地质测绘和物探资料初步确定勘探孔深度，按实际情况再做调整。勘探孔的深度应满足设计目的，如了解岩石风化层厚度，需达到确实是新鲜基岩为止；研究断层带的宽度和性质的勘探孔，应穿过断层直达下盘完整基岩。

9.4 工程地质试验

工程地质试验是对岩土工程性质进行评价的一个非常重要的途径，是地质勘察的重要环节。试验包括室内试验和现场原位试验两类。室内试验从现场取样，在取样过程中尽量不对其进行较大扰动，以使其保持天然状态，然后送到实验室进行各类测试，如岩土的物理力学性质试验、化学性质分析和微观结构测试等。现场原位试验是指在工程地质勘察现场，在不扰动或基本不扰动地层的情况下对地层进行测试，以获得所测地层的物理力学性质指标及划分地层的一种勘察技术。

室内试验具有边界条件、排水条件和应力路径容易控制的优点，但由于试验需要取土样，而土样在采样、运送、保存和制备等方面不可避免地受到不同程度的扰动，特别是对于饱和状态的砂质粉土和砂土，难以取到原状土。因此，为了取得准确可靠的力学指标，在工程地质勘察中，必须进行一定数量的现场原位试验。而现场原位试验也存在着不足之处，比如难以控制边界条件，许多原位试验所得的参数和岩土的工程性质之间的关系建立在大量统计的经验关系之上。因此，岩土的室内试验和现场原位试验应该相辅相成。

9.4.1 岩土的物理力学性质试验

各类土的工程特性不同，所需测定的物理性质指标也有所不同。例如，砂土需要测定颗粒级配、比重、天然含水量、天然密度、最大和最小密度；粉土需要测定颗粒级配、液限、塑限、比重、天然含水量、天然密度和有机质含量；黏性土需要测定液限、塑限、比重、天然含水量、天然密度和有机质含量。

一般用下列方法测得各项物理、力学性质指标，如用环刀法测密度（重力密度）；密度计法测土粒密度，烘干法测含水量，联合测定法测黏性土的塑限及液限；用侧限压缩仪测土的压缩变形指标，如压缩系数 a_{1-2} 及压缩模量 E_s；用直剪仪及三轴剪力仪测土的抗剪强度指标，即内摩擦角与内聚力。

岩石的物理性质的试验包括岩石颗粒密度试验（密度瓶法），岩石的块体密度试验（量积法、水中称量法或蜡封法），岩石含水率试验（烘干法），岩石吸水性试验，含岩石吸水率试验（自由浸水法）和岩石饱和吸水率试验（煮沸法或真空抽气法），岩石膨胀性试验（包括岩石自由膨胀率试验、岩石侧向约束膨胀率试验和岩石膨胀压力试验），岩石耐崩解性试验，岩石抗冻性试验，岩石软化性试验，岩石透水性试验和岩石溶解性试验等。岩石的力学试验包括岩石单轴抗压强度试验和岩石抗剪强度试验，还可采用直接拉伸试验仪或点载荷试验仪测定岩石抗拉强度，利用三轴试验方法测定岩石抗压强度，模拟岩体在地下深处的强度特性。

9.4.2 现场原位试验

现场原位试验在工程地质勘察中是一项重要的勘察方法，是获得工程地质问题定量评价和工程设计及施工所需参数的主要手段。在天然条件下测定较大岩土体的各种性能，所得资料更符合实际，更能反映岩体由于层理、软弱夹层及裂隙等的切割而造成的非均质性及各向异性。但需要许多大型设备，费用昂贵，一般多在后期勘察阶段中采用，为详细设计计算提供指标。工程地质勘察中常用的现场原位试验有三类：① 岩土力学性质试验，包括静力载荷试验、静力触探试验、动力触探试验、标准贯入试验、十字板剪切试验、旁压试验、岩土大型剪力试验、点载荷试验、声波测井、回弹试验、岩土体动力参数试验等；② 水文地质试验，包括钻孔压水试验、抽水试验、渗水试验、岩溶连通试验等；③ 岩体应力测试，包括应力解除法、应力恢复法、水压致裂法、Kaiser 效应法等。

1. 静力载荷试验

静力载荷试验是在一定面积的承压板上向地基土逐级施加载荷，获得载荷与沉降量关系曲线即 $p-s$ 曲线，确定地基土的承载力与变形模量等力学指标的原位试验方法。载荷试验一般包括平板载荷试验和螺旋板载荷试验。浅层平板载荷试验适用于埋深≥3 m和地下水位以上的地基土；深层平板载荷试验适用于深层地基土和大直径桩的桩端土；螺旋板载荷试验适用于深层地基土或地下水位以下的地基土。载荷试验所反映的是承压板以下 1.5～2.0 倍承压板直径或宽度范围内地基强度、变形的综合性状。

图 9-2(a)所示为平板载荷试验，主要设备有 3 个部分，即加载与传压装置、变形观测系统和承压板。基坑宽度不应小于承压板的宽度或直径的 3 倍。典型的 $p-s$ 曲线可划分为 3 个阶段，如图 9-2(b)所示。

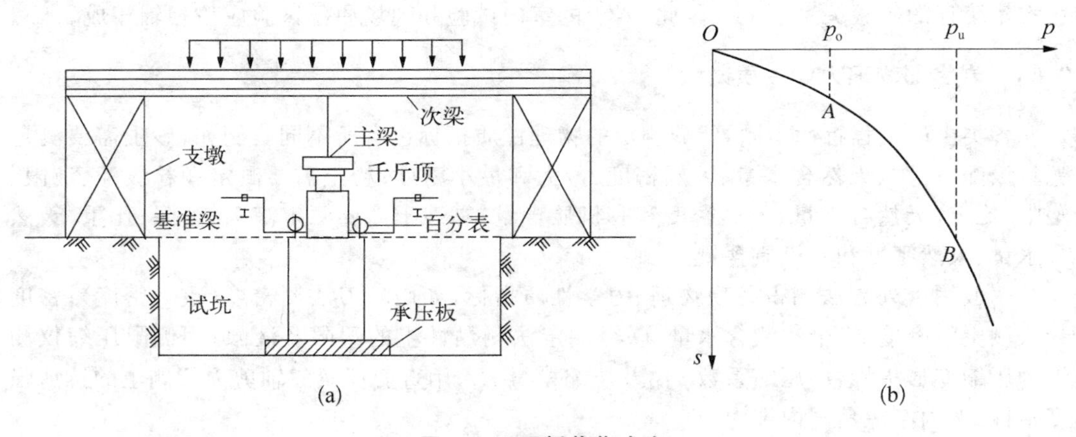

图 9-2　平板载荷试验

(a) 试验简图；(b) $p-s$ 曲线

(1) 直线变形阶段。对应曲线 OA 段，本阶段 $p-s$ 曲线近似呈直线，地基土以弹性压缩变形为主。作为直线段和曲线段的交点 A 对应的压力 p_0 称为比例界限载荷或临塑载荷。

(2) 剪切变形阶段。对应 $p-s$ 曲线的 AB 段，该阶段 $p-s$ 曲线由近似直线转为曲线，且曲线斜率随载荷增加而不断增大；本阶段的结束点 B 所对应的压力水平 p_u，称为极限载荷。该阶段沉降由弹性变形和塑性变形共同组成，因此 AB 段也称为弹塑性阶段。

(3) 破坏阶段。$p-s$ 曲线 B 点以后部分，此时曲线的斜率迅速增加，地基土已经被剪切破坏，并形成连续的滑动面。即使载荷没有增加，支承板下方和周围的土体也会继续被挤出，导致支承板下沉，塑性变形是该阶段沉降的主要来源。

试验结果可用于确定以下力学指标。

1）确定地基承载力

当根据载荷试验结果确定地基土承载力特征值时，有下列3种情况：① 当 $p-s$ 曲线上有明显的比例界限压力时，取该比例界限所对应的载荷值为承载力特征值；② 当极限载荷小于对应的比例界限载荷值的2倍时，取极限载荷的一半；③ 当不能按上述两点确定时，如承压板面积为0.25～0.50 m^2，可取 s 与承压板边长或直径的比值为0.01～0.015所对应的载荷，但其值不应大于最大加荷量的一半。

2）确定地基土的变形模量 E_0

根据 $p-s$ 曲线并假定地基为均质、各向同性、半无限弹性介质，根据弹性理论可得浅层平板载荷试验的变形模量 E_0 为

$$E_0 = \bar{\omega} B(1-\upsilon^2)\ \frac{p_0}{s_0} \tag{9-1}$$

式中，$\bar{\omega}$ 为刚性承压板的形状系数，方形承压板取0.886，圆形承压板取0.785；υ 为地基土的泊松比，碎石土取0.27，砂土取0.30，粉土取0.35，粉质黏土取0.38，黏土取0.42；B 为承压板边长或直径，单位为m；s_0 为 $p-s$ 曲线的比例界限 p_0 相对应的沉降量。

3）计算基床系数 K_s

根据 $p-s$ 曲线，按经验公式估算基准基床反力系数 K_v（$K_v=p/s$），再根据 K_v 确定地基土的基床反力系数 K_s，

黏性土：

$$K_s = \frac{0.305}{B_F} K_v \tag{9-2}$$

砂土：

$$K_s = \left(\frac{B_F + 0.305}{2B_F}\right)^2 K_v \tag{9-3}$$

式中，B_F 为基础的宽度，单位为m。

2. 静力触探试验

采用静力将金属探头压入土中测定探头所受阻力的方法称为静力触探。根据贯入阻力与土的工程地质性质之间的定性关系和统计相关关系，对触探曲线进行分析，即可达到对复杂土体进行地层划分、获得地基承载力和弹性模量、变形模量等指标，选择桩尖持力层和预估单桩承载力等岩土工程勘察的目的。软土、黏土、粉土和中等密实度的砂均可进行静力触探试验，但含有较多砾石或砾石土体及密实砂则不适宜进行静力触探试验。静力触探试验与传统钻探相比，具有连续、快速、经济、劳动强度低的优点，并能不断收集地层强度和重要信息。

静力触探设备主要由三部分组成：触探头、触探杆和记录器。其中触探头是静力触探设备中的核心部分，目前国内大多采用电阻应变式触探头。静力触探可根据工程需要采用单桥探头和双桥探头（见图9-3）或带孔隙水压力量测的单、双桥探头。

试验结果可用于确定以下力学指标。

1）单桥探头成果

单桥探头将锥头和摩擦筒连接在一起，只能测出一个参数，比贯入阻力 p_s 为

$$p_s = \frac{P}{A} \tag{9-4}$$

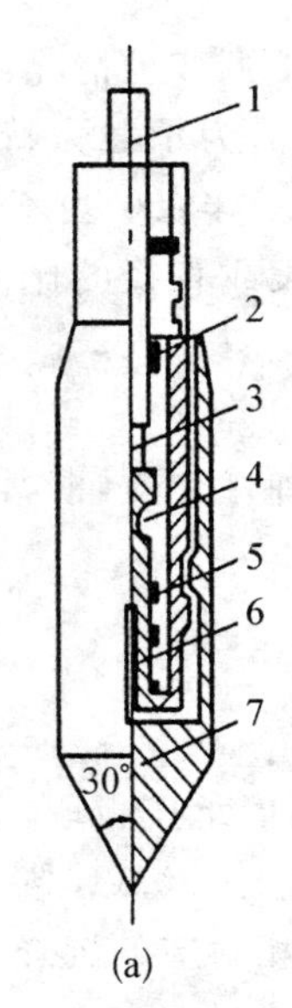

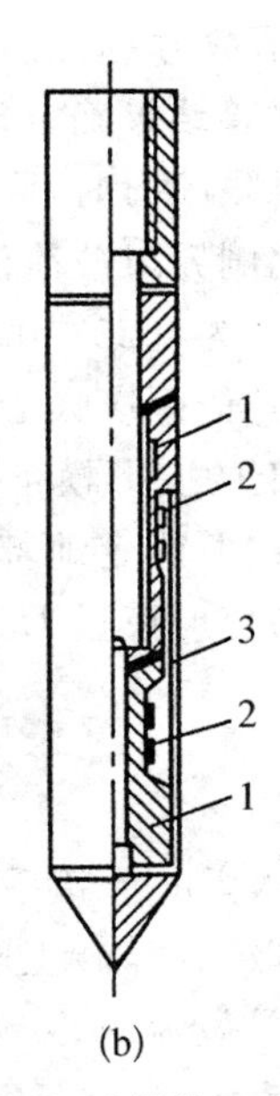

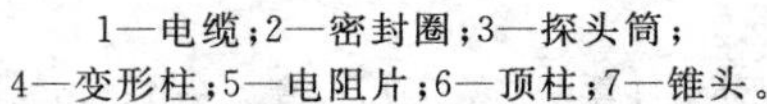

1—电缆;2—密封圈;3—探头筒;4—变形柱;5—电阻片;6—顶柱;7—锥头。

1—变形柱;2—电阻片;3—摩擦筒。

图 9-3　静力触探的探头

(a) 单桥探头;(b) 双桥探头

式中,P 为总贯入阻力;A 为探头锥尖底面积,单位为 m^2。

通过试验可得到比贯入阻力与深度的关系曲线,根据此曲线来划分土层。

2）双桥探头成果

双桥探头将锥头和摩擦筒分开,可以同时测出锥尖阻力和侧壁摩擦阻力两个参数。锥尖阻力 q_c和侧壁摩阻力 f_s分别定义如下

$$q_c=\frac{Q_c}{A} \tag{9-5}$$

$$f_s=\frac{P_f}{A_f} \tag{9-6}$$

式中,Q_c、P_f为锥尖总阻力和侧壁总摩阻力;A、A_f为锥尖底面积和摩擦筒表面积,单位为 m^2。

根据锥尖阻力和侧壁摩阻力,可以按式(9-7)计算摩阻比 R_f为

$$R_f=\frac{f_s}{q_c}\times 100\% \tag{9-7}$$

3）孔压探头成果

孔压探头是在双桥探头的基础上安装的一种可以测量触探时产生的孔隙水压力的装置,因此可以测定 3 个参数,即真锥尖阻力、真侧壁摩阻力和孔隙水压力,并可以求得静探孔压系数。

根据静力触探成果曲线可以对土层进行划分,如图 9-4 所示。

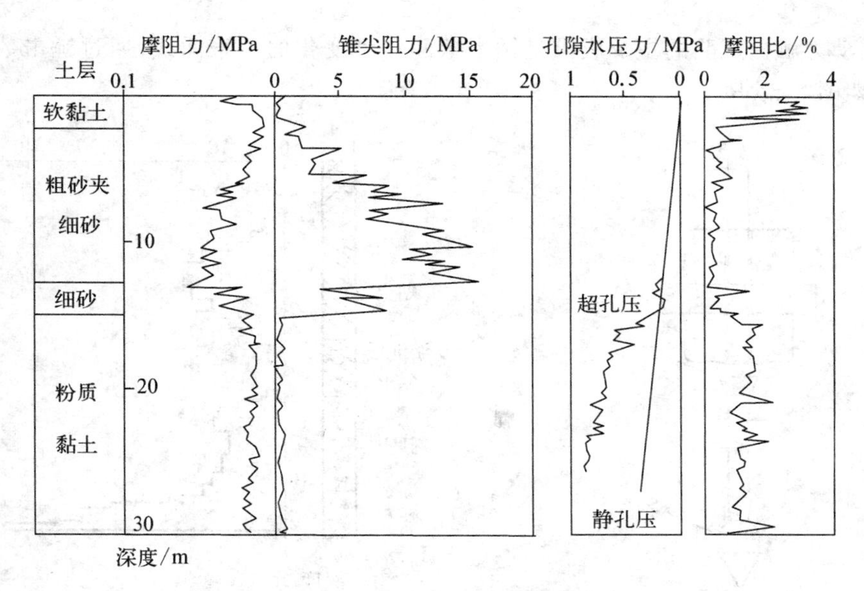

图 9-4 静力触探成果曲线和相应土层划分

3. 动力触探试验

圆锥动力触探是将一定质量的击锤从指定高度下落，击打落入土中的探头并且测定其贯入土中一定深度所需要的锤击数，根据此锤击数确定土体的物理力学性质。试验结果可用于确定砂土和碎石土的密实度、空隙比、确定地基土的承载力和变形模量、确定单桩承载力标准值划分土类或土层剖面。

圆锥动力触探试验具有设备简单、操作及测试方法简便、适用性广等优点，对难以取样的砂土、粉土、碎石类土以及静力触探难以贯入的土层，动力触探是一种非常有效的勘探测试手段。它的缺点是不能对土进行直接鉴别描述，且试验误差较大。

圆锥动力触探根据锤击能量的大小分为轻型、重型和超重型三种，设备规格和适用范围如表 9-10 所示。各种类型的设备结构近似，轻型动力触探设备如图 9-5 所示。

表 9-10 圆锥动力触探类型

类型		轻型	重型	超重型
落锤	锤的质量/kg	10	63.5	120
	落距/cm	50	76	100
探头	直径/mm	40	74	74
	锥角/(°)	60	60	60
探杆直径/mm		25	42	50～60
指标		贯入 30 cm 的读数 N_{10}	贯入 10 cm 的读数 $N_{63.5}$	贯入 10 cm 的读数 N_{120}
主要适用岩土		浅部的填土、砂土、粉土、黏性土	砂土、中密以下的碎石土、极软岩	密实和很密实的碎石土、软岩、极软岩

圆锥动力触探试验的主要成果是锤击数随深度变化的关系曲线，通过锤击数可以划分土层，如图 9－6 所示。

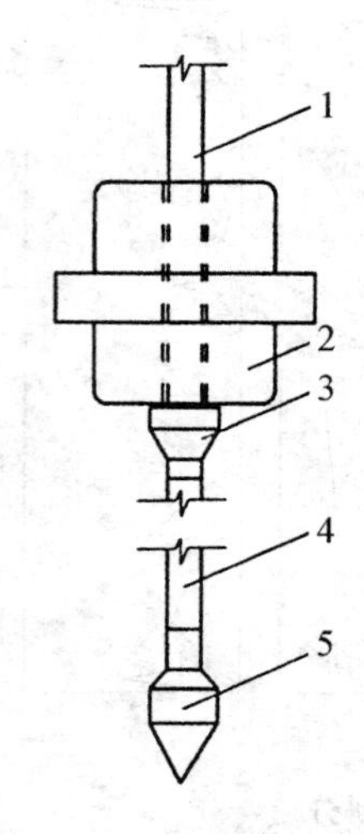

1—导向杆；2—穿心锤；3—锤垫；
4—触探杆；5—圆锥探头。

图 9－5　轻型动力触探设备

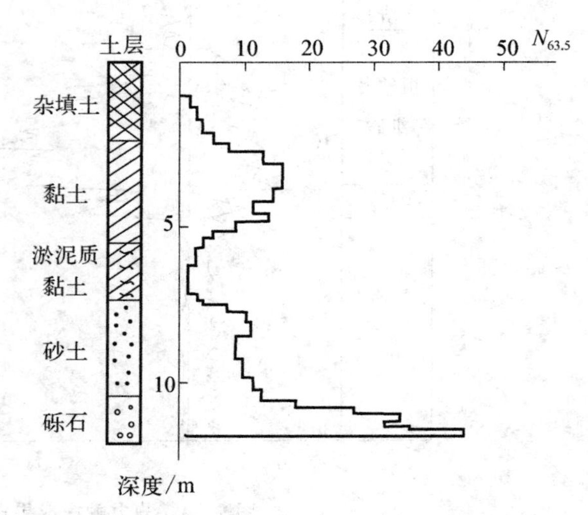

图 9－6　动力触探锤击数及土层划分

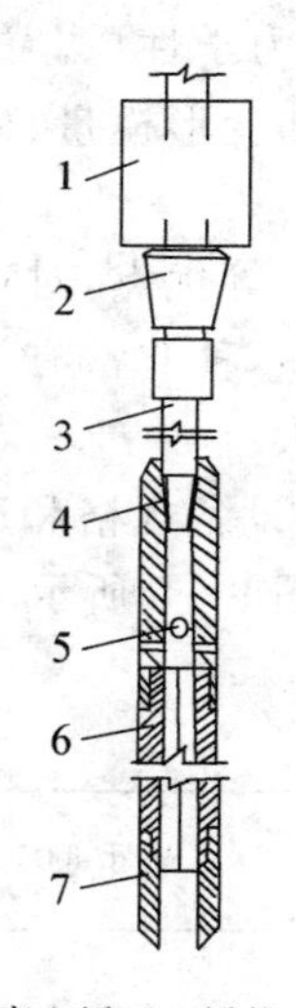

1—穿心锤；2—锤垫；
3—触探杆；4—贯入器头；
5—出水孔；6—贯入器身；
7—贯入器靴。

图 9－7　标准贯入试验设备

4. 标准贯入试验

标准贯入试验是先进行钻孔，再把上端接有钻杆的标准贯入器放至孔底，然后用质量为 63.5 kg 的锤，以 76 cm 的高度自由下落将贯入器先击入土中 15 cm，然后记录击入 30 cm 的累计锤击数，该累计锤击数称为标准贯入击数。根据标准贯入试验锤击数，可评价砂土、粉土、黏性土的物理状态，土的强度、变形参数、地基承载力、单桩承载力，砂土和粉土的液化等。标准贯入试验的优点是设备简单，操作方便，适用砂土、粉土和一般黏性土等土层。

标准贯入试验设备主要由贯入器、贯入探杆和穿心锤三部分组成，如图 9－7 所示。标准贯入试验设备与一般动力触探的主要区别在于探头不同，贯入器能取出扰动土样，可以直接对土进行鉴别。

标准贯入试验锤击数与土的物理力学特性间的统计关系具有区域性，不同地区、不同规范的结果会有所不同。评定砂土的密实状态可参照表 9－11，确定黏性土的状态可参照表 9－12。

表 9－11　砂土的密实度

标准贯入试验锤击数 N	≤10	10～15	15～30	＞30
密实度	松　散	稍　密	中　密	密　实

表 9-12　黏性土的状态

标准贯入试验锤击数 N	<2	2～4	4～7	7～18	18～35	>35
液性指标 I_L	>1	1～0.75	0.75～0.5	0.5～0.25	0.25～0	<0
稠度状态	流塑	软塑	软可塑	硬可塑	硬塑	坚硬

砂土的液化判别可采用式(9-8)：

$$N_{cr}=N_0[0.9+0.1(d_s-d_w)]\sqrt{\frac{3}{P_c}} \tag{9-8}$$

式中，N_{cr}为液化判别标准贯入锤击数临界值；N_0为液化判别标准贯入锤击数基准值，取值如表 9-13 所示；d_s为标准贯入试验点深度，单位为 m；d_w为地下水位埋藏深度，单位为 m；P_c为土中黏粒百分含量，当 $P_c<3\%$时，取 $P_c=3$。

表 9-13　标准贯入锤击数基准值 N_0

地　震　烈　度		7 度	8 度	9 度
N_0值	近震区(基本烈度比震中小 2 度以上)	6	10	16
	远震区(基本烈度比震中小 2 度以内)	8	12	—

5. 十字板剪切试验

十字板剪切试验是把规定形状的十字板头插入地基土中，再施加扭矩，使其在土体中以相同的速度扭转，形成圆柱形破坏面，根据扭矩来确定地基土的不排水剪切强度。十字板剪切试验具有对土扰动小、设备轻便、测试速度快、效率高等优点，因此在我国沿海软土地区广泛使用。

十字板板头形状一般为矩形，径高比为 1∶2，板厚宜为 2～3 mm。该测试可用于计算饱和软黏土的强度，其测量值相当于天然土层在原位状态下的不排水抗剪强度。如图 9-8 所示，当施加的扭矩达到最大值 T_{max}时，土的抗剪强度 τ_f为

$$\tau_f=\frac{6}{7}\frac{T_{max}}{\pi D^3} \tag{9-9}$$

式中，D 为十字板宽度，单位为 m。

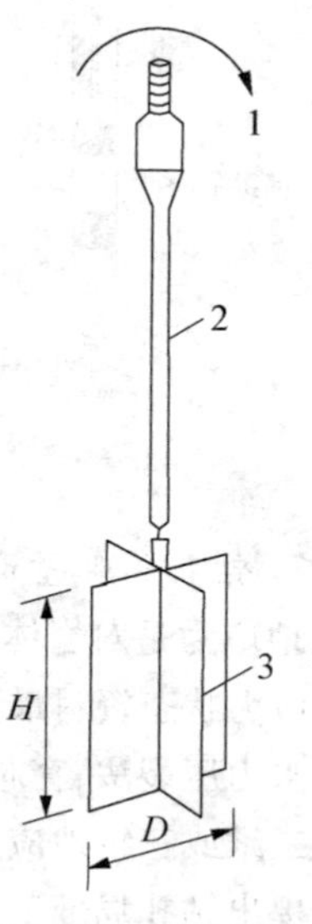

1—水平扭矩；2—轴杆；3—十字板；H—高度；D—宽度。

图 9-8　十字板剪切试验

6. 旁压试验

旁压试验是用可侧向膨胀的旁压器，对钻孔孔壁周围的土体施加压力的原位试验方法。基本原理是将圆柱形旁压器竖直地放入土中，通过旁压器在竖直的孔内加压，使旁压膜膨胀，并由旁压膜(或护套)将压力传给周围土体(或岩层)，使土体或

岩层产生变形直至破坏。根据测量施加的压力和土的变形量，得到地基土在水平方向上的应力-应变关系，评定地基承载力，计算变形模量和压缩模量，检验地基加固效果和估算桩承载力。旁压试验适用于测定黏性土、粉土、砂土、碎石土、残积土、极软岩和软岩等。试验方法简单且不受地下水位的影响。具有样本量大、设备轻便、测试时间短、可在不同深度上进行测试，精度高等优点，缺点是受成孔质量影响大，在软土中测试精度不高。

旁压试验设备即旁压仪，主要由旁压器、变形测量系统和加压稳压装置组成，如图 9-9(a)所示。在试验时，根据测量所施加的压力与探头体积间的关系，得到 $p-V$ 曲线，如图 9-9(b)所示。可将 $p-V$ 关系曲线划分为接触加压阶段Ⅰ、似弹性阶段Ⅱ和塑性变形阶段Ⅲ，前两段交点的压力相当于土体的原位水平压力 p_0，后两段曲线交点的界限压力为临塑压力 p_f，最后端末尾渐近线的压力为极限压力 p_l。同时，根据 $p-V$ 曲线的直线段斜率，可得旁压模量 E_m 为

$$E_m = 2(1+\mu)\left(V_c + \frac{V_0 + V_f}{2}\right)\frac{\Delta p}{\Delta V} \tag{9-10}$$

式中，V_0 为试验曲线在准弹性阶段开始时旁压仪压力室的体积，单位为 cm^3；$\Delta p/\Delta V$ 为旁压仪曲线直线段的斜率；μ 为地基土的泊松比；V_c 和 V_f 分别为与初始压力 p_0 和 p_f 对应的体积，单位为 cm^3；V_c 为旁压仪测量腔初始固有体积，单位为 cm^3。

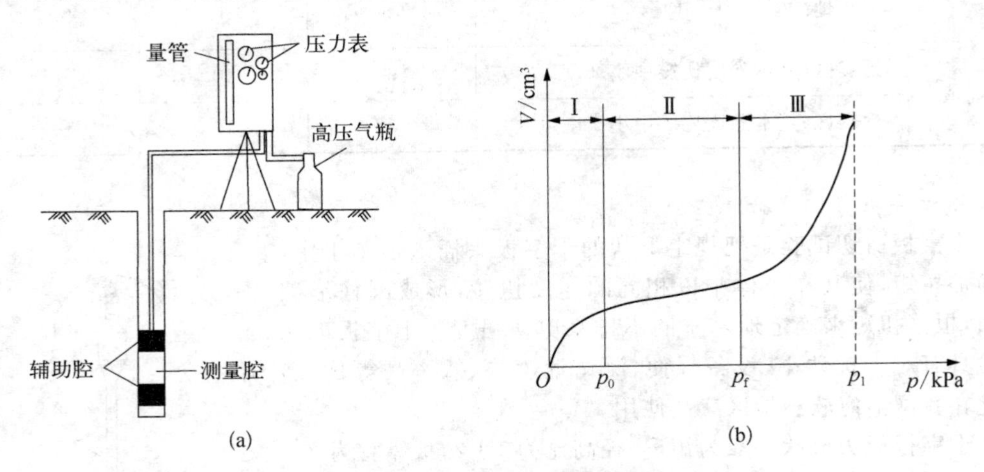

图 9-9　旁压仪及旁压试验曲线

(a) 旁压仪；(b) 旁压试验曲线

7. 钻孔局部壁面应力解除法

地应力是对岩体在漫长的地质年代里产生的初始应力的统称。地应力测量是获取岩体初始地应力状态资料最直接、最可靠的手段。在岩石力学与工程领域，原位地应力测量的方法主要有水力压裂法、套芯应力解除法、扁千斤顶法、钻孔崩落法和钻进诱发张裂缝法等，可测定岩体的二维或三维地应力状态。传统的套芯应力解除法存在断芯等问题，我国学者葛修润和侯明勋提出钻孔局部壁面应力解除法（borehole-wall stress relief method，BWSRM），避免沿钻孔轴线方向的套芯作业，提高测试成功率。

钻孔局部壁面应力解除法是一种三维地应力测量方法，其基本原理是对钻孔孔壁的几个局部壁面进行侧向环形切割实现应力解除，测量所解除的钻孔孔壁部位上各个方向

的正应变，根据岩石材料卸载时线弹性本构方程以及钻孔孔壁应变与围岩远场应力之间的关系，运用最小二乘法计算获得钻孔周围岩体地应力场的3个主应力的量级与方向，从而确定测量点的三维地应力状态。

应力解除和测量工作是由地应力测井机器人来实施的，如图9-10所示。该机器人依据钻孔局部壁面应力解除法地应力测量原理设计研制，主要包括外连接部、锚固定位装置、主工作部、电子设备仓和窥视探测仓等，具有窥视孔壁、锚固定位、对工作面进行局部打磨处理和风干、自动喷涂胶和自动粘贴应变花至工作面、对工作面实施应力解除作业、实时监测记录应力解除过程中测量面上的微应变变化、自动切割已粘贴电阻应变花上的电线和自动回收钻具等功能，整个测量过程全部由计算机控制。

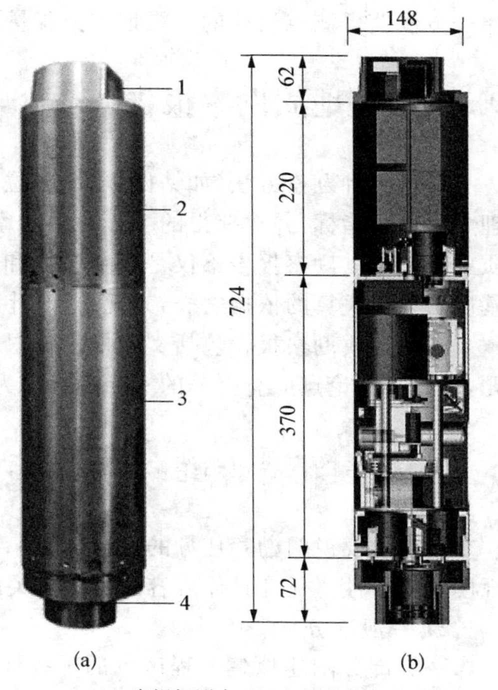

1—窥视探测仓；2—电子设备仓；
3—主工作部；4—外连接部。

图9-10 地应力测井机器人外形及分部结构图

(a) 外形；(b) 内部结构

试验钻孔直径为150 mm，在测量钻孔段孔壁选取三条平行于钻孔轴线的线，与钻孔轴线间的夹角可在110°～130°间选择。在每条线上选取直径为3 cm的圆形局部壁面，并且视为测量“点”。在每个局部壁面上粘贴一个三分量应变花，3个测量点及应变花布置的位置如图9-11所示。测量测点位置附近不少于6组独立的正应变值，基于广义胡克定

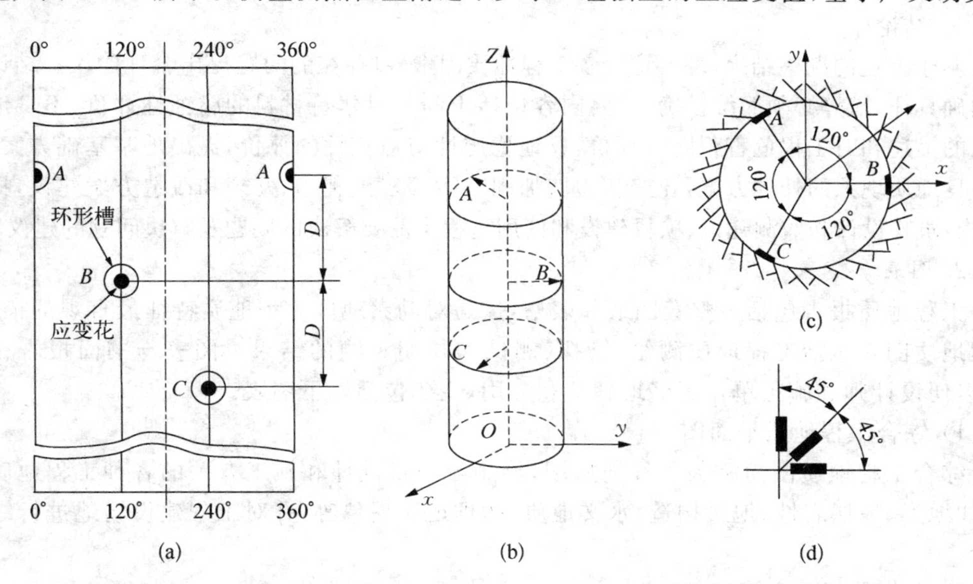

图9-11 BWSRM测试地应力时钻孔测量点(*A*、*B*和*C*点)布置及应变花型式图

(a) 钻孔壁面展开平面图；(b) 钻孔立体图；(c) 钻孔俯视图；(d) 应变花型式

律等方法获得测点岩体的三维地应力张量。

9.5 工程地质勘察报告

采用各种勘察方法(如钻探、现场原位试验等)获取施工现场岩土层的分布规律和物理力学性质指标,并对获得的工程地质勘察资料进行总结而形成的书面成果称为工程地质勘察报告。勘察报告不仅是地基设计和使用的可靠依据,还是基础施工的参考和编制基础工程预决算的依据之一,为规划、设计和施工部门提供实际应用和理论参考。

工程地质勘察报告包括文字报告和图表两部分,其中文字报告应该简明扼要、切合主题,所提出的论点应有充分的实际资料作为依据。

1. 文字报告

文字报告的内容包括绪论、一般部分、专门部分和结论 4 个部分。

1) 绪论

绪论主要说明勘察任务的来源、目的、要求及需要解决的问题,拟建工程概况、类别、规模和重要性。任务具体内容以上级机关或设计、施工单位提交的任务书为依据。

2) 一般部分

一般部分阐述拟建工程区域的工程地质条件特征及一般规律,包括该区域的岩土成因、年代和特征、地质构造、区域地下水类型及补径排条件等内容。

3) 专门部分

专门部分是整个报告的核心内容,结合具体工程要求对涉及的各种工程地质问题进行论证,并对任务书中所提出的要求和问题给予合理的回答,其内容包括勘察方法和勘察工作布置,工程场地的地形、地貌、地层、地质构造和岩土性质,岩土参数的分析与选用,围岩分级和岩土施工工程分级,地下水特征(埋藏情况、类型、水位及其变化)等。

4) 结论

基于上述的勘察结果,综合评价各工程地质因素,对存在的问题提出合理建议。结论必须明确具体,措辞必须简练正确,主要内容包括土和水对建筑材料的腐蚀性评价,不良地质作用的描述和对工程危害程度的评价,场地稳定性与适宜性的评价,提出地基基础方案,提出不良地质现象的处理方案,开挖和边坡加固方案等岩土利用、处理和改造方案建议,提出建(构)筑物设计和监测建议、项目建设和使用过程中需要解决的问题及解决问题的建议等。

2. 图表

工程地质报告包括一整套图纸和表格,这是对勘察地区工程地质特征最直观的描述。工程地质图表包括工程地质测绘、勘探、测试和长期观测的结果。图表与书面报告相匹配,以便设计师和施工单位更好地理解和应用,主要包括以下图表。

1) 综合工程地质平面图

综合工程地质图简称为工程地质图,绘制与项目设计和施工有关的各种工程地质条件,如地形、地层岩性、地质构造、水文地质、物理地质现象等,并对工程建设场地进行综合评价。

2) 勘探点平面布置图

在施工现场地形图上,勘探点平面布置图以不同的图例展示建筑物的位置、各勘探点和现场测试点的编号和位置，以及各勘探点和测试点的高程和勘探深度、剖面线及其编号等。

3）工程地质柱状图

工程地质柱状图简称为钻孔柱状图，主要内容包括地层分布（层深、层厚）和名称，地层特征的描述，钻井仪器和方法等特殊事项。在创建柱状图之前，应彻底检查岩土试验结果和现场描述，并对土层进行细致分层。地层应自上而下编号并做解释，柱状图应具有特定的比例、图例和符号。柱状图还应包括取土深度和地下水位等信息，钻孔柱状图如图 9－12 所示。

钻孔柱状图

工程名称	上海市 A 区 B 路某基坑岩土工程勘察						
工程编号	2022 勘察 015－21			钻孔编号	YMX021	钻孔里程	K36＋147.907
孔口高程/m	4.04	坐标/m	x＝51 558.554	开工日期	2022.12.01	稳定水位深度/m	3.00
孔口直径/mm	127		y＝39 294.299	施工日期	2022.12.02	测量水位日期	2022.12.05

地层编号/m	成因年代/m	层底高程/m	层底深度/m	土层厚度/m	柱状图 1∶500	岩土名称及特征描述
①	Q_4^4	0.34	3.70	3.70	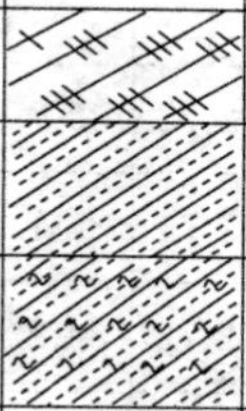	杂填土：主要由碎砖块、碎石子等建筑垃圾及黏性土组成，夹黑色有机质，土质不均
②	Q_4^3	－5.14	8.50	4.80		粉质黏土：黄色，湿至很湿，可塑，含氧化铁斑点及铁锰质结核，夹薄层粉性土，土质较均匀
③	Q_4^2	－10.14	13.50	5.00		淤泥质粉质黏土：灰色，饱和，流塑，高等压缩性；含云母、有机质，局部夹粉性土，土质较均匀
……	……	……	……	……	……	……
……	……	……	……	……	……	……
……	……	……	……	……	……	……
……	……	……	……	……	……	……
……	……	……	……	……	……	……
……	……	……	……	……	……	……
……	……	……	……	……	……	……
……	……	……	……	……	……	……
……	……	……	……	……	……	……

项目负责：赵甲　复核：钱乙　单位：某岩土工程勘察公司　日期：2022.12.20　第　页

注：每行间距是有比例要求的，与厚度有关系，比例尺为 1∶500。

图 9－12　钻孔柱状图

4）工程地质剖面图

工程地质柱状图仅反映现场勘探位置的地层垂直分布，而工程地质剖面图可以展示沿勘探线的地层垂直和水平分布。工程地质剖面图可有效指示现场的工程地质条件，因为勘探线的布置通常垂直于重要地貌单元或地质结构的轴线，或与建筑物的轴线一致。绘制工程地质剖面图时，首先绘制勘探线的地形剖面，然后沿勘探线在每个钻孔中标出地层，之后在钻孔两侧标出地层的高程和深度，最后将相邻钻孔中同一土层的分界点以直线连接。在剖面图中，垂直距离和水平距离可以采用不同的比例尺。

5）室内岩土试验成果图表

该类图表主要包括岩土的物理力学性质、抗剪强度包线及土的压缩曲线。表 9－14 为土的物理力学性质指标的统计表，其中包括最大值、最小值、平均值和标准差等统计数据。

表 9－14　土的物理力学性质指标统计表

土样编号	岩土名称	岩土编号	物理性质指标				土粒比重 d_s	塑性和稠度指标				快剪		压缩	
			含水率 w	湿密度 ρ	孔隙比 e	饱和度 S_r		液限 w_L	塑限 w_P	塑性指数 I_P	液性指数 I_L	黏聚力 C	内摩擦角 φ	压缩系数 a_{1-2}	压缩模量 E_s
			%	g/cm³	—	%	—	%	%	%	—	kPa	°	MPa^{-1}	MPa
ZK16－1	粉质黏土	③	28.7	1.94	0.804	97.0	2.72	39.7	27.1	12.6	0.13	60.6	15.4	0.15	11.7
ZK21－1			26.3	1.95	0.755	94.4	2.71	36.1	24.9	11.2	0.12	58.1	15.8	0.12	14.6
ZK34－1			23.0	1.99	0.681	91.8	2.72	34.2	22.0	12.2	0.08	65.8	10.6	0.12	13.6
ZK54－1			25.8	1.98	0.722	96.9	2.71	34.7	24.6	10.1	0.12	59.1	10.2	0.13	13.0
ZK85－1			22.5	1.97	0.704	87.6	2.74	36.0	19.8	16.2	0.17	52.9	14.8	0.13	12.8
……			……	……	……	……	……	……	……	……	……	……	……	……	……
统计个数			48	48	48	48	48	48	48	48	48	48	48	48	48
最大值			28.7	1.99	0.804	97.0	2.74	39.7	27.1	16.2	0.17	65.8	15.8	0.15	14.6
最小值			22.5	1.94	0.681	87.6	2.71	34.2	19.8	10.1	0.08	52.9	10.2	0.12	11.7
平均值			25.3	1.97	0.733	93.5	2.72	36.14	23.7	12.5	0.12	59.3	13.4	0.13	13.1
标准差			2.5	0.02	0.05	3.95	0.01	2.15	2.82	2.30	0.03	4.65	2.73	0.01	1.07
变异系数			0.10	0.01	0.065	0.04	0.00	0.06	0.12	0.18	0.26	0.08	0.20	0.09	0.08
标准值												58.1	12.7		
推荐值			25.3	1.97	0.733	93.5	2.72	36.1	23.7	12.5	0.12	58.1	12.7	0.13	13.1

项目负责：赵甲　　　制表：钱乙　　　校核：孙丙　　　日期：2022.10

6）现场原位试验成果图表

该类图表包括静力载荷试验、标准贯入试验、十字板剪切试验、静力触探试验等成果图件。

7）专门性图件

该类图件包括暗浜分布图、工程地质分区图和各种分析图。

习 题 9

简答题

(1) 简述工程地质勘察阶段的划分和岩土工程勘察等级。

(2) 工程地质勘察的方法有哪几类？各自的特点和适用条件是什么？

(3) 简述工程地质坑探的主要类型及特点。

(4) 静力载荷试验的试验成果有哪些应用？

(5) 标准贯入试验的适用范围是什么？

(6) 十字板剪切试验的适用范围与目的是什么？

(7) 简述钻孔局部壁面应力解除法的原理及应用。

(8) 工程地质勘察报告包括哪些内容？

部分习题参考答案

第 2 章

1. (1) C (2) A (3) D (4) A (5) B

第 3 章

1. (1) D (2) C (3) C (4) B (5) C

2. T 和 J,O、S 和 D 是整合接触,T 和 D 是不整合接触,缺失 C 和 P 地层。

第 4 章

2. 缺失侏罗纪(J)、古近纪(E)地层;1 个背斜和 2 个向斜;正断层;整合关系(O、S、D、C、P 和 T)、角度不整合(O、S、D、C、P、T 和 K)和平行不整合关系(K 和 N)

第 5 章

1. (1) C (2) B (3) D (4) A (5) D

2. Ⅲ级,Ⅴ级

第 6 章

1. (1) D (2) C (3) A (4) A (5) B

2. 载荷为 100 kPa,没有湿陷性;载荷为 150 kPa,具有湿陷性。

第 7 章

1. (1) D (2) A (3) A (4) C (5) B

2. (1) 河水两侧补给潜水 (2) 水力坡度 0.01 (3) 25 m

第 8 章

1. (1) B (2) C (3) B (4) D (5) A

参 考 文 献

[1] 董必昌,任青阳,程涛.工程地质[M].武汉:武汉理工大学出版社,2017.

[2] 冯锦艳,姚仰平,陈军,等.工程地质学[M].北京:北京航空航天大学出版社,2015.

[3] 葛修润.抗滑稳定分析新方法:矢量和分析法的基本原理及其应用.岩石力学与工程的创新和实践:第十一次全国岩石力学与工程学术大会论文集[C].中国岩石力学与工程学会,2010.

[4] 葛修润,侯明勋.钻孔局部壁面应力解除法(BWSRM)的原理及其在锦屏二级水电站工程中的初步应用[J].中国科学:技术科学,2012,42(4):359-368.

[5] 《工程地质手册》编委会.工程地质手册(第5版)[M].北京:中国建筑工业出版社,2017.

[6] 何宏斌.工程地质[M].成都:西南交通大学出版社,2018.

[7] 孔思丽,程辉,胡燕妮,等.工程地质学[M].4版.重庆:重庆大学出版社,2017.

[8] 琚晓冬,邹正盛,冯文娟.工程地质[M].北京:清华大学出版社,2019.

[9] 雷华阳,申翃,张帆,等.工程地质[M].武汉:武汉理工大学出版社,2015.

[10] 李淑一,魏琦,谢思明.工程地质[M].北京:航空工业出版社,2019.

[11] 刘新荣,杨忠平.工程地质[M].北京:机械工业出版社,2021.

[12] 李相然.工程地质学[M].北京:中国电力出版社,2006.

[13] 刘艳章,葛修润,李春光,等.基于矢量法安全系数的边坡与坝基稳定性分析[J].岩石力学与工程学报,2006,26(10):2130-2140.

[14] 刘增荣,罗少锋.土木工程地质学[M].武汉:武汉理工大学出版社,2018.

[15] 刘忠玉,祝彦知,肖昭然,等.工程地质学[M].北京:中国电力出版社,2016.

[16] 邵艳,汪明武.工程地质[M].武汉:武汉大学出版社,2013.

[17] 施斌,阎长虹.工程地质学[M].北京:科学出版社,2017.

[18] 石振明,黄雨,陈建峰,等.工程地质学[M].3版.北京:中国建筑工业出版社,2018.

[19] 宋高嵩,杨正,盖晓连,等.工程地质[M].北京:清华大学出版社,2016.

[20] 杨志双,秦胜伍,李广杰.工程地质学[M].北京:地质出版社,2015.

[21] 王贵荣.工程地质学[M].2版.北京:机械工业出版社,2017.

[22] 王浩男,倪振强.汶川地震地裂缝发育特征及治理方法研究[J].西部探矿工程,2016(10):15-17.

[23] 王永建,杨德芳,郑贵强,等.工程地质[M].徐州:中国矿业大学出版社,2018.

[24] 武憨民,汪双杰,章金钊.多年冻土地区公路工程[M].北京:人民交通出版社,2005.

[25] 吴玮江.甘肃典型滑坡灾害影像[M].兰州:甘肃科学技术出版社,2016.

[26] 宿文姬,牛富俊.工程地质学[M].4版.广州:华南理工大学出版社,2019.
[27] 曾克峰,刘超,程璜鑫.地貌学及第四纪地质学教程[M].武汉:中国地质大学出版社,2014.
[28] 张士彩,徐朝霞,盛晓杰,等.工程地质[M].武汉:武汉大学出版社,2018.
[29] 周桂云,董金梅,程鹏环.工程地质[M].2版.南京:东南大学出版社,2018.
[30] 交通运输部公路科学研究院.公路土工试验规程(JTG 3430—2020)[S].北京:人民交通出版社,2020.
[31] 中国有色金属工业协会.土工试验规程(YS/T 5225—2016)[S].北京:中国计划出版社,2016.
[32] 中华人民共和国建设部.岩土工程勘察规范(2009年版)(GB 50021—2001)[S].北京:中国建筑工业出版社,2009.
[33] 中华人民共和国住房和城乡建设部.工程岩体分级标准(GB/T 50218—2014)[S].北京:中国计划出版社,2014.
[34] 朱济祥.土木工程地质[M].2版.天津:天津大学出版社,2018.
[35] 中国地震局.中国地震烈度表(GB/T 17742—2020)[S].北京:中国标准出版社,2020.